1+X 职业技能等级证书（智能协作机器人技术及应用）配套教材

智能协作机器人技术及应用

（中级）

组　编　遨博方源（北京）科技有限公司

主　编　蒋正炎

副主编　唐冬冬　蒋志方　杨　欢

参　编　刘哲纬　王　敏　蒋金伟　黄祥源

机械工业出版社

本书以“智能协作机器人技术及应用”职业技能等级证书（中级）标准要求为依据，采用项目引领、任务驱动的编写方式，内容涵盖智能协作机器人系统的系统设计、系统编程、系统调试与优化、系统维护维修等工作领域的多个核心任务和技能。

全书包含6个实训项目、15个具体工作任务，每个项目融入了素质教育元素，促进知识与技能、过程与方法、情感态度与价值观的贯通统一。项目内容涵盖智能协作机器人系统相关机械与电气组件选型、机械与电气系统设计、机器人脚本与混合编程、工艺离线仿真应用、机器视觉编程与应用、综合系统编程与调试等内容。工作任务按任务描述、任务目标、知识储备、任务实施、任务测评逻辑展开，使读者能够在完成相关工作任务的过程中，系统性地掌握协作机器人应用领域的知识与技能，可以在相关工作岗位从事智能协作机器人系统设计与搭建、操作与编程、离线仿真、集成应用、运维与调优等工作。

本书主要适用于“智能协作机器人技术及应用”职业技能等级证书实施过程的教学需要，可作为职业院校和应用型本科的机器人相关专业的教材使用，也可作为社会学习者、从事机器人应用的相关工程技术人员的学习参考资料和企业部门培训教材。

为方便教学，本书配套电子课件、微视频等教学资源。凡选用本书作为授课教材的教师，均可登录机械工业出版社教育服务网（www.cmpedu.com）免费索取电子课件。咨询电话：010-88379375。

图书在版编目（CIP）数据

智能协作机器人技术及应用：中级 / 遨博方源（北京）科技有限公司组编；蒋正炎主编 .—北京：机械工业出版社，2022.12

1+X 职业技能等级证书（智能协作机器人技术及应用）配套教材

ISBN 978-7-111-72195-6

Ⅰ.①智… Ⅱ.①遨… ②蒋… Ⅲ.①智能机器人－职业技能－鉴定－教材 Ⅳ.① TP242.6

中国版本图书馆 CIP 数据核字（2022）第 231892 号

机械工业出版社（北京市百万庄大街 22 号 邮政编码 100037）

策划编辑：高亚云　　责任编辑：高亚云　王　荣

责任校对：梁　园　梁　静　　封面设计：鞠　杨

责任印制：任维东

北京中兴印刷有限公司印刷

2023 年 4 月第 1 版第 1 次印刷

184mm × 260mm · 16.25 印张 · 399 千字

标准书号：ISBN 978-7-111-72195-6

定价：49.00 元

电话服务	网络服务
客服电话：010-88361066	机　工　官　网：www.cmpbook.com
010-88379833	机　工　官　博：weibo.com/cmp1952
010-68326294	金　　书　　网：www.golden-book.com
封底无防伪标均为盗版	机工教育服务网：www.cmpedu.com

前　言

新一代信息技术与制造业的深度融合，正在引发新一轮技术革命和产业变革，而制造业数字化、网络化和智能化是这次变革的核心。新软件、新工艺、机器人和网络服务逐步普及，使得大量个性化生产、分散式就近生产将取代大规模流水线生产方式。按订单生产、个性化的柔性生产模式开始发展起来。

随着工业4.0和智能制造概念的逐渐深入，智能机器人日渐成为制造业变革的重要方向。与此同时，人机协作作为智能机器人的一个重要发展领域，通过与互联网、大数据和人工智能等技术的融合，也不断通过智能协作机器人这一重要载体释放出巨大发展潜力。人机协作将是智能机器人发展的重点领域，而具备人机交互和融合功能的智能机器人，也将是未来工业机器人发展的必由之路。

由于智能协作机器人出现的时间较短，因此智能协作机器人技术与应用培养院校和机构不多，人才的培养远达不到需求，预计未来3～5年需要培养大量掌握智能协作机器人技术并能与各行业工艺要求相结合的应用型技能人才，帮助企业和用户解决机器人应用的实际问题，取得实效。

遨博（北京）智能科技有限公司作为教育部指定的"智能协作机器人技术及应用"职业技能等级证书制度试点的培训评价组织，依据教育部有关落实《国家职业教育改革实施方案》的相关要求，组织开发了"智能协作机器人技术及应用"职业技能等级证书，指导院校开展1+X证书制度试点工作，推进智能协作机器人应用领域相关专业人才培养。

为配合智能协作机器人技术及应用职业技能等级证书试点工作的需要，使广大职业院校学生、企业在岗职工和社会学习者能够更好地掌握相应职业技能要求和评价考核要求，获取相关技能和证书，遨博方源（北京）科技有限公司联合常州工业职业技术学院、浙江机电职业技术学院、常州高级职业技术学校、常州刘国钧高等职业技术学校和安徽科技贸易学校等高校教师，校企共同开发编写了本书。

本书由常州工业职业技术学院蒋正炎任主编，遨博（北京）智能科技有限公司唐冬冬、常州高级职业技术学校蒋志方、常州刘国钧高等职业技术学校杨欢任副主编，浙江机电职业技术学院刘哲纬、安徽科技贸易学校王敏、常州工业职业技术学院蒋金伟和黄祥源参加了本书的编写。其中项目1～项目3由蒋正炎负责；项目4由蒋志方负责；项目5由杨欢负责；项目6任务6.1～6.2由刘哲纬负责，任务6.3～6.4由王敏负责，任务6.5由蒋金伟负责；全书任务测评由黄祥源负责；唐冬冬进行文字校核与全书统稿。

在本书的编写过程中，得到了常州工业职业技术学院、常州高级职业技术学校、常州刘国钧高等职业技术学校、浙江机电职业技术学院、安徽科技贸易学校、遨博（北京）智能科技有限公司以及有关行业工程技术人员的大力支持，在此一并表示诚挚的谢意。由于编者水平有限，本书难免有疏漏及不妥之处，敬请读者批评指正。

编者

二维码索引

名称	图形	页码	名称	图形	页码
气动元件选型		7	电气符号		36
驱动机构选型		9	电气原理图绘制标准		36
末端执行器选型		10	电气原理图绘制		36
PLC 选型		13	脚本编程基础语法		46
HMI 选型		14	脚本编程流程控制		47
机器视觉选型		14	通信脚本编程		51
装配定位模块图样设计		21	字符分割脚本编程		56
装配定位模块图样装配		27	移动脚本编程		63
装配定位模块零件出图		32	多线程控制编程		66
装配定位模块零件 BOM 表制作		33	AUBO RobotStudio 软件介绍		78

（续）

名称	图形	页码	名称	图形	页码
AUBO RobotStudio 三维球工具		80	机器视觉定位编程		127
AUBO RobotStudio 场景搭建		86	装配 PLC 程序编写与调试		140
AUBO RobotStudio 自定义工具		91	装配触摸屏界面编写与调试		148
AUBO RobotStudio 轨迹规划		93	装配协作机器人程序编写与调试		150
AUBO RobotStudio 程序导出		97	码垛 PLC 程序编写与调试		159
AUBO RobotStudio 自定义零件		101	码垛触摸屏画面编写与调试		162
AUBO RobotStudio 搬运仿真		103	码垛协作机器人程序编写与调试		162
AUBO RobotStudio 轨迹驱动零件		106	Modbus 通信配置		169
AUBO RobotStudio 仿真事件		109	TCP IP 通信配置		178
视觉软件介绍		116	视觉分拣 PLC 程序编写与调试		181
视觉相机基本操作		116	视觉分拣 HMI 程序编写与调试		186

（续）

名称	图形	页码	名称	图形	页码
机器视觉手眼标定		190	伺服故障处理		239
视觉识别颜色及定位编程		202	PLC 故障诊断与处理		243
视觉分拣协作机器人程序编写与调试		206	视觉系统故障处理		246
系统程序备份		226	机械与电气故障处理		248
协作机器人关节更换		234			

目　录

前言

二维码索引

项目 1　智能协作机器人技术及应用系统组件选型 ············ 1

任务 1.1　机械设备选型 ············ 2

1.1.1　机械组件及电气元件简介 ············ 4

1.1.2　气动元件选型 ············ 7

1.1.3　驱动机构选型 ············ 8

1.1.4　传动组件选型 ············ 9

任务 1.2　电气元件选型 ············ 11

1.2.1　电气选型注意事项 ············ 11

1.2.2　PLC 选型 ············ 13

1.2.3　HMI 选型 ············ 14

1.2.4　机器视觉选型 ············ 14

项目 2　智能协作机器人技术及应用系统设计 ············ 16

任务 2.1　机械图样绘制 ············ 16

2.1.1　装配定位模块图样设计 ············ 21

2.1.2　装配定位模块图样装配 ············ 26

2.1.3　装配定位模块零件出图 ············ 31

2.1.4　装配定位模块零件 BOM 表制作 ············ 32

任务 2.2　电气图样绘制 ············ 35

2.2.1　电气原理图绘制标准 ············ 35

2.2.2　电气原理图绘制 ············ 36

项目 3　智能协作机器人技术及应用系统编程 ············ 44

任务 3.1　协作机器人脚本编程 ············ 45

3.1.1　脚本指令 ············ 45

3.1.2　编写通信脚本程序 ············ 51

3.1.3　编写字符分割脚本程序 ············ 56

3.1.4　编写移动脚本程序 ············ 63

3.1.5　多线程控制编程 ············ 66

项目 4　智能协作机器人技术及应用系统离线仿真 ············ 77

任务 4.1　仿真场景搭建 ············ 78

4.1.1　认识 AUBO RobotStudio 软件 ············ 78

4.1.2　AUBO RobotStudio 场景搭建 ············ 85

任务 4.2　焊接应用仿真 ············ 90

4.2.1　AUBO RobotStudio 工具及轨迹简介 ············ 91

4.2.2　AUBO RobotStudio 轨迹规划 ············ 92

4.2.3　AUBO RobotStudio 程序导出 ············ 97

任务 4.3　搬运应用仿真 ············ 99

4.3.1　气吸式末端分类 ············ 100

4.3.2　AUBO RobotStudio 自定义零件 ············ 100

4.3.3　AUBO RobotStudio 搬运仿真 ············ 102

4.3.4　AUBO RobotStudio 轨迹驱动零件 ············ 106

4.3.5　AUBO RobotStudio 仿真事件 ············ 109

项目 5　智能协作机器人技术及应用系统视觉应用 ············ 115

任务 5.1　机器视觉软件基本操作 ············ 115

5.1.1　视觉算法平台简介 ············ 116

5.1.2　视觉相机管理 ············ 118

5.1.3　视觉通信配置 ············ 119

任务 5.2　机器视觉编程应用 ············ 122

5.2.1　视觉常用功能 ············ 123

5.2.2　视觉定位 ············ 126

项目6　智能协作机器人技术及应用系统编程与调试 ………………………… 132
任务6.1　协作机器人装配应用 …………… 133
6.1.1　编程软件使用简介 ………………… 133
6.1.2　PLC程序编写与调试 …………… 140
6.1.3　HMI程序编写与调试 …………… 148
6.1.4　协作机器人程序编写与调试 ……… 150
任务6.2　协作机器人码垛应用 …………… 157
6.2.1　码垛工艺描述 ……………………… 158
6.2.2　PLC程序编写与调试 …………… 159
6.2.3　HMI程序编写与调试 …………… 161
6.2.4　协作机器人程序编写与调试 ……… 162
任务6.3　协作机器人视觉分拣应用 ……… 166
6.3.1　机器人与PLC通信方式 ………… 167
6.3.2　机器人与PLC通信配置 ………… 169
6.3.3　机器人与视觉通信配置 …………… 177
6.3.4　PLC程序编写与调试 …………… 181
6.3.5　HMI编写与调试 ………………… 186
6.3.6　视觉检测程序编写与调试 ………… 190
6.3.7　协作机器人程序编写与调试 ……… 205
任务6.4　系统程序调试与优化 …………… 215
6.4.1　机器人程序优化指令 ……………… 215
6.4.2　系统整机IP配置 ………………… 218
6.4.3　机器人节拍优化 …………………… 221
任务6.5　系统维护维修 …………………… 224
6.5.1　协作机器人维护保养 ……………… 224
6.5.2　系统程序备份 ……………………… 226
6.5.3　协作机器人关节更换 ……………… 234
6.5.4　伺服故障处理 ……………………… 239
6.5.5　PLC故障诊断与处理 …………… 242
6.5.6　视觉系统故障处理 ………………… 245
6.5.7　机械与电气故障处理 ……………… 248
参考文献 ………………………………………… 250

项目 1

智能协作机器人技术及应用系统组件选型

学习目标

- 熟悉机械设备选型参数、选型方法、选型要点和选型注意事项。
- 熟悉电气设备选型参数、选型方法、选型要点和选型注意事项。
- 掌握机器视觉选型参数、选型方法、选型要点和选型注意事项。

小故事

“大国工匠”高凤林

高凤林，男，1962 年 3 月出生，中共党员，中国航天科技集团有限公司第一研究院首都航天机械有限公司火箭发动机焊接车间班组组长。作为一名特种熔融焊接工，高凤林敢于创新突破，先后攻克 200 多项技术难关，突破国外对我国的前沿技术封锁，并带出一支优秀的航天技术班组，为我国航天事业发展做出了积极贡献，被誉为焊接火箭“心脏”的“中国第一人”。

航天事业注定与高难度挑战相伴。高凤林不怕难关，勇于钻研，成为远近闻名的“能工巧匠”。2006 年 11 月，高凤林受邀解决“AMS—02 暗物质与反物质探测器”项目中的焊接难题，他帮助项目组重新设计方案并通过国际联盟总部的评审，被委任督导项目实施。2014 年，第 66 届德国纽伦堡国际发明展（IENA）召开，能在这项国际发明展上获得一个奖项已属难能可贵，而高凤林参展的 3 个项目全部获得金奖。

任务 1.1 机械设备选型

任务描述

结合智能协作机器人技术及应用平台实现不同功能的硬件需求，对智能协作机器人系统气动元件、驱动机构及传动组件等部件进行选型，确保机械结构合理，满足实际功能需求。

任务目标

1）掌握气动元件选型方法。
2）掌握驱动机构选型方法。
3）掌握传动组件选型方法。

知识储备

智能协作机器人技术及应用平台由机器人工作台、轨迹示教与标定模块、工具快换模块、装配仓储模块、装配定位模块、分拣输送线模块、分拣仓储模块、视觉系统模块、旋转仓储模块、码垛平台模块、机器人示教器模块、电气快插模块、视频监控模块和电气控制与HMI模块等模块组成，部分模块如图1-1-1所示。

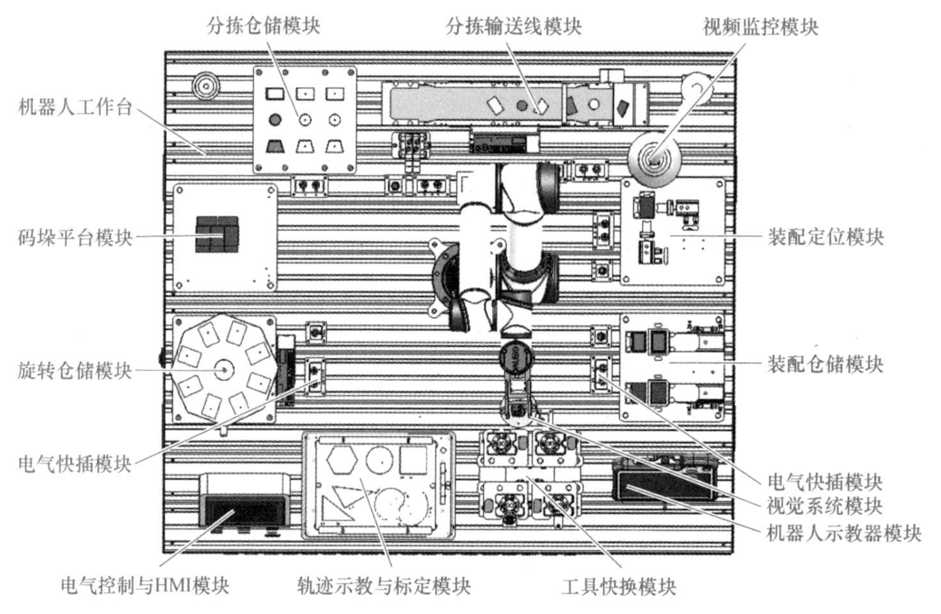

图1-1-1 智能协作机器人技术及应用平台部分模块

1）轨迹示教与标定模块。轨迹示教与标定模块如图1-1-2所示。平面轨迹板采用可更换的A4纸设计，可任意添加、变换轨迹图形。轨迹示教与标定模块可实现功能如下：① 作业平面：支持0°、15°、30°和45°倾斜切换；② 运动轨迹：轨迹运动、直线运动、圆运动、圆弧运动和曲线运动等；③ 运动方式：坐标平移、坐标旋转；④ 标定方式：

TCP（工具中心点）标定。

2）工具快换模块。平台配套高精度机器人工具快换模块，如图 1-1-3 所示，可为智能协作机器人自动更换不同的末端执行工具，实现平台中机器人不同功能的扩展，进行相应的技术应用。

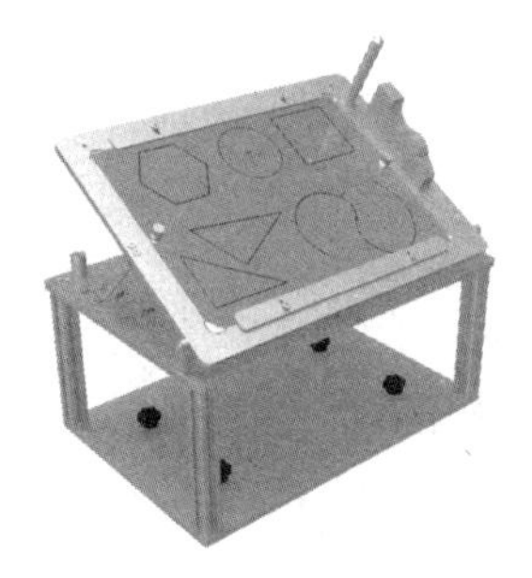

图 1-1-2　轨迹示教与标定模块

图 1-1-3　工具快换模块

末端工具支持包含二指夹爪末端、模拟焊枪末端、吸盘手爪末端和轨迹书写笔末端，还可以支持扩展或更换其他类型工具，如气动手爪、柔性软体手爪等。快换工具如图 1-1-4 所示。

图 1-1-4　快换工具

3）装配仓储模块。装配料仓模块仓储部分采用井式弹出式物料仓储（双井料仓）设计，双物料弹夹可储存两种不同物料，底部采用气缸驱动弹出，配有物料光电感应器，实时反馈料仓物料状态，装配仓储模块如图 1-1-5 所示。

4）装配定位模块。装配定位模块配合装配仓储模块，可用来进行机器人物料搬运、装配工艺，包含双向定位气缸，可精确定位装配物料位置，同时气缸安装状态磁性开关，实时反馈气缸状态，如图 1-1-6 所示。

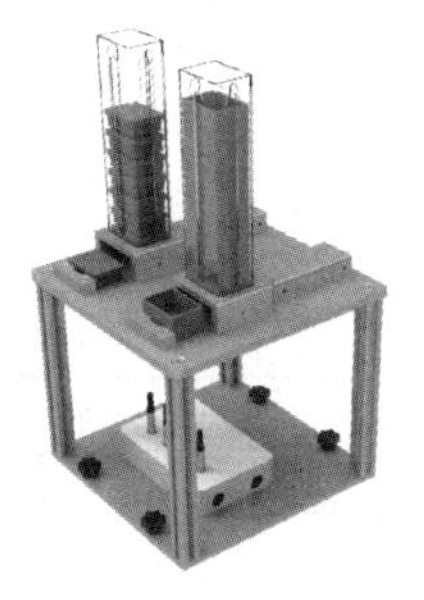

图 1-1-5　装配仓储模块

图 1-1-6　装配定位模块

5）分拣输送线模块。分拣输送线模块由铝合金作为支架，伺服电动机驱动，同步带轮传动，机器人通过视觉系统可对输送线上的随机物料进行分拣，同时设有固定视觉和动

态抓取元件的扩展安装位置，如图 1-1-7 所示。

6）分拣仓储模块。分拣仓储模块配合分拣输送线模块，可用来进行机器人物料搬运、码垛工艺，共包含 9 个仓位，采用仿形定位，对应 3 种不同物料；每个仓位都装有物料感应器，实时反馈仓储物料状态，如图 1-1-8 所示。

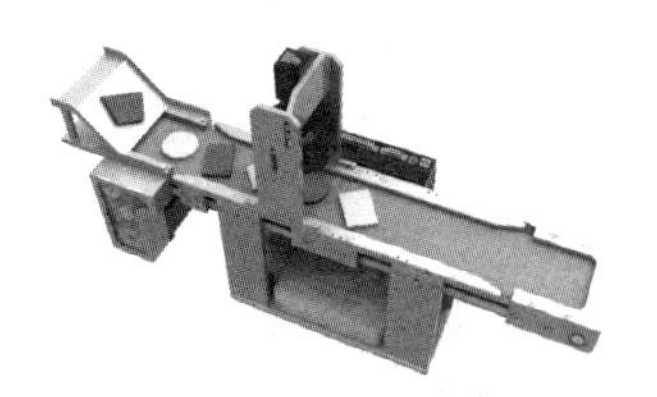

图 1-1-7　分拣输送线模块

图 1-1-8　分拣仓储模块

1.1.1　机械组件及电气元件简介

1. 气缸

气缸是机械设备中常用的动力元件，它是将压缩空气的压力能转换成机械能，驱动机构实现往复直线运动、摆动或回转运动，其分类见表 1-1-1。

表 1-1-1　气缸分类

气缸类型	特点
笔形气缸	价格便宜、结构紧凑、外观美观，前后螺纹安装固定，能有效节省安装空间，适用于高频率的使用要求，应用行业有电子、医疗和包装机械等
薄型气缸	1. 具有结构紧凑、质量小和占用空间小等优点 2. 缸体为方形，无须安装附件，可直接安装于各种夹具和专用设备上 3. 气缸输出连接杆分为内牙型和外牙型 4. 需要搭配导向元件使用
自由安装型气缸	1. 行程短，缸体为长方形 2. 气缸输出连接杆分为内牙型和外牙型 3. 气缸可以从本体 4 个方向固定，有多种安装方式
双轴气缸	1. 埋入式本体安装固定形式，节省安装空间 2. 具有一定的导向、抗弯曲及抗扭转性能，能承受一定的侧向负载 3. 本体前端防撞垫可调整气缸行程，并缓解冲击，比单轴气缸出力要大
导杆气缸	结构紧凑，能有效节省安装空间，本身自带导向功能，可以承受一定的横向荷载，有多种安装方式。可用于阻挡、上料、推料、冲压和夹持等场合
滑台气缸	1. 结构紧凑，节省安装空间 2. 导向精度高，能抗转矩，负载能力强 3. 价格相对较贵
无杆气缸	节省安装空间，特别适用于小缸径、长行程的场合
摆动气缸	摆动气缸分为齿轮齿条式和叶片式两种，使用较多的是齿轮齿条式，用于物体的旋转、翻面和分类等
旋转下压气缸	旋转下压气缸实现旋转压紧的功能，旋转方向分为向左和向右，通常用于空间紧凑的结构实现旋转压紧动作

2. 电磁阀

电磁阀是用电磁控制的工业设备，是用来控制流体的自动化基础元件，属于执行器。

电磁阀从原理上分为 3 大类：直动式、分步直动式和先导式。电磁阀按气路可分为 2 位 2 通、2 位 3 通、2 位 4 通和 2 位 5 通等。电磁阀按控制可分为单电控和双电控，指的是电磁线圈的个数，单线圈的称为单电控，双线圈的称为双电控，2 位 2 通、2 位 3 通一般是单电控（单线圈），2 位 4 通、2 位 5 通可以是单电控（单线圈），也可以是双电控（双线圈）。

电磁阀里有密闭的腔，在不同位置开有通孔，每个孔连接不同的油管；腔中间是活塞，两面是两块电磁铁，哪面的磁铁线圈通电阀体就会被吸引到哪边，通过控制阀体的移动来开启或关闭不同的排油孔，而进油孔是常开的，液压油就会进入不同的排油管，然后通过油的压力来推动油缸的活塞；活塞又带动活塞杆，活塞杆带动机械装置。

3. 伺服电动机

"伺服电动机"可以理解为绝对服从控制信号指挥的电动机：在控制信号发出之前，转子静止不动；当控制信号发出时，转子立即转动；当控制信号消失时，转子能即时停转。伺服电动机是自动控制装置中被用作执行元件的微特电机（微型特种电机，简称微特电机），其功能是将电信号转换成转轴的角位移或角速度。伺服电动机可分为交流伺服和直流伺服两大类。

直流伺服电动机的优点：速度控制精确、转矩速度特性较硬、控制原理简单、使用方便及价格便宜。直流伺服电动机的缺点：因采用电刷换向，使速度受到限制，并产生附加阻力和磨损微粒（无尘、易爆环境不宜使用）。

交流伺服电动机的优点：速度控制特性良好、在整个速度区内可实现平滑控制、几乎无振荡、效率高（90% 以上）、发热少、高速控制、高精度位置控制（取决于编码器精度）、额定运行区域内可实现恒力矩、惯量低、低噪声、无电刷磨损、免维护（适用于无尘、易爆环境）。交流伺服电动机的缺点：控制较复杂、驱动器参数需要现场调整 PID 参数确定、需要更多的连线。

4. 同步带

同步带传动由一根内周表面设有等间距齿形的环形带及具有相应吻合的轮组成。它综合了带传动、链传动和齿轮传动各自的优点。转动时，通过带齿与轮的齿槽相啮合来传递动力。同步带传动具有准确的传动比，无滑差，可获得恒定的传动比，传动平稳，能吸振，噪声小，传动比范围大，一般可达 1∶10。允许线速度可达 50m/s，传递功率从几瓦到几百千瓦。传动效率高，一般可达 98%。结构紧凑，适宜于多轴传动，不需润滑，无污染，因此可在不允许有污染和工作环境较为恶劣的场所下正常工作。

同步带齿有梯形齿和弧齿两类，弧齿又有 3 种系列：圆弧齿（H 系列，又称 HTD 带）、平顶圆弧齿（S 系列，又称为 STPD 带）和凹顶抛物线齿（R 系列）。梯形齿同步带分单面有齿和双面有齿两种，简称为单面带和双面带。双面带又按齿的排列方式分为对称齿型（代号 DA）和交错齿型（代号 DB）。梯形齿同步带有两种尺寸制：节距制和模数制。我国采用节距制，并根据 ISO 5296（ISO，国际标准化组织）制定了同步带传动相应标准 GB/T 11361—2018《同步带传动　节距型号 MXL、XXL、XL、L、H、XH 和 XXH 梯形齿带轮》、GB/T 11362—2021《同步带传动　节距型号 MXL，XXL，XL，L，H，XH 和 XXH 梯形齿同步带额定功率和传动中心距计算》和 GB/T 11616—2013《同步带传动　节距型号 MXL、XXL、XL、L、H、XH 和 XXH 同步带尺寸》。

弧齿同步带除了齿形为曲线形外，其结构与梯形齿同步带基本相同，带的节距相当，其齿高、齿根厚和齿根圆角半径等均比梯形齿大。带齿受载后，应力分布状态较好，平缓了齿根的应力集中，提高了齿的承载能力。故弧齿同步带比梯形齿同步带传递功率大，且能防止啮合过程中齿的干涉。弧齿同步带耐磨性能好，工作时噪声小，不需润滑，可用于有粉尘的恶劣环境，已在食品、汽车、纺织、制药、印刷和造纸等行业得到广泛应用。

5. 末端执行器

末端执行器又称为末端工具、末端操作器、末端操作手，有时也被称为手部、手爪和机械手等。在机器人技术领域内，末端执行器位于机器人手臂的末端，负责与外界环境进行动作交流，不同的种类由机器人的不同作业性质决定。在某些定义中，末端执行器指的是机器人的末端，从这种角度来看，末端执行器相当于机器人的附属机构。从广义上来说，末端执行器可以被定义为机器人与外界工作环境交流的机构。

以机械式末端执行器为例，采用直杆式双气缸平移夹持器的结构，夹持器指端安装在装有指端安装座的直杆上，当压力气体进入气缸的两个有杆腔时，两活塞向中间移动，工件被夹紧；当没有压力气体进入时，弹簧推动两个活塞向外伸出，工件被松开。再如气吸式末端执行器，利用吸盘内负压产生的吸力来吸住并移动工件，适用于吸取大而薄、刚性差的金属或木质板材、纸张、玻璃和弧形壳体等作业零件。

（1）手爪　机器人手爪既是一个主动感知工作环境的感知器又是执行器，是高度集成的末端执行器。手爪根据对作用物料的不同，设计不同的抓取方式，目前常见的有机械式手爪、电磁式吸盘手爪、气动式吸盘手爪和柔性手爪等，机器人各类手爪如图 1-1-9 所示。

a) 机械式手爪

b) 电磁式吸盘手爪

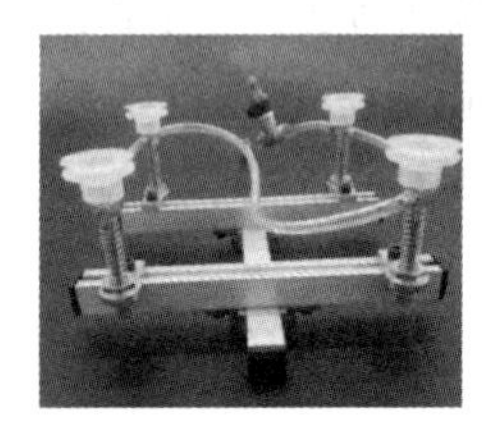

c) 气动式吸盘手爪

d) 柔性手爪

图 1-1-9　机器人各类手爪

（2）快换工具　在实际应用过程中，机器人往往需要满足多种应用，一种工具往往不能同时具有多种功能，这时需要给机器人定制多个末端执行器，需要在机器人的末端执行器与机器人法兰上安装快换工具，来保证机器人在多个末端执行器中自动切换。

快换工具通常由主盘和工具盘组成，主盘安装在机器人法兰上，工具盘与末端执行器连接。快换工具的释放和夹紧可以由主盘和工具盘通过气动的形式来实现，如图 1-1-10 所示。

图 1-1-10　快换工具

（3）焊枪　焊枪利用焊机的高电流，高电压产生的热量聚集在焊枪终端，熔化焊丝，熔化的焊丝渗透到需焊接的部位，冷却后，被焊接的物体牢固地连接成一体。焊枪功率的大小取决于焊机的功率和焊接材质。

任务实施

选型是根据实际业务管理的需要，对硬件、软件及所要用到的技术进行规格选择。企业选购其他厂家生产的产品的过程就是研发选型或物料选型、设计选型。

1.1.2 气动元件选型

以图 1-1-11 所示的装配定位模块为例，装配定位模块需满足 X、Y 双向定位，气缸行程 10mm，能使用磁性感应器检测气缸活塞位置，活塞不能出现径向旋转，工件材质为塑料。

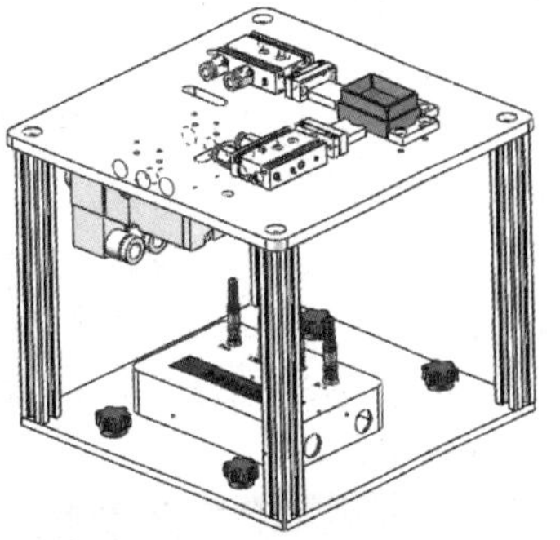

图 1-1-11 装配定位模块

1. 气缸选型

1）选定气缸内径：根据负载大小、运行速度和工作压力来选择气缸直径，其中重要的选择步骤如下：① 确定负载重量（包括工件、夹具和导杆等可动部分的重量）；② 选定使用的空气压力（供应气缸的压缩空气压力）；③ 确定气缸动作方向。

2）选定气缸行程：气缸的行程与使用场合和机构的行程比有关，为便于安装调试，对计算出的行程要留有适当余量。

3）选定气缸系列：根据使用目的、缸径及行程范围，选择合适的气缸系列。

4）选定安装形式：由安装位置、使用目的等因素决定，一般采用固定式气缸。

5）选定缓冲形式：根据活塞的速度决定是否采用缓冲装置。

6）选定气缸是否带磁：当气动系统采用电气控制时，可选用带磁性开关的气缸。

7）选定配件：比如电磁阀、节流阀、接头甚至管子，看似无关紧要但影响性能。当然，只要把元件选型的问题解决了，其他的配件可按照元件参数要求来配套。

以装配定位模块为例：

1）气缸的主要作用是夹紧工件，起到定位的作用，因此气缸作用力不宜过大，否则容易造成零件变形损坏。

2）由于机器人本身重复定位精度高，零件放置的位置相对稳定，因此气缸的行程不需要太长。

3）为了保持工件夹持过程中的稳定性，应选用双杆气缸避免径向旋转。

综上可以选择缸径 6mm、行程 10mm 的双杆薄型气缸 TR6X10S。

2. 电磁阀选型

电磁阀的选型需要根据其特性来进行选择，否则选用的型号将不利于工作的开展，阀门厂家指出电磁阀选型首先应该依次遵循安全性、可靠性、适用性和经济性四大原则，其次是根据 6 个方面的现场工况（即管道参数、流体参数、压力参数、电气参数、动作方式和特殊要求）进行选择。

（1）安全性

1）腐蚀性介质宜选用聚四氟乙烯电磁阀和全不锈钢电磁阀，对于强腐蚀的介质必须选用隔离膜片式。中性介质宜选用铜合金为阀壳材料的电磁阀，否则，阀壳中常有锈屑脱落，尤其是动作不频繁的场合。

2）爆炸性环境必须选用相应防爆等级产品，露天安装或粉尘多的场合应选用防水、防尘品种。

3）电磁阀公称压力应超过管内最高工作压力。

（2）适用性

1）介质特性：

① 介质为气、液态或混合状态应区分选用不同品种的电磁阀。

② 选型时应注意电磁阀工作温度参数，否则电磁阀线圈会烧掉，密封件老化，严重影响寿命。

③ 介质黏度通常在 50cSt（$1cSt = 10^{-6}m^2/s$）以下。若超过此值，通径大于 15mm 时，用多功能电磁阀；通径小于 15mm 时，用高黏度电磁阀。

④ 介质清洁度不高时都应在电磁阀前配装反冲过滤阀，压力低时，可选用直动膜片式电磁阀。

⑤ 介质若是定向流通，且不允许倒流，需用双向流通。

⑥ 介质温度应选在电磁阀允许范围之内。

2）管道参数：

① 根据介质流向要求及管道连接方式选择阀门通口及型号。

② 根据流量和阀门 K_v 值选定公称通径，也可选同管道内径。

③ 工作压差：最低工作压差在 0.04MPa 以上可选用间接先导式；最低工作压差接近或小于零的必须选用直动式或分步直动式。

3）环境条件：

① 环境的最高和最低温度应选在允许范围之内。

② 环境中相对湿度高及有水滴、雨淋等场合，应选防水电磁阀。

③ 环境中经常有振动、颠簸和冲击等场合应选特殊品种，例如船用电磁阀。

④ 在有腐蚀性或爆炸性环境中，应优先根据安全性要求选用耐腐蚀型。

4）电源条件：

① 根据供电电源种类，分别选用交流和直流电磁阀。一般来说交流电源取用方便。

② 电压规格尽量优先选用 AC 220V、DC 24V。

③ 电源电压波动通常交流允许 10% ~ 15%，直流允许 ±10%，如若超差，须采取稳压措施。

同样以装配定位模块为例：

1）使用的是行程小的薄型气缸，因此耗气量等因素可以忽略不计。

2）气缸的动作简单，考虑到控制的方便性，通过控制设备的一个控制信号，电磁阀得电时气缸伸出，电磁阀失电时气缸复位。

因此，可以选择 2 位 5 通单电控型电磁阀，其符号如图 1-1-12 所示。综上查询电磁阀产品手册选定电磁阀型号 4V210-08/DC 24V（单线圈），产品实物如图 1-1-13 所示。

1.1.3 驱动机构选型

此处以智能协作机器人技术及应用平台的分拣输送线模块为例，如图 1-1-7 所示：分拣输送线模块采用 PVC（聚氯乙烯）加厚传送带，有效传送距离 420mm，有效传送带宽度 60mm，驱动方式为伺服电动机，工作电压 220V，额定转速 3000r/min，额定功率 100W。

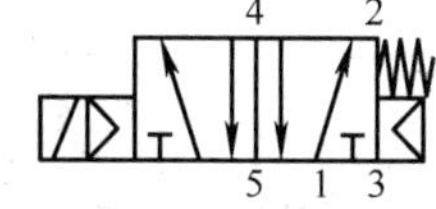
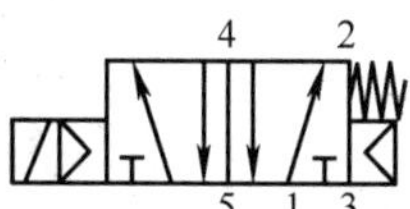

图 1-1-12 2 位 5 通单电控型电磁阀符号

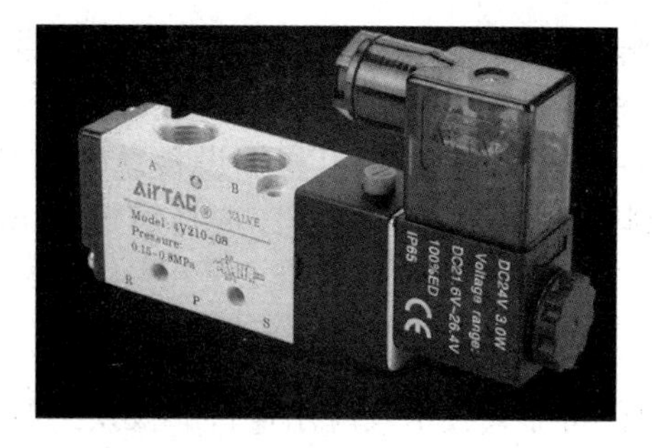

图 1-1-13 4V210-08 产品实物

选择伺服电动机时，首先要考虑的就是功率的选择。一般应注意以下两点：

1）如果电动机功率太小，就会出现“小马拉大车”现象，造成电动机长期过载，使其绝缘因发热而损坏，甚至电动机被烧毁。

2）如果电动机功率选得过大，就会出现“大马拉小车”现象，其输出机械功率不能得到充分利用，功率因数和效率都不高，不但对用户和电网不利，还会造成电能浪费。

也就是说，电动机功率既不能太大，也不能太小，要正确选择电动机的功率，必须经过以下计算或比较：

$$P=Fv/1000$$

式中，P 是计算功率（kW）；F 是所需拉力（N）；v 是工作电动机线速度（m/s）。

在实训平台的输送线系统中，伺服电动机仅为传送带提供动力，传送带上的物料均为轻质有机玻璃薄片，电动机的负载基本就是驱动传送带转动。最终采用类比法，选择额定功率为 100W 无制动、标准轴径的电子换向式交流伺服电动机，查看台达产品手册选定电动机型号为 ECMA–C10401RS。

1.1.4 传动组件选型

1. 同步带（轮）选型

此处以智能协作机器人技术及应用平台的分拣输送线模块为例，同步带（轮）传动装置如图 1-1-14 所示，同步轮和同步带的齿型要一致。对于同步轮的齿数（或直径），一般先确定小同步轮的齿数，再按传动比来定大同步轮的齿数。

实训平台中，选用同步带主要是为了使结构更加紧凑，且电动机功率不大，对同步带相关性能无特殊需求，结合伺服电动机轴的轴径选择 21 齿的主动轮，型号为 HWAS21XL037–A–N16；根据传送带主动轮轴径，适当增加电动机转矩，选择 16 齿的从动轮，型号为 ATP16XL050–A–P12；同时，根据安装后主从动轮之间的轴距和带轮直径，选定周长为 280mm 的同系列同步带。

2. 传送带选型

此处以智能协作机器人技术及应用平台的分拣输送线模块为例，传送带分为普通传送带和特种传送带两类。

1）普通传送带：这种传送带用纤维织物做带芯，用一般橡胶做覆盖材料，表面光滑平整。

2）特种传送带：主要有钢绳芯带、高倾角带、耐热带、耐寒带、难燃带、金属丝网带和钢带等。

实训平台中传送带负载轻，根据设备总体尺寸布局，结合演示物料及视觉相机的尺寸，选择宽度 88mm、周长 1200mm 的普通绿色覆胶传送带。

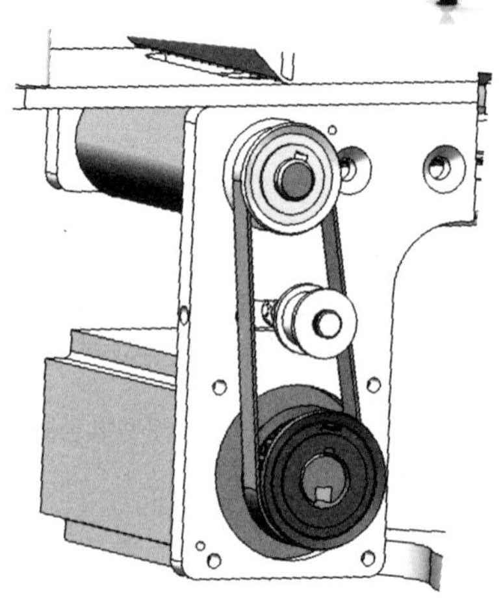

图 1-1-14　同步带（轮）传动装置

3. 末端执行器选型

以智能协作机器人技术及应用平台的快换工具模块为例，快换工具模块须实现快速切换工具。机器人侧：数量为 1 个，承载质量 5kg（最大），气源通路为 6 路，通信接口为 12 路，质量 250g。夹具侧：承载质量 5kg（最大），气源通路为 6 路，通信接口为 12 路，质量 115g。

电动夹爪运动方式：往复型，复动行程 10.4mm，重复定位精度 0.02mm；真空吸盘类型为直径 13mm 风琴式吸盘，吸盘杆不可旋转，缓冲行程 6mm，头部可安装 10mm、13mm 和 16mm 的不同规格吸盘。

智能协作机器人技术及应用平台中物料的重量很轻，可忽略不计。因此快换工具气源通路为 6 路，通信接口为 12 路即可。通过筛选，最终选择快换夹具主盘型号为 BZ-KHP-6-A-M，快换盘主盘电路模块型号为 BZ-DLMP-6-A-M，副盘型号为 BZ-KHP-6-A-T，快换盘副盘电路模块型号为 BZ-DLMP-6-A-T；经过各品牌的电动夹爪参数对比，最终选择因时品牌、型号为 EG2-4B1 的电动夹爪，吸盘连杆型号为 KH-XPLJG-03，真空吸盘型号为 ZPT13USK10-B5-A10。

末端执行器选型

任务测评

一、选择题

1.（　　）将压缩空气的能量转变为机械能。

A. 真空泵　B. 气缸　C. 电动机　D. 电磁阀

2. 末端执行器又被称为（　　）。

A. 手爪　B. 气缸　C. 末端操作器　D. 电磁阀

3. 焊枪的功率大小与（　　）有关。

A. 焊机功率　B. 电流　C. 电压　D. 焊丝

4. 快换工具由（　　）组成。

A. 主盘和工具盘　B. 主盘和电动夹爪　C. 主盘和机械臂　D. 工具盘和机械臂

5. 电动机功率的计算公式是（　　）。

A. $P=Fv/1000$　B. $P=Iv/10$　C. $P=FI/100$　D. $P=1.732UI\cos\varphi$

二、判断题

1. 双杆薄型气缸 TR6×10S 的行程是 1cm。（　　）

2. 传送带可分为普通和特种两种。（　　）

3. 机器人手爪既是一个主动感知工作环境的感知器又是执行器，是一个高度集成的末

端执行器。　　　　　　　　　　　　　　　　　　　　　　　　　　　　　　（　　）

4. 快换工具通常由主盘和夹爪组成。　　　　　　　　　　　　　　　　　　（　　）

5. 焊枪利用焊机的高电流、高电压产生的热量来熔化焊丝。　　　　　　　　（　　）

任务 1.2　电气元件选型

任务描述

为满足智能协作机器人系统实现不同功能的需求，结合 PLC（可编程控制器）、触摸屏及机器视觉等电气元件的技术参数，完成对 PLC、触摸屏及机器视觉等电气元件的选型。

任务目标

1）掌握 PLC 选型方法。

2）掌握触摸屏选型方法。

3）掌握机器视觉选型方法。

知识储备

1.2.1　电气选型注意事项

1. PLC 选型要点

随着 PLC 的推广普及，该产品的种类和数量越来越多，功能也日趋完善。近年来，从美国、日本和德国等引进的 PLC 产品及国内厂家组装或自行开发的产品已有几十个系列、上百种型号。PLC 的品种繁多，其结构类型、性能、容量、指令系统、编程方法和价格等各不相同，适用场合也各有侧重。因此，合理选择 PLC，对于提高 PLC 在控制系统中的应用起着重要作用。

PLC 的种类很多，用户可以根据控制系统的具体要求选择不同技术性能指标的 PLC。PLC 的技术性能指标主要有以下几个方面：

1）输入 / 输出（I/O）点数：PLC 的 I/O 点数指外部输入、输出端子数量的总和。

2）存储容量：PLC 的存储器由系统程序存储器、用户程序存储器和数据存储器 3 部分组成。PLC 存储容量通常指用户程序存储器和数据存储器容量之和，表征系统提供给用户的可用资源，是系统性能的一项重要技术指标。

3）扫描速度：PLC 采用循环扫描方式工作，完成 1 次扫描所需的时间叫作扫描周期。影响扫描速度的主要因素有用户程序的长度和 PLC 产品的类型。PLC 中 CPU（中央处理器）的类型、机器字长等直接影响 PLC 运算精度和运行速度。

4）指令系统：指令系统是指 PLC 所有指令的总和。PLC 的编程指令越多，软件功能就越强，但掌握应用也相对较复杂。用户应根据实际控制要求选择合适指令功能的 PLC。

5）通信功能：通信有 PLC 之间的通信和 PLC 与其他设备之间的通信。通信主要涉

及通信模块、通信接口、通信协议和通信指令等内容。PLC 的组网和通信能力也已成为 PLC 的重要衡量指标之一。

2. HMI 选型要点

人机交互（Human–Machine Interface，HMI），就是人与机器的交互，本质上是指人与计算机的交互，或者可以理解为人与“含有计算机的机器”的交互。为了以下讨论方便，现把“计算机”和“含有计算机的机器”通称为计算机。HMI 研究的最终目的在于探讨如何使所设计的计算机能帮助人们更安全、更高效地完成所需的任务。

自 1946 年世界上第一台数字计算机 ENIAC（电子数字积分计算机）诞生以来，计算机技术取得了惊人的发展。但计算机仍然是一种工具，一种高级的工具，是人脑、人手和人眼等的扩展，因此它仍然受到人的支配、控制、操纵和管理。在计算机所完成的任务中，有大量是人与计算机配合共同完成的。在这种情况下，人与计算机需要进行相互间的通信，即所谓的人机交互。实现人与计算机之间通信的硬件、软件系统即为交互系统。

1）一般而言，HMI 系统必须具备以下基本能力：

① 实时的资料趋势显示——把获取的资料立即显示在屏幕上。

② 自动记录资料——自动将资料储存至数据库中，以便日后查看。

③ 历史资料趋势显示——把数据库中的资料做可视化的呈现。

④ 报表的产生与打印——能把资料转换成报表的格式，并能够打印出来。

⑤ 图形接口控制——操作者能够透过图形接口直接控制机台等装置。

⑥ 警报的产生与记录——用户可以定义一些警报产生的条件，比如温度过高或压力超过临界值，在这样的条件下系统会产生警报，通知作业员处理。

2）为满足上述要求，在 HMI 选型过程中需要考虑 HMI 的以下性能：

① 显示屏尺寸及色彩、分辨率。

② HMI 的处理器速度性能。

③ 输入方式：触摸屏或薄膜键盘。

④ 画面存储容量，注意厂商标注的容量单位是字节（Byte）还是位（bit）。

⑤ 通信口种类及数量。

⑥ 是否支持打印功能。

3. 机器视觉选型要点

机器人视觉系统按其发展可分为三代。

第一代机器人视觉系统的功能一般是按规定流程对图像进行处理并输出结果。这种系统一般由普通数字电路搭成，主要用于平板材料的缺陷检测。

第二代机器人视觉系统一般由一台计算机、一个图像输入设备和结果输出硬件构成。视觉信息在机内以串行方式流动，有一定学习能力以适应各种新情况。

第三代机器人视觉系统是目前国际上正在开发使用的系统，采用高速图像处理芯片及并行算法，具有高度的智能和普通的适应性，能模拟人的视觉功能。

机器人视觉系统由工业相机、镜头、光源、图像采集卡和图像处理设备等组成。

（1）工业相机　一般来说，工业相机主要由图像传感器、内部处理电路、数据接口、I/O 接口和光学接口等几个基本模块组成。因此其主要性能参数体现在以下几个方面：

1）传感器类型：面阵相机 / 线阵相机、彩色相机 / 黑白相机、CCD（电荷耦合器件）

相机 /CMOS（互补金属氧化物半导体）相机等。

2）数据接口类型：网口相机、USB 3 相机、万兆网口相机、Camera Link 相机和 CoaXPress 相机等。

3）光学接口类型：C 口、CS 口、M12 口、F 口和 M58 口等。

（2）镜头　镜头作为系统关键光学器件，其品质好坏直接影响成像质量，对于定位、缺陷检测等应用起到决定性作用。镜头包含许多性能参数，如焦距、光圈、畸变、相对照度和靶面等。

（3）光源　图像效果直接决定了软件算法的快速性及稳定性，而图像质量的高低又取决于照明方式，因此光源是机器人视觉系统中不可忽略的一个重要组件。光源的主要性能参数包括：光通量、发光强度、光照强度、颜色 / 波长、色温和显色性等。

（4）图像采集卡　图像采集卡是机器人视觉系统的重要组成部分，其主要功能是对相机所输出的图像数据进行实时采集，并提供与 PC（个人计算机）的高速接口。图像采集卡的主要性能参数包括图像传输格式、图像格式（像素格式）、传输通道数、分辨率、采样频率和传输速率等。

任务实施

智能协作机器人技术及应用平台技术参数：

1）PLC 需满足：电源电压为直流 24V，PLC 输入电压为直流 24V，PLC 输出电压为直流 24V；数字量输入 23 路，数字量输出 16 路，模拟量输入 2 路；PLC 通信方式支持以太网通信。

2）触摸屏需满足：屏幕 7 寸 [1 寸 =(1/30)m]，分辨率为 800 像素 ×480 像素，供电电压为 24V，需支持以太网通信、RS485、RS232。

3）机器视觉需满足：工业相机为 600 万像素彩色相机；传感器为 CMOS，卷帘快门；分辨率不低于 3072 像素 ×2048 像素；支持自动曝光、手动曝光和一键曝光模式；镜像支持水平镜像；缓存容量不低于 128MB；数据接口为 GigE；供电电压范围 DC 5 ～ 15V，支持 PoE 供电；通信需支持 Modbus 通信协议、支持 TCP（传输控制协议）客户端、TCP 服务端、UDP（用户数据报协议）和串口等。相机镜头焦距不低于 16mm，F 数不低于 F2.8 ～ F16，像面尺寸不低于 ϕ9mm（CCD 尺寸大小为 1/1.8in，1in=0.0254m，后同），最近摄距为 0.1m，光圈操作方式为手动，聚焦操作方式为手动，接口为 C-Mount，外形尺寸不超过 ϕ29mm×33.12mm。

1.2.2　PLC 选型

按智能协作机器人技术及应用平台要求对 PLC 进行选型：

PLC 选型

1）智能协作机器人技术及应用平台共使用到 27 路数字量输入、17 路数字量输出，保留 10% ～ 20% 的备用端口，PLC 点数需要至少 30 路数字量输入、20 路数字量输出。

2）PLC 需要与触摸屏、视觉系统进行以太网通信，与协作机器人进行 Modbus 通信，PLC 需要支持以太网、Modbus 等通信功能。

3）同时需要控制伺服电动机，可能用到高速脉冲信号，选用晶体管输出型 PLC。

4）综上，查看 PLC 各品牌产品手册，最终选择西门子具有 14 路数字量输入、10 路数字量输出信号、CPU 型号为 1215C DC/DC/DC 的 PLC；搭载一块具有 16 路数字量输入、16 路数字量输出、型号为 SM1223 DC 的数字量输入 / 输出模块以满足平台的功能需求。其他品牌 PLC 只要满足设计需求也可选用，但需根据用户需求及成本等综合因素而定。

1.2.3 HMI 选型

按智能协作机器人技术及应用平台要求对 HMI 进行选型：

HMI 选型

1）根据智能协作机器人技术及应用平台对触摸屏屏幕尺寸及分辨率等参数的要求，确定符合要求的触摸屏品牌及型号。

2）根据智能协作机器人技术及应用平台通信参数的要求，选出支持以太网、RS485 及 RS232 通信协议的触摸屏品牌及型号。

3）根据项目的成本等综合因素，最终选定威纶通触摸屏，型号为 MT8071iE。

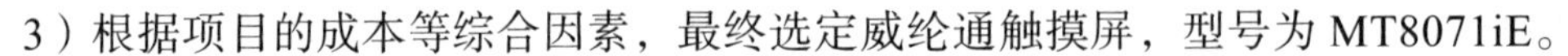

1.2.4 机器视觉选型

1. 工业相机选型

按智能协作机器人技术及应用平台要求对工业相机进行选型：

机器视觉选型

1）根据智能协作机器人技术及应用平台对视觉相机参数的需求，查阅各品牌视觉选型手册，选出满足 600 万像素彩色相机，传感器为 CMOS、卷帘快门，分辨率不低于 3072 像素 ×2048 像素技术参数要求的相机品牌及型号。

2）在初步选出的视觉相机中，根据智能协作机器人技术及应用平台对相机曝光模式、通信方式及电源电压等参数筛选出符合要求的相机型号。

3）根据项目的成本等综合因素，最终选定视觉相机的型号为 MV-CA060-10GC。

2. 视觉镜头选型

按智能协作机器人技术及应用平台要求对视觉镜头进行选型：

1）根据智能协作机器人技术及应用平台对视觉相机参数的需求，查阅已选定相机品牌的选型手册，选出满足焦距不低于 16mm、F 数不低于 $F2.8 \sim F16$、像面尺寸不低于 ϕ9mm(1/1.8in)、最近摄距为 0.1m 技术参数的镜头型号。

2）根据镜头光圈和焦距的调节形式及镜头尺寸等参数，选定镜头的型号为 MVL-HF1228M-6MPE。

任务测评

选择题

1. PLC 系统所用的存储器基本上由（　　）、用户程序存储器及数据存储器 3 种类型组成。

A. 系统程序存储器　　B. 用户程序存储器

C. 内存　　D. 数据存储器

2. 满足功能所需要的 I/O 点数时，应再增加（　　）的备用量。

A.10% ～ 20%　　B.5% ～ 10%　　C.20% ～ 25%　　D.1% ～ 10%

3. 下列（　　）不属于机器视觉应用的分类。

A. 视觉引导与定位　　B. 产品外观检测

C. 精准测量测距　　D. 自然语言处理

4. 机器视觉识别的范围大小与（　　）有关。

A. 传感器　　B. 镜头　　C. 光圈　　D. 安装距离

5. 智能协作机器人技术及应用平台使用工业相机的电源电压为（　　）。

A. 0V　　B. 12V　　C. 24V　　D. 220V

项目 2

智能协作机器人技术及应用系统设计

学习目标

➢ 掌握设备零件的导入与设计思路、设备装配，出具零件加工图样，制作 BOM 表（零件明细表）。

➢ 熟悉常用符号及绘图标准，掌握电气原理图绘制方法。

小故事

"大国工匠"孟剑锋

孟剑锋是国家高级工艺美术技师，可做到用银丝手工编织中国结而没有任何瑕疵。2014 年，北京 APEC（亚太经济合作组织）会议上，我国送给外国领导人及其夫人的国礼之一——"和美"纯银丝巾果盘，是孟剑锋在只有 0.6mm 的银片上，使用古老的錾刻工艺，经过上百万次的精雕细琢才打造而成，其使用的主要工具錾子，窄面上有 20 多道细纹，每道细纹的宽度大约为 0.07mm，相当于一根头发丝那么细。

孟剑锋认为，工匠精神就是坚持、传承和创新；坚持不一定就能胜利，要坚持到底才能胜利；传承就是要把古老的技艺一代一代传下去，这是作为工艺美术工作者的责任和义务；创新则是最好的传承。

任务 2.1 机械图样绘制

任务描述

根据项目 1 中选出的气缸、电磁阀的尺寸参数，结合智能协作机器人技术及应用平台对装配定位模块的功能需求，绘制装配定位模块的 3D（三维）图样，按国家标准绘制零件加工图、制作 BOM 表。

任务目标

1）掌握机械图样设计及装配方法。

2）掌握零件加工图出图及 BOM 表制作方法。

知识储备

SolidWorks 软件功能强大、组件繁多，有功能强大、易学易用和技术创新三大特点，这使得 SolidWorks 成为领先的、主流的 3D CAD（计算机辅助设计）解决方案。SolidWorks 能够提供不同的设计方案、减少设计过程中的错误以及提高产品质量，不仅功能强大，而且对每个工程师和设计者来说，操作简单方便、易学易用。

1. SolidWorks 启动与使用

1）在桌面双击 SolidWorks 图标，启动 SolidWorks 软件。在新建界面可以创建 3 种文件，分别是零件、装配图和工程图。

2）草图工具栏功能：绘制草图，为特征造型打下基础，如图 2-1-1 所示。

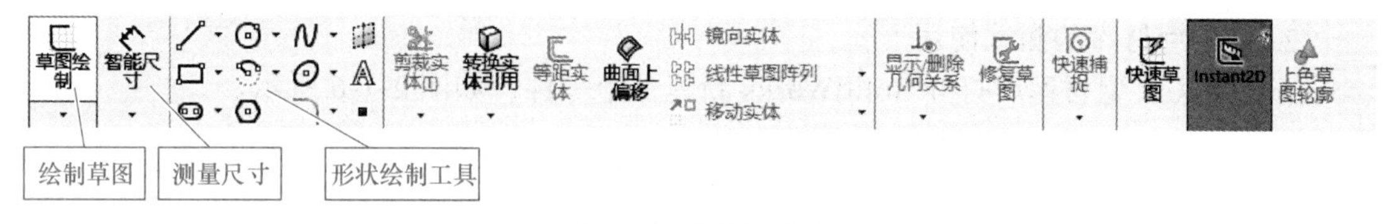

图 2-1-1　草图工具栏

3）特征工具栏功能：通过草图，进行拉伸、切除和旋转等 3D 特征造型，如图 2-1-2 所示。

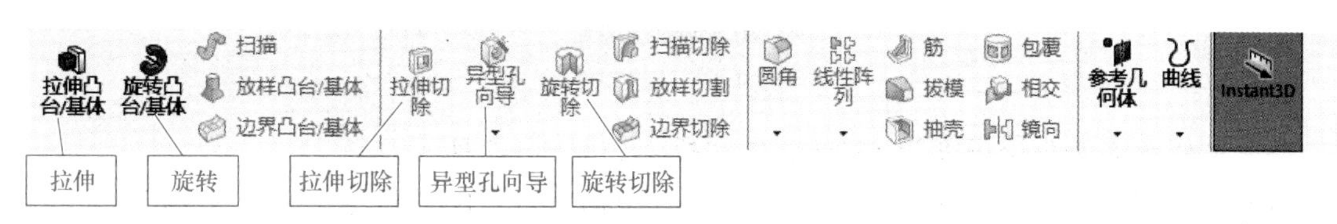

图 2-1-2　特征工具栏

2. GB 型材库的安装与使用

（1）GB 型材库的安装

1）下载“GB 型材库”并解压，解压后如图 2-1-3 所示。

图 2-1-3　解压后的“GB 型材库”

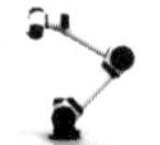

2）打开 SolidWorks 安装路径下的焊件轮廓文件夹 SOLIDWORKS Corp\SOLIDWORKS\lang\chinese-simplified\weldment profiles，并在该文件夹下新建一个名为“GB”的文件夹，如图 2-1-4 所示。

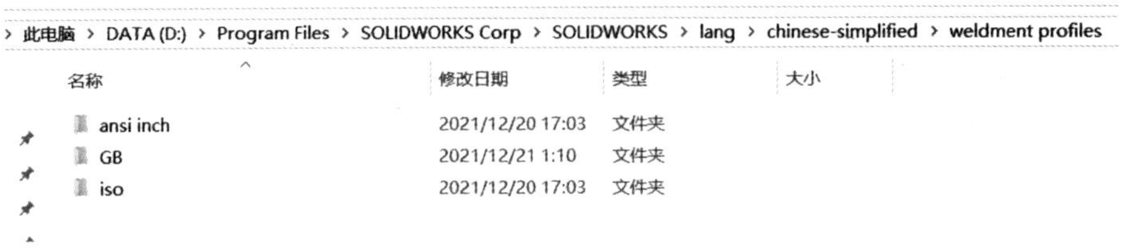

此电脑 › DATA (D:) › Program Files › SOLIDWORKS Corp › SOLIDWORKS › lang › chinese-simplified › weldment profiles
名称
修改日期
类型
大小
ansi inch
2021/12/20 17:03
文件夹
GB
2021/12/21 1:10
文件夹
iso
2021/12/20 17:03
文件夹

图 2-1-4　SolidWorks 焊件轮廓文件夹路径

3）将“GB 型材库”中的“铝型材”文件夹复制到“GB”文件夹中，如图 2-1-5 所示。

此电脑 › DATA (D:) › Program Files › SOLIDWORKS Corp › SOLIDWORKS › lang › chinese-simplified › weldment profiles › GB
名称
修改日期
类型
大小
铝型材
2021/12/21 1:31
文件夹

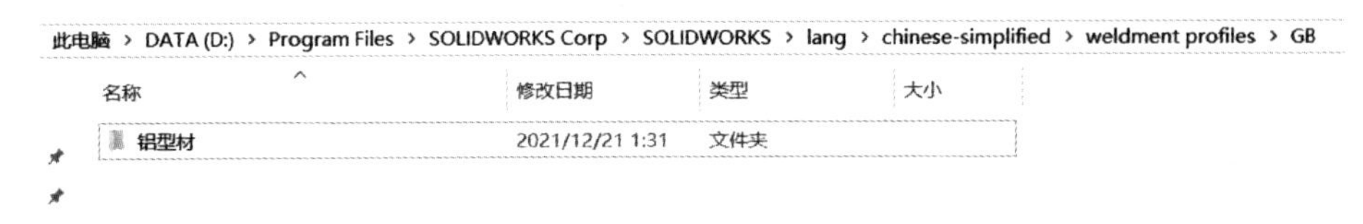

图 2-1-5　将“铝型材”文件夹复制到“GB”文件夹中

（2）GB 型材库的测试使用

1）安装 GB 型材库后打开 SolidWorks 新建一个零件，如图 2-1-6 所示。

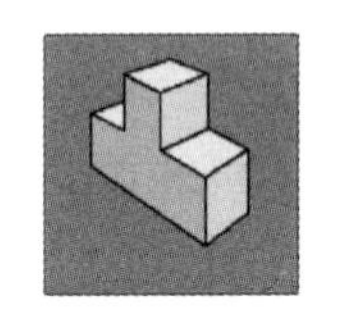

零件
单一设计零部件的 3D 展现

图 2-1-6　新建零件

2）在任意平面草绘长度为 180mm 的线段，如图 2-1-7 所示。

3）选择“插入（I）”→“焊件（W）”→“结构构件（S）”命令，插入结构构件，如图 2-1-8 所示。

4）分别选择：标准“GB”，Type“铝型材”，大小“20×20×R1.5”，设置轮廓，如图 2-1-9 所示。

5）在绘图区单击草绘的直线，自动生成型材实体，单击右上角“√”确认绘制零件，如图 2-1-10 所示，储存零件即可。

3. 厂家提供的 3D 模型导入

在 SolidWorks 菜单栏通过“打开”命令浏览到设备供应商提供的模型存储路径，选择模型，单击“打开”按钮，输入模型，打开已有的 3D 模型如图 2-1-11 所示。

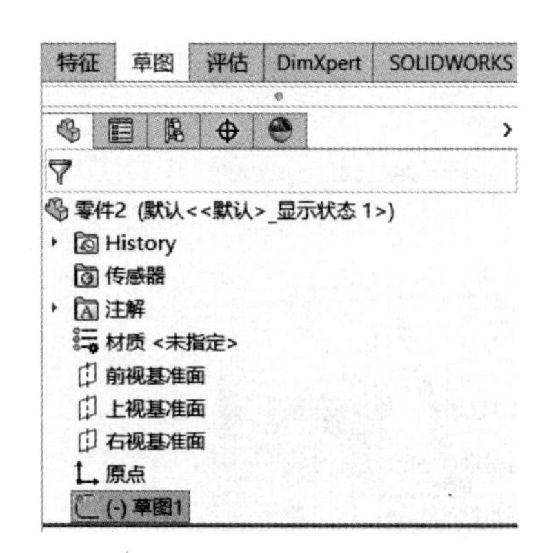

a) 草图选项

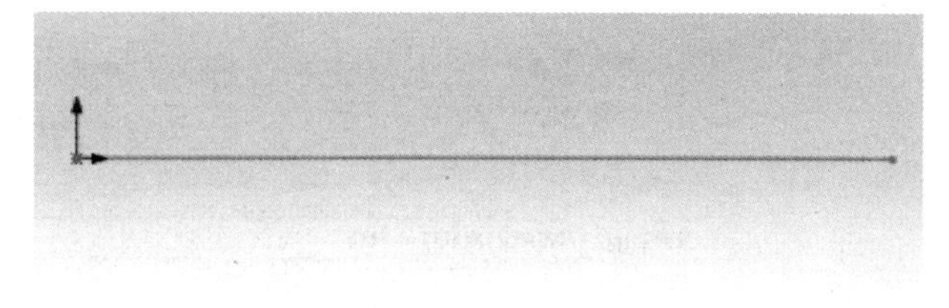

b) 绘制线段

图 2-1-7　草绘线段

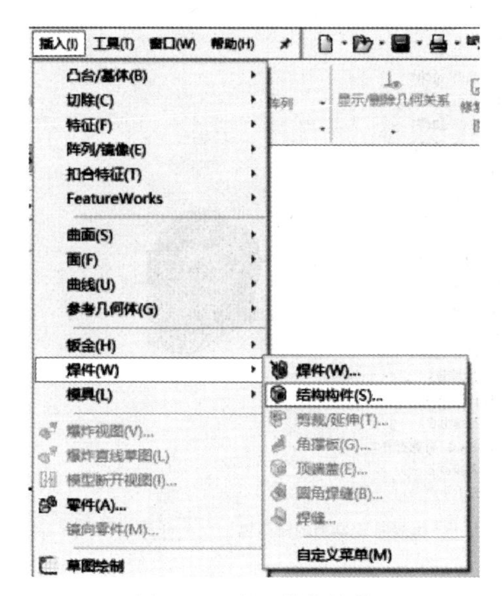

图 2-1-8　插入结构构件

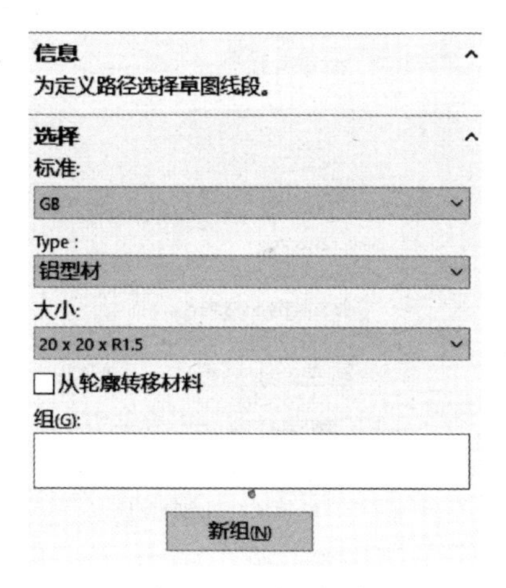

图 2-1-9　设置轮廓

图 2-1-10　确认绘制零件

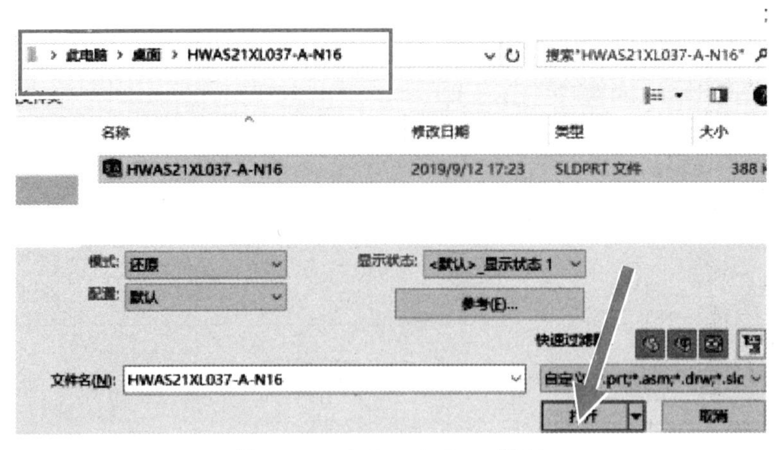

图 2-1-11　打开已有的 3D 模型

1）识别特征：如果需要对模型进行二次编辑，可以单击“是（Y）”按钮，进入特征识别，SolidWorks 会识别模型中的特征，依次创建模型绘制步骤。生成的模型能够进行再次编辑，如图 2-1-12 所示。

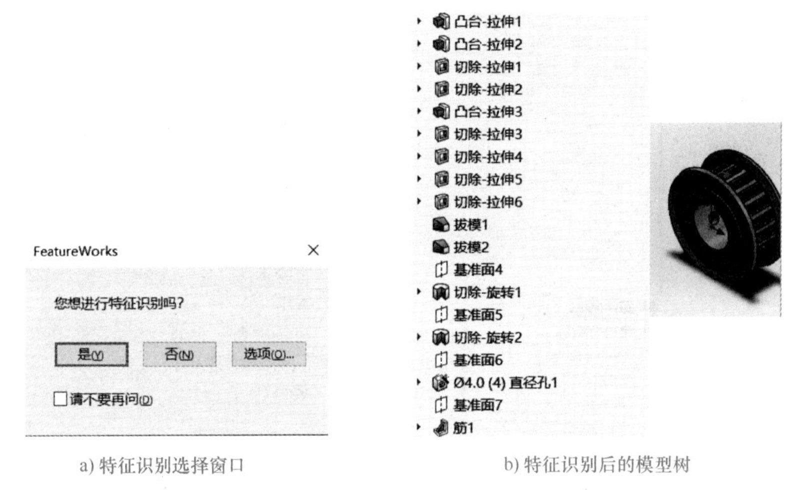

a) 特征识别选择窗口　　b) 特征识别后的模型树

图 2-1-12　识别特征

2）不识别特征：如果不需要对模型进行二次编辑，则可以单击“否（N）”按钮，零件无法进行编辑，模型树如图 2-1-13 所示。

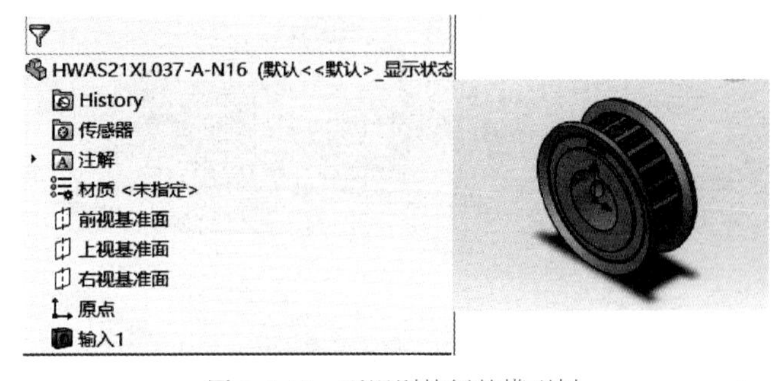

图 2-1-13　不识别特征的模型树

任务实施

2.1.1　装配定位模块图样设计

1. 物料装配定位模块简介

物料装配定位模块由安装底板、安装板、两个物料挡块、两个气缸推块、两个 TR6X10S 气缸、两个 4V210-08/DC 24V（单线圈）电磁阀和 4 根 2020 铝型材组成。安装底板和安装板尺寸 260mm × 260mm × 6mm；2020 铝型材长度为 200mm；气缸和电磁阀尺寸参考厂家提供的产品机械图或手动测量；装配物料尺寸为长 50mm、宽 36mm、高 22mm，如图 2-1-14a 所示。

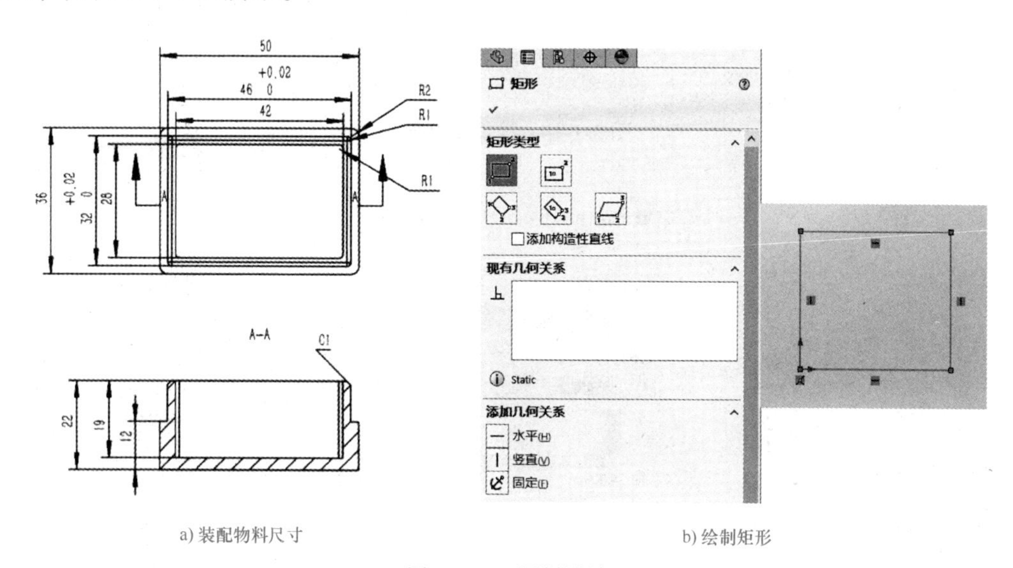

a) 装配物料尺寸　　b) 绘制矩形

图 2-1-14　图样设计

2. 绘制装配定位模块安装板主体

以物料装配定位模块安装板为例，根据平台的功能布局，绘制物料装配定位模块安装板。

装配定位模块图样设计

1）新建零件，选择“拉伸凸台”工具，选择前视基准面，进入草绘界面，绘制一个矩形，按 <Enter> 键确认，如图 2-1-14b 所示。

2）按 <Ctrl> 键选择矩形的两个邻边，约束为相等，按 <Enter> 键确认，如图 2-1-15 所示。

3）通过“智能尺寸”工具，修改正方形边长为“260”，按 <Enter> 键确认，如图 2-1-16 所示。

4）给定拉伸深度为“6.00mm”，按 <Enter> 键完成主体创建，如图 2-1-17 所示。

3. 创建草绘安装孔

型材的尺寸为 20mm × 20mm，所以中心孔到边的距离为 10mm，后期安装平台的边与型材之间预留 5mm 余量，因此孔与相邻两边的距离均设置为 15mm；为保证安装后整个台面为平面，需采用沉头螺钉进行紧固，考虑到平台的整体厚度只有 6mm，因此选用

六角凹头锥孔头螺钉；结合型材的中心孔大小选择 M6 的螺钉。

1）选择“草图”→“草图绘制”命令，选择拉伸凸台的前表面，右击“草图 2”选择正视于草图，进入草绘界面。草绘界面如图 2-1-18 所示。

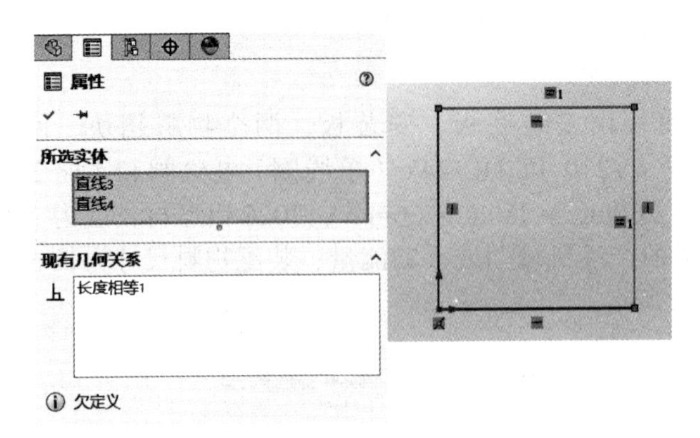

图 2-1-15　约束邻边相等

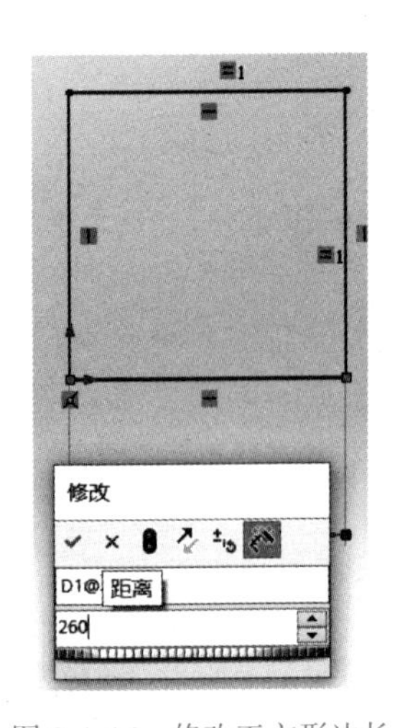

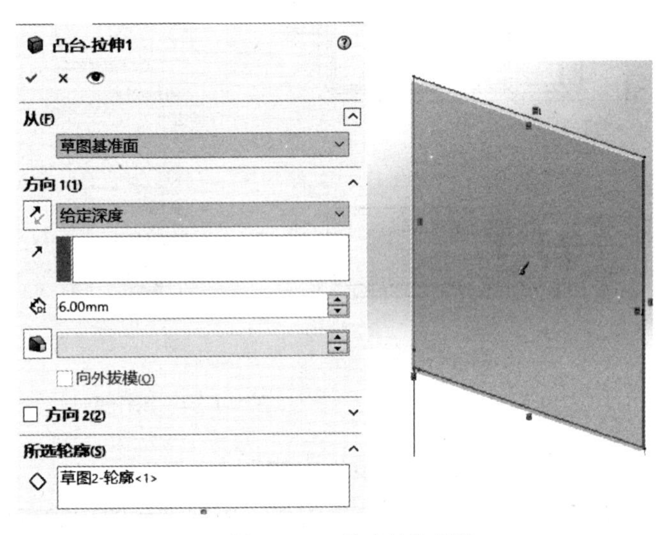

图 2-1-16　修改正方形边长

图 2-1-17　给定拉伸深度

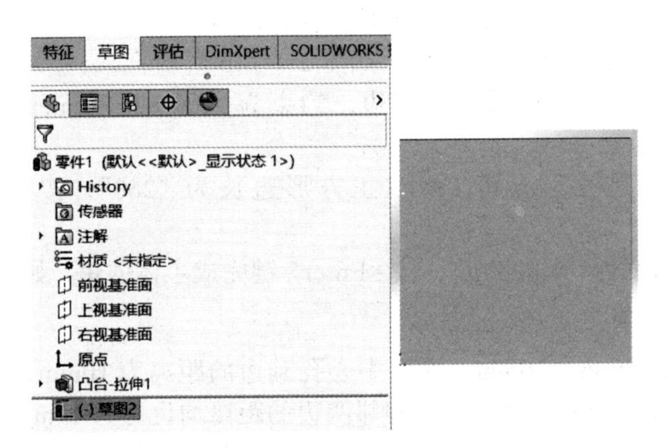

图 2-1-18　草绘界面

2）选择“等距实体”工具，选择正方形的一条边，设置偏移量为“15.00mm”，通过对“反向（R）”的勾选，控制偏移方向在正方形内，再依次选择正方形的四条边，产生的草绘如图 2-1-19 所示。

3）删除外面的正方形，全选里面的小正方形，勾选“作为构造线（C）”，确认，退出草绘，如图 2-1-20 所示。

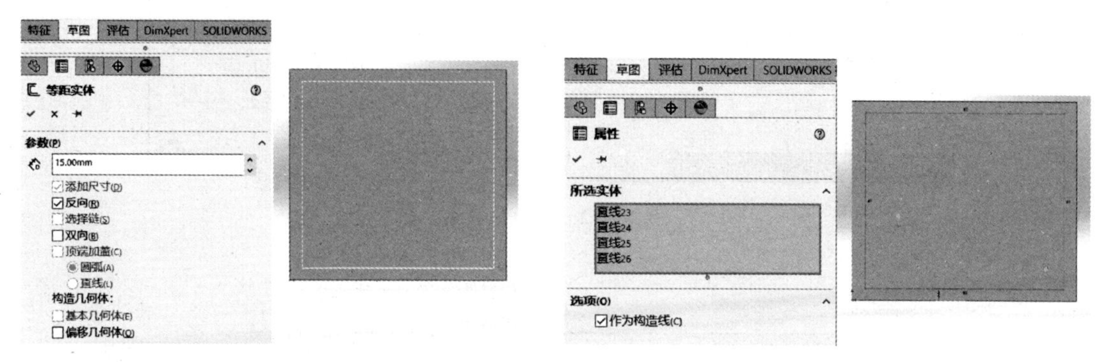

图 2-1-19　等距实体产生的草绘　　　　图 2-1-20　作为构造线

4）选择“异型孔向导”工具，进入属性设置界面，选择标准为“ISO”，设置孔类型为“六角凹头锥孔头 DIN 10642”，孔的规格为“M6”，终止条件为“完全贯穿”，如图 2-1-21 所示。

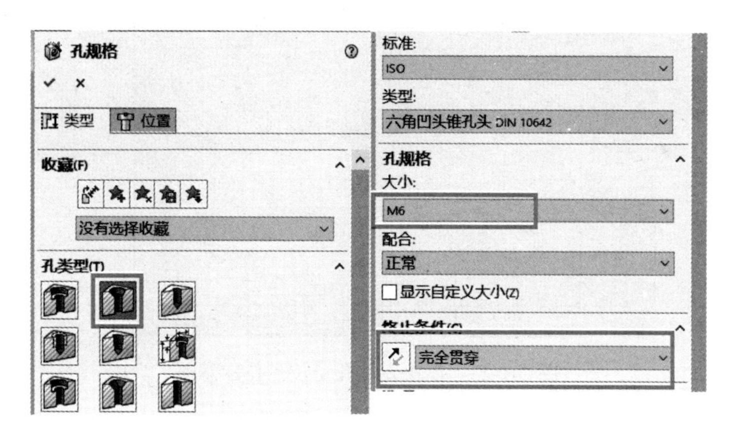

图 2-1-21　孔规格设置

5）单击“位置”，选择草绘所在平面，依次在 4 个顶点插入半沉头孔，确认，退出“异型孔向导”工具，安装孔效果如图 2-1-22 所示。

4. 绘制挡块安装螺纹孔

根据挡块 1 与挡块 2 的尺寸，结合气缸等尺寸绘制挡块的安装螺纹孔。

1）右击“草图 2”，选择“编辑草图”，进入草绘界面，绘制 4 个点，挡块安装孔定位点位示意图如图 2-1-23 所示，随后确认，退出草绘。

2）使用“异型孔向导”工具，在 4 个定位点位置插入 M4 螺纹孔，挡块安装螺纹孔属性如图 2-1-24 所示。

图 2-1-22　安装孔效果

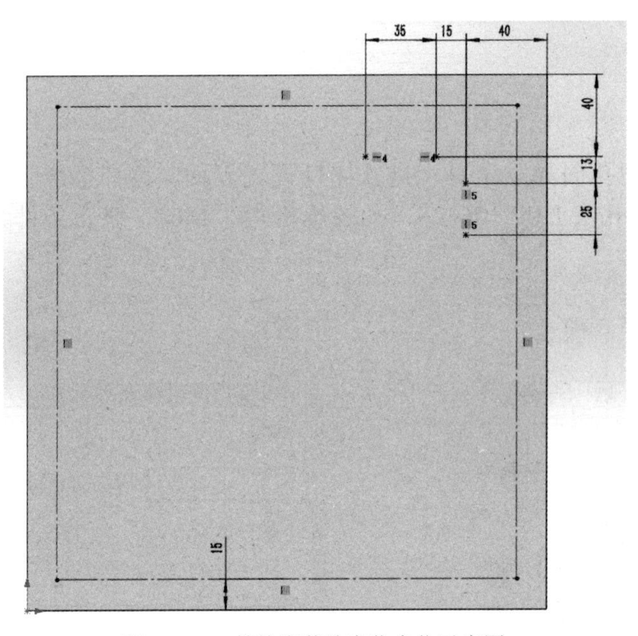

图 2-1-23　挡块安装孔定位点位示意图

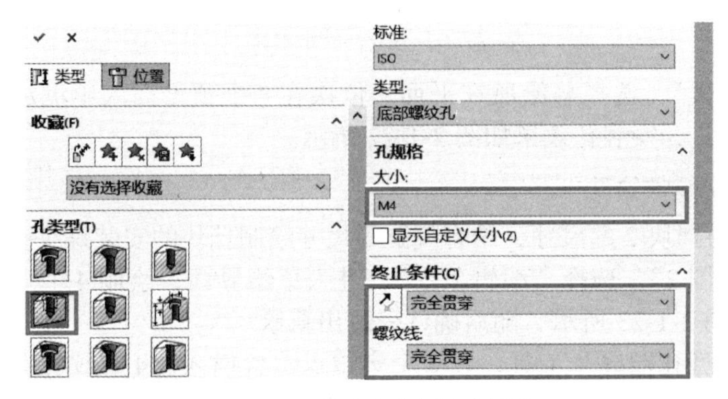

图 2-1-24　挡块安装螺纹孔属性

5. 绘制气缸安装孔

根据挡块安装位置，结合气缸和推块的尺寸绘制气缸安装螺纹孔。

1）进入草图 2，分别以两个挡块的安装孔连线绘制中心线，在对应的中心线上绘制气缸安装螺纹孔的定位点，其位置示意图如图 2-1-25 所示。

2）使用“异型孔向导”工具，绘制 4 个 M3 的螺纹孔，其属性如图 2-1-26 所示。

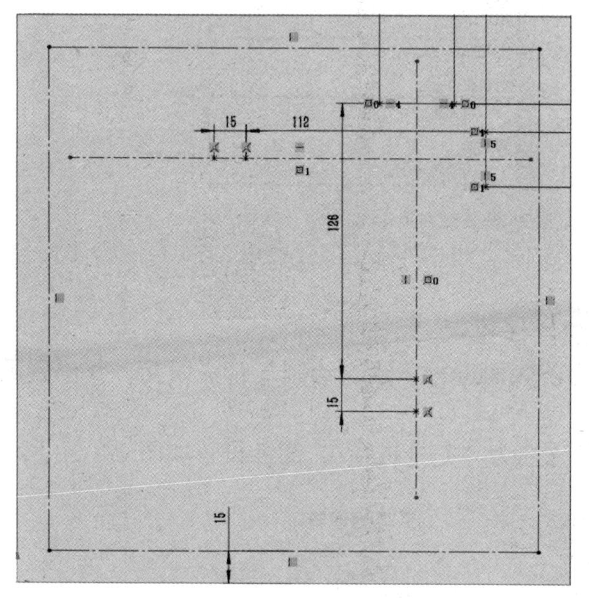

图 2-1-25　气缸安装螺纹孔位置示意图

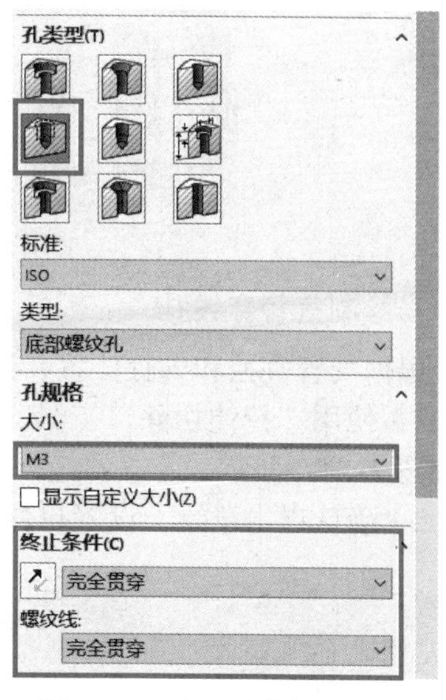

图 2-1-26　气缸安装螺纹孔属性

6. 绘制电磁阀汇流板安装螺纹孔

根据汇流板、电磁阀装配体的尺寸及装配平台布局，绘制汇流板安装螺纹孔。

1）进入草图 2，绘制一个矩形构造线，其位置示意图如图 2-1-27 所示。

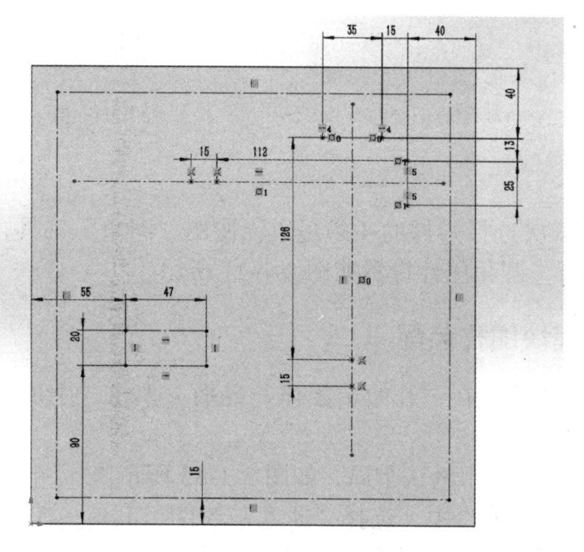

图 2-1-27　汇流板安装螺纹孔位置示意图

2）使用“异型孔向导”工具，绘制 M4 的螺纹孔，属性如图 2-1-28 所示。

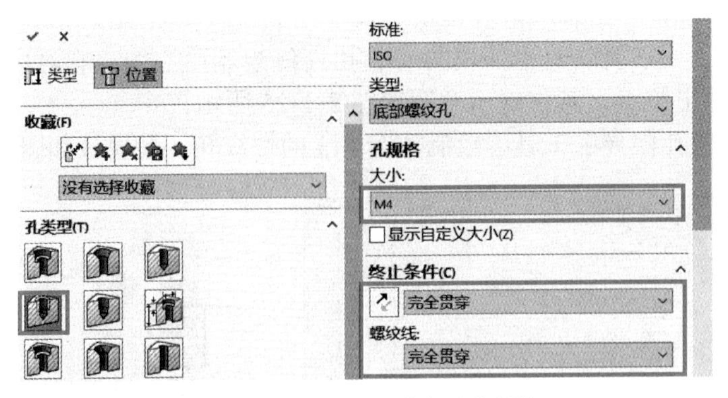

图 2-1-28 汇流板安装螺纹孔属性

7. 绘制气管穿线孔

根据气管直径和气缸位置，绘制气管穿线孔。

1）使用“拉伸切除”工具，在零件前表面进行草绘，绘制气管穿线孔，其位置示意图如图 2-1-29 所示。

2）确认退出草绘，设置拉伸切除的方向为“完全贯穿”，属性设置如图 2-1-30 所示。

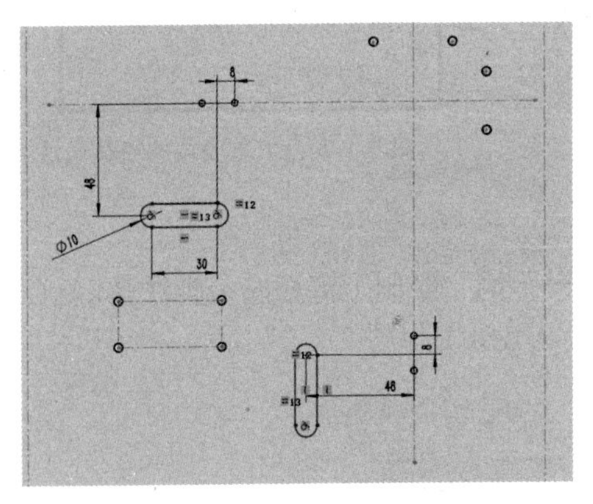

图 2-1-29 气管穿线孔位置示意图

图 2-1-30 拉伸切除的属性设置

8. 圆角修饰

按 <Ctrl> 键，依次选择零件的 4 条短边，使用“圆角”工具，进行 10mm 圆角修饰，命名、保存零件即可，圆角属性设置如图 2-1-31 所示。

2.1.2 装配定位模块图样装配

1）新建一个装配体，在“开始装配体”界面，单击“生成布局（L)”，进入布局界面，如图 2-1-32 所示。

2）在布局界面直接使用默认布局，如图 2-1-33 所示。

3）在“装配体”菜单栏中，选择“插入零部件”工具，在其属性设置界面使用“浏览”工具，打开装配平台底板零件，如图 2-1-34 所示。

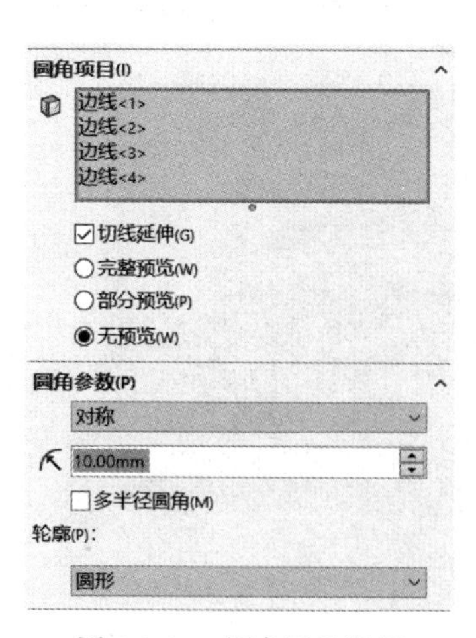

图 2-1-31　圆角属性设置

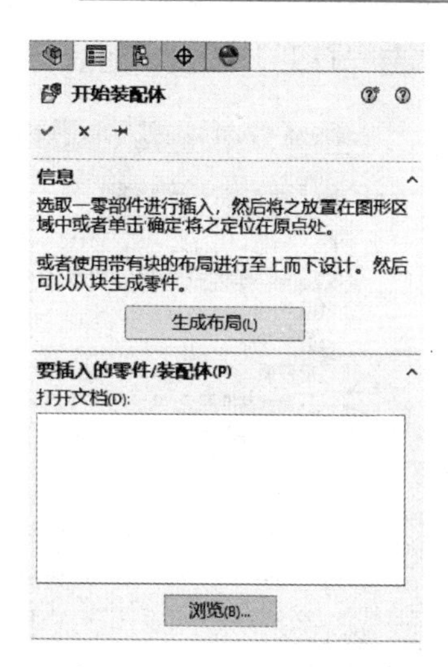

图 2-1-32　开始装配体界面

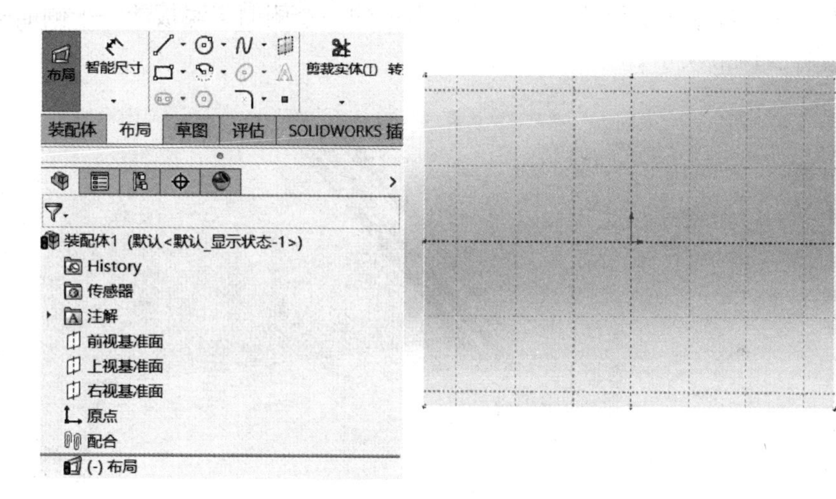

图 2-1-33　布局界面

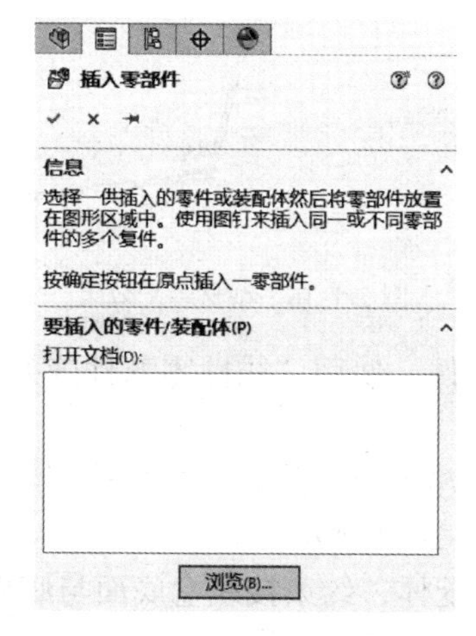

图 2-1-34　插入零部件

4）单击“打开”按钮，随后将底板放置在布局中，插入底板效果如图 2-1-35 所示。

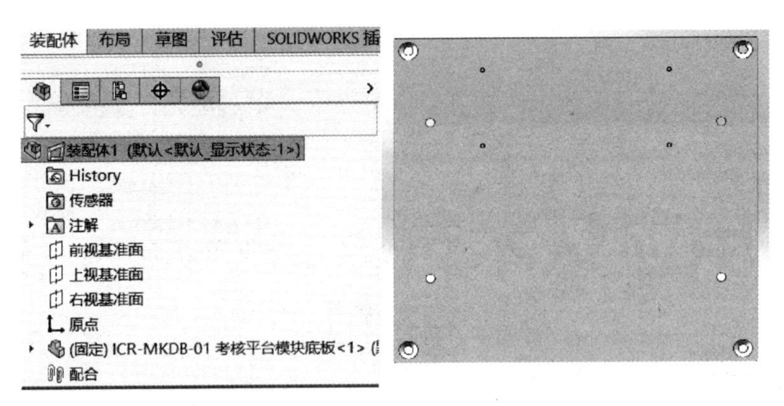

图 2-1-35　插入底板效果

5）装配型材支架，插入一根型材，通过“配合”工具，约束型材端面与底板上表面重合、型材螺纹孔与底板锥头沉头孔同轴心、型材的一个侧面与底板的一个侧面平行，型材装配效果如图 2-1-36 所示。

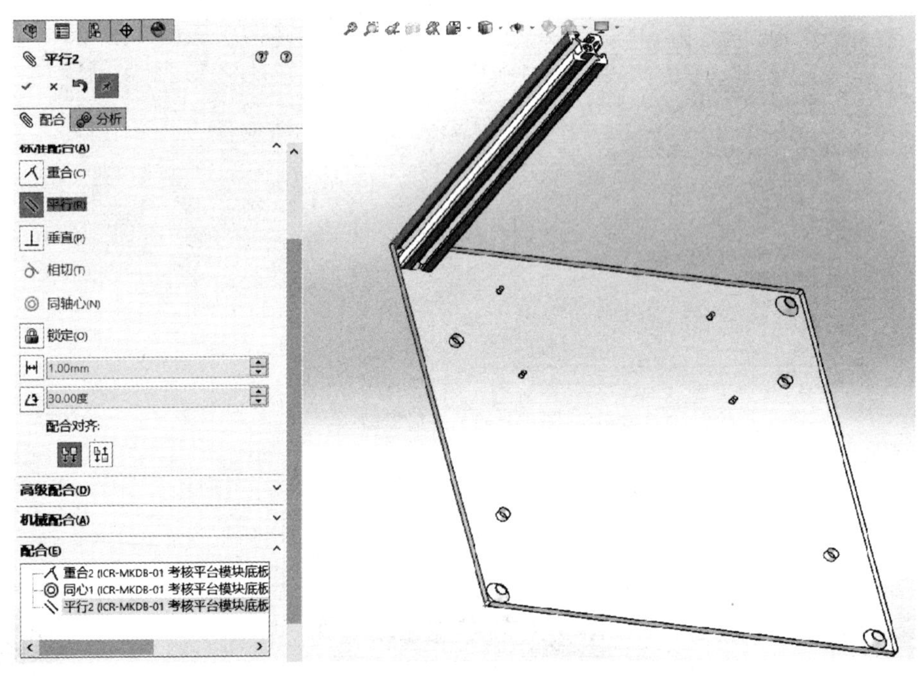

图 2-1-36　型材装配效果

6）在模型树中选择型材零件，使用“线性零部件阵列”工具，横向复制型材，属性设置界面如图 2-1-37 所示。

7）在模型树中选择刚才创建的线性阵列，再次使用“线性零部件阵列”工具，纵向复制型材，属性设置界面如图 2-1-38 所示。

8）插入装配平台接线盒装配体，约束接线盒底面与底板上表面重合，螺钉孔同轴心、侧面平行，接线盒装配效果如图 2-1-39 所示。

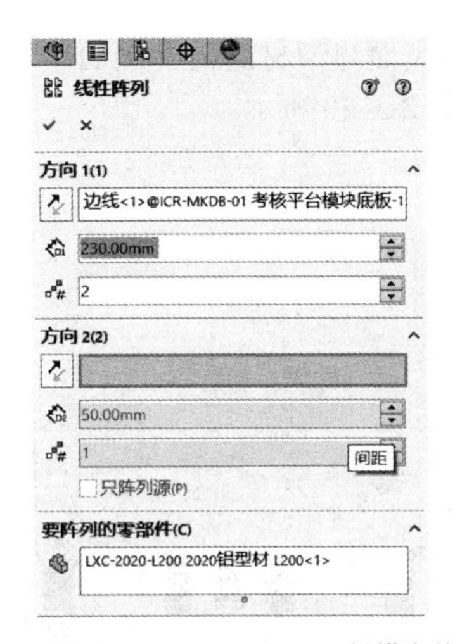

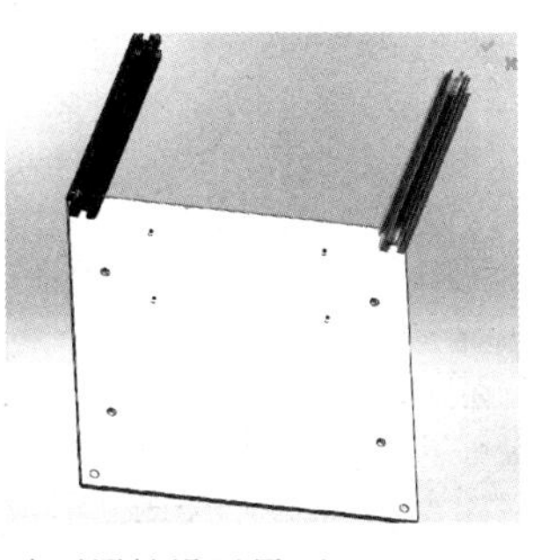

图 2-1-37　型材横向线性阵列属性设置界面

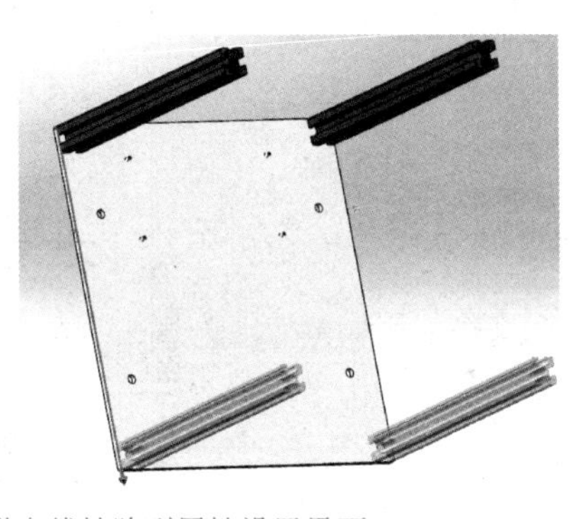

图 2-1-38　型材纵向线性阵列属性设置界面

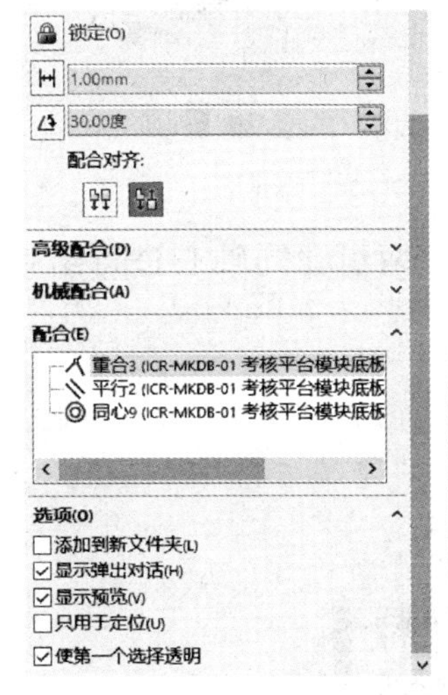

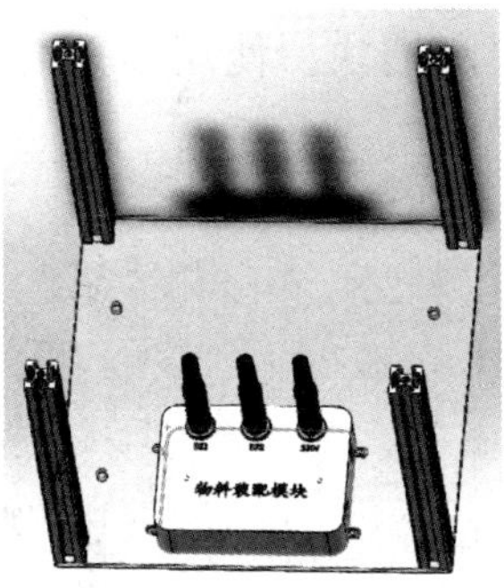

图 2-1-39　接线盒装配效果

9）插入装配平台安装板，约束安装板的底面与型材的另一端面重合、对应位置的两个螺钉孔与锥头沉头孔同轴心，装配效果如图 2-1-40 所示。

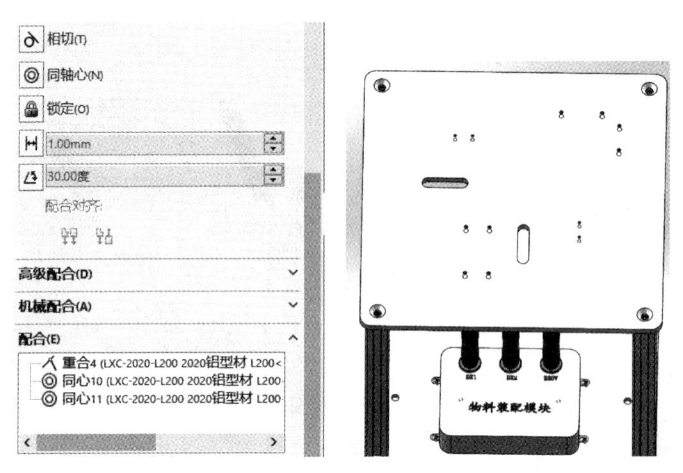

图 2-1-40　装配平台安装板装配效果

10）插入电磁阀装配体，使用面重合、两组孔同轴心进行约束，装配效果如图 2-1-41 所示。

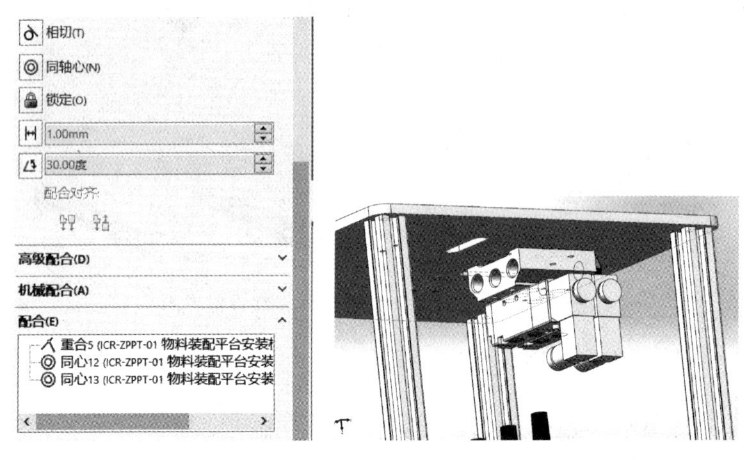

图 2-1-41　电磁阀装配效果

11）安装两个固定挡块，使用面重合、两组孔同轴心进行约束，挡块安装效果如图 2-1-42 所示。

图 2-1-42　挡块安装效果

12）安装两个气缸装配体，使用面重合、两组孔同轴心进行约束，安装效果如图 2-1-43 所示。

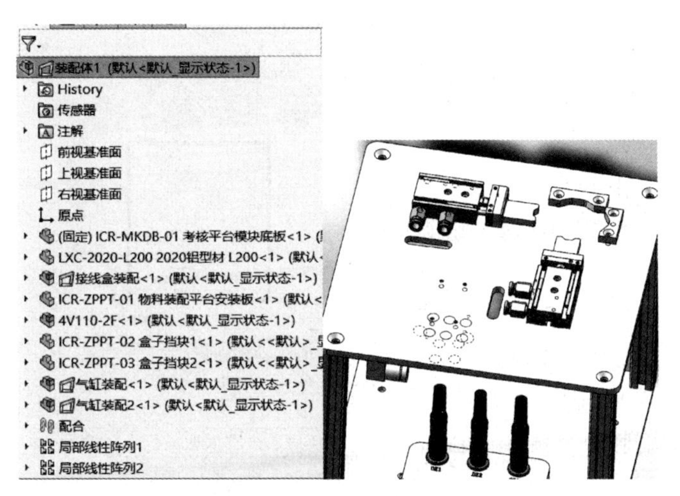

图 2-1-43　气缸装配体安装效果

13）使用工具箱插入相应的螺钉标准件，装配完成后，命名保存即可，效果如图 2-1-44 所示。

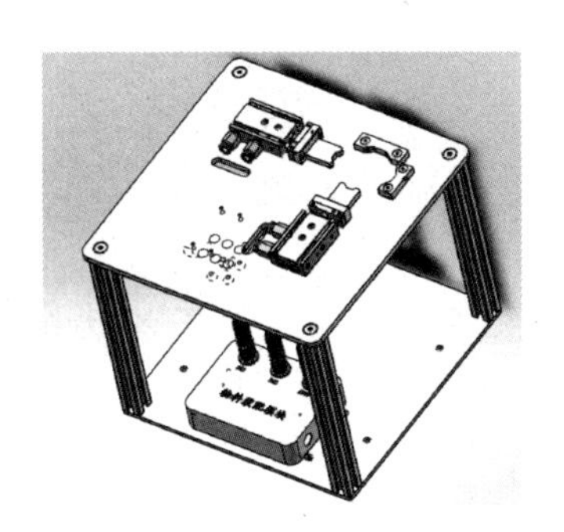

图 2-1-44　插入相应的螺钉标准件效果

2.1.3　装配定位模块零件出图

1）打开需要出图的零件，在菜单栏选择“新建”→“从零件 / 装配体制作工程图”命令，位置如图 2-1-45 所示。

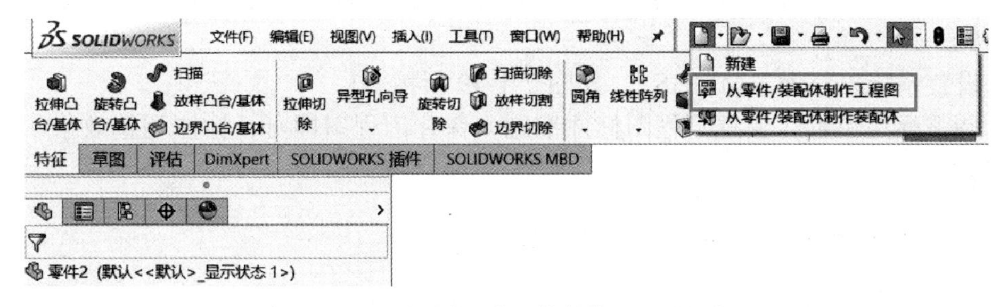

图 2-1-45　“从零件 / 装配体制作工程图”位置

2）选择图纸格式，例如“A3（ISO）”，单击“确定（O）”按钮，进入工程图，选择界面如图 2-1-46 所示。

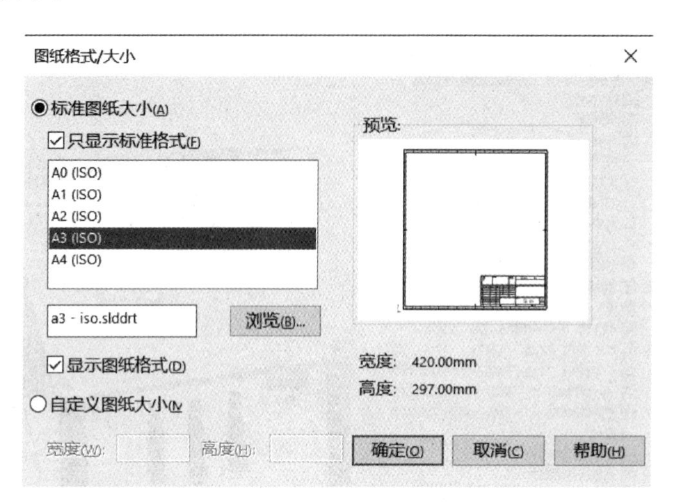

图 2-1-46　图纸格式选择界面

3）打开右侧“工程图调色板”，将“前视图”拖动到图纸框左上角作为主视图，单击确认放置位置，再向右移动鼠标放置右视图，如图 2-1-47 所示。

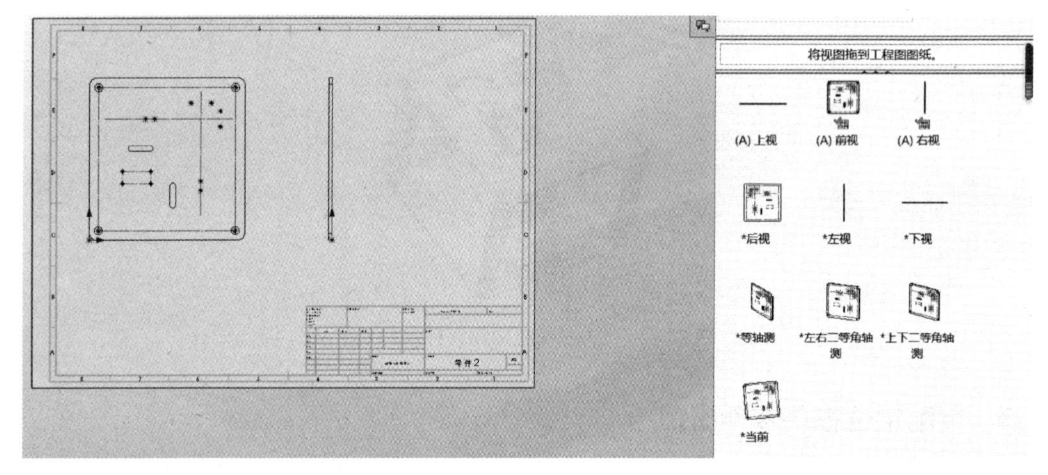

图 2-1-47　添加主视图和右视图

4）在“注解”工具栏中选择“模型项目”，来源选择“整个模型”，属性设置如图 2-1-48 所示。

5）设置系统单位为“MMGS”，如图 2-1-49 所示。

6）调整标注位置，注意工程图标注准则，保存工程图即可，标注调整效果示意图如图 2-1-50 所示。

2.1.4　装配定位模块零件 BOM 表制作

1）打开需要出 BOM 表（即零件明细表，应包含所涉及零件的名称和数量）的装配体，在菜单栏选择“新建”→“从零件 / 装配体制作工程图”，位置如图 2-1-51 所示。

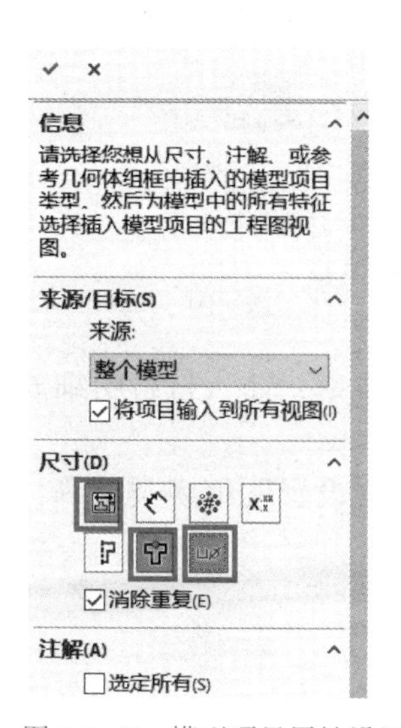

图 2-1-48　模型项目属性设置

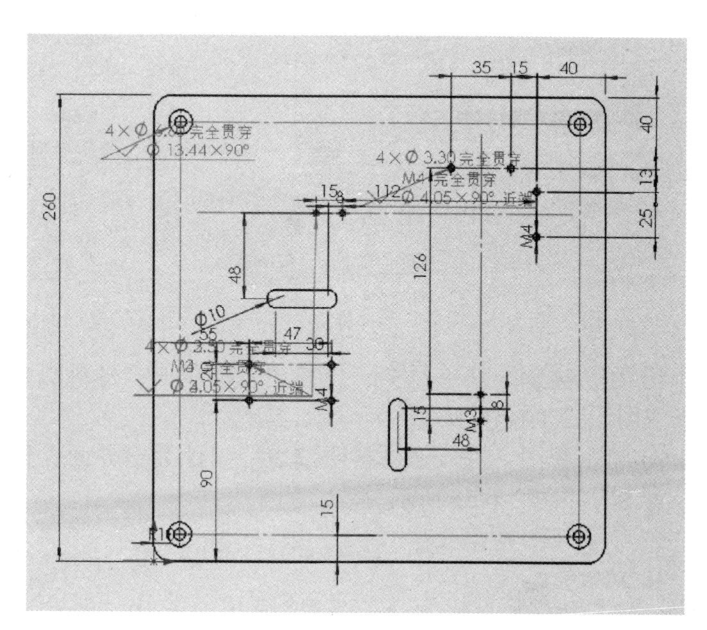

图 2-1-49　设置系统单位

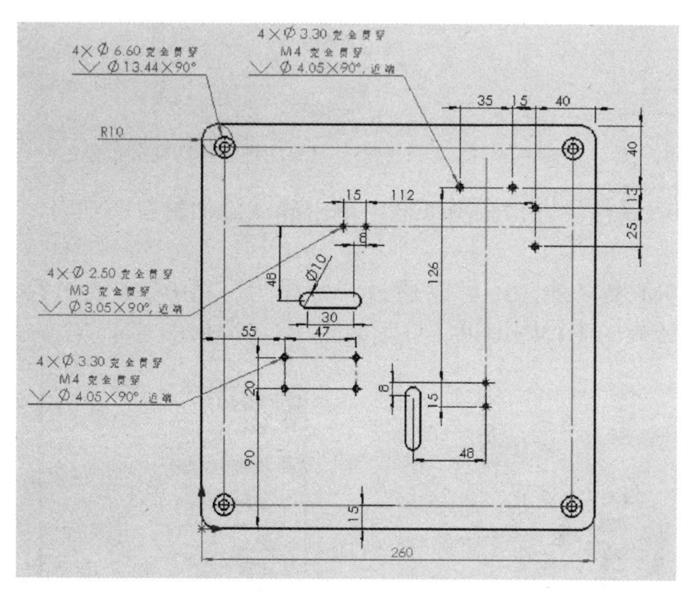

图 2-1-50　标注调整效果示意图

图 2-1-51　“从零件 / 装配体制作工程图”位置

2）选择图纸格式，例如“A3（ISO)”，单击“确定（O)”按钮，进入工程图，选择界面如图 2-1-52 所示。

3）打开右侧“工程图调色板”，将“当前视图”拖动到图纸框合适位置，单击确认放置位置，插入轴测图如图 2-1-53 所示。

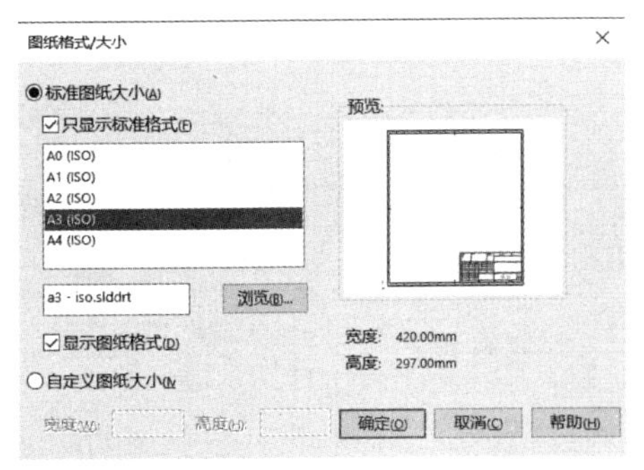

图 2-1-52 图纸格式选择界面

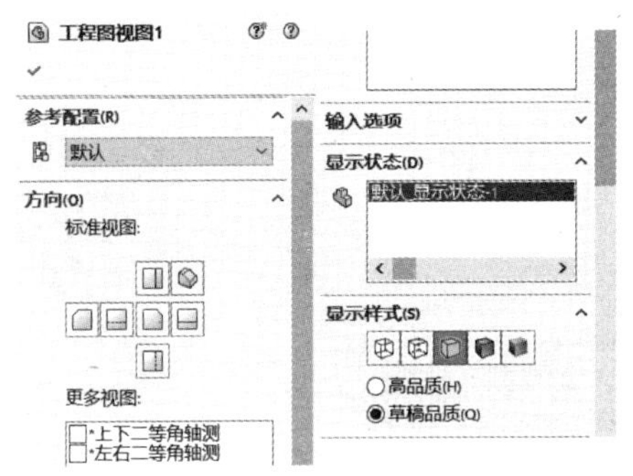

图 2-1-53 插入轴测图

4）在“注解”菜单栏中，选择“表格”→“材料明细表”命令，插入材料明细表位置示意图如图 2-1-54 所示。

5）单击视图，进入“材料明细表”属性编辑界面，根据需要设置明细表类型等，属性设置参考如图 2-1-55 所示。

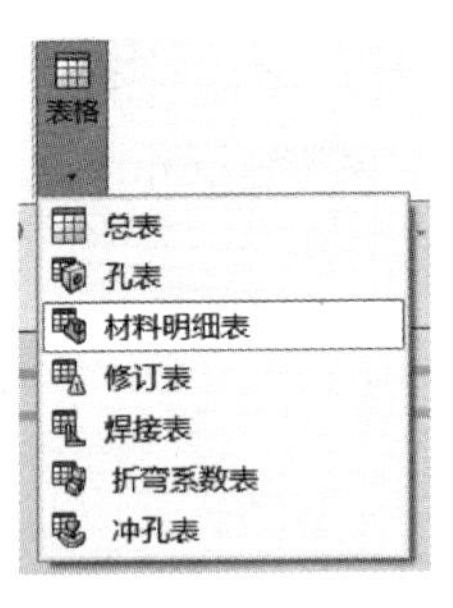

图 2-1-54 插入材料明细表位置示意图

图 2-1-55 材料明细表属性设置参考

6）单击“√”确认材料明细表属性设置，在图纸框中单击确认添加材料明细表，效果如图 2-1-56 所示。

7）除了能在图纸中保存 BOM 表以外，还可以通过“另存为”将 BOM 表另存为 Excel 表格等格式，保存包含 BOM 表的工程图即可，位置如图 2-1-57 所示。

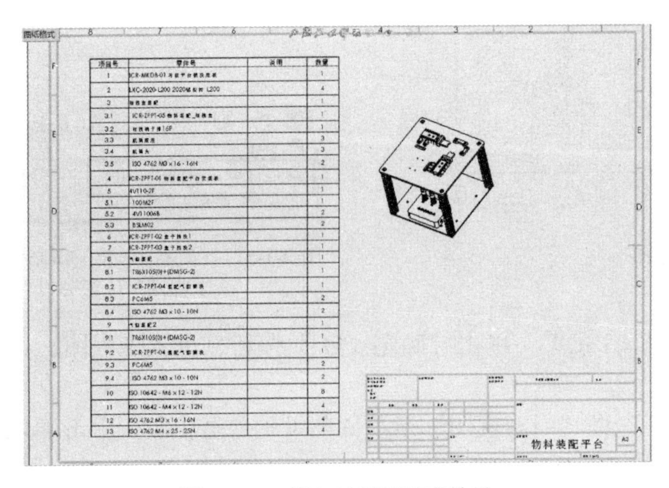

图 2-1-56 添加材料明细表效果

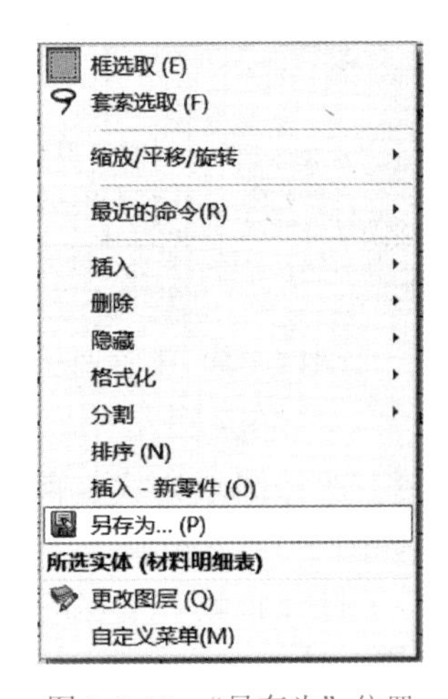

图 2-1-57 “另存为”位置

任务测评

一、选择题

1. SolidWorks 中使用快捷方式复制对象时，应按（　　）热键。

A. <Ctrl>　　B. <Shift>　　C. <Alt>

2. 在 FeatureManager 设计树中默认的有（　　）基准面。

A. 2 个　　B. 3 个　　C. 4 个

3. SolidWorks 视图区域的大小可以拖动调整，最多可以分割成（　　）个部分，便于观察不同视角。

A. 4　　B. 3　　C. 2

4. 在 SolidWorks 中，方向键可以使模型旋转，若要使模型沿顺时针（或逆时针）转动，应使用（　　）组合键。

A. <Shift> + 方向键　　B. <Ctrl> + 方向键

C. <Alt> + 方向键

5. 在 SolidWorks 建模过程中，最基础的是草图绘制。（　　）上不能绘制草图。

A. 基准面　　B. 实体的平面表面

C. 剖面视图中的平面剖面

二、判断题

1. 文件属性的信息可以自动插入到工程图中的标题栏里。（　　）
2. 在装配设计中管理设计树内能改变零部件的次序。（　　）
3. 在 SolidWorks 中一次可以选择多个零部件来进行移动和旋转。（　　）
4. 通过拖动悬空端点到有效的参考实体，悬空尺寸可以被修复。（　　）
5. 当拖放一个零件到装配体时，零件配置只能是激活配置。（　　）

任务 2.2　电气图样绘制

任务描述

根据项目 1 中选出的电气元件的硬件参数及电源参数，结合智能协作机器人技术及应用平台对电气控制的技术要求，完成主电路的电气原理图绘制。

任务目标

1）掌握电气原理图绘制标准。

2）掌握电气原理图绘制方法及绘制技巧。

知识储备

2.2.1　电气原理图绘制标准

1. 电气原理图简介

电气原理图的作用是表明设备的工作原理及各电气元件间的接线方式，一般由主电路、控制执行电路、检测与保护电路和配电电路等几大部分组成。由于它直接体现了电子电路与电气

结构以及其相互间的逻辑关系，所以一般用在设计、分析电路中。分析电路时，通过识别图样上所画各种电气元件符号以及它们之间的连接方式，就可以了解电路实际工作时的情况。

2. 电气原理图绘图原则

电气符号

1）绘制电气符号标准——按国家标准规定的电气符号绘制，如 GB/T 4728 系列。

2）绘制文字符号标准——按国家标准规定的文字符号标明，如 GB/T 7159—1987。电气原理图常用电气元件文字符号：隔离开关 QS、断路器 QF、熔断器 FU、接触器 KM、中间继电器 KA、时间继电器 KT、速度继电器 KS、热继电器 FR、按钮 SB、行程开关 SQ。

电气原理图绘制标准

3）绘制顺序排列标准——按照先后工作顺序纵向排列，或者水平排列。

4）用展开法绘制——电路中的主电路，用粗实线画在图样的左边、上部或下部。

5）标明动作原理与控制关系——必须表达清楚控制与被控制的关系。

6）绘制电气原理图时分为主电路和辅助电路。

3. 电气原理图绘制流程

1）画主电路：绘制主电路时，应依规定的电气图形符号用粗实线画出主要控制、保护等用电设备，如断路器、熔断器、变频器、热继电器和电动机等，并依次标明相关的文字符号。

2）画控制电路：控制电路一般是由开关、按钮、信号指示灯、接触器、继电器的线圈和各种辅助触点构成，无论简单或复杂的控制电路，一般由各种典型电路（如延时电路、联锁电路和顺控电路等）组合而成，用以控制主电路中受控设备的启动、运行和停止，使主电路中的设备按设计工艺的要求正常工作。

对于简单的控制电路，依据主电路要实现的功能，结合生产工艺要求及设备动作的先后顺序依次分析，仔细绘制。对于复杂的控制电路，要按各部分所完成的功能，分割成若干个局部控制电路，然后与典型电路相对照，找出相同之处，本着先简后繁、先易后难的原则逐个画出每个局部环节，再找到各环节的相互关系。

任务实施

2.2.2 电气原理图绘制

1. 图样简介

任务包含 1 个 20A 断路器、2 个 6A 断路器、1 个 24V 开关电源、1 个 12V 开关电源、2 个（10A/ 三孔）导轨式数模化电源插座、1 个接触器、1 个中间继电器和端子排等电气元件。电气控制流程如图 2-2-1 所示。主电路电气原理图如图 2-2-2 所示。

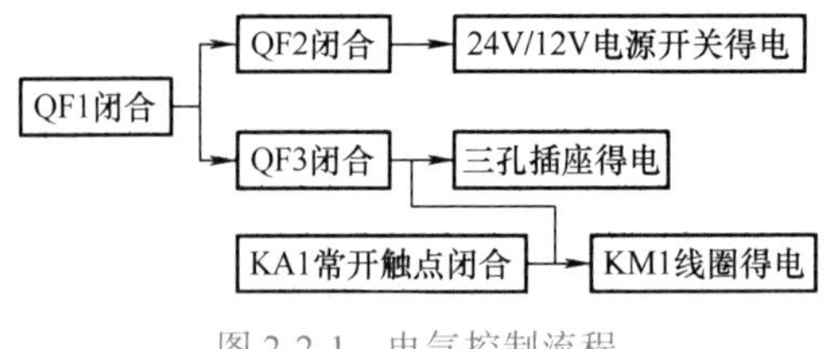

图 2-2-1　电气控制流程

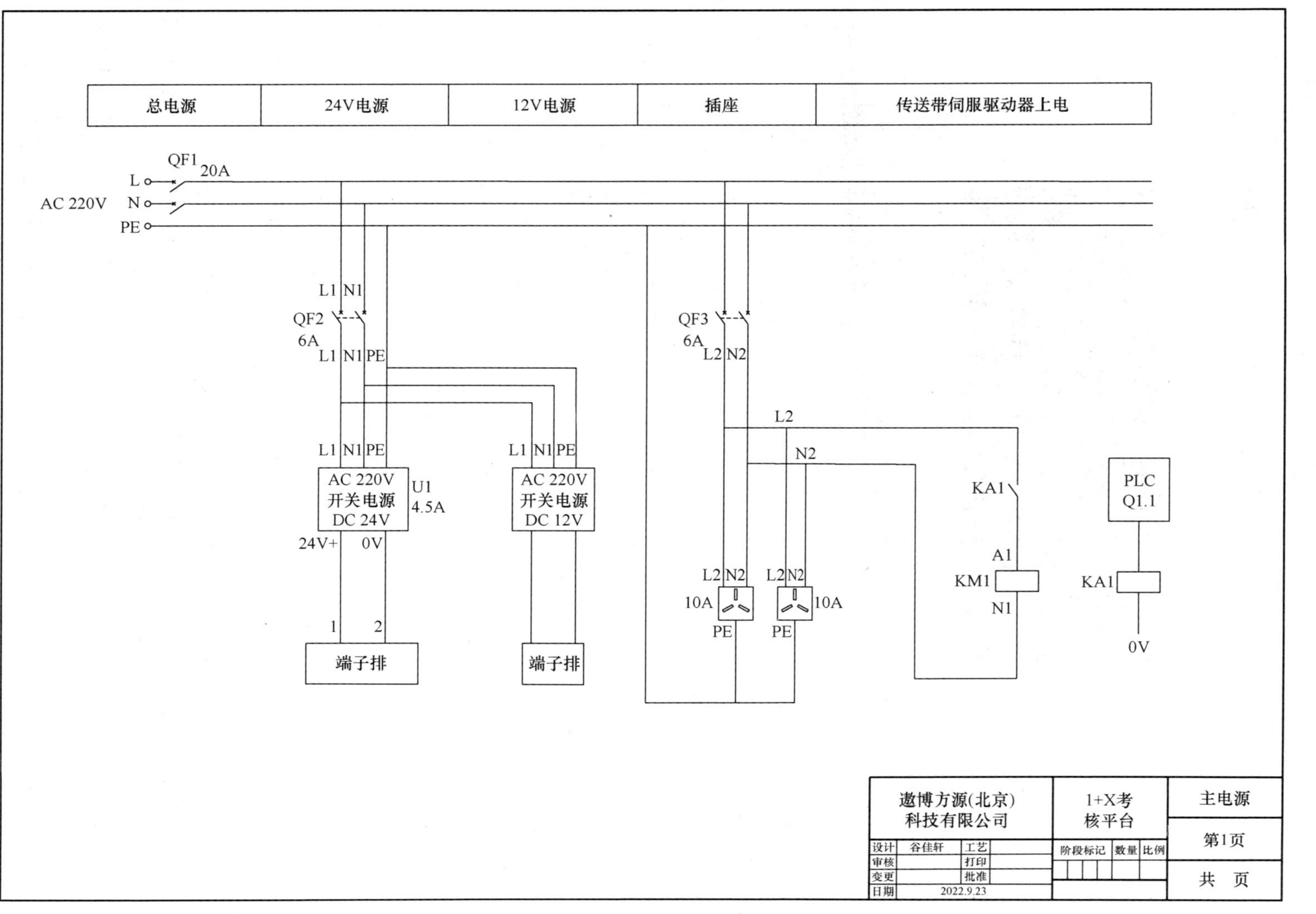

图 2-2-2 主电路电气原理图

2. 接线图绘制

1）打开 AutoCAD 软件，如图 2-2-3 所示。

2）选择“新建”，单击“图形”，在弹出界面中选择“打开”，创建新的工程文件，如图 2-2-4 所示。

图 2-2-3　打开软件

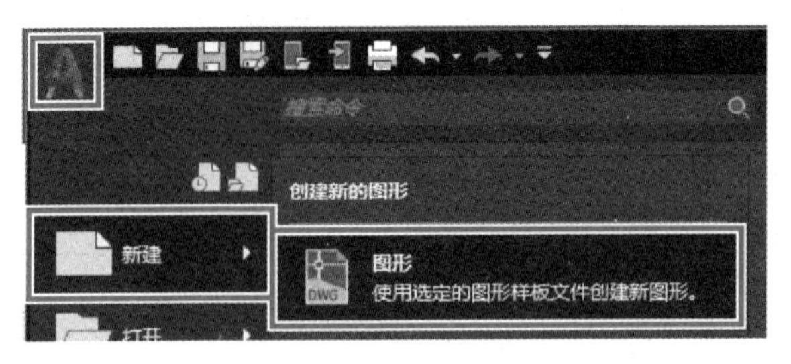

a) 新建图形

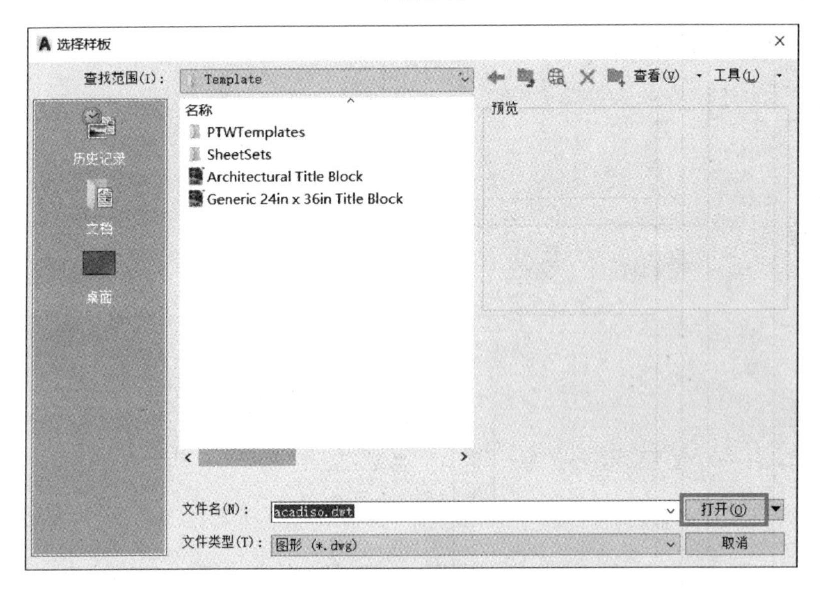

b) 命名

图 2-2-4　创建新的工程文件

3）从电气元件库中调用零件：调用图框、配电盘、断路器、开关电源和端子，如图 2-2-5 所示。规定相线为红色、中性线为蓝色、地线为黄色。**注意：**零件库需自行购买或提前画好保存。

4）先将端子布局在配电盘中最下面的导轨上，排布元器件如图 2-2-6 所示。

5）先画电源进线，红色为相线，蓝色为中性线，从外部进线至端子处。在绘图栏中单击“直线”，在特性栏中设置直线的颜色和粗细，电源线如图 2-2-7 所示。

6）从端子的上端口引出线，通过线槽，按照顺序接到断路器的进线口，规划走线如图 2-2-8 所示。

7）断路器的下方端子引出相线和中性线通过线槽，接入开关电源，相线接到开关电源 L 处，中性线接到开关电源 N 处，开关电源的接地端子引出到地线，绘制电源线如图 2-2-9 所示。

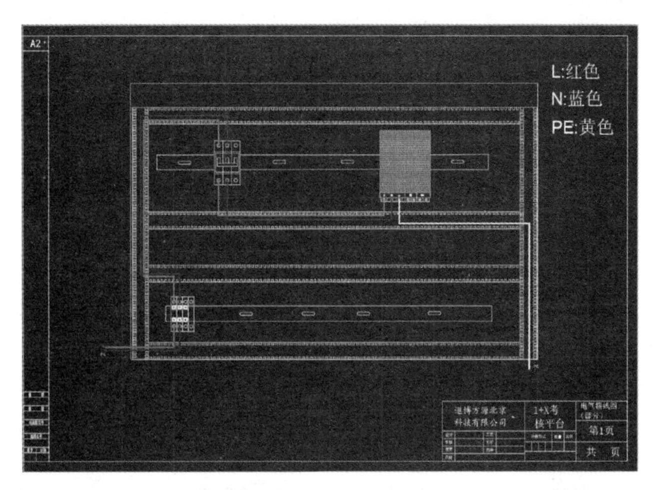

图 2-2-5 调用零件

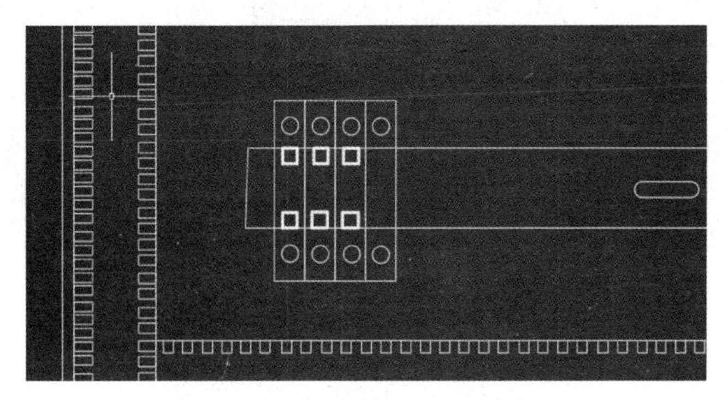

图 2-2-6 排布元器件

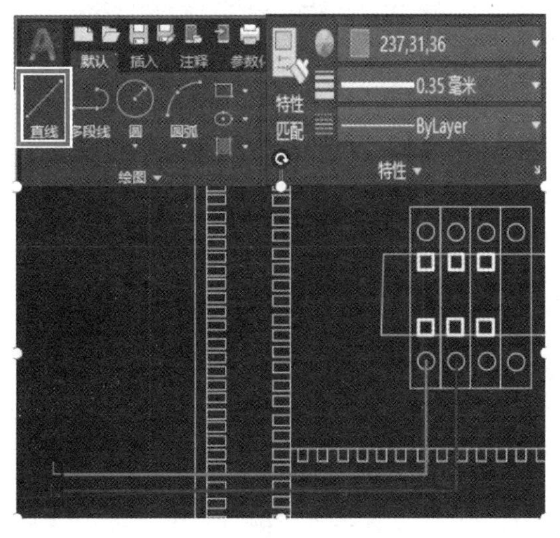

图 2-2-7 电源线

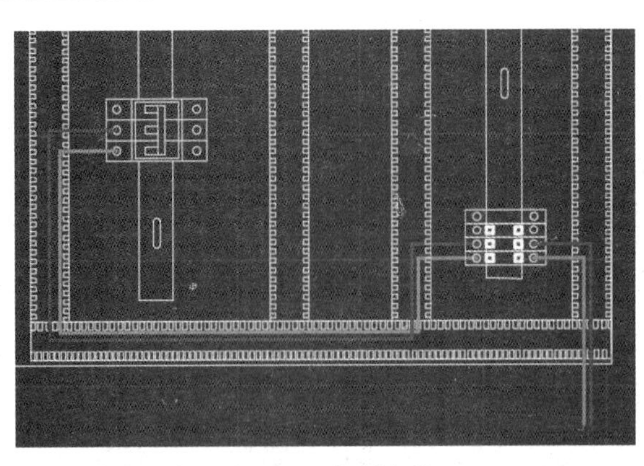

图 2-2-8　规划走线

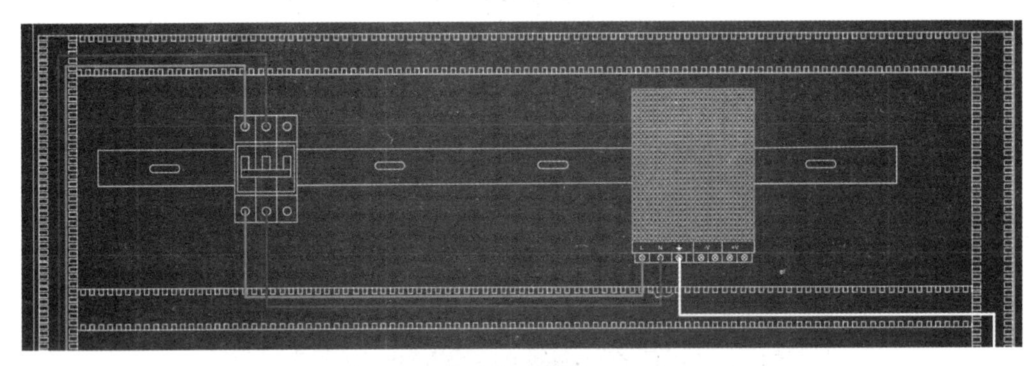

a) 连接开关电源

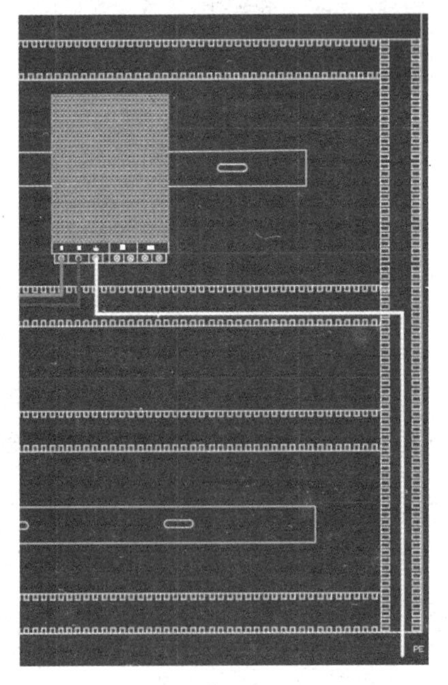

b) 接地线

图 2-2-9　绘制电源线

8）完成接线图绘制后，单击保存即可，保存图样如图 2-2-10 所示。

图 2-2-10　保存图样

3. 原理图绘制

1）从电气图库中调用断路器，添加至电路图中，如图 2-2-11 所示。
2）菜单栏中选择绘制直线选项，如图 2-2-12 所示。

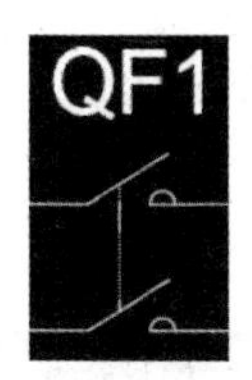

图 2-2-11　添加断路器

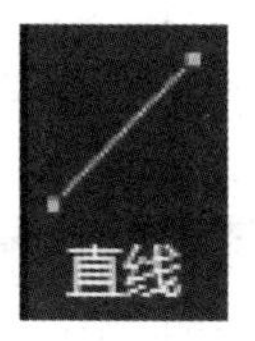

图 2-2-12　选择绘制直线

3）以 L、N 和 PE 3 条线段连接断路器，绘制出上述电气原理图的开关电源部分，如图 2-2-13 所示。

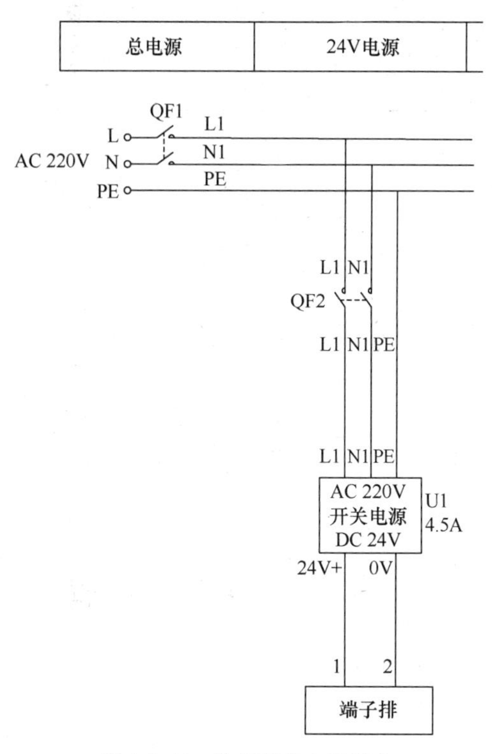

图 2-2-13　绘制开关电源部分

4）主电路原理图，如图 2-2-14 所示。

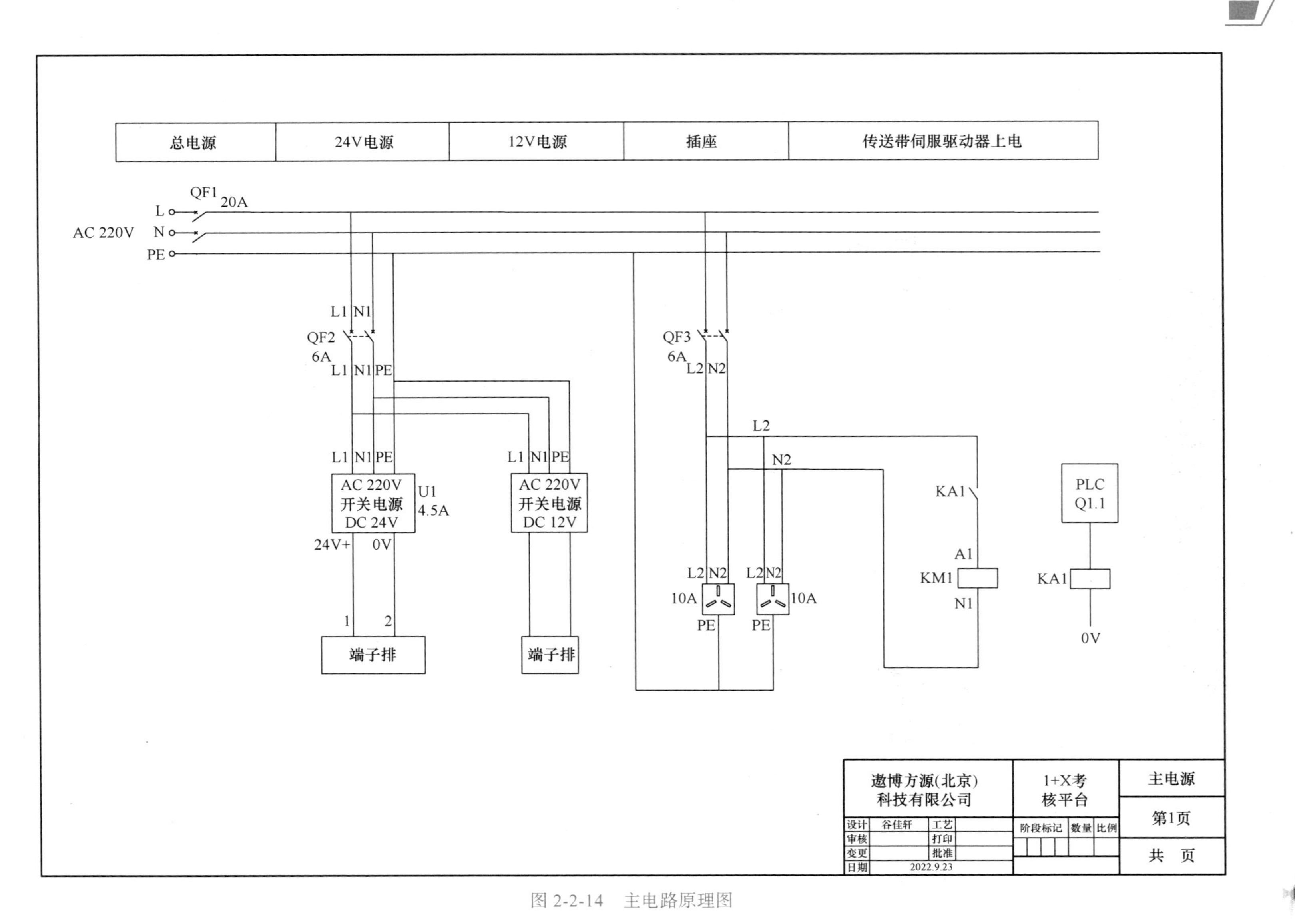

图 2-2-14 主电路原理图

任务测评

一、选择题

1. 下面（　　）是电压互感器的文字符号。

A. QS　　B. QF　　C. TA　　D. TV

2. 下面（　　）是电流互感器的文字符号。

A. QS　　B. QF　　C. TA　　D. TV

3. 下面（　　）是隔离开关的文字符号。

A. QS　　B. QF　　C. FU　　D. TV

4. 下面（　　）是电缆终端头的文字符号。

A. L　　B. X　　C. FU　　D. TV

5. 下面（　　）是断路器的文字符号。

A. QS　　B. QF　　C. FU　　D. TV

二、判断题

1. TN-S 系统中工作中性线和保护中性线共用一根导线。（　　）

2. 开关柜的屏背面接线图一般都采用相对编号法绘制。（　　）

3. 接地装置是指埋入土中的金属导体。（　　）

4. 晶闸管的通电流能力不高。（　　）

5. 数字逻辑电路有正逻辑、负逻辑两种表示方法。正逻辑 0 态表示低电平状态，1 态表示高电平状态。（　　）

项目 3

智能协作机器人技术及应用系统编程

学习目标

➢ 熟悉脚本编程基本指令及语法，编写机器人通信脚本程序，完成机器人与外设的TCP 通信。

➢ 编写移动脚本程序控制机器人移动。

➢ 掌握多线程控制编程方法。

小故事

“大国工匠”顾秋亮

顾秋亮，从事钳工安装及科研试验工作四十多年，是一名安装经验丰富、技术水平过硬的钳工师傅。

10cm 的一块方铁，要锉到 0.5cm，为了练习，顾秋亮锉了十五六块方铁，锉刀都用断了几十把，一遍遍地锉钢板，一遍遍地动脑筋琢磨，渐渐地，顾秋亮手里的活儿有了“灵性”，做的工件全部免检，“两丝”的名号也渐渐被叫响了。

“蛟龙号”是中国首个大深度载人潜水器，有十几万个零部件，组装起来最大的难度就是密封性，精密度要求达到两个“丝”（1 丝为 0.01mm）。顾秋亮带领装备组实现了这个精度，被人称为“顾两丝”。工作多年来，他埋头苦干、踏实钻研、挑战极限，这让他赢得潜航员托付生命的信任，也见证了中国从海洋大国向海洋强国迈进。

任务 3.1　协作机器人脚本编程

任务描述

结合智能协作机器人技术及应用平台的实际情况，编写机器人通信脚本程序，配置通信 IP 地址及端口号，完成机器人与外设的 TCP 通信，根据实际现场功能要求编写脚本程序控制机器人完成移动、通信等功能。

任务目标

1）掌握脚本程序基本语法及通信函数应用。
2）完成复杂功能脚本程序的编写调试。
3）掌握多线程控制程序的编写调试方法。

知识储备

3.1.1　脚本指令

1. 脚本语言简介

脚本语言是以一种规范的方式解决某种问题，而后逐渐壮大发展成为一门语言。相对一般程序开发，脚本语言比较接近自然语言，可以不经编译而直接解释执行，有利于程序的快速开发或者对一些轻量进行控制。

AUBO 机器人的脚本开发使用的是目前最为流行的，并且是免费的轻量级嵌入式 Lua 脚本语言。它在很多工业级的应用程序中被广泛应用。Lua 具备很多优点，如语法简单、高效稳定、可以处理复杂的数据结构以及自动内存管理等，因此在很多嵌入式设备和智能移动设备中，为了提高程序的灵活性、扩展性和高可配置性，一般都会选择 Lua 作为它们的脚本引擎，以应对各种因设备不同而带来的差异。

AUBO 机器人可以通过示教器的图形化界面来进行控制，也可以通过脚本进行控制。AUBO-Script 是在 Lua 基础上开发的脚本语言，支持 Lua 语言的语法，例如变量类型、控制流语句和函数定义等。AUBO-Script 还内置了一些函数用来检测和控制机器人的 I/O 和机器人运动。

2. 标识符与变量

1）标识符可以为由非数字打头的任意字母、下划线和数字构成的字符串，可用于对变量、函数等命名。

系统保留关键字不可用于标识符命名，见表 3-1-1。

表 3-1-1　系统保留关键字

关键字						
and	not	or	break	return	do	then
if	else	elseif	end	true	false	for
while	repeat	until	in	function	goto	local

2）AUBO-Script 中的变量类型包含：

① nil：表示一个无效值，在条件表达式中相当于 false。

② boolean：包含两个值 true/false。

③ number：数字、整型和浮点型。

④ string：字符串，由一对双引号或者单引号表示。

⑤ function：自己编写的函数。

⑥ table：数组，用“{}”表示。

3）注释以双横线“--”开始，若后紧跟大括号“[[”，则为段注释，直至对应的“]]”结束；否则为单行注释，到当前行末结束。

4）全局变量与局部变量的作用域不同，声明局部变量前应加“local”关键字，如 local a=5，否则就是一个全局变量。

5）AUBO-Script 中表达式语法是非常标准的，其语法格式如下：

① 算术表达式：

```
6+2-3
5*2/3
(2+3)*4/(5-6)
```

② 逻辑表达式：

```
true or false and (2==3)
1>2 or 3 ~ =4 or 5<-6
not 9>=10 and 100<=50
```

③ 变量赋值：

```
A = 100
bar = ture
PI = 3.1415
name = "Lily"
position = {0.1, -1.0, 0.2, 1.0, 0.4, 0.5}
```

6）AUBO-Script 中的变量类型不需在前面修饰，而是由变量的第一个赋值推导出来。比如上例“③变量赋值”中，A 是一个整数，bar 是一个布尔值，PI 是一个浮点数，name 是一个字符串，position 是一个数组。

3. 程序流程控制

程序的控制流可以通过 if、while、repeat 和 for 这些控制结构来实现，在 AUBO-Script 中，它们的语法规则都符合通常定义，语法为：

1）分支语句，其语法格式如下：

```
if(exp1)then        --[[ exp1 表达式为 true 时执行该语句块 ]]
else if(exp2)then   --[[ exp2 表达式为 true 时执行该语句块 ]]
else                --[[ 满足其他条件时执行该语句块 ]]
end
```

示例程序：

```
a=-2
if(a<0) then
print("a<0")
elseif(a>0) then
print("a>0")
else
print("a=0");
end
```

脚本编程流程控制

程序实现效果：打印 a<0

2）while 循环，其语法格式如下：

```
while(exp) do --[[ exp 表达式为 true 时循环执行该语句块 ]]
end
```

示例程序：

```
while(true) do
print("A");
end
```

程序实现效果：永远循环

3）repeat 循环，语法格式如下：

```
repeat
until(exp)     --[[exp 表达式为 false 时循环执行该语句块 ]]
```

示例程序：

```
A = 10
repeat
print(A)
A = A+1
until(A>15)
```

程序实现效果：打印 10 11 12 13 14 15

4）for 循环，其语法格式如下：

```
for init, max/min value, increment do
--[[ 执行的语句块 ]]
end
```

```
for i=10, 1, -1 do
print(i)
end
```

程序实现效果：打印 10 9 8 7 6 5 4 3 2 1

5）可以使用 break 停止某个循环，使用 goto 语句实现跳转，可以通过 return 直接返回。**特别注意：**AUBO-Script 不支持 continue 语句，但可以使用 goto 间接实现。

4. 协作机器人运动控制

常用的运动控制函数如下。

1）弧度 r 转化为角度值：double r2d(doubler)，例如：r2d（0）。

2）角度 d 转化为弧度值：double d2r(doubled)，例如：d2r（0）。

3）欧拉角转换为四元数：{oriW, oriX, oriY, oriZ} rpy2quaternion({oriRX, oriRY, oriRZ})，例如：quaternion=rpy2quaternion({d2r(-179.999588), d2r(0.000243), d2r(-89.998825)})。

4）四元数转换为欧拉角：{oriRX, oriRY, oriRZ} quaternion2rpy({oriW, oriX, oriY, oriZ})，例如：eulerpoint=quaternion2rpy({1.000000, 0.000000, -0.000000, 0.000000})。

5）初始化全局运动属性：void init_global_move_profile(void)，例如：init_global_move_profile( )。

6）设置关节 1 ～ 6 的最大加速度，单位 rad/s^2：void set_joint_maxacc ({double joint1MaxAcc, double joint2MaxAcc, double joint3MaxAcc, double joint4MaxAcc, double joint5MaxAcc, double joint6MaxAcc})，例如：set_joint_maxacc({1.0, 1.0, 1.0, 1.0, 1.0, 1.0})。

7）设置关节 1 ～ 6 的最大速度，单位 rad/s：void set_joint_maxvelc ({double joint1MaxVelc, double joint2MaxVelc, double joint3MaxVelc, double joint4MaxVelc, double joint5MaxVelc, double joint6MaxVelc})，例如：set_joint_maxvelc({1.0, 1.0, 1.0, 1.0, 1.0, 1.0})。

8）设置末端最大加速度，单位 m/s^2：void set_end_maxacc(double endMaxAcc)，例如：set_end_maxacc (1.0) 。

9）设置末端最大速度，单位 m/s：void set_end_maxvelc (double endMaxVelc)，例如：set_end_maxvelc (1.0)。

10）轴动，单位弧度：void move_joint({double joint1Angle, double joint2Angle, double joint3Angle, double joint4Angle, double joint5Angle, double joint6Angle}, bool isBlock)，例如：move_joint({-0.000003, -0.127267, -1.321122, 0.376934, -1.570796, -0.000008}, true)。

11）直线运动，单位弧度：void move_line({double joint1Angle, double joint2Angle, double joint3Angle, double joint4Angle, double joint5Angle, double joint6Angle}, bool isBlock)，例如：move_line({-0.000003, -0.127267, -1.321122, 0.376934, -1.570796, -0.000008}, true)。

12）设置相对偏移属性：void set_relative_offset({double posOffsetX, double posOffsetY, double posOffsetZ}，“ {double oriOffsetW, double oriOffsetX, double oriOffsetY, double oriOffsetZ}, {double toolEndPosX, toolEndPosY, toolEndPosZ}, {double toolEndOriW, toolEndOriX, toolEndOriY, toolEndOriZ}, CoordCalibrateMethod coordCalibrateMethod, {double point1Joint1, double point1Joint2, double point1Joint3, double point1Joint4, double point1Joint5, double point1Joint6}, {double point2Joint1, double point2Joint2, double point2Joint3, double point2Joint4, double point2Joint5, double point2Joint6}, {double point3Joint1, double point3Joint2, double point3Joint3, double point3Joint4, double point3Joint5, double point3Joint6}, {double toolEndPosXForCalibUserCoord, toolEndPosYForCalibUserCoord, toolEndPosZForCalibUserCoord}"）注意："" 内为选填参数。例如：set_relative_offset（{0.2,0.2,0.2},{1.000000,0.000000,0.000000,0.000000},{0.000000,0.000000,0.000000},{1.000000,0.000000,0.000000,0.000000},CoordCalibrateMethod.zOzy,{-0.000003,-0.127267,-1.321122,0.376934,-1.570796,-0.000008},{-0.186826,-0.164422,-1.351967,0.383250,-1.570795,-0.186831},{-0.157896,0.011212,-1.191991,0.367593,-1.570795,-0.157901},{0.1,0.2,0.3}）。

13）返回当前机械臂的实时路点位置、姿态和关节角：get_current_waypoint(void)，例如：pos =get_current_waypoint() -- 读取机器人当前姿态参数

j1=(pos.joint.j1)　-- 将读取的机器人关节 1 关节角度赋值给 j1
j2=(pos.joint.j2)　-- 将读取的机器人关节 2 关节角度赋值给 j2
j3=(pos.joint.j3)　-- 将读取的机器人关节 3 关节角度赋值给 j3
j4=(pos.joint.j4)　-- 将读取的机器人关节 4 关节角度赋值给 j4
j5=(pos.joint.j5)　-- 将读取的机器人关节 5 关节角度赋值给 j5
j6=(pos.joint.j6)　-- 将读取的机器人关节 6 关节角度赋值给 j6
posX= pos.pos.x　-- 将读取的机器人 X 空间坐标值赋值给 posX
posY= pos.pos.y　-- 将读取的机器人 Y 空间坐标值赋值给 posY
posZ= pos.pos.z　-- 将读取的机器人 Z 空间坐标值赋值给 posZ
oriW=pos.ori.w　-- 将读取的机器人 W 空间姿态坐标值赋值给 oriW
oriX=pos.ori.x　-- 将读取的机器人 X 空间姿态坐标值赋值给 oriX
oriY=pos.ori.y　-- 将读取的机器人 Y 空间姿态坐标值赋值给 oriY
oriZ=pos.ori.z　-- 将读取的机器人 Z 空间姿态坐标值赋值给 oriZ

5. TCP/IP（传输控制协议 / 互联网协议）通信

作为客户端时的情况如下。

1）连接指定 IP 地址和端口的 TCP 服务器：void connect（stringIP, intport）。stringIP：IP 地址；intport：端口号。

程序示例：

```
tcp.client.connect("127.0.0.1", 7777)
```

2）判断 IP 是否连接了服务：bool is_connected（stringIP）。stringIP：IP 地址。如果 stringIP 已经连接了 TCP 服务器，则返回 true；否则返回 false。

程序示例：

```
while(tcp.server.is_connected(ip) ~ =true)do
```

```
sleep(1)
end
print("connectionsucceeded")
```

3）以字符串形式接收从指定 IP 地址和端口的 TCP 服务器发送来的数据：string recv_str_data（stringIP, stringport）。stringIP：IP 地址；stringport：端口号。

程序示例：

```
recv=tcp.client.recv_str_data("127.0.0.1","7777")
print(recv)
```

4）以字符串形式向指定 IP 地址和端口的 TCP 服务器发送数据：void send_str_data（stringIP, stringport, stringmsg）。stringIP：IP 地址；stringport：端口号；stringmsg：发送的数据。

程序示例：

```
tcp.client.send_str_data("127.0.0.1",7777,"Helloworld")
```

5）断开指定 IP 和 port 的 TCP 服务器：void disconnect（stringIP, intport）。

程序示例：

```
tcp.client.disconnect("127.0.0.1",7777)
```

6. string 字符串

```
string.len(s)          -- 返回字符串 s 的长度。
string.lower(s)        -- 将 s 中的大写字母转换成小写。
string.upper(s)        -- 将 s 中的小写字母转换成大写。
string.sub(s,i,j)      -- 函数截取字符串 s 的从第 i 个字符到第 j 个字符
                          之间的串。
string.char()          -- 字符转换成数字。
string.byte()          -- 数字转换成字符。
```

7. 全局变量

1）设置示教器全局变量值：void set_global_variable(string varName, variant varValue)，例如：set_global_variable(“varName” , 1) 。

2）获取示教器全局变量值：variant get_global_variable(string varName)，例如：var= get_global_variable (“varName”) 。

8. I/O 状态

1）获取机械臂本体 I/O 状态：double get_robot_io_status(RobotIOType ioType, string name)，例如：a= get_robot_io_status (RobotIOType.RobotBoardUserDI, “U_DI_00”) 。

2）设置机械臂本体 I/O 状态 ：void set_robot_io_status(RobotIOType ioType, string name, double value)，例如：set_robot_io_status (RobotIOType.RobotBoardUserDO, “U_DO_00” , 1) 。

任务实施

3.1.2　编写通信脚本程序

此处使用 TCP/IP 通信函数，将机器人（机器臂）作为客户端，相机作为服务器端，自定义通信端口号和通信 IP 地址，编写客户端与服务器端之间数据交互的通信脚本程序。

1）打开机器人示教器操作界面，选择上方“在线编程”。

2）在左侧选择“脚本”，进入脚本下拉菜单，单击“新建”，新建脚本，如图 3-1-1 所示。

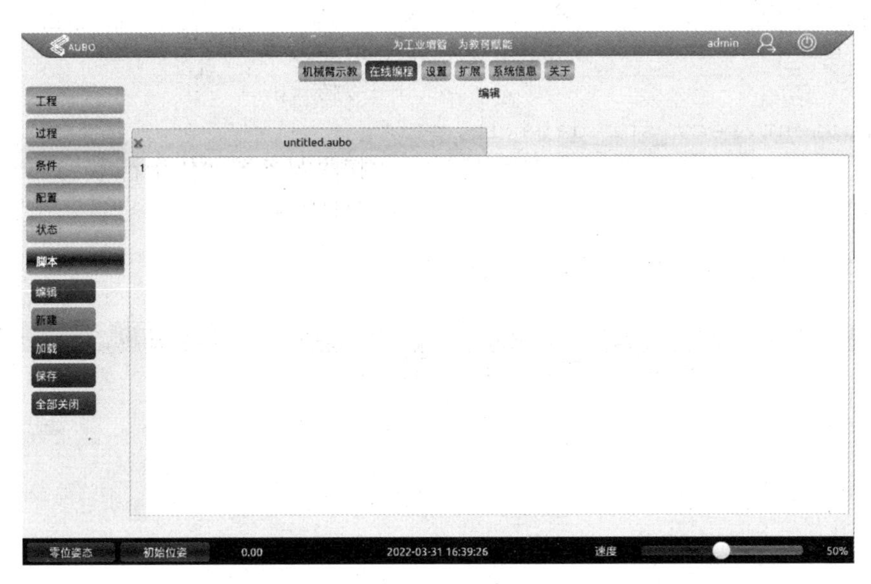

图 3-1-1　新建脚本

3）在脚本区域内对脚本进行编写，将与相机通信的程序编写完成，如图 3-1-2 所示。

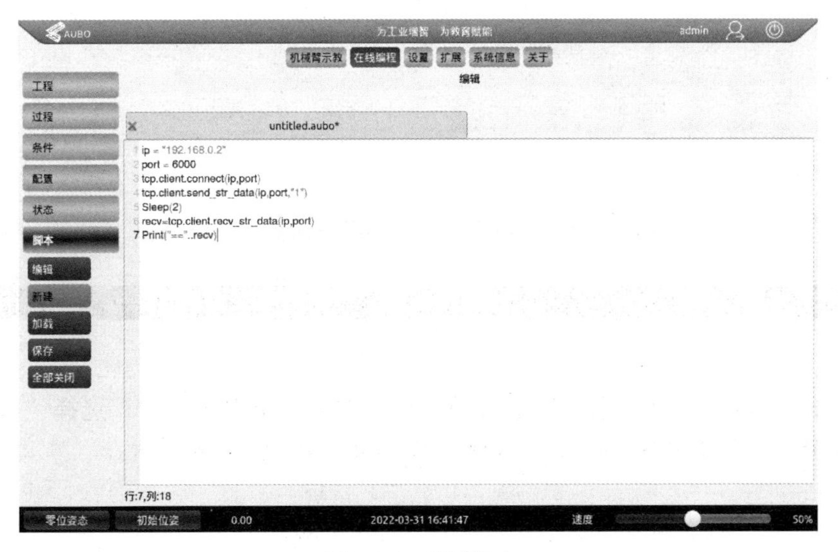

图 3-1-2　编写脚本

4）图 3-1-2 中第 1、2 行代码表示服务器端相机的 IP 地址、相机与机械臂的通信端口；第 3、4 行代码表示相机与机械臂进行通信连接、客户端向服务器端发送字符“1”；第 6、7 行代码表示“recv”变量接收相机发送给机器臂的数据，并打印。

通信脚本程序

```
ip = "192.168.0.2"                          --IP 地址
port = 6000                                 -- 端口号
tcp.client.connect(ip, port)                -- 连接服务器
tcp.client.send_str_data(ip, port, "1")
                                            -- 向服务器发送字符 "1"
Sleep(2)                                    -- 等待 2s
recv=tcp.client.recv_str_data(ip, port)
                                            -- 接收服务器回传字符串
Print("=="..recv)                           -- 打印字符串
```

5）为脚本命名并单击“保存”按钮保存，如图 3-1-3 所示。

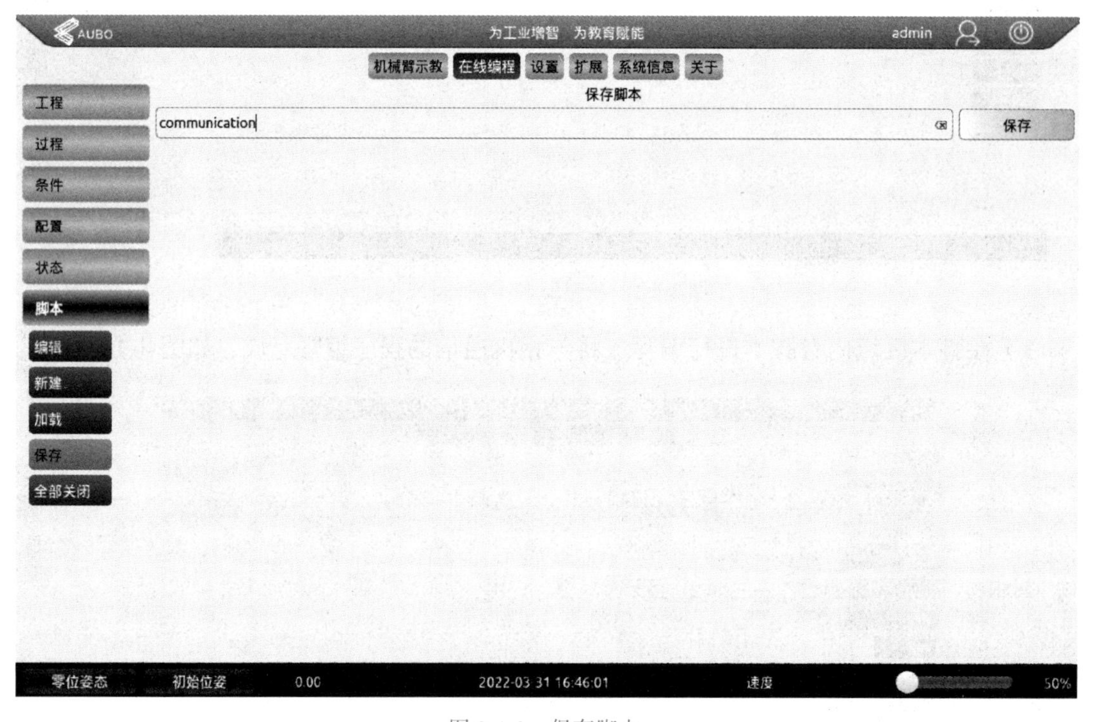

图 3-1-3 保存脚本

6）单击“工程”一栏，新建工程文件，单击左侧“条件”一栏，选择“高级条件”；在右侧高级条件中选择“Script”，选择调用脚本指令如图 3-1-4 所示。

图 3-1-4　选择调用脚本指令

7）在“Script”条件中选择“脚本文件”，如图 3-1-5 所示。

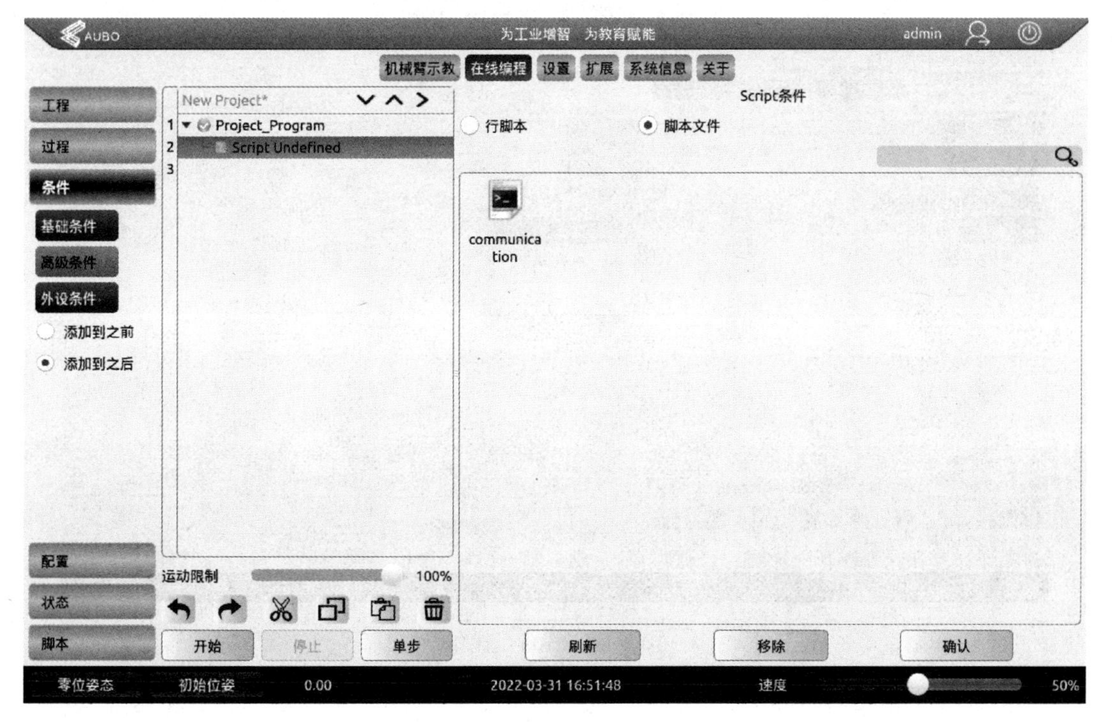

图 3-1-5　选择脚本文件

8）找到并选择刚刚保存的通信脚本，如图 3-1-6 所示。

图 3-1-6 选择通信脚本

9）单击右下方“确认”按钮，显示条件已保存，如图 3-1-7 所示。

图 3-1-7 条件已保存

10）保存工程并为其命名。

11）打开网络调试助手，选择“TCP 服务器”，配置端口号为“6000”，单击“监听”，如图 3-1-8 所示。

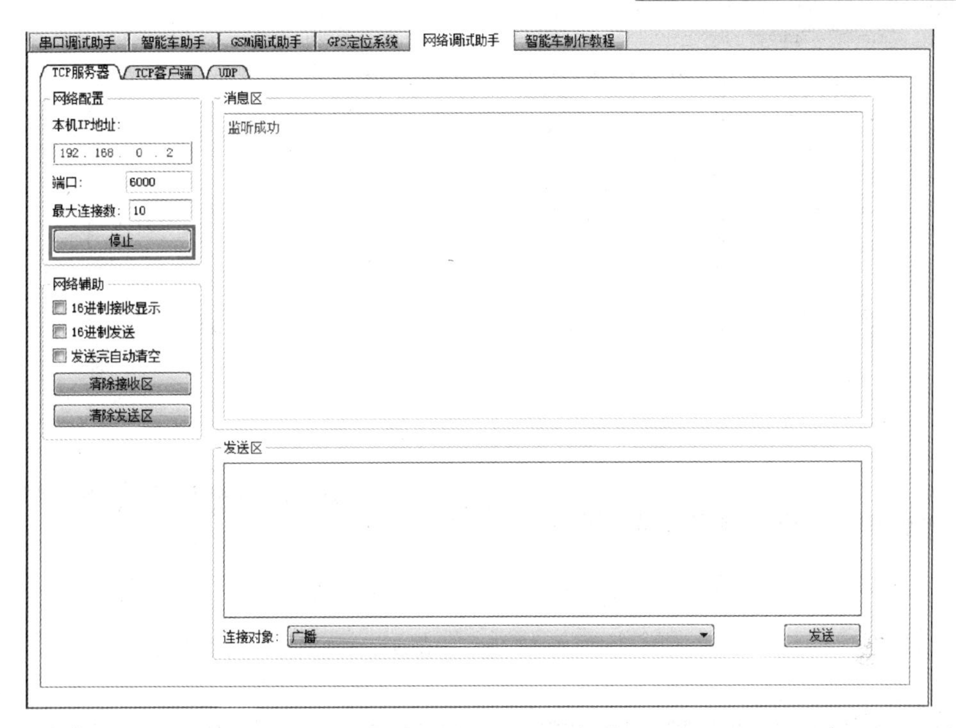

图 3-1-8 选择“TCP 服务器”

12）在协作机器人示教器“在线编程”界面选择创建好的通信程序，单击“开始”运行程序，如图 3-1-9 所示。

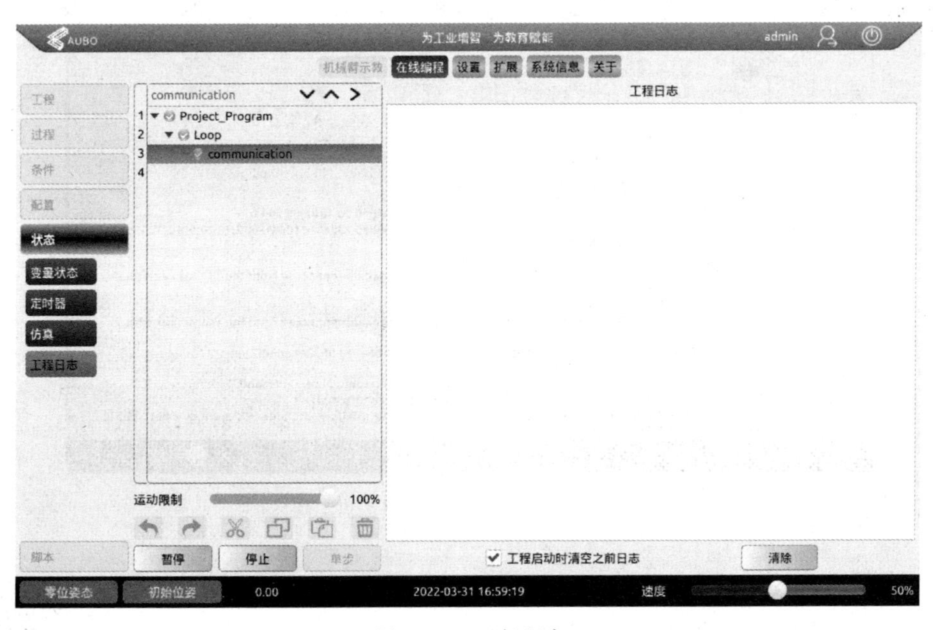

图 3-1-9 运行程序

13）运行程序通信结果显示，服务器、机器人接收字符如图 3-1-10、图 3-1-11 所示。

注意：运行程序前需要关闭计算机的防火墙。

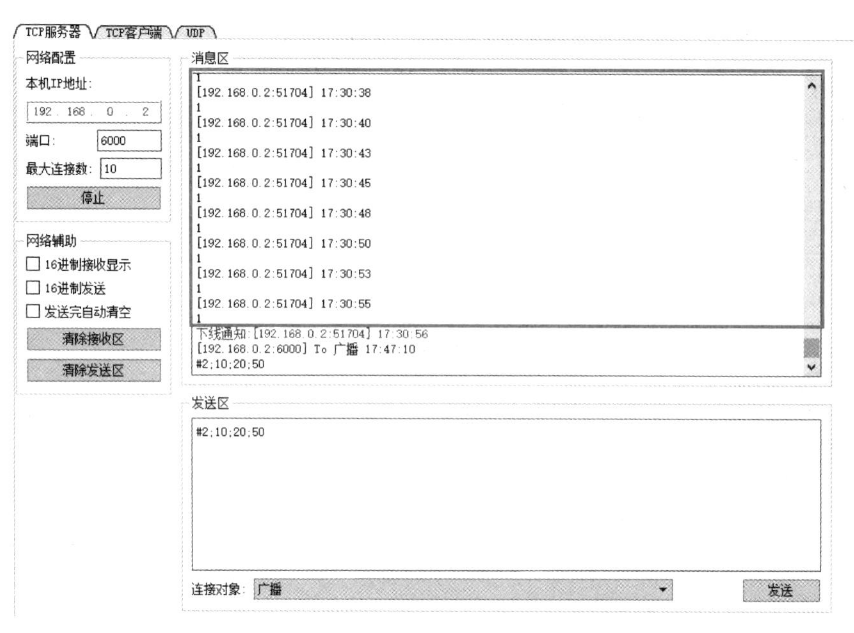

图 3-1-10　服务器接收字符

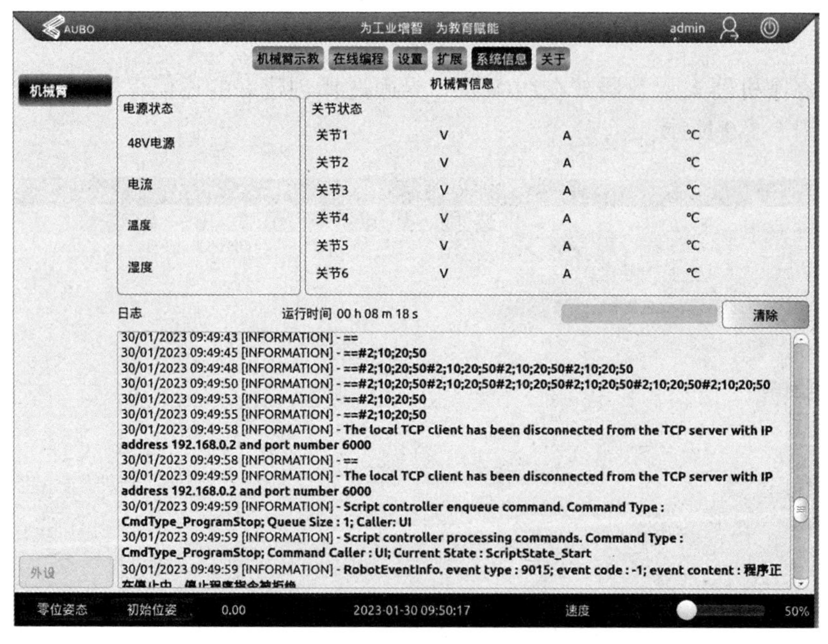

图 3-1-11　机器人接收字符

3.1.3　编写字符分割脚本程序

字符分割脚本程序需使用 TCP/IP 通信函数，机器人作为客户端向服务器端发送字符“f”，接收服务器端回传格式如“#1;0.001;10;50”的字符串，并使用字符串函数将字符串分割为单个有效值，将分割后的字符赋值到全局变量，全局变量可自定义。

1）在机器人示教器“在线编程”操作界面，在左侧选择“脚本”进入脚本下拉菜单，新建脚本程序。

2）按实际需求编写脚本程序并调用，字符串格式为“# 工件代号 ;x 值 ;y 值 ;rz 值”，如“#1;0.5;–0.6;90”，如图 3-1-12 所示。

a)

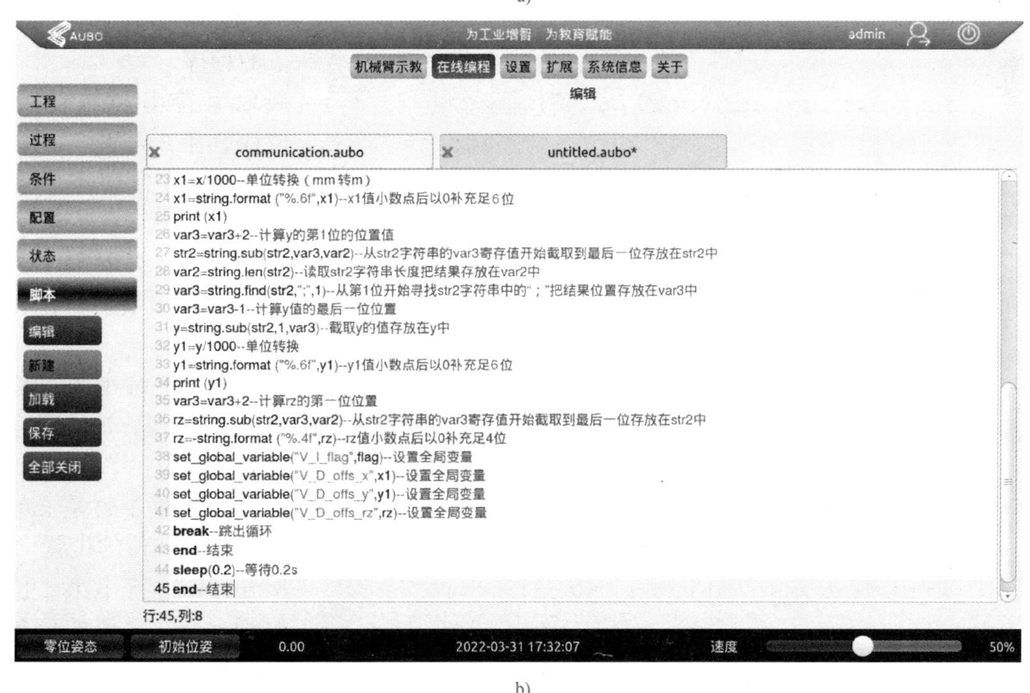

b)

图 3-1-12 编写脚本程序

字符分割脚本程序

```
port=6000                                   -- 服务器端口号
ip="192.168.0.2"                            -- 服务器 IP 地址
  tcp.client.connect(ip, port)              -- 连接服务器
var1="f"                                    -- var1 地址寄存 f
tcp.client.send_str_data(ip, port, var1)    -- 向服务器发送字符串
sleep(3)                                    -- 等待 3s
str1= tcp.client.recv_str_data(ip, port)    -- 接收服务器回传字符串，
                                               存放在 str1 中
Print("=="..str1)                           -- 打印 str1 中的字符
    while (true) do                         -- 无限循环
    str0=string.sub(str1, 1, 1)             -- 截取 str1 字符串中的第
                                               一位存放在 str0 中
    if str0 ～="#" then                     -- 判断是否等于 "#"
    tcp.client.send_str_data(ip, port, var1)
                                            -- if 条件不成立继续向服
                                               务器发送字符
    sleep(3)                                -- 等待 3s
    str1= tcp.client.recv_str_data(ip, port)
                                            -- 接收服务器回传字符串，
                                               存放在 str1 中
    else                                    -- if 条件成立执行 else
                                               下的程序
    flag=string.sub(str1, 2, 2)             -- 截取字符串 str1 的第 2
                                               位存放在 flag 中
    var2=string.len(str1)                   -- 读取 str1 字符串长度把
                                               结果存放在 var2 中
    str2=string.sub(str1, 4, var2)          -- 从 str1 字符串第 4 位截
                                               取到字符串最后一位存放
                                               在 str2 中
    var3=string.find(str2, ";", 1)          -- 从 str2 字符串第 1 位寻
                                               找分割符 "；" 位置存放
                                               在 var3 中
    var3=var3-1                             -- 分号位置减 1 就是 x 的参
                                               数值最后一位的位置
    x=string.sub(str2, 1, var3)             -- 从 str2 字符串第 1 位截
                                               取到 var3 中值的位置存
                                               放在 x 中
    print(x)                                -- 打印 x 中的值
```

```
x1=x/1000                                    -- 单位转换 (mm 转 m)
x1=string.format ("%.6f", x1)                -- x1 值小数点后以 0 补充
                                                足 6 位
print (x1)
var3=var3+2                                  -- 计算 y 的第 1 位的位置值
str2=string.sub(str2, var3, var2)            -- 从 str2 字符串的 var3
                                                寄存值开始截取到最后一
                                                位存放在 str2 中
var2=string.len(str2)                        -- 读取 str2 字符串长度把
                                                结果存放在 var2 中
var3=string.find(str2, ";", 1)               -- 从第 1 位开始寻找 str2
                                                字符串中的 " ; " 把结果
                                                位置存放在 var3 中
var3=var3-1                                  -- 计算 y 值的最后一位位置
y=string.sub(str2, 1, var3)                  -- 截取 y 的值存放在 y 中
y1=y/1000                                    -- 单位转换
y1=string.format ("%.6f", y1)                -- y1 值小数点后以 0 补充
                                                足 6 位
print (y1)
var3=var3+2                                  -- 计算 rz 的第一位位置
rz=string.sub(str2, var3, var2)              -- 从 str2 字符串的 var3
                                                寄存值开始截取到最后一
                                                位存放在 str2 中
rz=-string.format ("%.4f", rz)               -- rz 值小数点后以 0 补充
                                                足 4 位
set_global_variable("V_I_flag", flag)        -- 设置全局变量
set_global_variable("V_D_offs_x", x1)
                                             -- 设置全局变量
set_global_variable("V_D_offs_y", y1)
                                             -- 设置全局变量
set_global_variable("V_D_offs_rz", rz)
                                             -- 设置全局变量
break                                        -- 跳出循环
end                                          -- 结束
sleep(0.2)                                   -- 等待 0.2s
end                                          -- 结束
```

3）按实际脚本程序的需要，在“在线编程”界面的“变量”中添加相应的全局变量，见表 3-1-2，设置变量的方法参考初级篇的变量配置。

表 3-1-2　全局变量

序号	变量名	变量类型	全局保持	初始值	功能
1	V_I_flag	int	false	0	工件信息
2	V_D_offs_x	double	false	0	x 方向偏移量
3	V_D_offs_y	double	false	0	y 方向偏移量
4	V_D_offs_rz	double	false	0	rz 方向偏移量

4）在脚本程序后添加“Move”指令，勾选“相对偏移”功能，如图 3-1-13 所示。

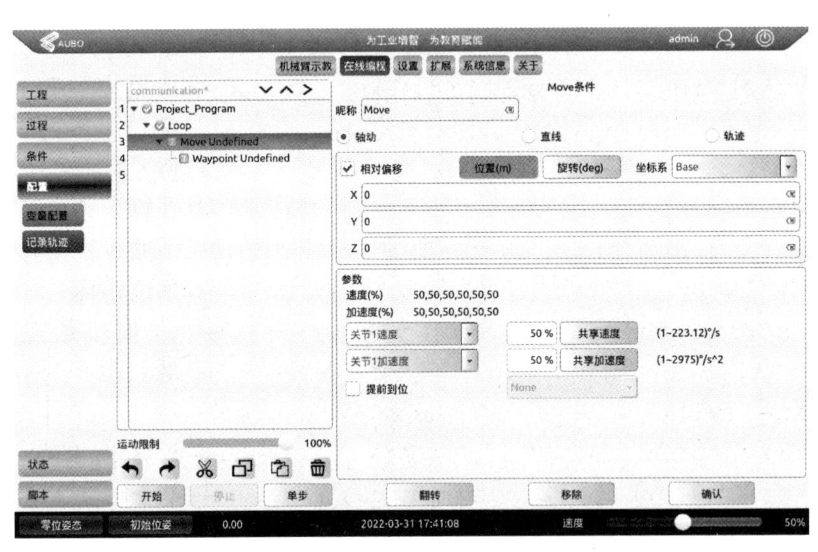

图 3-1-13　添加“Move”指令

5）“相对偏移”功能参数配置，配置完单击“确认”保存，如图 3-1-14 所示。

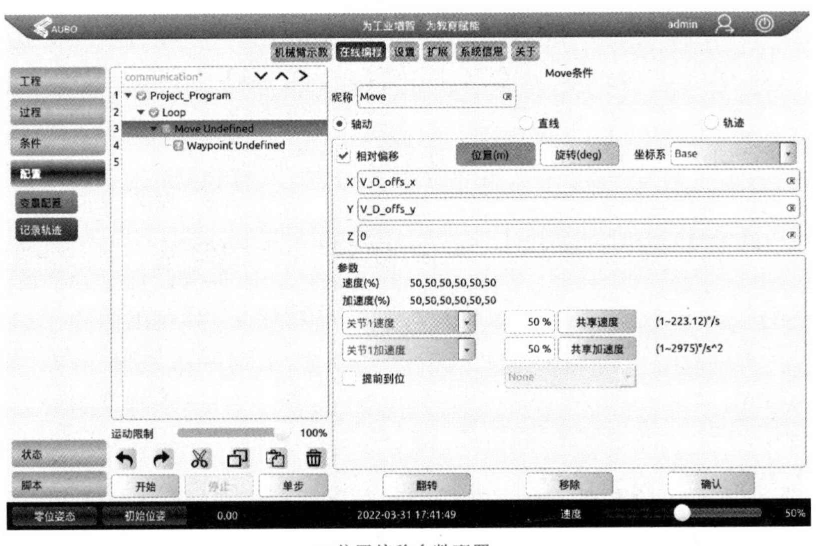

a) 位置偏移参数配置

图 3-1-14　“相对偏移”功能参数配置

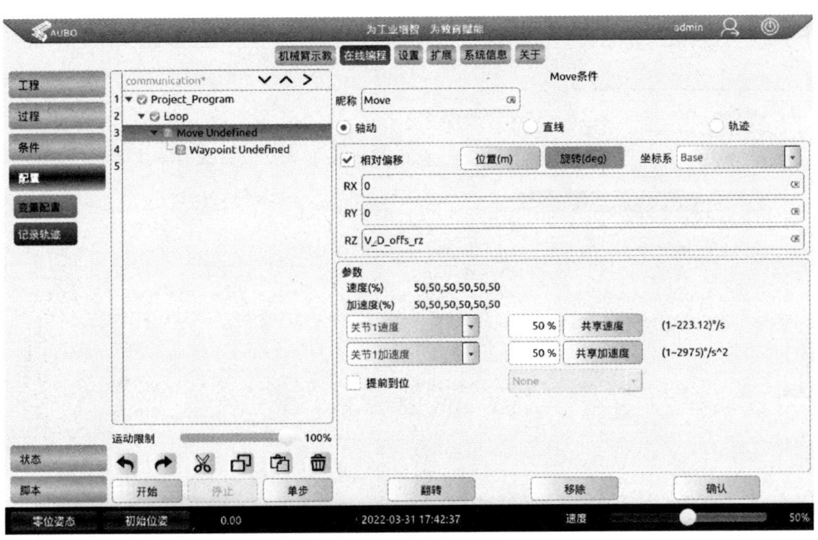

b) 旋转偏移参数配置

图 3-1-14　“相对偏移”功能参数配置（续）

6）示教路点位置参数，如图 3-1-15 所示。

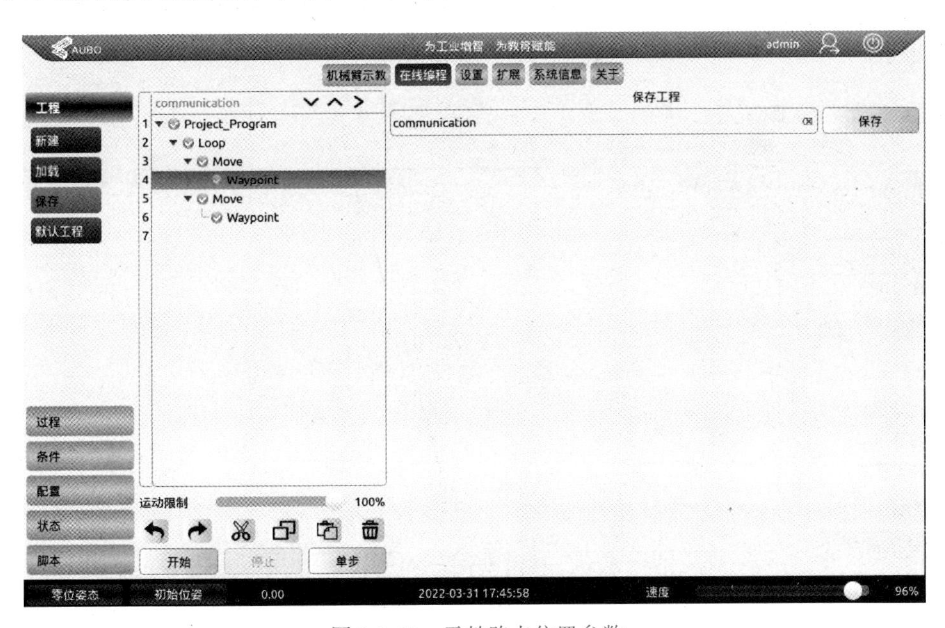

图 3-1-15　示教路点位置参数

7）在协作机器人示教器“在线编程”界面选择创建好的通信程序，单击“开始”运行程序，如图 3-1-16 所示。

8）打开网络调试助手，选择“TCP 服务器”，配置端口号为“6000”，单击“监听”。启用 TCP 服务器如图 3-1-17 所示。

9）运行程序通信结果显示，服务器接收字符并分割处理如图 3-1-18 所示。**注意：**运行程序前需要关闭计算机的防火墙。

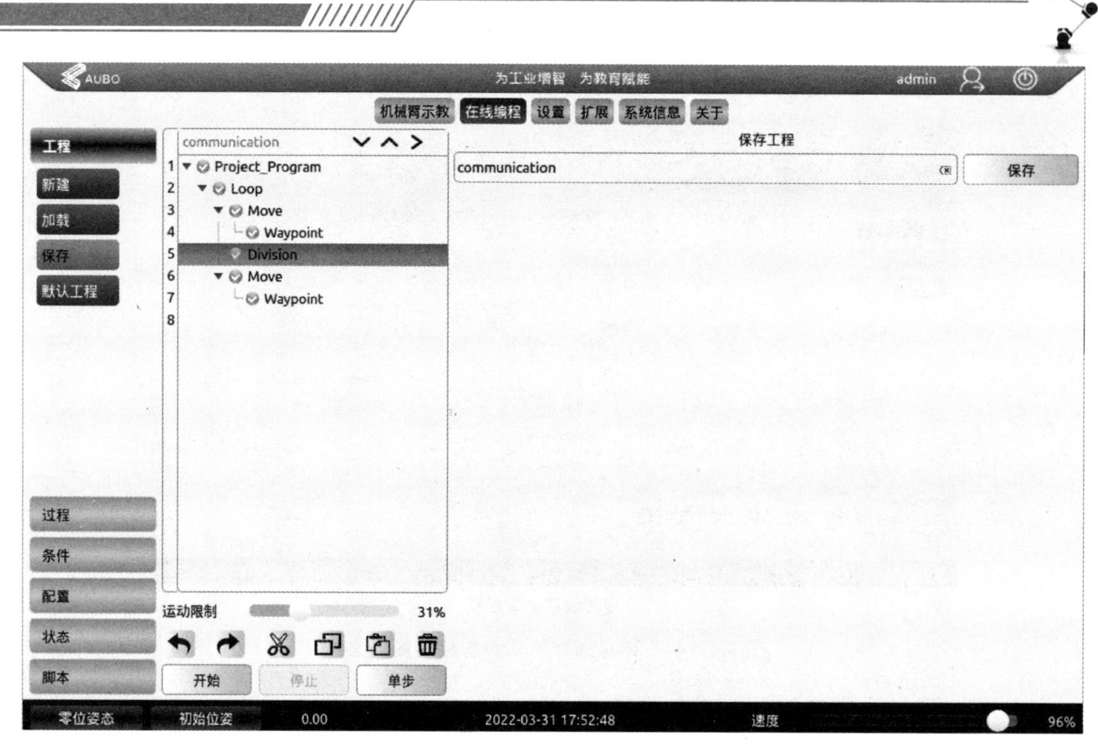

图 3-1-16 运行程序

图 3-1-17 启用 TCP 服务器

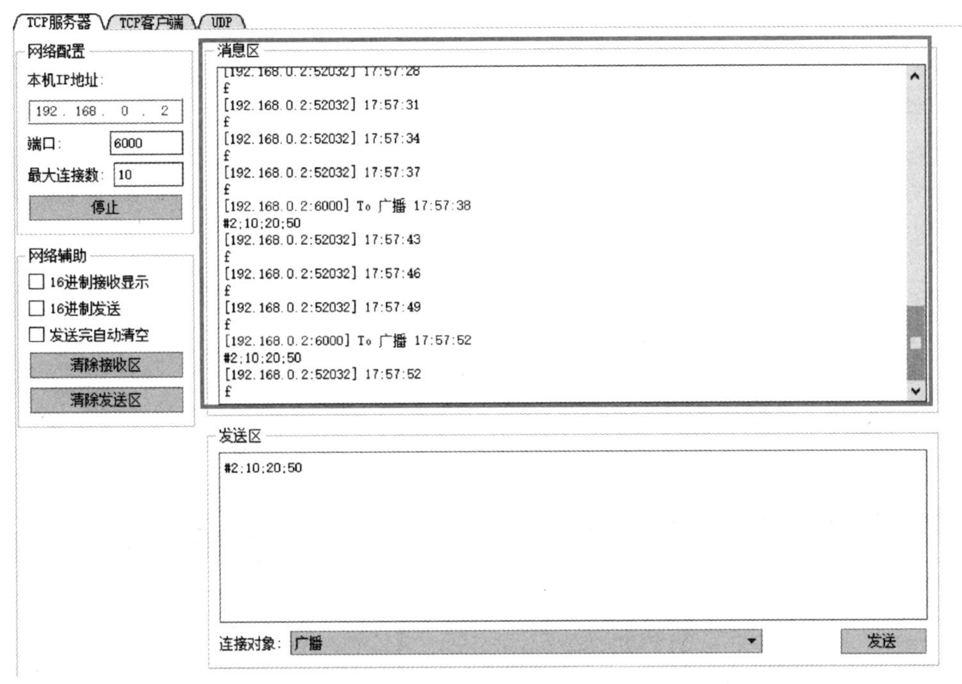

a) 服务器接收字符

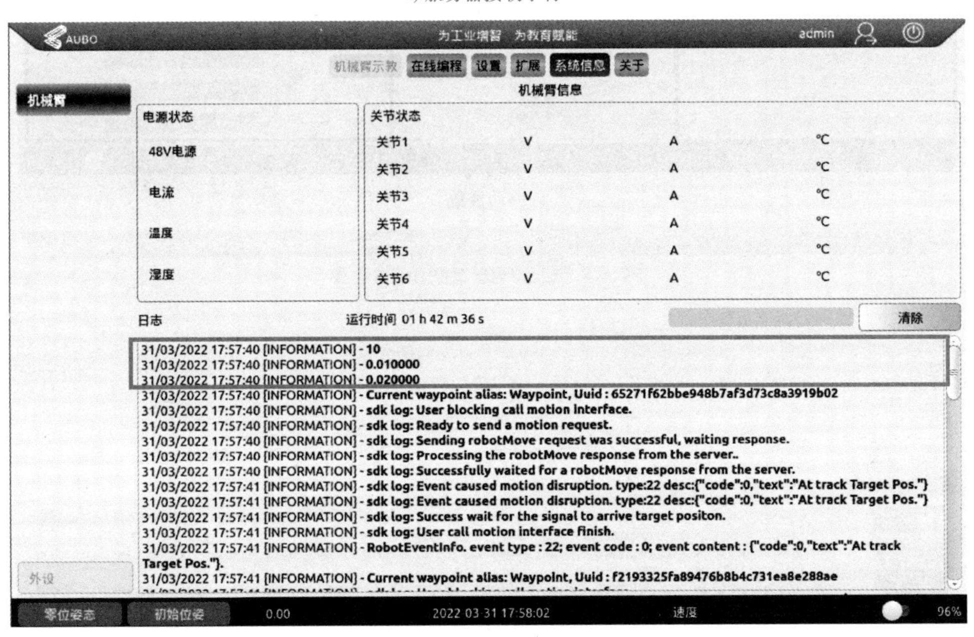

b) 接收字符并分割处理

图 3-1-18　服务器接收字符并分割处理

3.1.4　编写移动脚本程序

移动脚本程序需使用设置关节最大速度和最大加速度、设置末端最大速度和加速度函数，使用 move_joint、move_line 运动控制函数完成正方形轨

迹运动脚本程序编写。

1）进入机器人示教器“在线编程”操作界面，在左侧选择“脚本”进入脚本下拉菜单，新建脚本程序。

2）按实际需求编写机器人移动脚本程序，移动参数可参照示教器“机械臂示教”界面“机械臂位置姿态”和“关节控制”内的参数，如图 3-1-19 所示。**注意：**机器人脚本 Move 指令参数不能直接填写关节角度值，需要转换成弧度值。

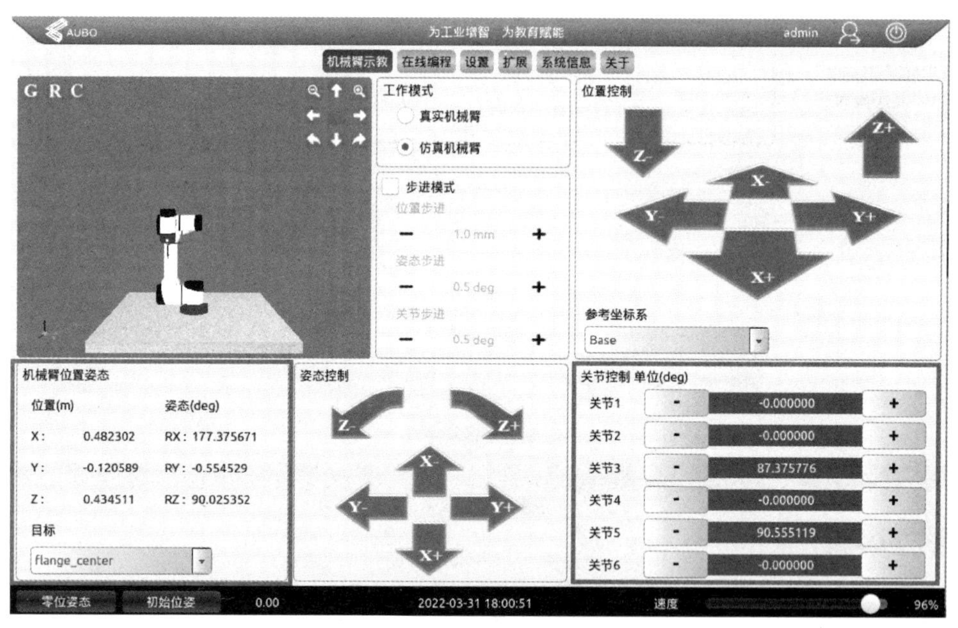

a) 移动参数

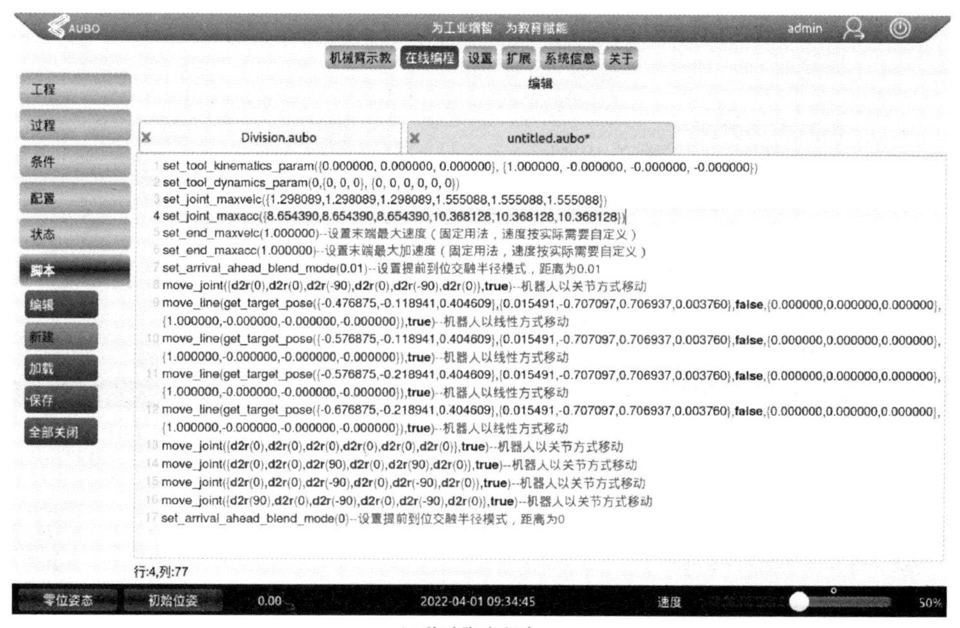

b) 移动脚本程序

图 3-1-19　移动参数与移动脚本程序

移动脚本程序

```
    set_tool_kinematics_param({0.000000, 0.000000, 0.000000},
{1.000000, -0.000000, -0.000000, -0.000000})
                                        -- 设置工具运动学参数（固定用
                                           法，实际使用的工具坐标系运
                                           动学参数）
    set_tool_dynamics_param(0, {0, 0, 0}, {0, 0, 0, 0, 0, 0})
                                        -- 设置工具动力学参数（固定用
                                           法，实际使用的工具坐标系动
                                           力学参数）
    set_joint_maxvelc({1.298089, 1.298089, 1.298089, 1.555088,
1.555088, 1.555088})                    -- 设置 6 关节最大速度（固定用
                                           法，速度按实际需要自定义）
    set_joint_maxacc({8.654390, 8.654390, 8.654390, 10.368128,
10.368128, 10.368128})                  -- 设置 6 关节最大加速度（固定
                                           用法，速度按实际需要自定义）
    set_end_maxvelc(1.000000)           -- 设置末端最大速度（固定用
                                           法，速度按实际需要自定义）
    set_end_maxacc(1.000000)            -- 设置末端最大加速度（固定用
                                           法，速度按实际需要自定义）
    set_arrival_ahead_blend_mode(0.01)  -- 设置提前到位交融半径模式，
                                           距离为 0.01
    move_joint({d2r(0), d2r(0), d2r(-90), d2r(0), d2r(-90),
d2r(0)}, true)                          -- 机器人以关节方式移动
    move_line(get_target_pose({-0.476875, -0.118941,
0.404609},{0.015491,-0.707097,0.706937,
0.003760}, false, {0.000000, 0.000000, 0.000000}, {1.000000,
-0.000000, -0.000000, -0.000000}), true)     -- 机器人以线性方式移动
    move_line(get_target_pose({-0.576875, -0.118941,
0.404609}, {0.015491, -0.707097, 0.706937, 0.003760}, false,
{0.000000, 0.000000, 0.000000}, {1.000000, -0.000000,
-0.000000, -0.000000}), true)           -- 机器人以线性方式移动
    move_line(get_target_pose({-0.576875, -0.218941, 0.404609},
{0.015491,-0.707097,0.706937,0.003760}, false,
{0.000000, 0.000000, 0.000000}, {1.000000, -0.000000,
-0.000000, -0.000000}), true)           -- 机器人以线性方式移动
    move_line(get_target_pose({-0.676875, -0.218941,
0.404609}, {0.015491, -0.707097, 0.706937, 0.003760}, false,
{0.000000, 0.000000, 0.000000}, {1.000000, -0.000000,
```

```
-0.000000, -0.000000}), true)          -- 机器人以线性方式移动
    move_joint({d2r(0), d2r(0), d2r(0), d2r(0), d2r(0), d2r(0)},
true)                                    -- 机器人以关节方式移动
    move_joint({d2r(0), d2r(0), d2r(90), d2r(0), d2r(90), d2r(0)},
true)                                    -- 机器人以关节方式移动
    move_joint({d2r(0), d2r(0), d2r(-90), d2r(0), d2r
(-90), d2r(0)}, true)                    -- 机器人以关节方式移动
    move_joint({d2r(90), d2r(0), d2r(-90), d2r(0), d2r
(-90), d2r(0)}, true)                    -- 机器人以关节方式移动
    set_arrival_ahead_blend_mode(0)     -- 设置提前到位交融半径模式，
                                           距离为 0
```

3）在协作机器人示教器“在线编程”界面创建工程程序，调用移动脚本程序，单击“开始”运行移动脚本程序，如图 3-1-20 所示。

3.1.5　多线程控制编程

Thread 是多线程控制命令。在 Thread 程序段里，必须有一个 Loop 循环命令，在 Loop 循环中，可以实现与主程序的并行控制。**注意：建议尽量避免多线程的使用。若必须使用多线程，应注意主线程和辅线程的并行逻辑和时序匹配。**利用多线程并行控制完成子线程接收圆弧半径参数、主线程画出不同半径的圆弧轨迹脚本程序编写，多线程控制流程图如图 3-1-21 所示。

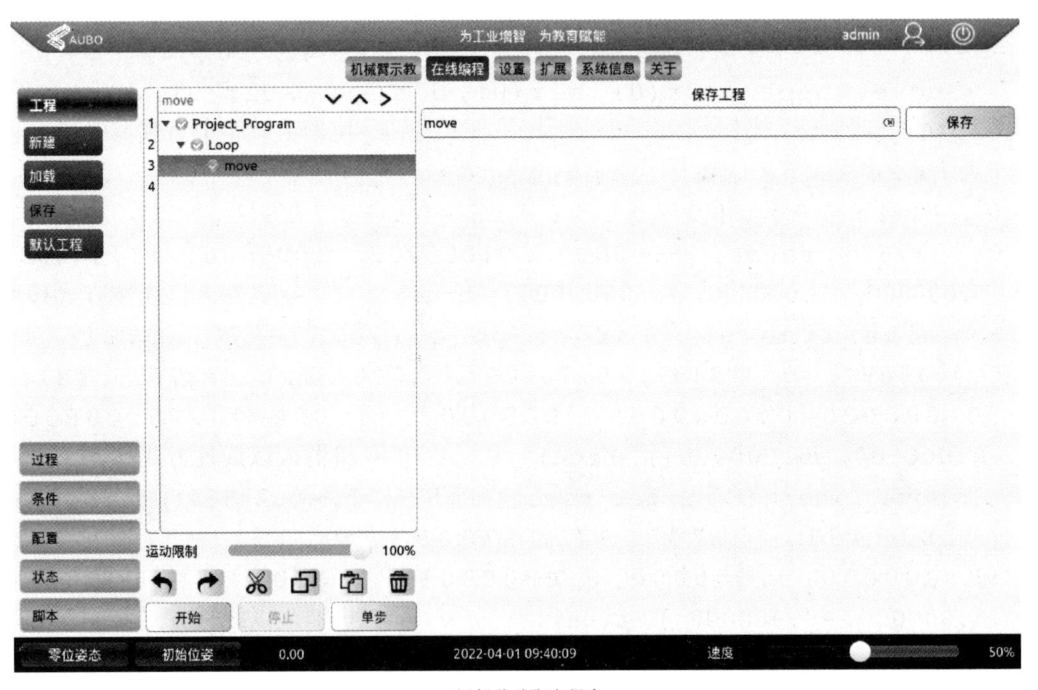

a) 运行移动脚本程序

图 3-1-20　运行移动脚本程序

b) 运行轨迹

图 3-1-20　运行移动脚本程序（续）

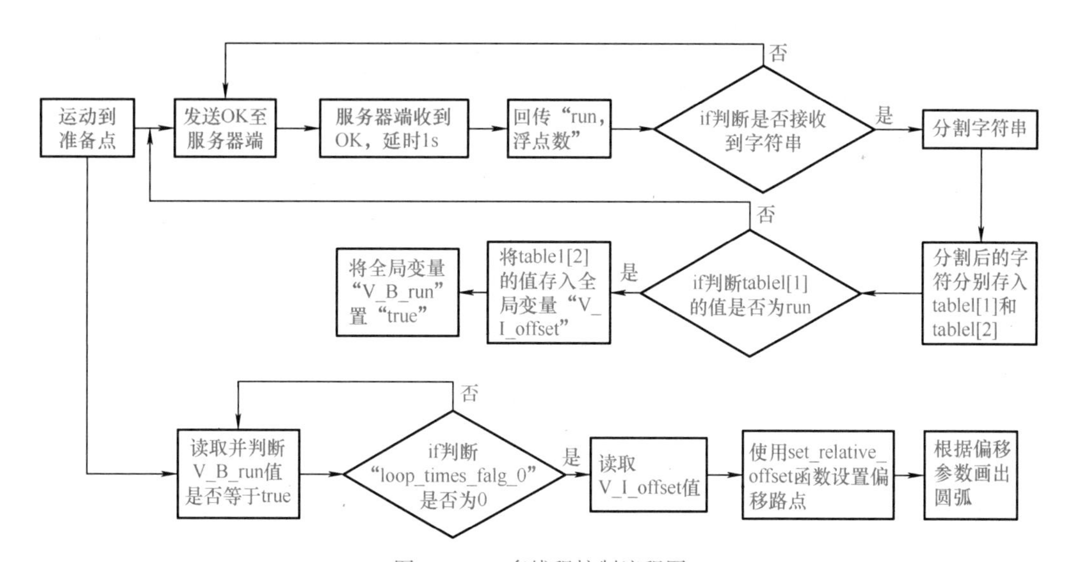

图 3-1-21　多线程控制流程图

1）打开机器人示教器操作界面，选择上方“在线编程”，在左侧选择“脚本”进入脚本下拉菜单，单击“新建”，新建脚本。

2）按实际要求编写多线程脚本程序，多线程编程指令与普通脚本编程指令一样，多线程程序示例如图 3-1-22 所示。

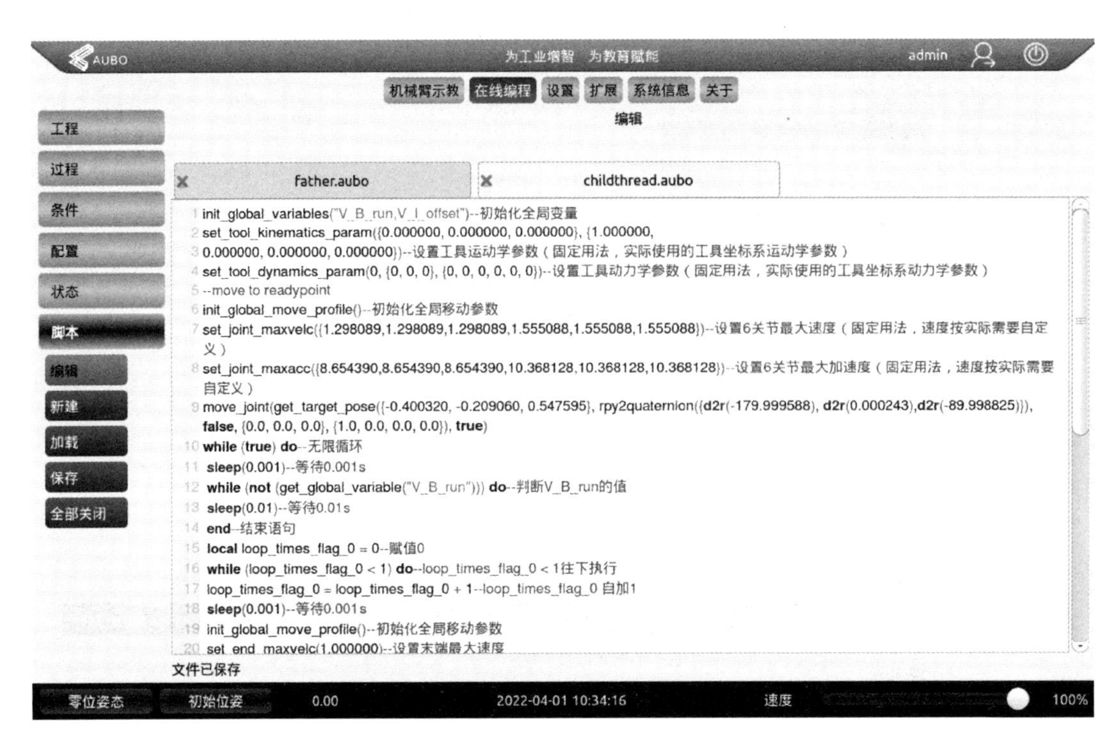

a) father脚本程序

b) father脚本程序续

图 3-1-22　多线程程序示例

c) childthread脚本程序

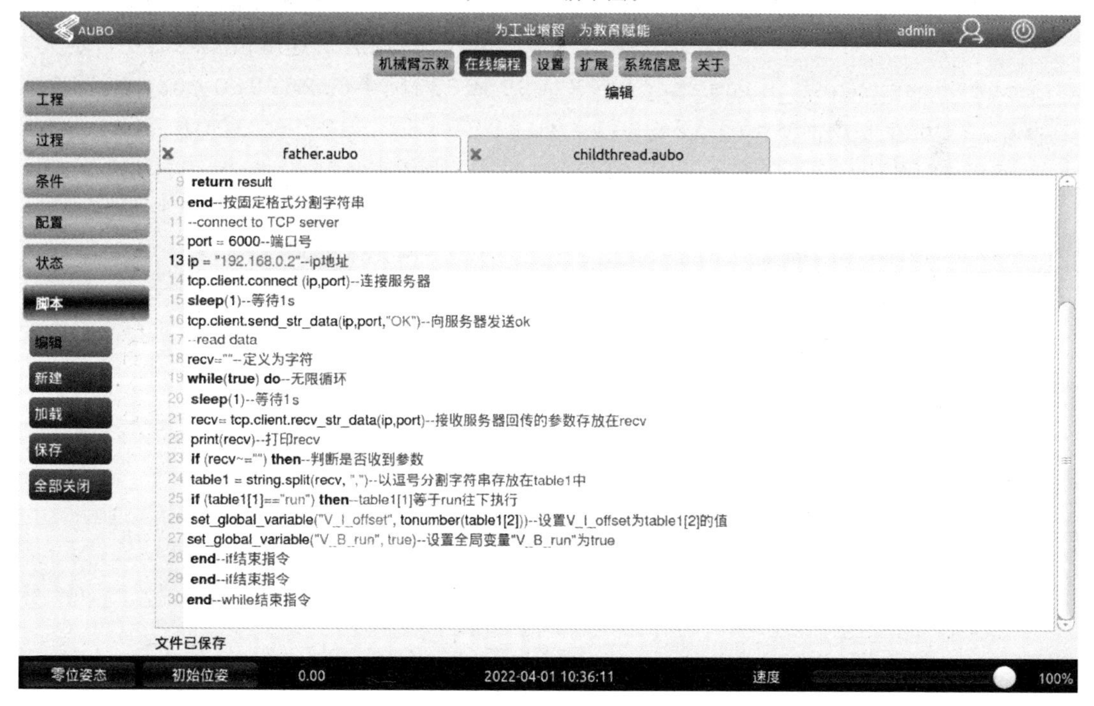

d) childthread脚本程序续

图 3-1-22　多线程程序示例（续）

father 脚本程序

```
init_global_variables("V_B_run, V_I_offset")
                                    --初始化全局变量
set_tool_kinematics_param({0.000000, 0.000000, 0.000000},
{1.000000, 0.000000, 0.000000, 0.000000})
                                    --设置工具运动学参数（固定用
                                      法，实际使用的工具坐标系运
                                      动学参数）
                                    --move to readypoint
set_tool_dynamics_param(0, {0, 0, 0}, {0, 0, 0, 0, 0, 0})
                                    --设置工具动力学参数（固定用
                                      法，实际使用的工具坐标系动
                                      力学参数）
init_global_move_profile()          --初始化全局移动参数
set_joint_maxvelc({1.298089,1.298089,1.298089,
1.555088, 1.555088, 1.555088})      --设置6关节最大速度（固定用
                                      法，速度按实际需要自定义）
set_joint_maxacc({8.654390, 8.654390, 8.654390, 10.368128,
10.368128, 10.368128})              --设置6关节最大加速度（固定
                                      用法，速度按实际需要自定义）
move_joint(get_target_pose({-0.400320, -0.209060, 0.547595},
rpy2quaternion({d2r(-179.999588),d2r(0.000243),d2r
(-89.998825)}), false, {0.0, 0.0, 0.0}, {1.0, 0.0, 0.0, 0.0}), true)
                                    --机器人以轴动方式移动到位
while (true) do                     --无限循环
  sleep(0.001)                      --等待0.001s
  while (not (get_global_variable("V_B_run"))) do
                                    --判断V_B_run的值
  sleep(0.01)                       --等待0.01s
  end                               --结束语句
  local loop_times_flag_0 = 0       --赋值0
  while (loop_times_flag_0 < 1) do  --loop_times_flag_0 < 1往
                                      下执行
  loop_times_flag_0 = loop_times_flag_0 + 1
                                    --loop_times_flag_0 自加1
  sleep(0.001)                      --等待0.001s
  init_global_move_profile()        --初始化全局移动参数
  set_end_maxvelc(1.000000)         --设置末端最大速度
```

```
  set_end_maxacc(1.000000)                   -- 设置末端最大加速度
  set_relative_offset({get_global_variable("V_I_offset")
  * 0.05, 0, 0}, CoordCalibrateMethod.zOzy, {-0.000003,
  -0.127267, -1.321122, 0.376934, -1.570796, -0.000008},
  {-0.244530, -0.169460, -1.356026, 0.384230, -1.570794,
  -0.244535}, {-0.196001, 0.070752, -1.129614, 0.370431,
  -1.570795, -0.196006}, {0.100000, 0.200000, 0.300000})
                                             -- 读取V_I_offset值设置偏
                                                移量
move_joint({0.208890, -0.044775, -1.246891, 0.368688,
-1.570800, 0.208869}, true)
                                             -- 机器人以线性方式移动到位置
  init_global_move_profile()                 -- 初始化全局移动参数
set_end_maxvelc(1.000000)                    -- 设置末端最大速度
  set_end_maxacc(1.000000)                   -- 设置末端最大加速度
  set_relative_offset({get_global_variable("V_I_offset")
  * 0.05, 0, 0}, CoordCalibrateMethod.zOzy, {-0.000003,
  -0.127267, -1.321122, 0.376934, -1.570796, -0.000008},
  {-0.244530, -0.169460, -1.356026, 0.384230, -1.570794,
  -0.244535}, {-0.196001, 0.070752, -1.129614, 0.370431,
  -1.570795, -0.196006}, {0.100000, 0.200000, 0.300000})
                                             -- 读取V_I_offset值设置偏
                                                移量
add_waypoint({0.208890, -0.044775, -1.246891, 0.368688,
-1.570800, 0.208869})                        -- 插入路点的参数值
  add_waypoint({-0.237646, -0.169014, -1.355669,
  0.384145, -1.570793, -0.237655})           -- 插入路点的参数值
  add_waypoint({-0.000009, 0.087939, -1.110852, 0.372015,
  -1.570793, -0.000007})                     -- 插入路点的参数值
  set_circular_loop_times(0)                 -- 设置循环次数
  move_track(MoveTrackType.ARC_CIR, true)
                                             -- 轨迹运动，根据全局路点列
                                                表（通过 add_waypoint 函
                                                数添加）
  end                                        -- 循环结束指令
  set_global_variable("V_B_run", false)
                                             -- 设置全局变量"V_B_run"为
                                                false
end                                          -- 循环结束指令
```

childthread 脚本程序

```
function string.split(str, delimiter)
  if str==nil or str=="" or delimiter==nil then
  return nil
  end
  local result = {}
  for match in (str..delimiter):gmatch("(.-)"..delimiter) do
  table.insert(result, match)
  end
      return result
   end                                      --按固定格式分割字符串
                                            --connect to TCP server
   port = 6000                              --端口号
   ip = "192.168.0.2"                       --ip 地址
   tcp.client.connect(ip, port)             --连接服务器
   sleep(1)                                 --等待 1s
   tcp.client.send_str_data(ip, port, "OK")
                                            --向服务器发送 OK
                                            --read data
   recv=""                                  --定义为字符
   while(true) do                           --无限循环
     sleep(1)                               --等待 1s
     recv= tcp.client.recv_str_data(ip, port)
                                            --接收服务器回传的参数存放在
                                              recv
     print(recv)                            --打印 recv
     if (recv～="") then                    --判断是否收到参数
     table1 = string.split(recv, ",")
                                            --以逗号分割字符串存放在
                                              table1 中
     if (table1[1]=="run") then             --table1[1]等于 run 往下执行
     set_global_variable("V_I_offset", tonumber(table1[2]))
                                            --设置 V_I_offset 为 table1
                                              [2]的值
   set_global_variable("V_B_run", true)
                                            --设置全局变量"V_B_run"为
                                              true
     end                                    --if 结束指令
     end                                    --if 结束指令
  end                                       --while 结束指令
```

3）单击左侧菜单“工程”，选择“新建”新建工程程序，单击左侧“条件”选择“高级条件”，添加“Script”指令。

4）单击左侧菜单“ Script Undefined”，勾选“脚本文件”，调用脚本文件“ father”，如图 3-1-23 所示。

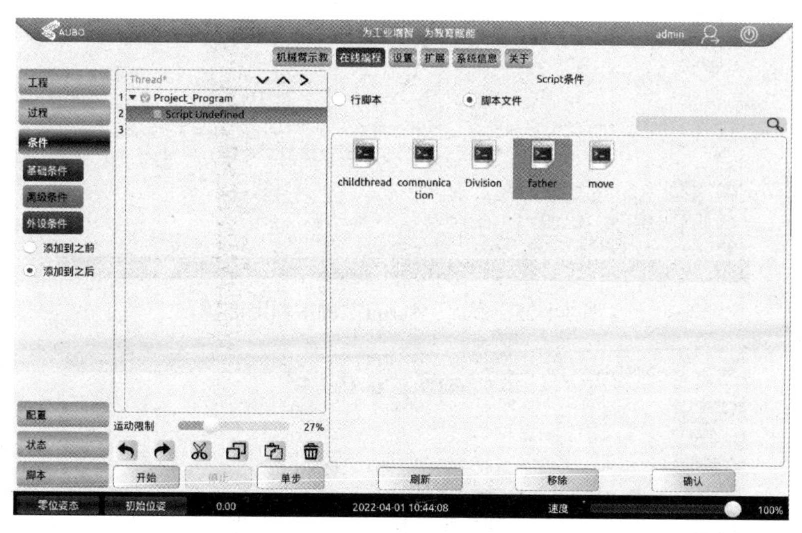

图 3-1-23　调用脚本文件“father”

5）单击左侧“条件”，选择“高级条件”，添加“ Thread”多线程指令，如图 3-1-24 所示。

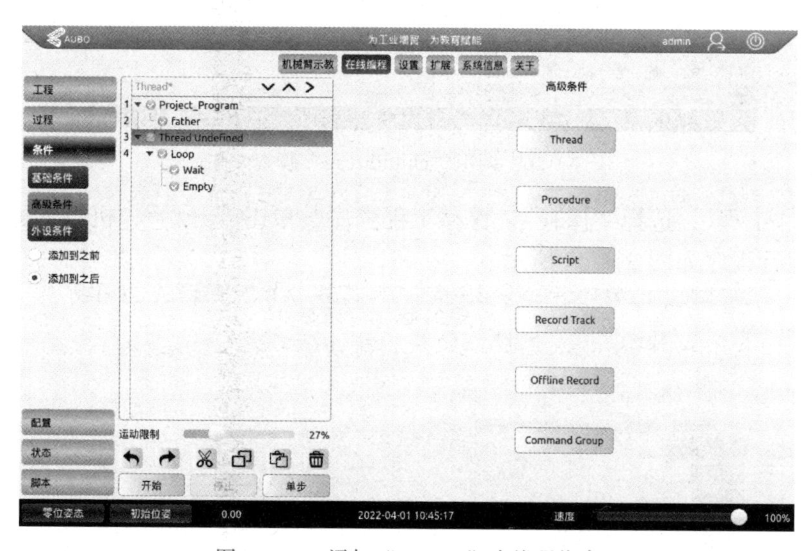

图 3-1-24　添加“Thread”多线程指令

6）单击图 3-1-24“ Empty”，选择“高级条件”，添加“ Script”脚本调用指令，如图 3-1-25 所示。

7）单击图 3-1-25 左侧菜单“Script Undefined”，勾选【脚本文件】，调用“childthread”脚本文件，如图 3-1-26 所示。

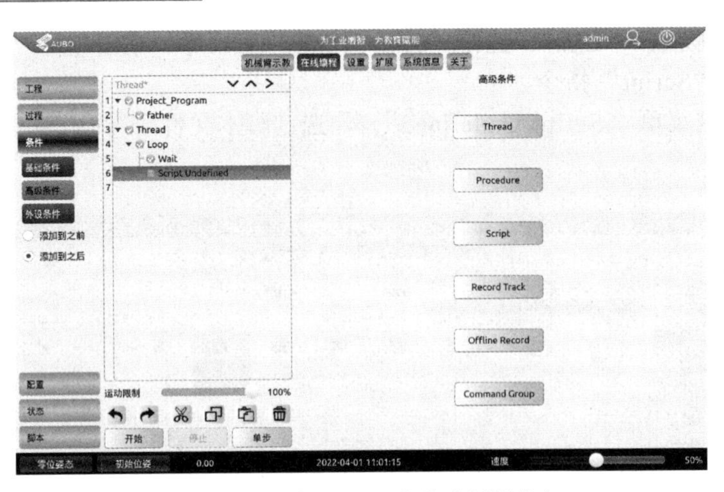

图 3-1-25 添加“Script”脚本调用指令

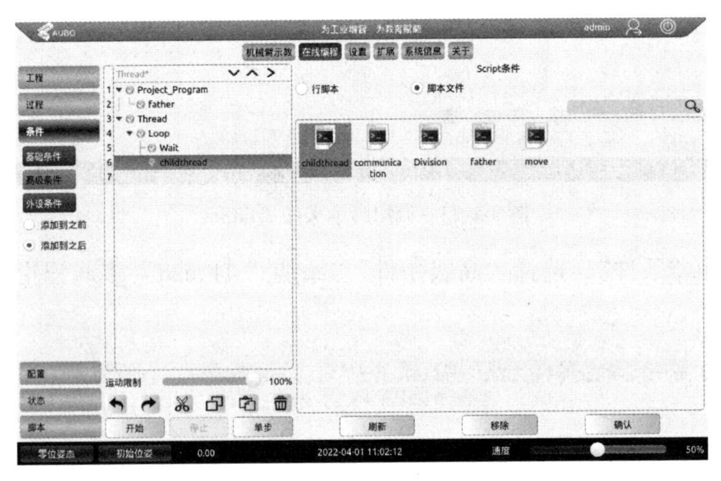

图 3-1-26 调用“childthread”脚本文件

8）单击“工程”，选择“保存”，保存工程程序，单击“开始”，机器人运行至起始点等待信号。运行程序如图 3-1-27 所示。

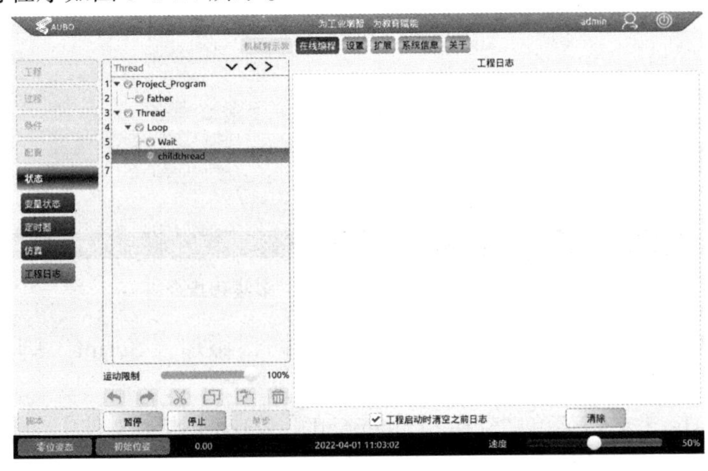

图 3-1-27 运行程序

9）打开调试助手，单击“监听”。接收到“OK”，向机器人发送“run, 3”，接收信号触发机器人运行，如图 3-1-28 所示。

a) 发送信号

b) 机器人运行

图 3-1-28　接收信号触发机器人运行

任务测评

一、选择题

1. 如果想调用角度转弧度的脚本函数，应该选择（　　）。

A. r2d　　B. d2r　　C. rpy2quaternio　　D. quaternion2rpy

2. 如果想调用四元数转欧拉角的脚本函数，应该选择（　　）。

A. r2d　　B. d2r　　C. rpy2quaternion　　D. quaternion2rpy

3. 如果想调用欧拉角转四元数的脚本函数，应该选择（　　）。

A. r2d　　B. d2r　　C. rpy2quaternion　　D. quaternion2rpy

4. 机械臂通过脚本设置末端最大加速度，应该调用（　　）函数。

A. set_end_maxacc　　B. set_end_maxvelc

C. set_joint_maxacc　　D. set_joint_maxvelc

5. 脚本函数 set_joint_maxvelc() 设置关节最大速度的单位是（　　）。

A. m/s　　B. rad/s　　C. cm/s　　D. （°）/s

二、判断题

1. 脚本文件中所有角度的单位是度（°）。（　　）

2. get_target_pose() 函数中工具末端位置参数是必传参数。（　　）

3. get_user_coord_param() 函数返回值包括示教坐标系所选择坐标系标定类型。（　　）

4. set_circular_loop_times() 函数参数为 0 时代表画圆弧。（　　）

5. movep() 函数可以设置提前到位、提前到位时间和交融半径。（　　）

6. 碰撞等级函数 set_robot_collision_class() 可以设置参数为无限大。（　　）

7. robot_slow_stop() 函数是机械臂急停函数。（　　）

8. send_asc_data(string IP, table msg) 函数用来接收指定 IP 和端口 ASCII 数据。（　　）

9. d2r(double d) 函数是角度转弧度。（　　）

10. 脚本函数中 rpy2quaternion({oriRX, oriRY, oriRZ}) 欧拉角顺序为 X、Y、Z。（　　）

项目 4

智能协作机器人技术及应用系统离线仿真

学习目标

➢ 掌握 AUBO RobotStudio 三维球工具的各个功能，能够使用三维球工具完成仿真工作站的场景搭建。

➢ 熟悉 AUBO RobotStudio 的工件校准功能并完成自定义工具。

➢ 掌握 AUBO RobotStudio 的轨迹规划功能及自定义零件，完成焊接、搬运等项目的仿真工作站。

小故事

“大国工匠”崔蕴

1990 年 7 月，崔蕴经历了生死考验。在我国首枚长征二号捆绑运载火箭的氧化剂泄漏抢险中，作为总装测试的一线人员，崔蕴义无反顾地第一批冲进抢险现场。抢险中，他在舱内连续工作了近一个小时，出舱后，立刻被送往医院，经检查肺部 75% 被烧伤，生命垂危。经过多次抢救，崔蕴活了过来。他当时只有 29 岁，是抢险队员中最年轻的一位。正是在这短短的几天，崔蕴深刻地认识到航天这个行业的高风险、高难度。从此，他开启疯狂的学习模式，对于不明白的问题，一定要“打破砂锅问到底”。500 多件装配工具他全能熟练运用，大到发动机、小到螺钉，他把火箭的结构牢牢“刻”在脑子里。在同事眼里，没有他解决不了的问题。但了解崔蕴的人都知道，他赢在坚持、几十年如一日地钻研。用崔蕴的话说，就是“魂牵梦绕，醒着、睡着脑子里都是火箭”。

任务 4.1 仿真场景搭建

任务描述

根据实际设备硬件配置，在 AUBO RobotStudio 离线仿真软件中完成仿真任务场景搭建，为离线仿真编程做准备。

任务目标

1）掌握 AUBO RobotStudio 离线仿真软件的界面布局及基本操作方法。

2）掌握 AUBO RobotStudio 离线仿真任务场景搭建。

知识储备

4.1.1 认识 AUBO RobotStudio 软件

1. 软件界面布局简介

软件界面主要分为 8 部分，包括标题栏、菜单栏、绘图区、机器人加工管理面板、机器人控制面板、调试面板、输出面板和状态栏，如图 4-1-1 所示。

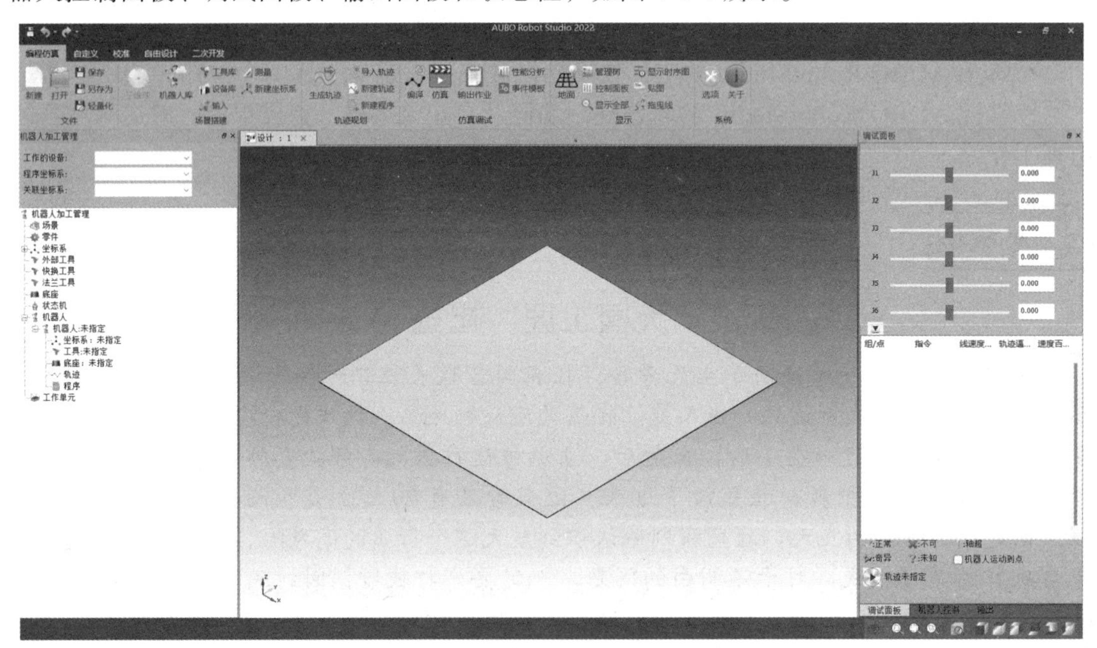

图 4-1-1 软件界面

1）标题栏：显示软件名称、版本号和当前文件名，如图 4-1-2 所示。

图 4-1-2 标题栏

2）菜单栏：涵盖了 AUBO RobotStudio 的基本功能，如场景搭建、轨迹生成、仿真、后置和自定义等，是最常用的功能栏，如图 4-1-3 所示。

图 4-1-3　菜单栏

3）绘图区：用于场景搭建、轨迹的添加和编辑等，如图 4-1-4 所示。

4）机器人加工管理面板：由 6 大元素节点组成，包括场景、零件、坐标系、外部工具、快换工具以及机器人，通过面板中的树形结构可以轻松查看并管理机器人、工具和零件等对象的各种操作，如图 4-1-5 所示。

图 4-1-4　绘图区

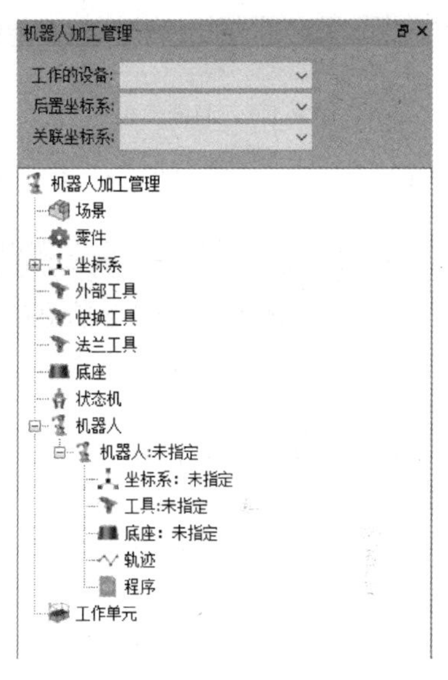

图 4-1-5　机器人加工管理面板

5）机器人控制面板：控制机器人 6 个轴和关节的运动，调整其姿态，显示坐标信息，读取机器人的关节值以及使机器人回到机械零点等，如图 4-1-6 所示。

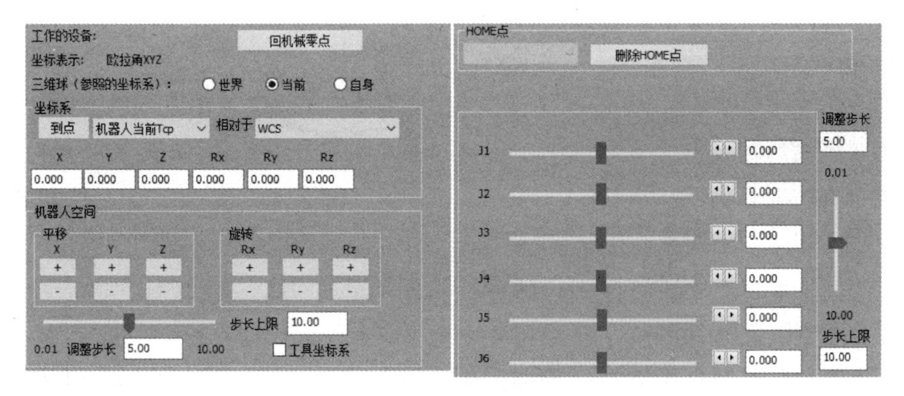

图 4-1-6　机器人控制面板

6）调试面板：方便查看并调整机器人姿态、编辑轨迹点特征，如图 4-1-7 所示。

7）输出面板：显示机器人执行的动作、指令、事件和轨迹点的状态，如图 4-1-8 所示。

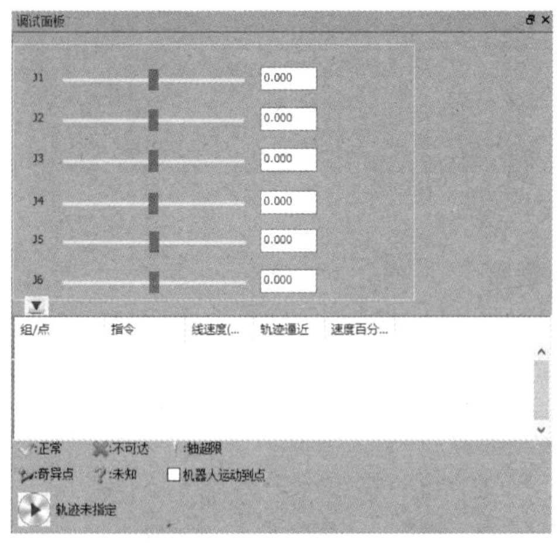

图 4-1-7　调试面板

图 4-1-8　输出面板

8）状态栏：包括功能提示、模型绘制样式和视向等功能，如图 4-1-9 所示。

图 4-1-9　状态栏

2. 三维球工具

三维球是一个强大而灵活的三维空间定位工具，它可以通过平移、旋转和其他复杂的三维空间变换精确定位任何一个三维物体。

单击工具栏上的按钮打开三维球，使三维球附着在三维物体之上，从而方便地对它们进行移动和相对定位，三维球位置如图 4-1-10 所示。

（1）三维球的结构　三维球有一个中心点、一个平移轴和一个旋转轴，如图 4-1-11a 所示。

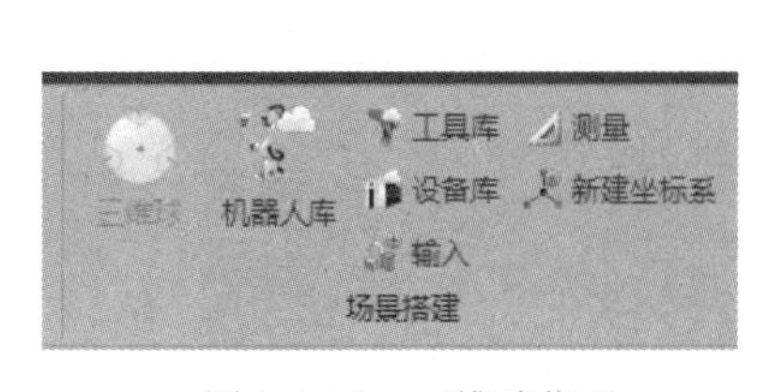

图 4-1-10　三维球位置

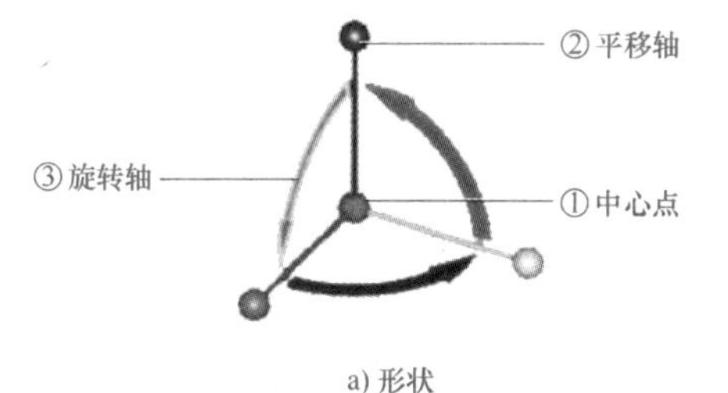

a) 形状

b) 三维球激活状态

图 4-1-11　三维球的结构

① 中心点：主要用来进行点到点的移动。使用的方法是右击鼠标，然后从弹出的菜单中挑选一个选项。

② 平移轴主要有两种用法：一是拖动轴，使轴线对准另一个位置进行平移；二是右

击鼠标，然后从弹出的菜单中选择一个项目进行定向。

③ 旋转轴主要有两种用法：一是选中轴后，可以围绕一条从视点延伸到三维球中心的虚拟轴线旋转；二是右击鼠标，然后从弹出的菜单中选择一个项目进行定向。

（2）激活三维球　使用三维球时，必须先选中三维模型，将三维球激活。默认的三维球图标是灰色的，激活后显示为黄色。三维球的激活状态如图 4-1-11b 所示。

（3）三维球颜色　三维球有 3 种颜色：默认颜色（X、Y、Z 3 个轴对应的颜色分别是红、绿、蓝）、白色和黄色。

1）默认颜色：三维球与物体关联。三维球动，物体会跟着三维球一起动。

2）白色：三维球与物体互不关联。三维球动，物体不动。

3）黄色：表示该轴已被固定（约束），三维物体只能在该轴的方向上进行定位。

三维球与附着元素的关联关系，通过空格键来转换。三维球为默认颜色时按下空格键，则三维球会变白；变白后，移动三维球时附着元素不动。

（4）三维球的平移和旋转

1）平移：将零件图在指定的轴线方向上移动一定的距离，可在空白数值框内输入平移的距离，单位为 mm，如图 4-1-12 所示。

2）旋转：将零件图在指定的角度范围内旋转一定的角度，如图 4-1-13 所示。

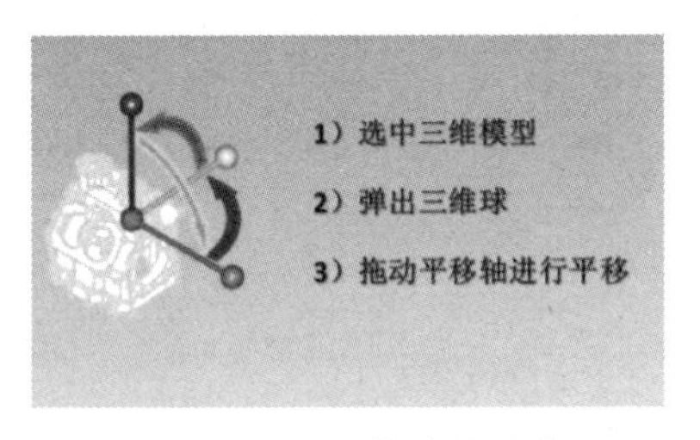

图 4-1-12　三维球的平移

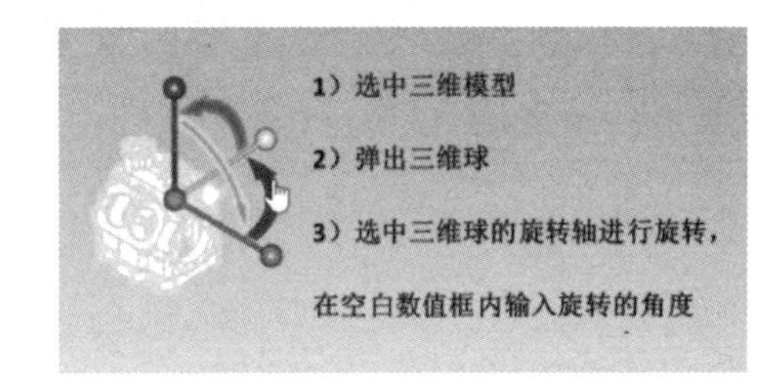

图 4-1-13　三维球的旋转

（5）中心点的定位方法　三维球的中心点可进行点定位。在三维球中心点右击菜单如图 4-1-14 所示。

1）编辑位置：选择此选项可弹出位置输入框，用来输入相对父节点锚点的 X、Y、Z 3 个方向的坐标值，如图 4-1-15 所示。

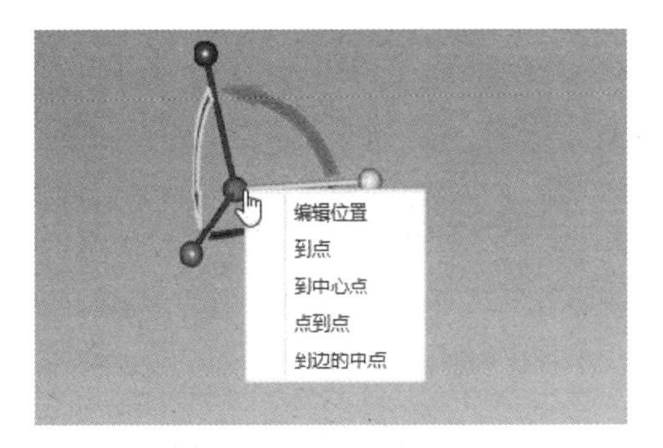

图 4-1-14　三维球中心点定位

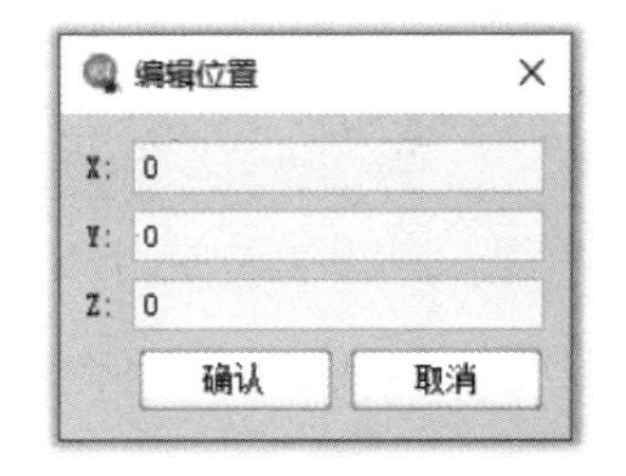

图 4-1-15　编辑位置

这里的 X、Y、Z 数值代表的是中心点在 X、Y、Z 3 个轴方向上的向量值。这里的位置是相对于世界坐标系来说的，填入数值可以改变物体在世界坐标系中的位置。示例：如

将零件定位到世界坐标系原点，将“编辑位置”中的 X、Y、Z 数值均改为“0.0000”即可，编辑三维球位置如图 4-1-16 所示。

图 4-1-16 编辑三维球位置

2）到点：选择此选项可使三维球附着的元素移动到第二个操作对象上的选定点。操作步骤：选中三维模型→弹出三维球→选择三维球中心点右击菜单内的“到点”→选中第二个操作对象上的某个点→三维模型定位到选定点的位置，如图 4-1-17 所示。

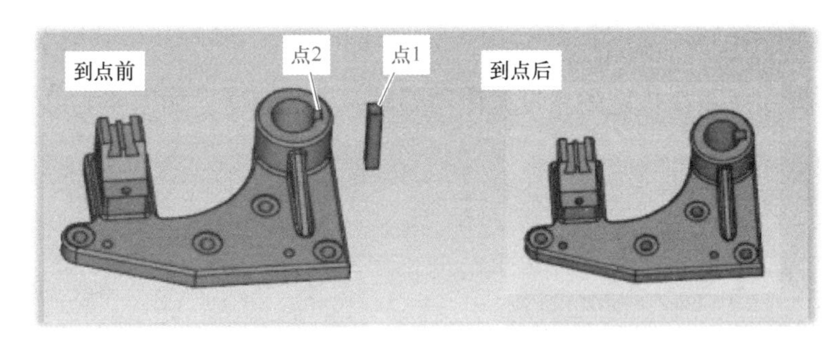

图 4-1-17 三维球中心点“到点”（点 1 定位到点 2）

3）到中心点：选择此选项可使三维球附着的元素移动到回转体的中心位置。操作步骤：选中三维模型→弹出三维球→选择三维球中心点右击菜单内的“到中心点”→选中第二个操作对象上的某个圆弧→三维模型定位到选定点的位置，如图 4-1-18 所示。

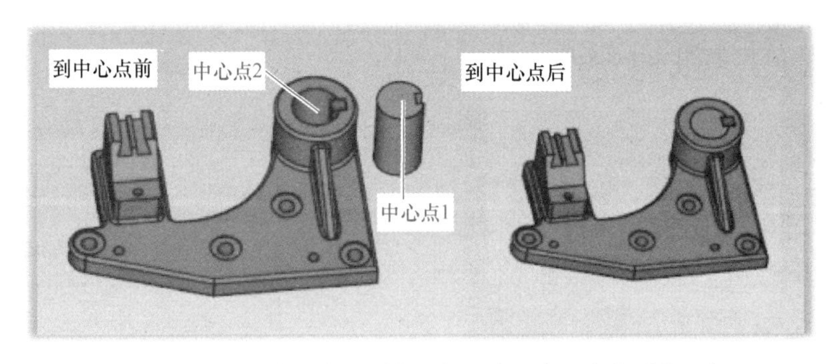

图 4-1-18 三维球中心点“到中心点”（中心点 1 定位到中心点 2）

4）点到点：此选项可使三维球附着的元素移动到第二个操作对象上两点之间的中点。**注意**：*在第二个操作对象上指定的是两个点。*

5）到边的中点：选择此选项可使三维球附着的元素移动到第二个操作对象上某一条边的中点。操作步骤：选中三维模型→弹出三维球→选择三维球中心点右击菜单内的“到边的中点”→选中第二个操作对象上的某条边→三维模型定位到选定边的中点。

（6）平移轴 / 旋转轴　三维球的平移轴 / 旋转轴可进行方向上的定位。图 4-1-19 为三维球两个轴的右击菜单。

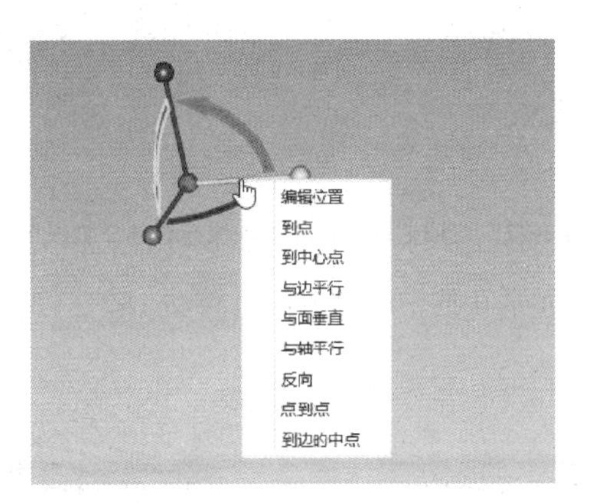

图 4-1-19　三维球两个轴的右击菜单

1）到点：鼠标捕捉的轴，指向到规定点。

2）到中心点：鼠标捕捉的轴，指向到规定圆心点。

3）与边平行：鼠标捕捉的轴与选取的边平行，如图 4-1-20 所示。

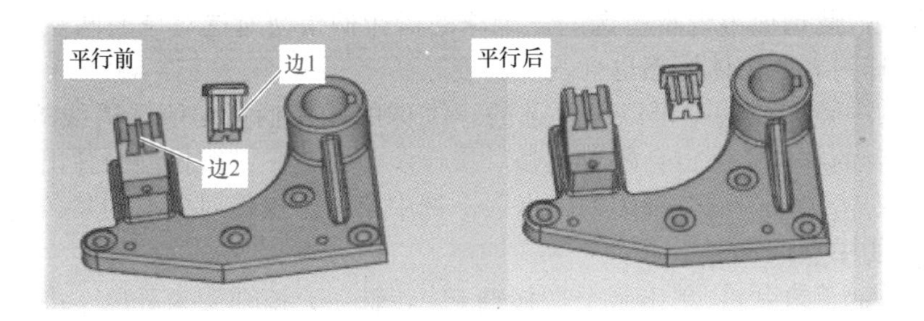

图 4-1-20　与边平行（边 1 与边 2 平行）

4）与面垂直：鼠标捕捉的轴与选取的面垂直，如图 4-1-21 所示。

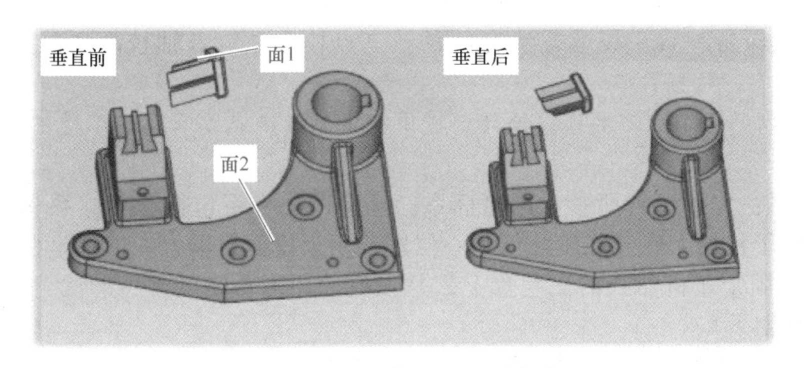

图 4-1-21　与面垂直（面 1 与面 2 垂直）

5）与轴平行：鼠标捕捉的轴与柱面轴线平行，如图 4-1-22 所示。

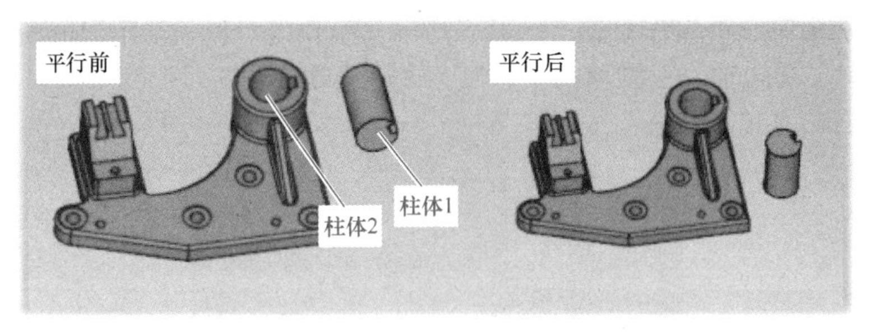

图 4-1-22　与轴平行（柱体 1 轴线与柱体 2 轴线平行）

6）反向：三维球带动元素在选中的轴方向上转动 180°，如图 4-1-23 所示。

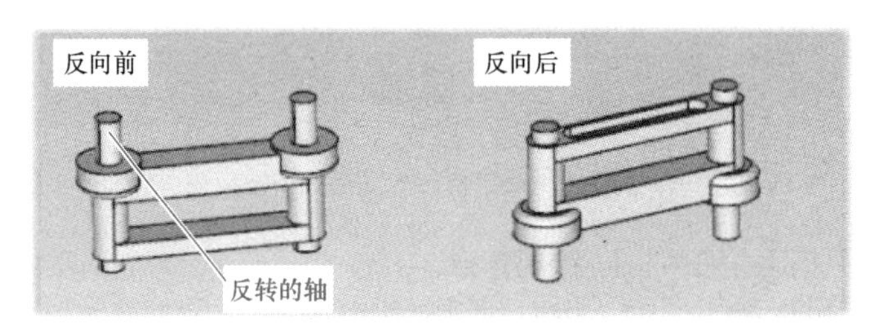

图 4-1-23　反向

7）点到点：此选项可以将所选的三维球的操作柄指向所选对象的两点之间的中点位置，同时三维球附着的物体姿态也会跟着调整。

8）到边的中点：此选项可以将所选的三维球的操作柄指向所选边线的中心点位置，同时三维球附着的物体姿态也会跟着调整。操作步骤：选中三维模型→弹出三维球→选择三维球中心点右击菜单内的“到边的中点”→选中第二个操作对象上的某条边→三维模型定位到选定边的中点。

9）轴的固定（约束）：单击某个平移轴 / 旋转轴后，该轴变为黄色，可用来对轴线进行暂时的约束，使三维物体只能进行沿此轴线上的线性平移，或绕此轴线进行旋转。

3. 工件校准

工件校准的目的是确保软件的设计环境中机器人与零件的相对位置与真实环境中两者的相对位置保持一致。校准方法有两种：三点校准法、点轴校准法，三点校准法如图 4-1-24 所示。

注意：选取的 3 个点不共线。设计环境中指定的 3 个点要和真实环境中测量的 3 个点位置保持一致。

1）坐标系：工件位置所参考的坐标系。这里的坐标系包括基坐标系和法兰坐标系。基坐标系：位于机器人安装底座几何中心位置，用来说明机器人在世界坐标系中的位置。法兰坐标系：固定于机器人的法兰盘上，是工具的原点（一般常见的法兰坐标系都是 Z 轴朝外，X 轴朝下）。

2）校准目标模型：应选择当前需要校准的工件。

3）设计环境：软件中的绘图区。

4）真实环境：真机操作环境。

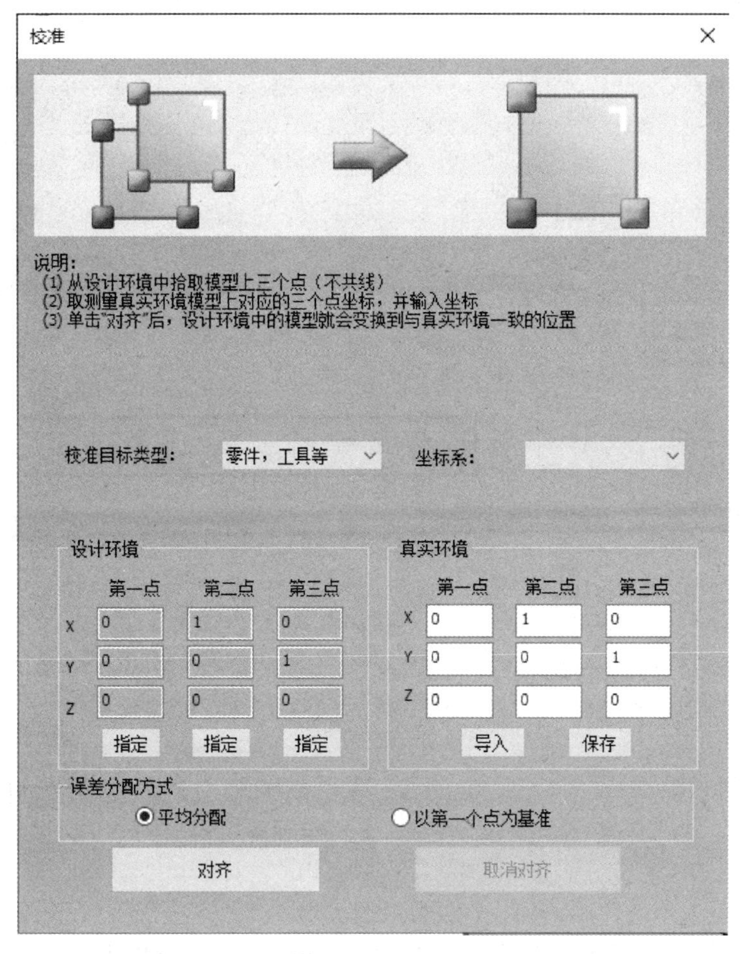

图 4-1-24　三点校准法

任务实施

4.1.2　AUBO RobotStudio 场景搭建

使用 AUBO RobotStudio 离线仿真软件模型导入功能将智能协作机器人技术及应用平台模型导入软件，并按实际设备安装位置还原虚拟仿真场景。

1. 模型导入

1）通过“输入”工具将工作站模型导入到场景中，导入模型步骤如图 4-1-25 所示。

2）导入之后可以通过按住鼠标右键拖动旋转视图查看模型，导入模型后的效果如图 4-1-26 所示。

3）目前导入的模型装配体是一个整体，为了方便后续的工具、零件等自定义，需要对模型进行解除装配处理。具体操作方式：选择“场景”→右击导入的装配体模型“初级工作站无螺钉”→选择“解除装配”，操作方法及解除装配后的效果如图 4-1-27 所示。

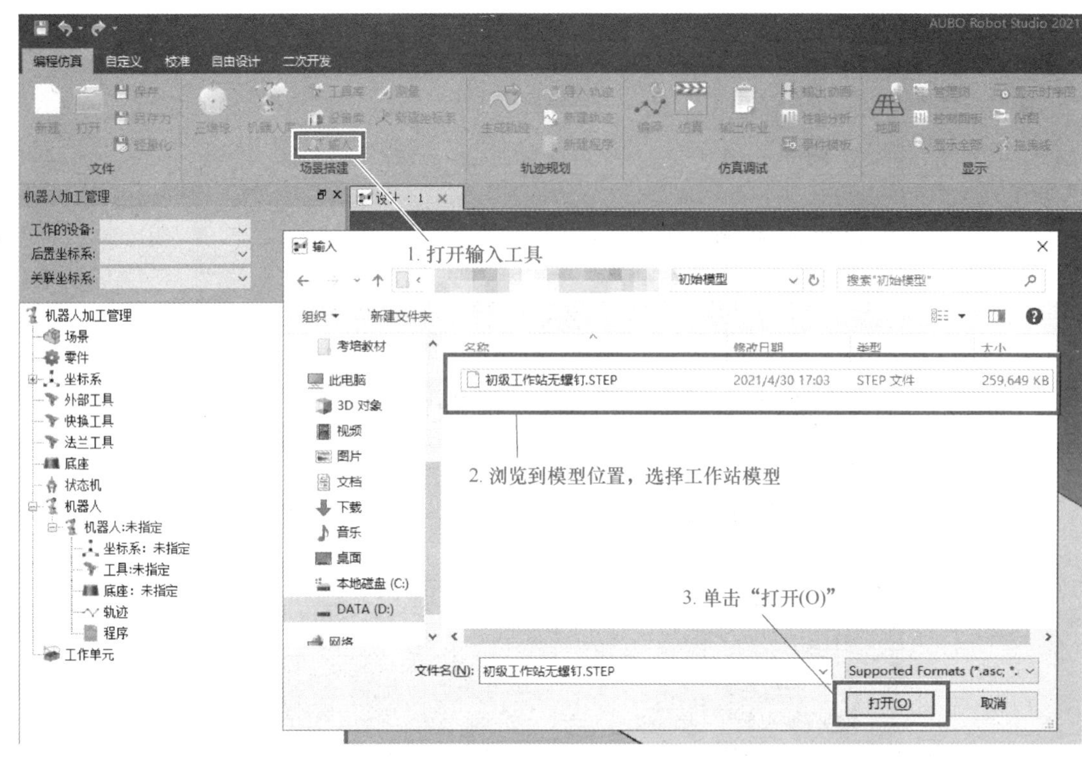

图 4-1-25　导入模型步骤

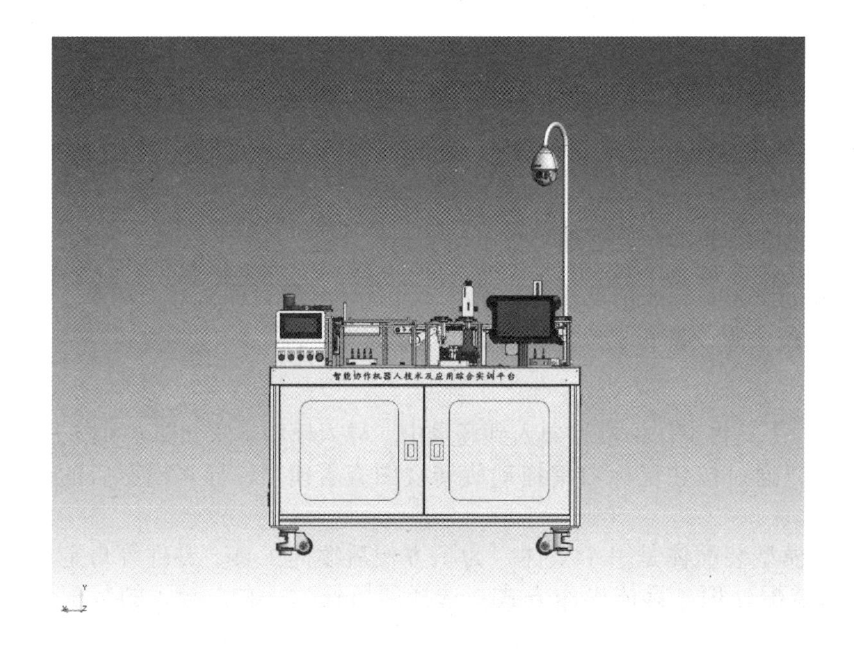

图 4-1-26　导入模型后的效果

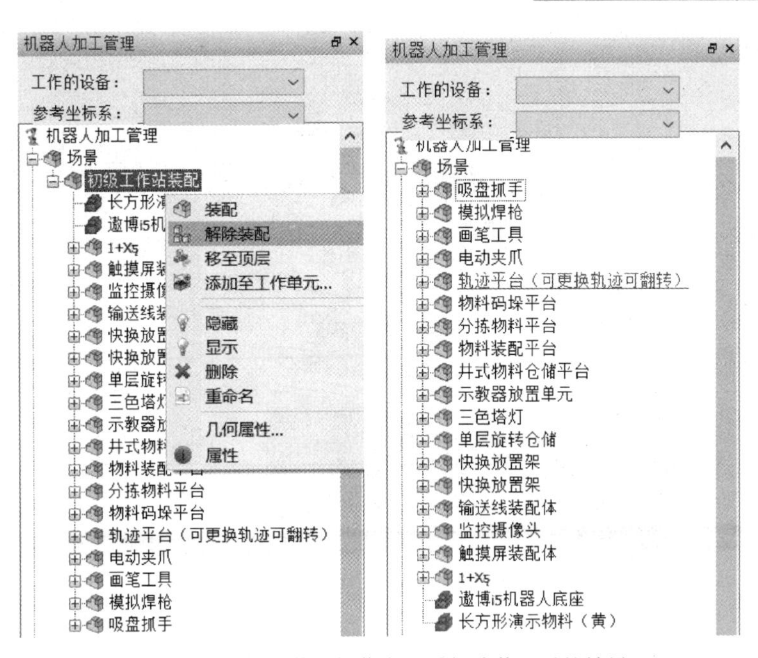

图 4-1-27　解除装配操作方法及解除装配后的效果

2. 导入机器人

1）在机器人库中选择 AUBO–i5 导入场景中，选择机器人界面如图 4-1-28 所示，效果如图 4-1-29 所示。

图 4-1-28　选择机器人界面

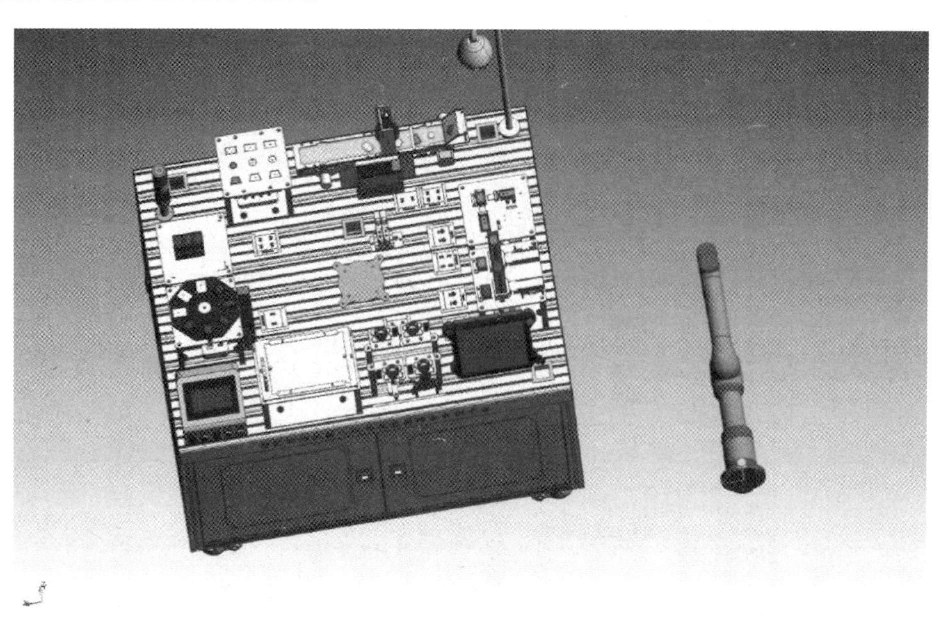

图 4-1-29　导入机器人效果

2）利用三维球工具将机器人正确地放置到机器人安装座上，激活三维球步骤如图 4-1-30 所示。

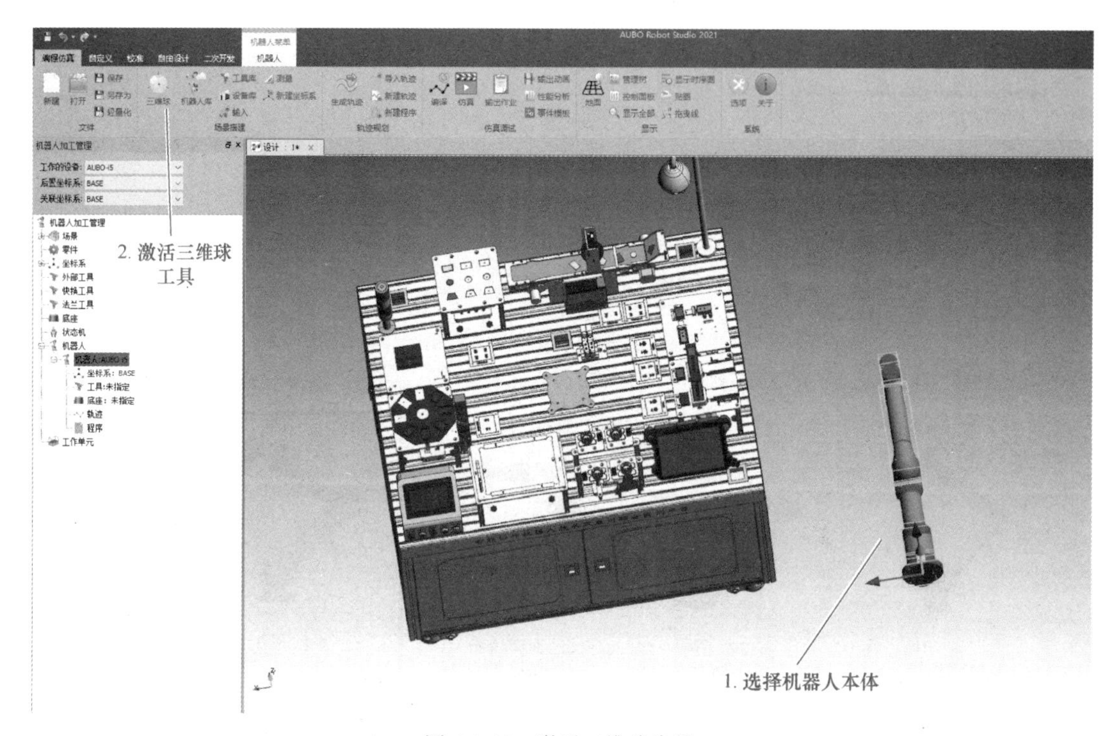

图 4-1-30　激活三维球步骤

3）通过旋转轴调整机器人角度（旋转角度可以通过键盘输入），如图 4-1-31 所示。

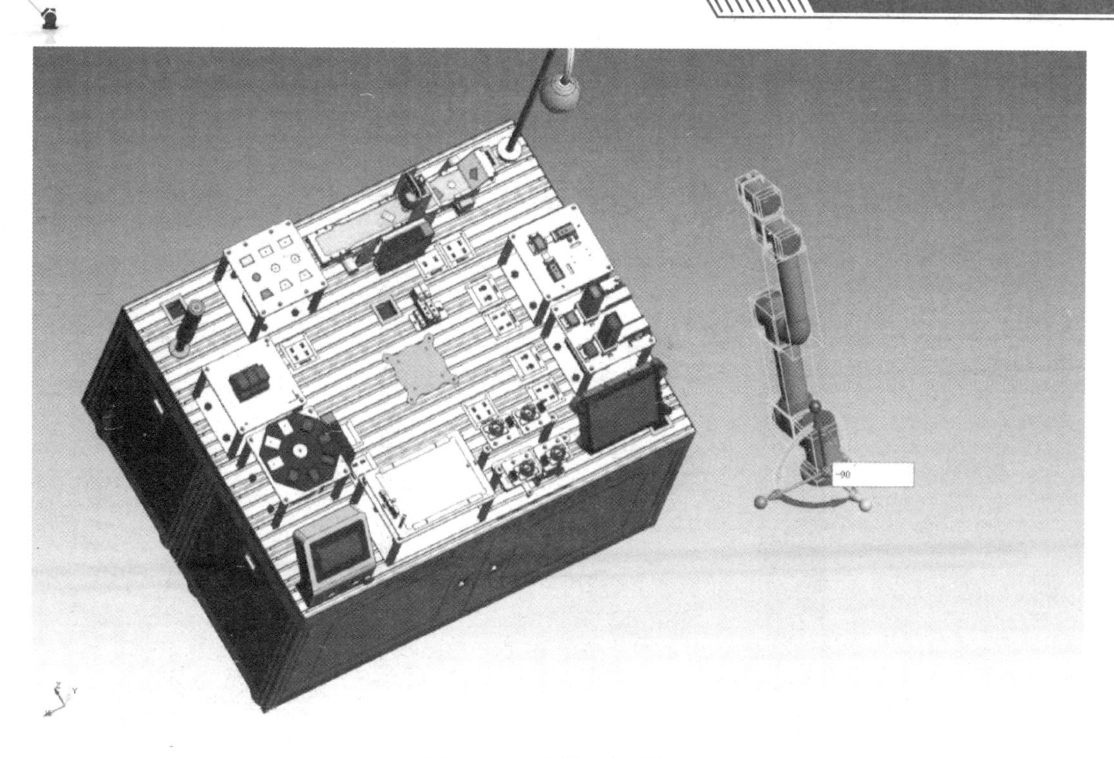

图 4-1-31　机器人角度调整

4）右击中心点选择“到中心点”，选择底座的圆弧边，将机器人放置到底座中心位置，完成操作后再次单击三维球工具退出，机器人位置调整如图 4-1-32 所示。

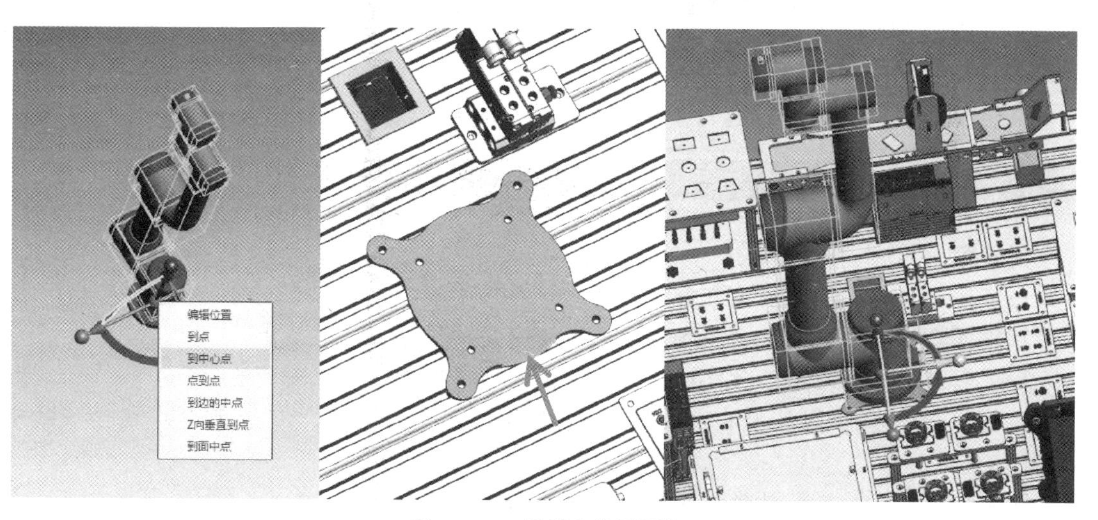

图 4-1-32　机器人位置调整

3. 导入快换工具

本例中需要插入一个机器人侧用的快换工具，机器人侧用的快换工具插入后会自动安装到机器人法兰盘上，操作步骤如图 4-1-33 所示。

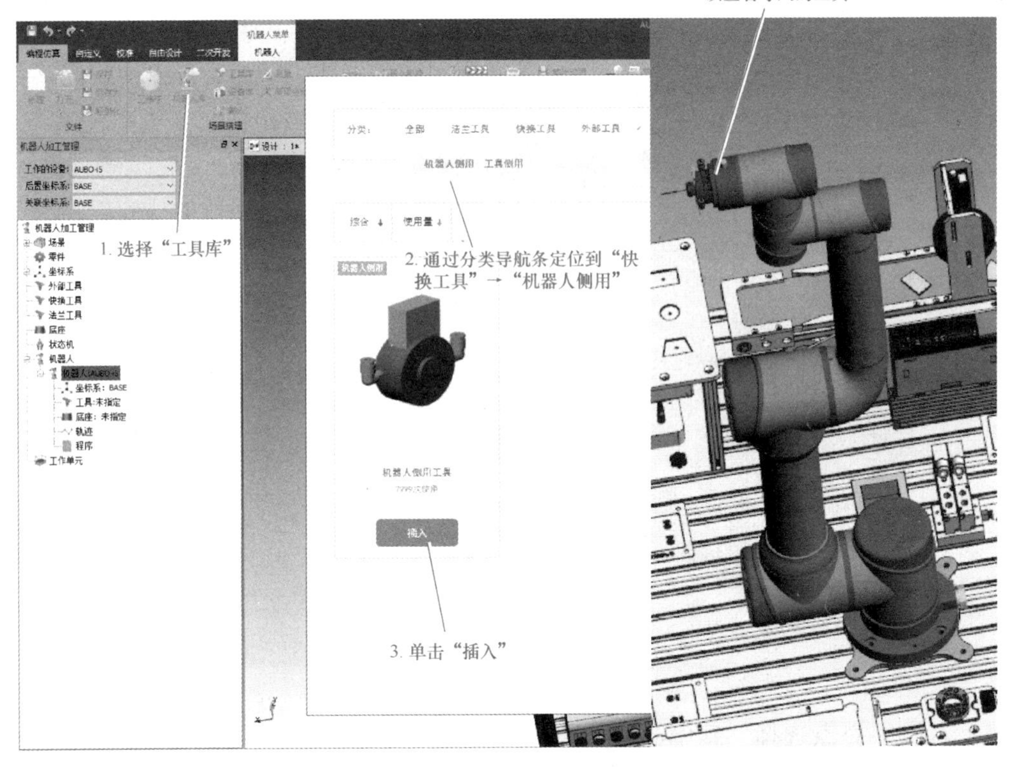

图 4-1-33　导入快换工具操作步骤

4. 工件校准

根据实际情况进行工件校准。

任务测评

判断题

1. 可通过旋转坐标轴调整机器人角度。（　　）
2. 机器人侧用的快换工具插入后不会自动安装到机器人法兰盘上。（　　）
3. 不需要利用三维球工具就能将机器人正确地放置到机器人安装座上。（　　）
4. 将机器人放置到底座中心位置，可选择底座的圆弧边，右击中心点选择“到中心点”。（　　）
5. 通过“输入”工具可将工作站模型导入离线仿真场景中。（　　）

任务 4.2　焊接应用仿真

任务描述

根据实际设备模型及设备安装场景，在 AUBO RobotStudio 离线仿真软件中搭建焊接仿真场景，并在该场景中完成焊接轨迹仿真程序编写。

任务目标

1）掌握 AUBO RobotStudio 离线仿真软件搭建焊接仿真场景操作步骤及方法。

2）掌握焊接轨迹仿真程序编写。

知识储备

4.2.1 AUBO RobotStudio 工具及轨迹简介

1. 工具分类

1）法兰工具：直接安装在机器人法兰盘上的工具。安装方式：法兰工具从“工具库”中导入，导入后直接安装在机器人的法兰盘上，如图 4-2-1 所示。

2）快换工具：由机器人侧用和工具侧用组成，如图 4-2-2 所示。当机器人需要完成两种及以上的任务时，通过快换工具可以快速更换工具，而不用从法兰盘上拆下工具，省时省力。安装方式：通过工具右击菜单的安装指令安装到机器人。

3）外部工具：独立于机器人之外的工具，如打磨机、砂轮等，如图 4-2-3 所示；有时机器人需要手持工件配合使用外部工具。安装方式：外部工具从“工具库”中导入，导入后即可独立于机器人之外，配合机器人进行零件的加工。

图 4-2-1　法兰工具

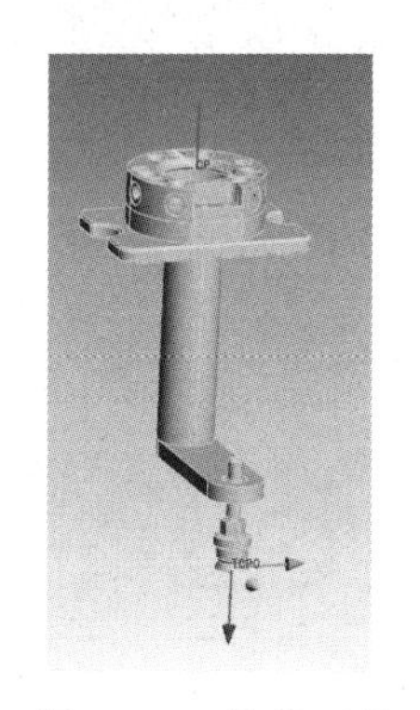

图 4-2-2　快换工具

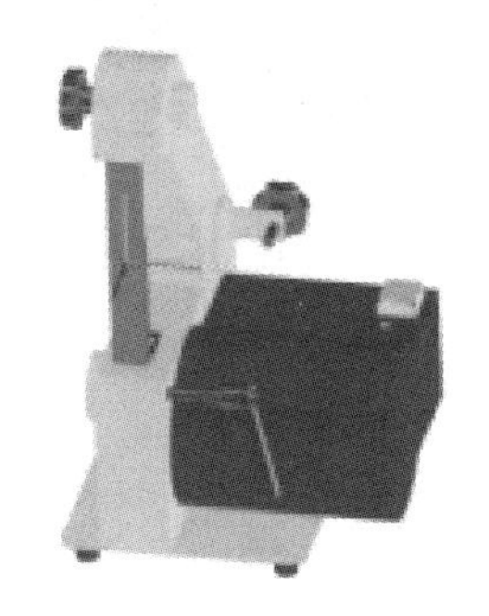

图 4-2-3　外部工具

AUBO RobotStudio 自定义工具

2. 轨迹生成简介

1）沿着一个面的一条边：通过一条边，加上其轨迹方向（箭头），再加上轨迹 Z 轴指向的平面来确定轨迹。即拾取一条边和这条边相邻的面，沿着这条边进一步搜索其他的边来生成轨迹。可以通过“必经边”和“点”来控制轨迹的路径选择和截止点。

2）面的环：该类型选择面作为轨迹的法向，生成三维模型某个面的边的轨迹路径。当所需要生成的轨迹为简单单个平面的外环时，可以通过这种类型来确定轨迹，类型栏选择“面的外环”。拾取元素选择一个面，拾取的面为需要生成轨迹的边所在面。

3）一个面的一个环：这个类型与一个面的外环类型相似，但是多了一个功能，即可以选择简单平面的内环。在类型中选择“一个面的一个环”，拾取的线为需要生成轨迹的边，拾取的面为边所在的面。

4）边：通过选择单条 / 多条相连的线段，加上一个轨迹 Z 轴指向的面作为轨迹法向，实现轨迹设计。拾取元素线可以不在面上，即面与边不必相邻，可灵活地拾取元素面，不受零件模型的限制。

任务实施

4.2.2 AUBO RobotStudio 轨迹规划

在 AUBO RobotStudio 离线仿真软件中，使用模拟焊枪工具在轨迹模块上完成圆弧、圆形、三角形及正方形的离线仿真程序编写并运行仿真程序。

1. 自定义“模拟焊枪”工具

1）选择模型步骤如图 4-2-4 所示。

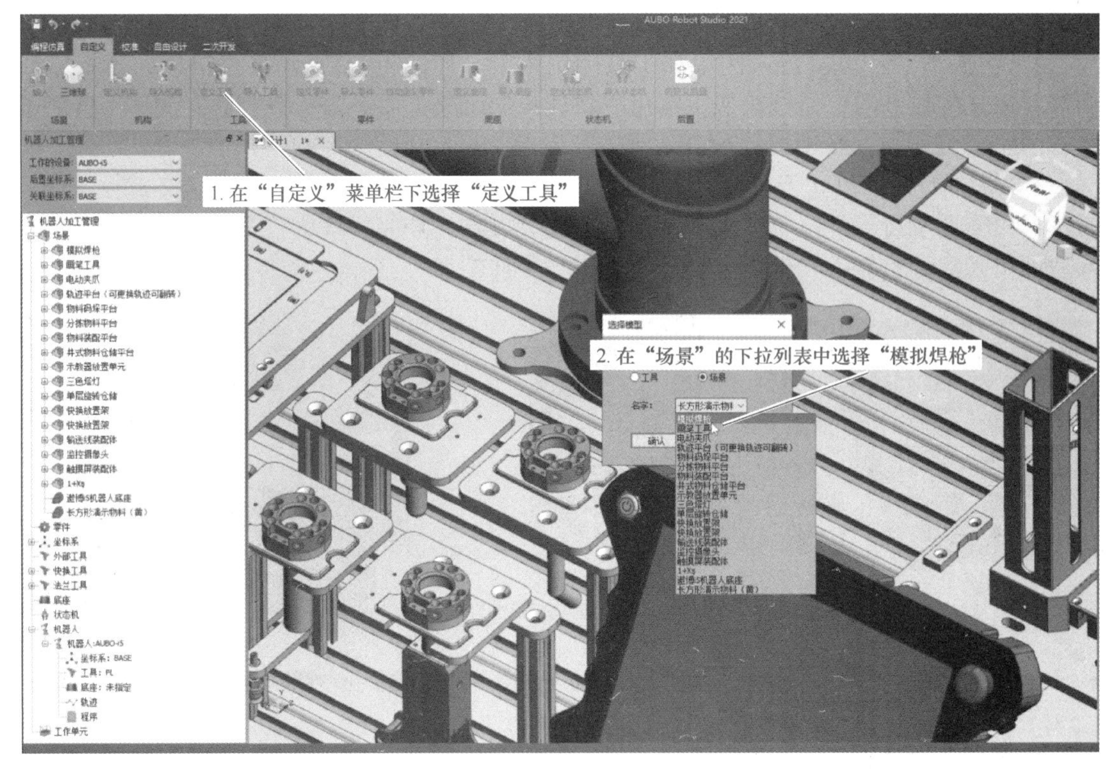

图 4-2-4　选择模型步骤

2）选择创建工具的类型，如图 4-2-5 所示。

3）添加安装点“CP”，如图 4-2-6 所示。

4）利用三维球将“CP”移动到正确位置，并通过旋转轴调整“CP”位姿，如图 4-2-7 所示。

5）添加 TCP（工具中心点），用与 CP 调整相同的方法调整位姿，如图 4-2-8 所示。

6）至此自定义工具完成，可以将自定义的工具保存到指定文件夹，以便以后使用，如图 4-2-9 所示。

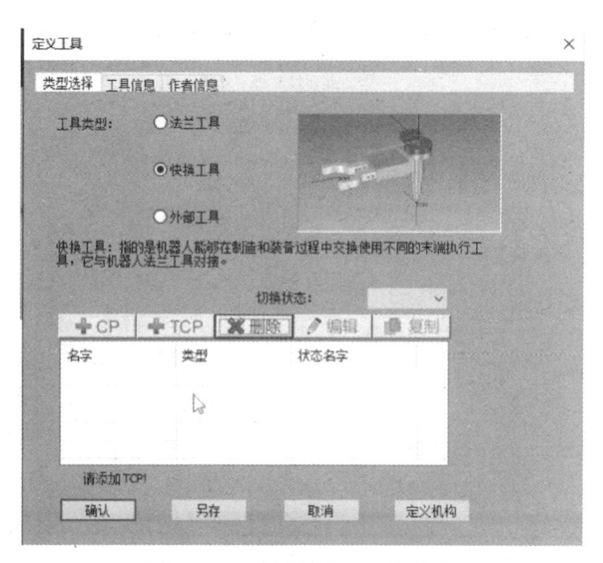

图 4-2-5　选择创建工具的类型

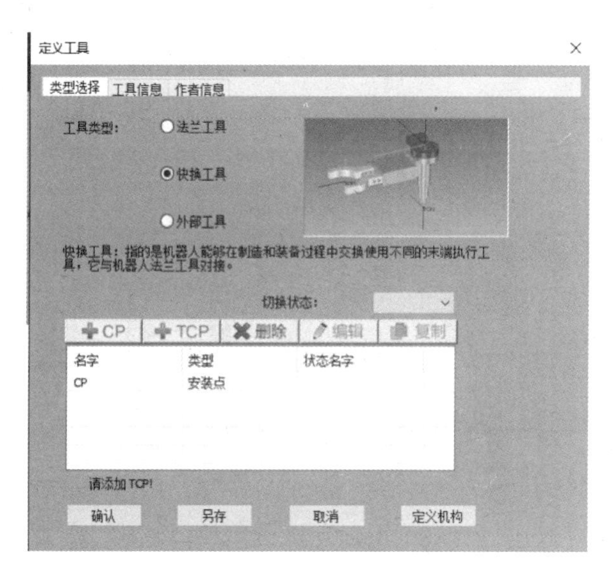

图 4-2-6　添加安装点“CP”

AUBO RobotStudio 轨迹规划

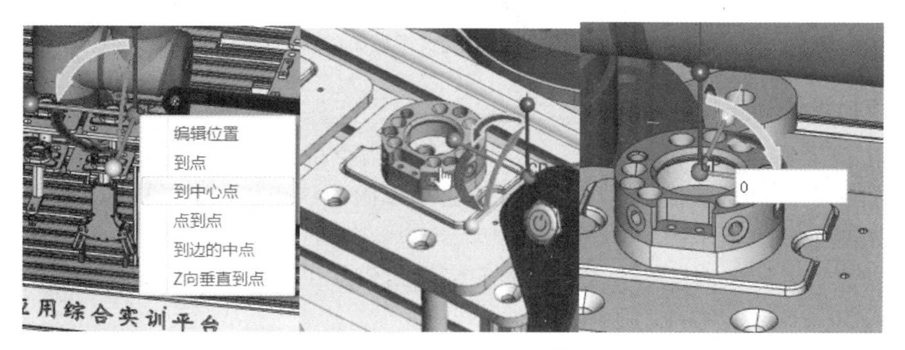

图 4-2-7　调整“CP”位姿

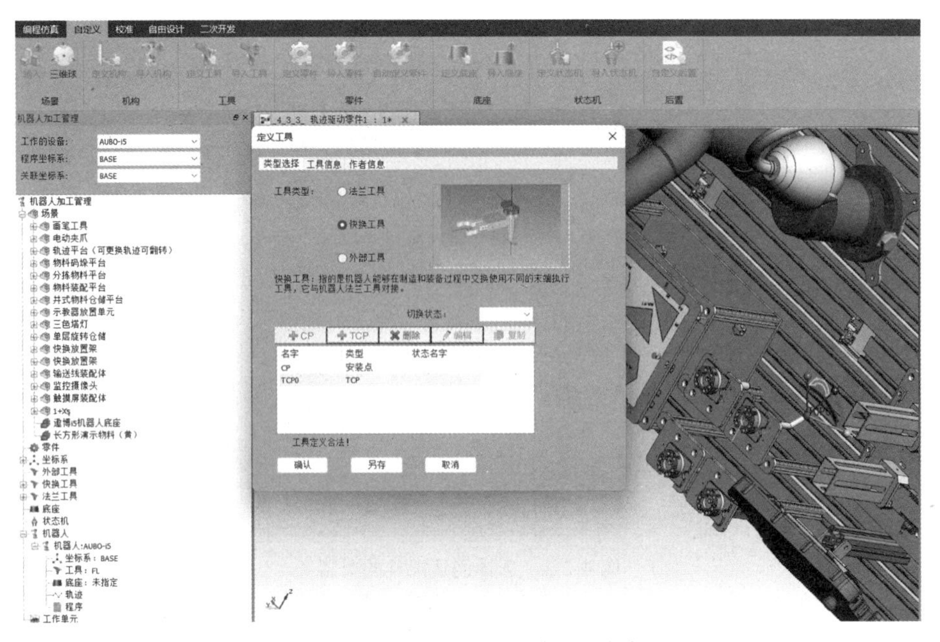

图 4-2-8　添加“TCP”并调整位姿

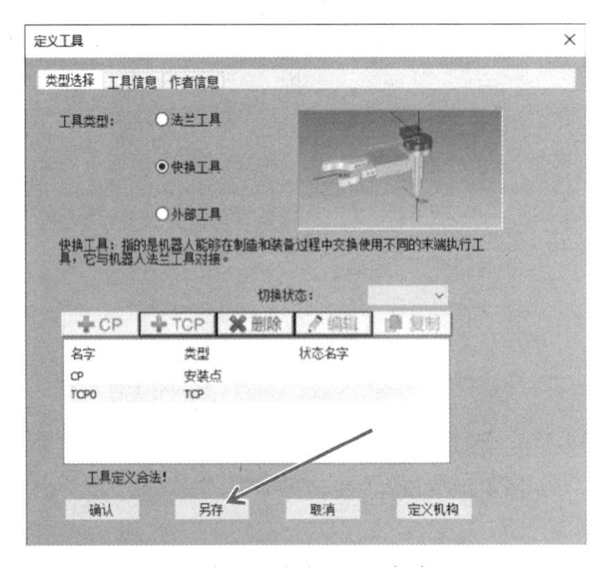

图 4-2-9　自定义工具保存

2.“模拟焊枪”安装与卸载

右击快换工具中的“模拟焊枪”，打开工具右击菜单，选择“安装（生成轨迹 / 改变状态—无轨迹）”；卸载快换工具时，选择右击菜单内的“卸载（生成轨迹 / 改变状态—无轨迹）”，如图 4-2-10 所示。

根据仿真需要，本例选择生成轨迹的安装与卸载方式，选择生成轨迹时需要设置出入刀偏移量“50”，如图 4-2-11 所示。

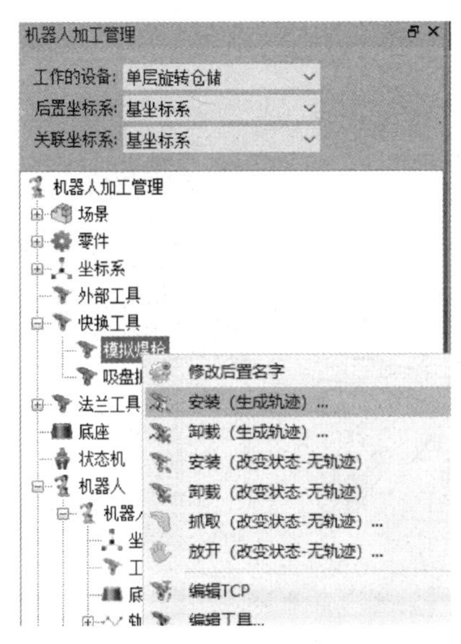

图 4-2-10　工具的右击菜单

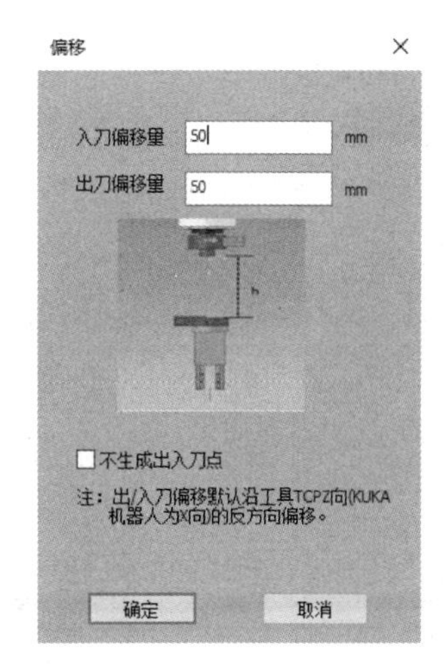

图 4-2-11　设置出入刀偏移量

3. 轨迹规划

1）可以选择轨迹类型为“边”，设置工具为“ FL”，设置关联 TCP 为“模拟焊枪 _ TCP0”，选择坐标系为“ BASE”，关联对象为“零件”。**注意：轨迹编程时应先安装相应的工具。**

2）拾取需要生成轨迹的边，并且通过箭头调整轨迹起点，轨迹属性设置与轨迹选择如图 4-2-12 所示。

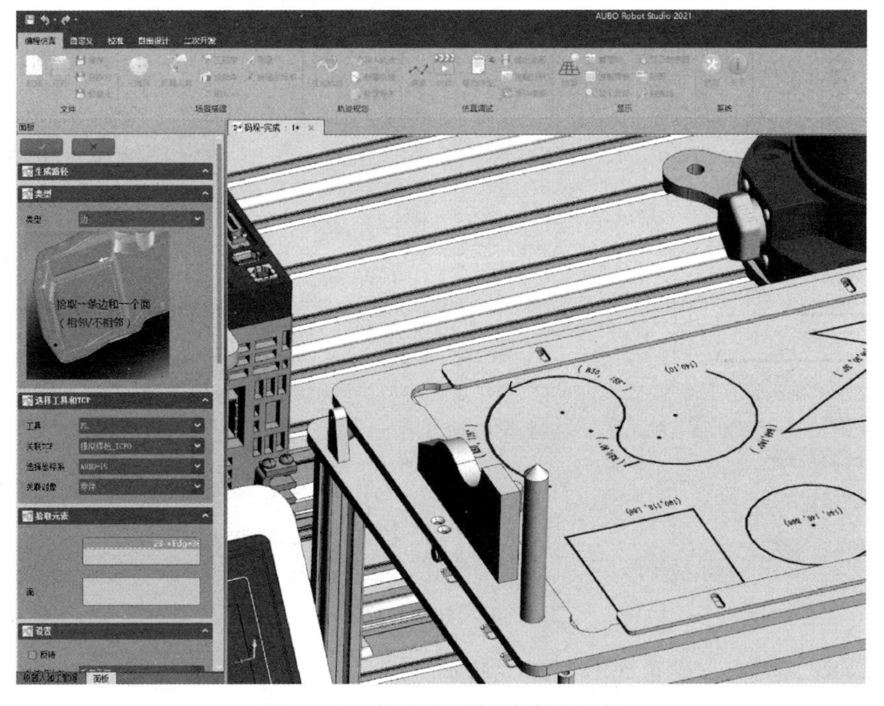

图 4-2-12　轨迹属性设置与轨迹选择

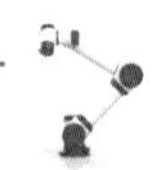

3）选择一个面，生成的轨迹 Z 轴方向与此面的法向一致，如图 4-2-13 所示。

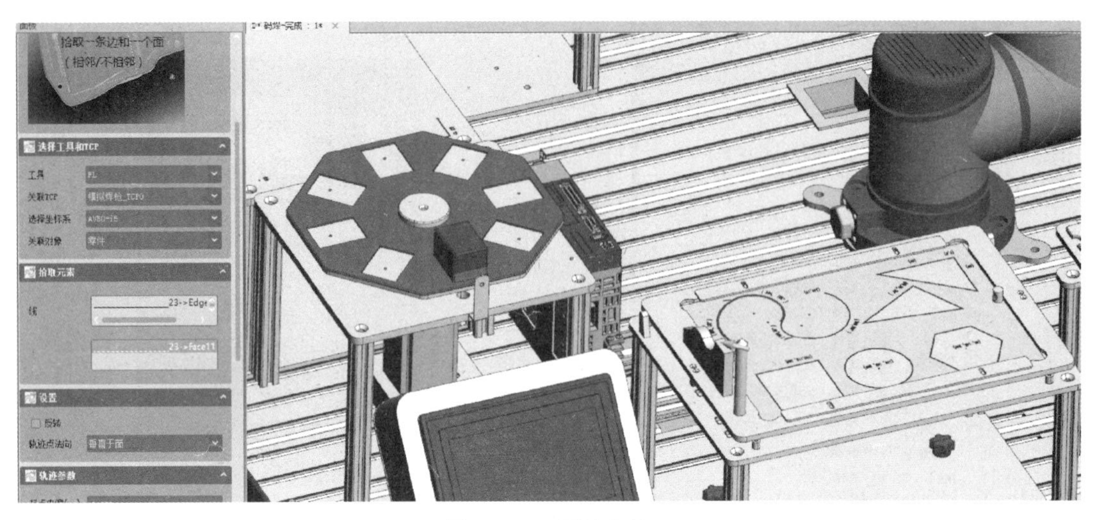

图 4-2-13　面的选择

4）此轨迹为圆弧，为了确保轨迹的圆弧特征，勾选“仅为圆弧生成 3 个点”选项，机器人自动调用圆弧运动指令。选择“ Z 轴旋转最小”，则生成的轨迹所有点位 X、Y 方向一致。

5）单击上方的 ✓ 生成轨迹。轨迹参数设置如图 4-2-14 所示。

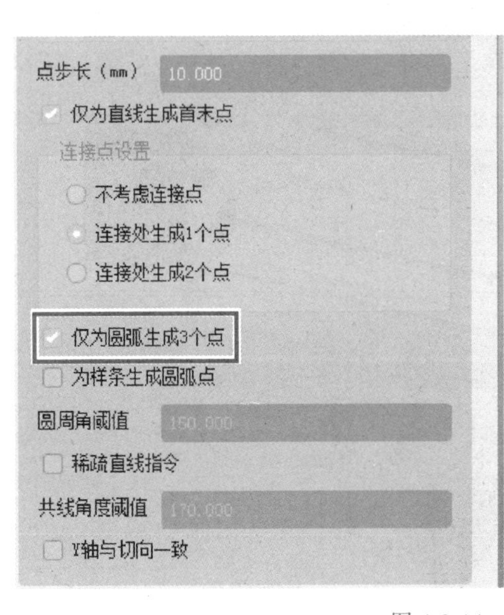

图 4-2-14　轨迹参数设置

6）添加出入刀点，设置如图 4-2-15 所示。

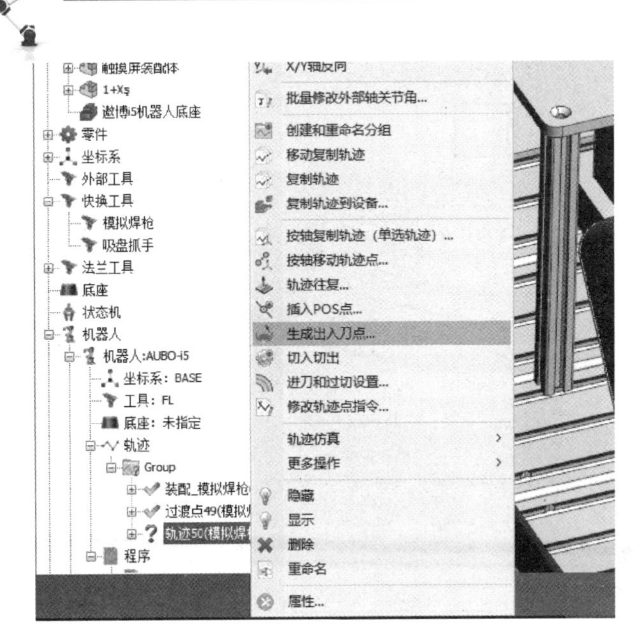

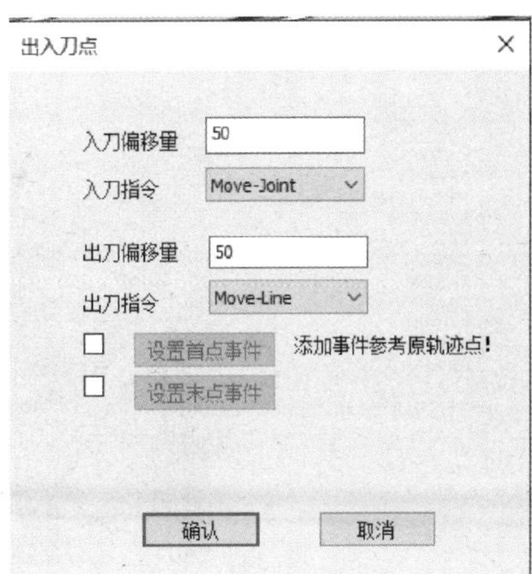

图 4-2-15　出入刀设置

4. 轨迹仿真

观察机器人姿态是否合适，否则用轨迹旋转 / 偏移、统一姿态等工具调整轨迹直至满意为止，如图 4-2-16 所示。

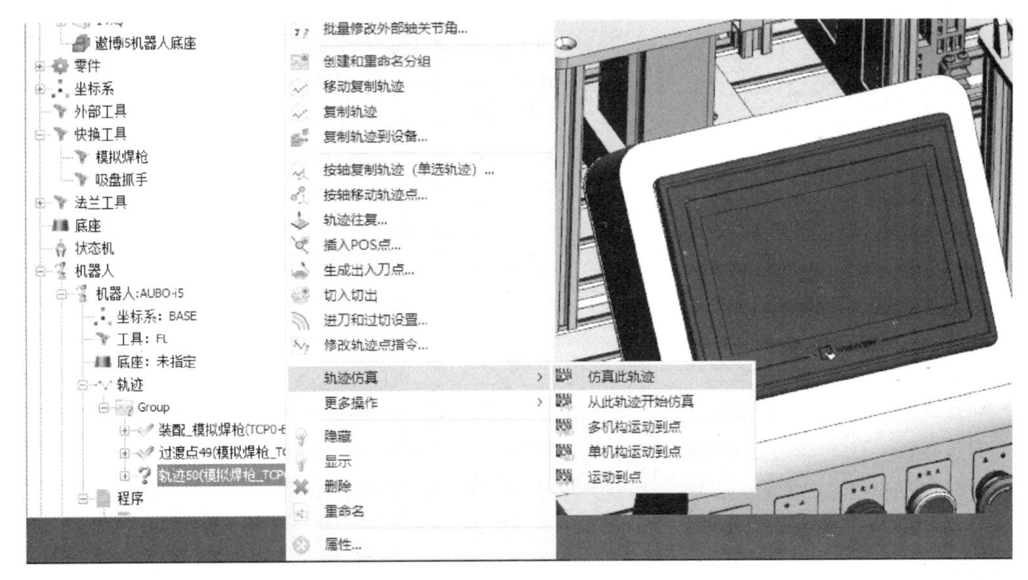

图 4-2-16　轨迹仿真

4.2.3　AUBO RobotStudio 程序导出

1. 输出程序

在这里可以设置点位命名、程序名称等信息，输出作业如图 4-2-17 所示。

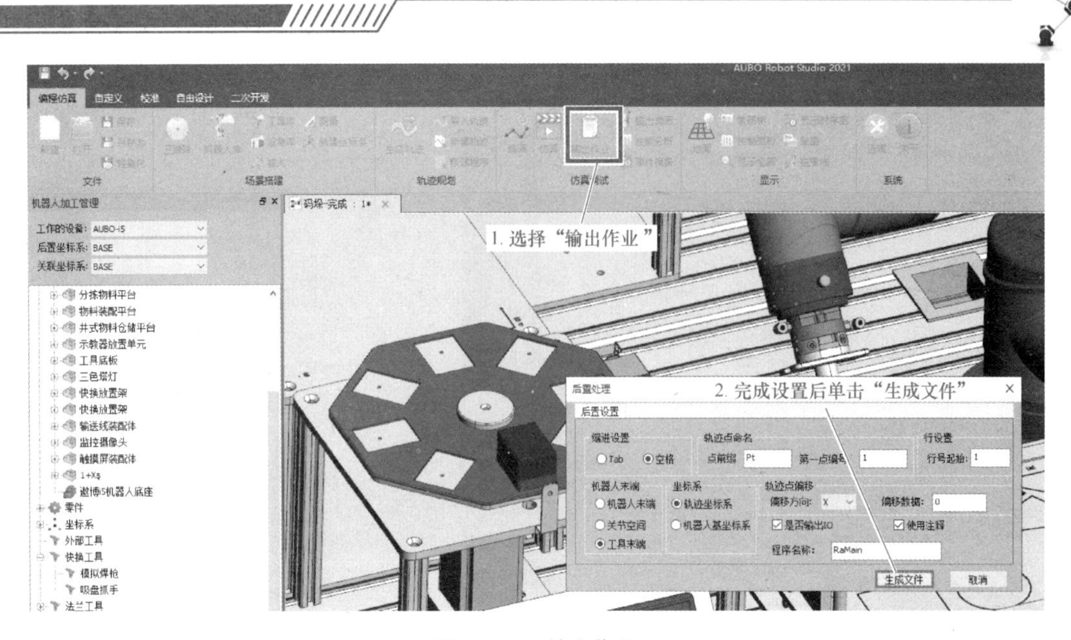

图 4-2-17　输出作业

2. 程序编辑

在程序编辑里面可以修改运动方式、添加延时等命名，程序语法遵循 AUBO 机器人脚本编程语法，如图 4-2-18 所示。

图 4-2-18　程序编辑

3. 程序导出

选择相应的文件存储路径后，将导出的脚本文件通过 U 盘（USB 闪存盘）复制到机器人脚本文件夹下，通过高级条件命令下的 Script 命令调用，可以在机器人上使用该脚本文件，如图 4-2-19 所示。

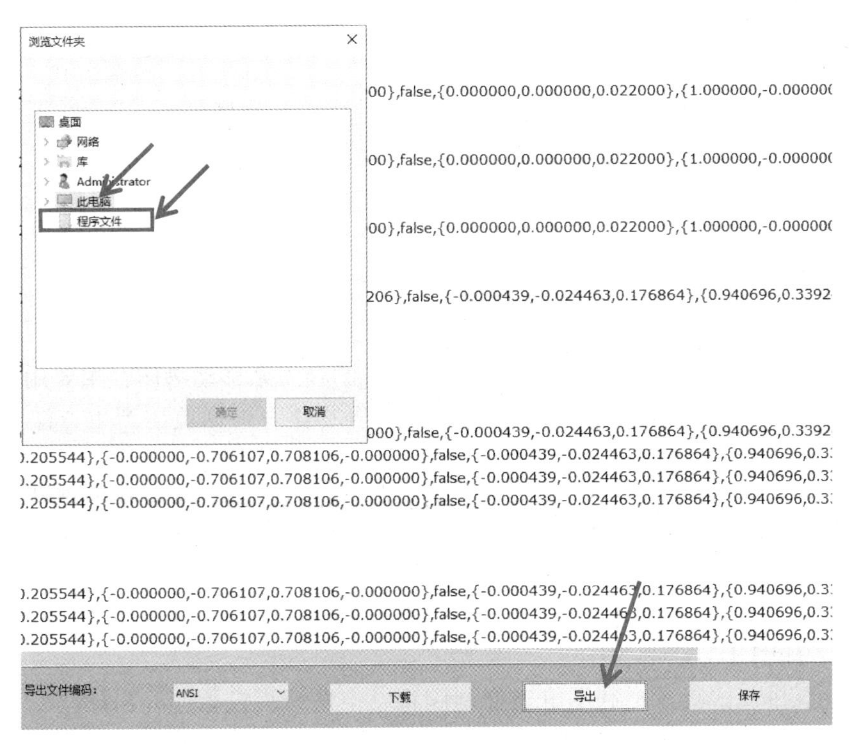

图 4-2-19　程序导出

任务测评

判断题

1. 在程序编辑里面可以修改运动方式、添加延时等命名，程序语法遵循 AUBO 机器人脚本编程语法。（　　）

2. 添加安装点 CP 时，可利用三维球将“CP”移动到正确位置，并通过旋转轴调整 CP 的姿态。（　　）

3. 轨迹编程时可以先不安装相应的工具。（　　）

4. 轨迹为圆弧，为了确保轨迹的圆弧特征，勾选“仅为圆弧生成 3 个点”选项，机器人自动调用圆弧运动指令。选择“Z 轴转动最大”则生成的轨迹所有点位 X、Y 方向一致。（　　）

5. 可通过 U 盘将程序复制到机器人脚本文件夹下。（　　）

任务 4.3　搬运应用仿真

任务描述

根据实际设备模型及设备安装场景，在 AUBO RobotStudio 离线仿真软件搭建搬运仿真场景，并在该场景中完成搬运仿真程序编写。

任务目标

1）利用 AUBO RobotStudio 离线仿真软件搭建搬运仿真场景。

2）掌握搬运轨迹规划及搬运仿真。

知识储备

4.3.1 气吸式末端分类

气吸式末端夹持机构借助吸盘内的负压所形成的吸力来移动物体，主要用于抓取外形较大、厚度适中和刚性较差的玻璃、纸张和钢材等物体。根据负压产生方法可分为以下几种。

1）挤压式吸盘：吸盘内的空气由向下的挤压力排挤而出，使吸盘内部产生负压，形成吸力将物体吸住，用于抓取形状不大、厚度较薄且质量较轻的工件，如图 4-3-1 所示。

2）气流负压式吸盘：控制阀将来自气泵的压缩空气自喷嘴喷入，压缩空气的流动会产生高速射流，从而带走吸盘内的空气，如此便在吸盘内产生负压，负压所形成的吸力便可吸住工件，如图 4-3-2 所示。

3）真空泵排气式吸盘：利用电磁控制阀将真空泵与吸盘相连，当抽气时，吸盘腔内空气被抽走，形成负压而吸住物体。反之，控制阀将吸盘与大气相连时，吸盘失去吸力而松开工件，如图 4-3-3 所示。本任务中使用的是真空泵排气式吸盘。

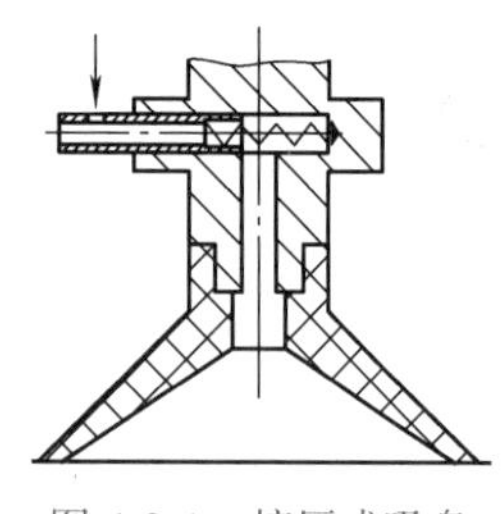

图 4-3-1　挤压式吸盘

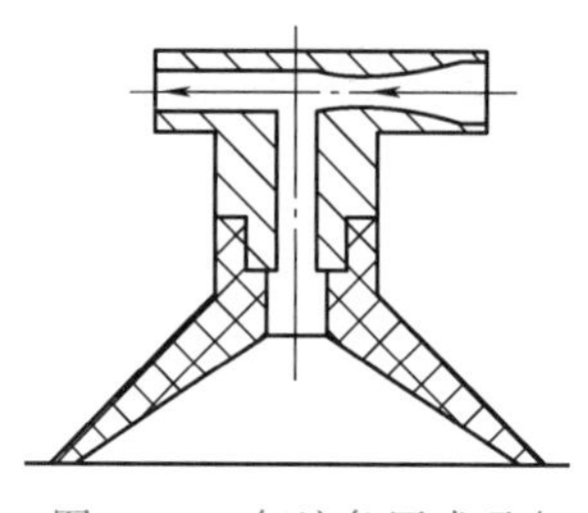

图 4-3-2　气流负压式吸盘

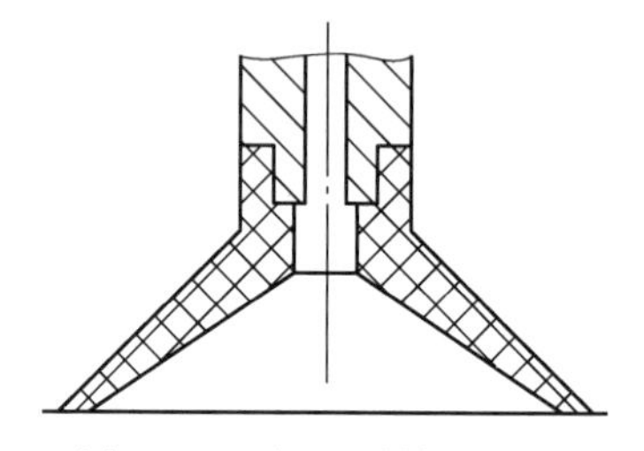

图 4-3-3　真空泵排气式吸盘

任务实施

4.3.2 AUBO RobotStudio 自定义零件

在 AUBO RobotStudio 离线仿真软件中，使用真空泵排气式吸盘工具，完成将平面仓储里的物料放置于传送带运输并检测、传送到位后将物料搬运至码垛模块上的离线仿真程序编写并演示仿真程序。

1）选择自定义零件模型，如图 4-3-4 所示。

2）在零件中右击新建的零件，在弹出的菜单中选择“添加抓取点”，如图 4-3-5 所示。

3）单击“+CP”，添加“CP”，选择新添加的“CP”，单击“编辑”，通过三维球工具调整“CP”的位姿，CP 位姿与 TCP 位姿 X 轴同向、Y 轴和 Z 轴反向，如图 4-3-6 所示。

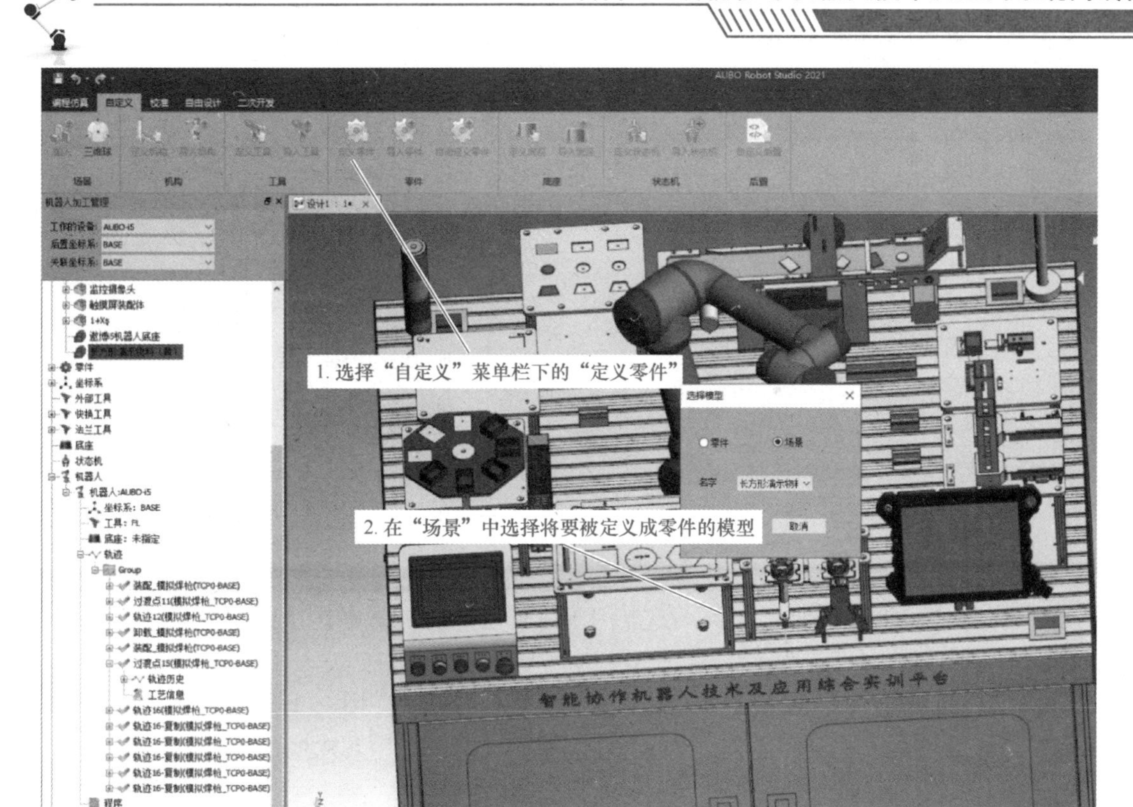

图 4-3-4　选择自定义零件模型

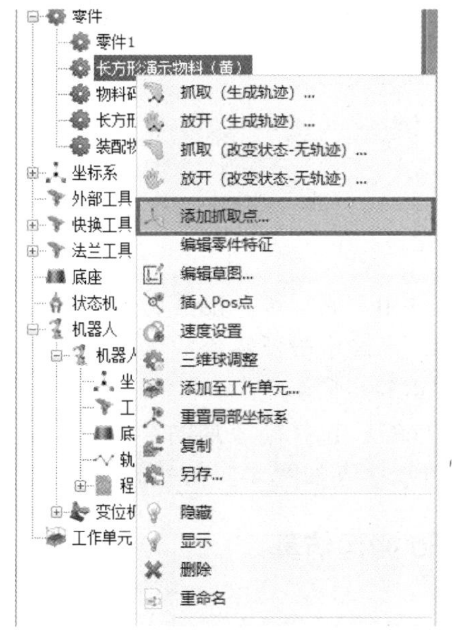

图 4-3-5　“添加抓取点”

AUBO RobotStudio 自定义零件

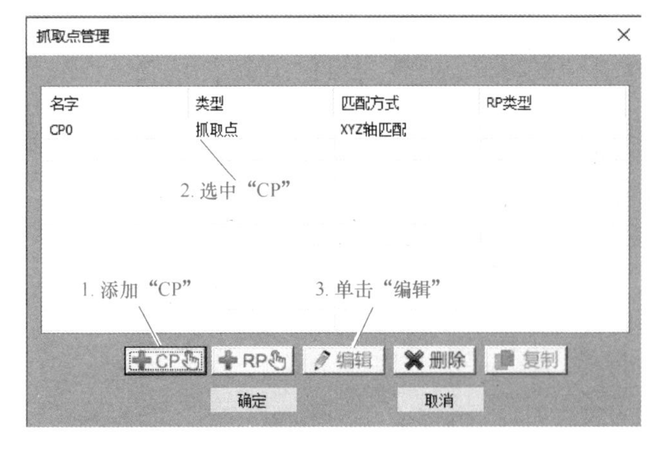

a) 调整“CP”位姿

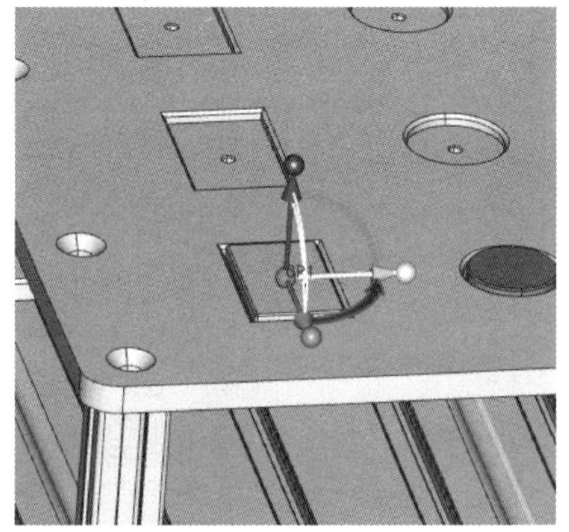

b)“CP”位姿效果

图 4-3-6　添加“CP”

4）单击“+RP”添加“RP”，该点用于零件与零件放置平台上的放置点承接，添加并调整“RP”如图 4-3-7 所示。

5）选择新添加的“RP”，单击编辑，通过三维球调整“RP”位姿，其位姿与放置承接点位姿 X 轴同向、Y 轴与 Z 轴反向，调整“RP”效果如图 4-3-8 所示。

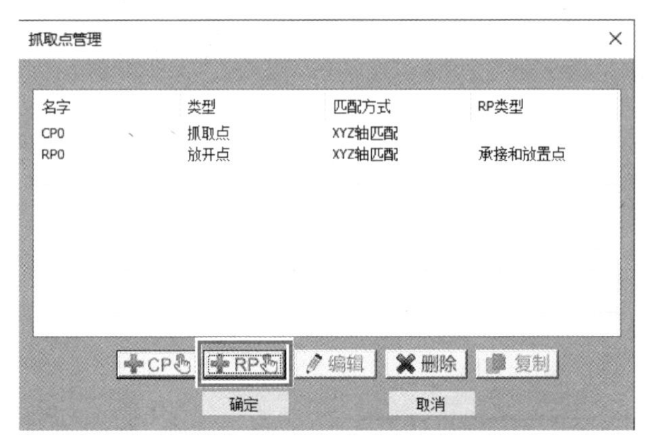

图 4-3-7　添加并调整“RP”

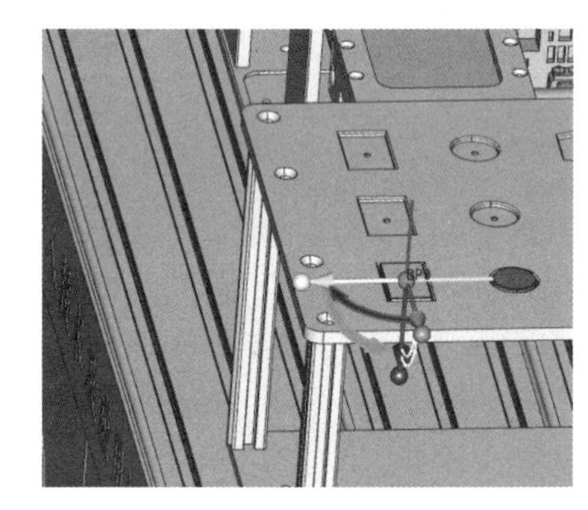

图 4-3-8　调整“RP”效果

6）定义托盘零件，该零件用于搬运零件的放置，通过在该零件上添加“RP”与被抓零件定义的“RP”相互承接，来确定被抓零件放置时的位置与姿态。

7）选择托盘模型，如图 4-3-9 所示。

8）单击“+RP”添加“RP”，选择新添加的“RP”，单击“编辑”，通过三维球调整“RP”位姿，添加并编辑放置承接点如图 4-3-10 所示。

4.3.3　AUBO RobotStudio 搬运仿真

1. 零件抓取

AUBO RobotStudio 搬运仿真

1）右击机器人本体，选择“抓取（生成轨迹）”，如图 4-3-11 所示。

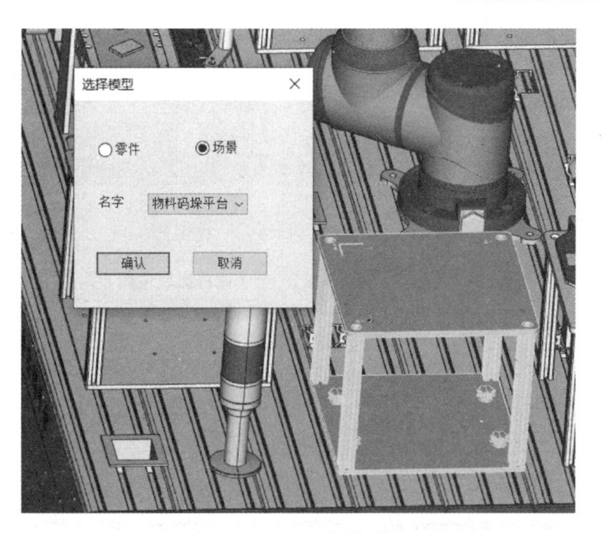

图 4-3-9　选择托盘模型

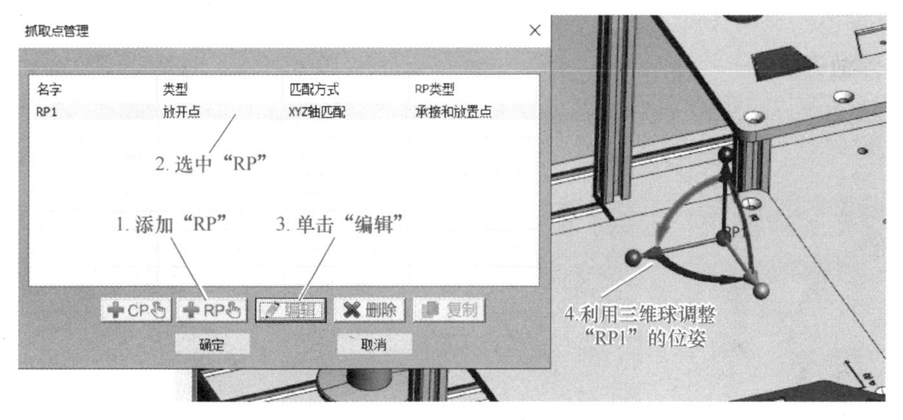

图 4-3-10　添加并编辑放置承接点

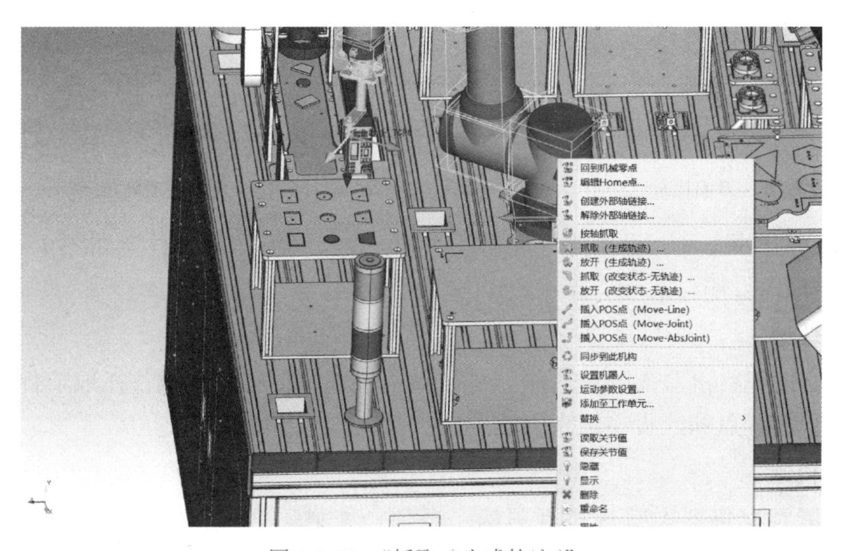

图 4-3-11　“抓取（生成轨迹）”

2）设置抓取的零件，设置抓取点为零件的“CP”，属性设置如图 4-3-12 所示。

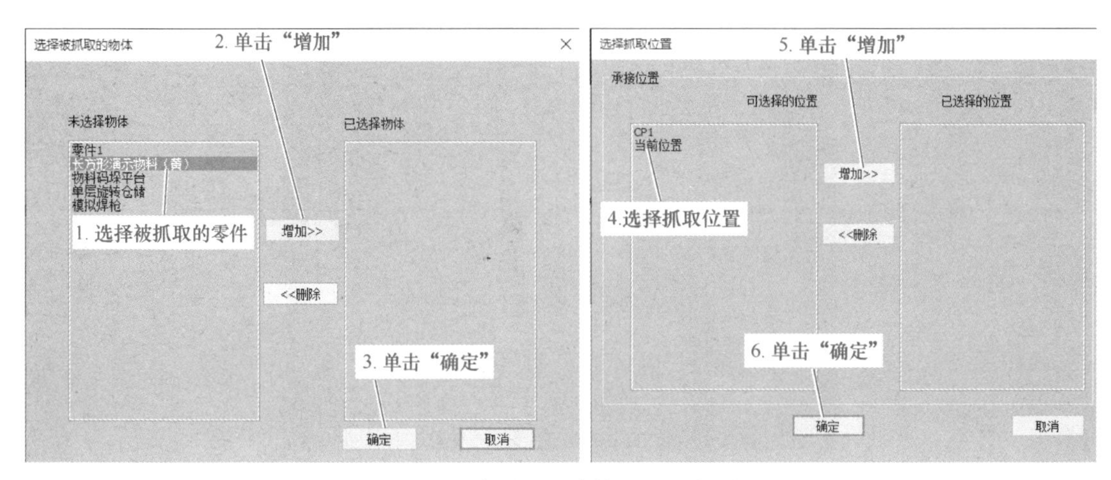

图 4-3-12 “抓取（生成轨迹）”属性设置

3）设置出入刀偏移量，如图 4-3-13 所示。

2. 零件放开

1）右击机器人本体，选择“放开（生成轨迹）”，如图 4-3-14 所示。

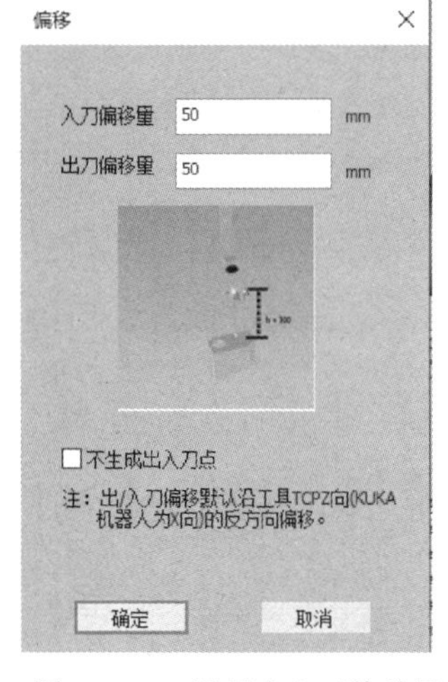

图 4-3-13 设置出入刀偏移量

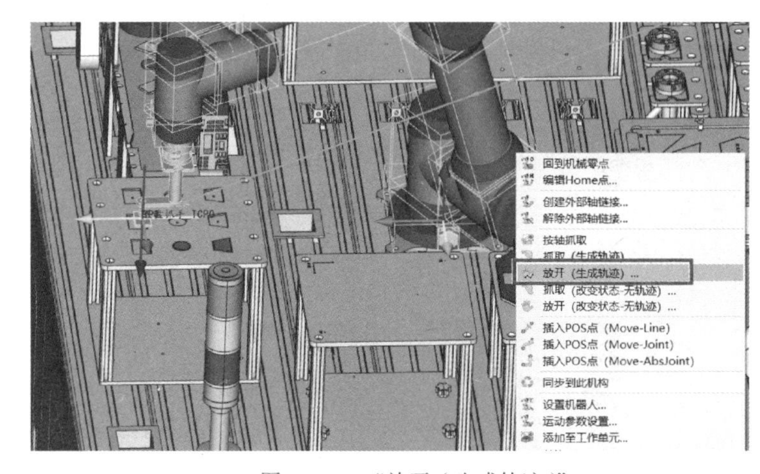

图 4-3-14 “放开（生成轨迹）”

2）设置放开的零件，设置放置点为托盘零件的“RP”，属性设置如图 4-3-15 所示。

3）设置出入刀偏移量，如图 4-3-16 所示。

3. 编译轨迹

此功能可以观察机器人的到达能力，如果不能到达，则需要调整抓取零件与放置平台上的抓取点、放置点和放置承接点的位姿，如图 4-3-17 所示。

4. 仿真轨迹

此功能能观察机器人轨迹是否顺畅、合理，如果不合理则需要通过“插入 POS 点”来调整搬运轨迹，如图 4-3-18 所示。

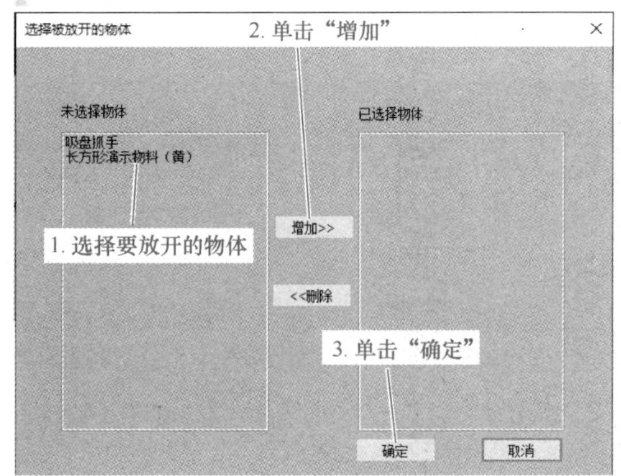

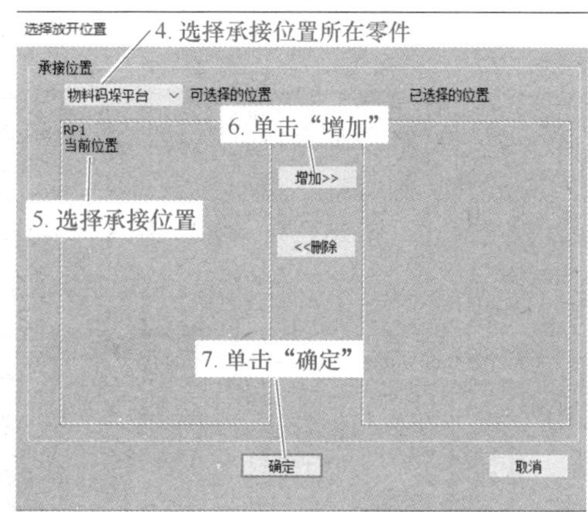

图 4-3-15　“放开（生成轨迹）”属性设置

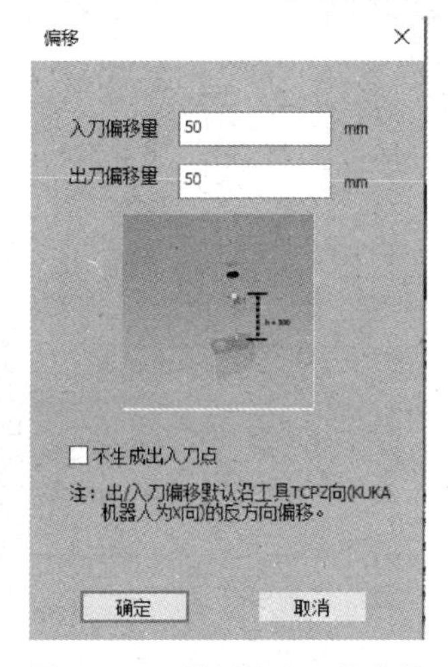

图 4-3-16　设置出入刀偏移量

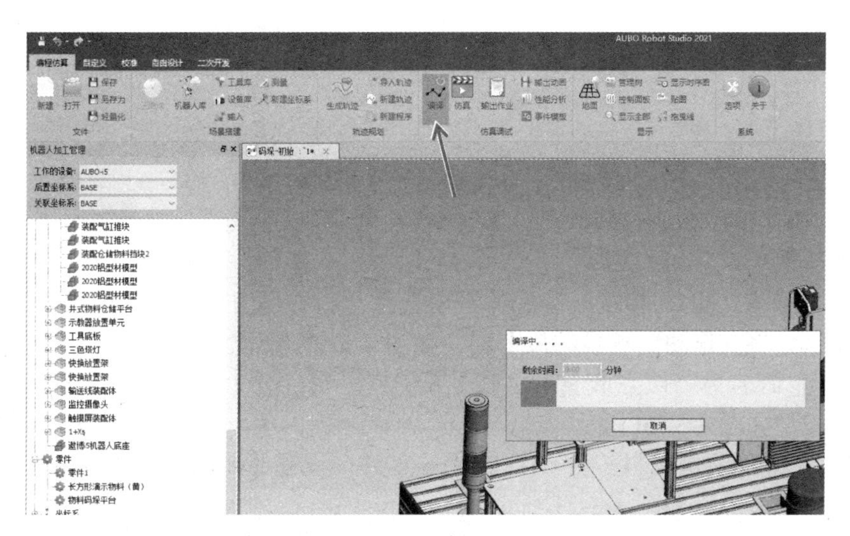

图 4-3-17　编译轨迹

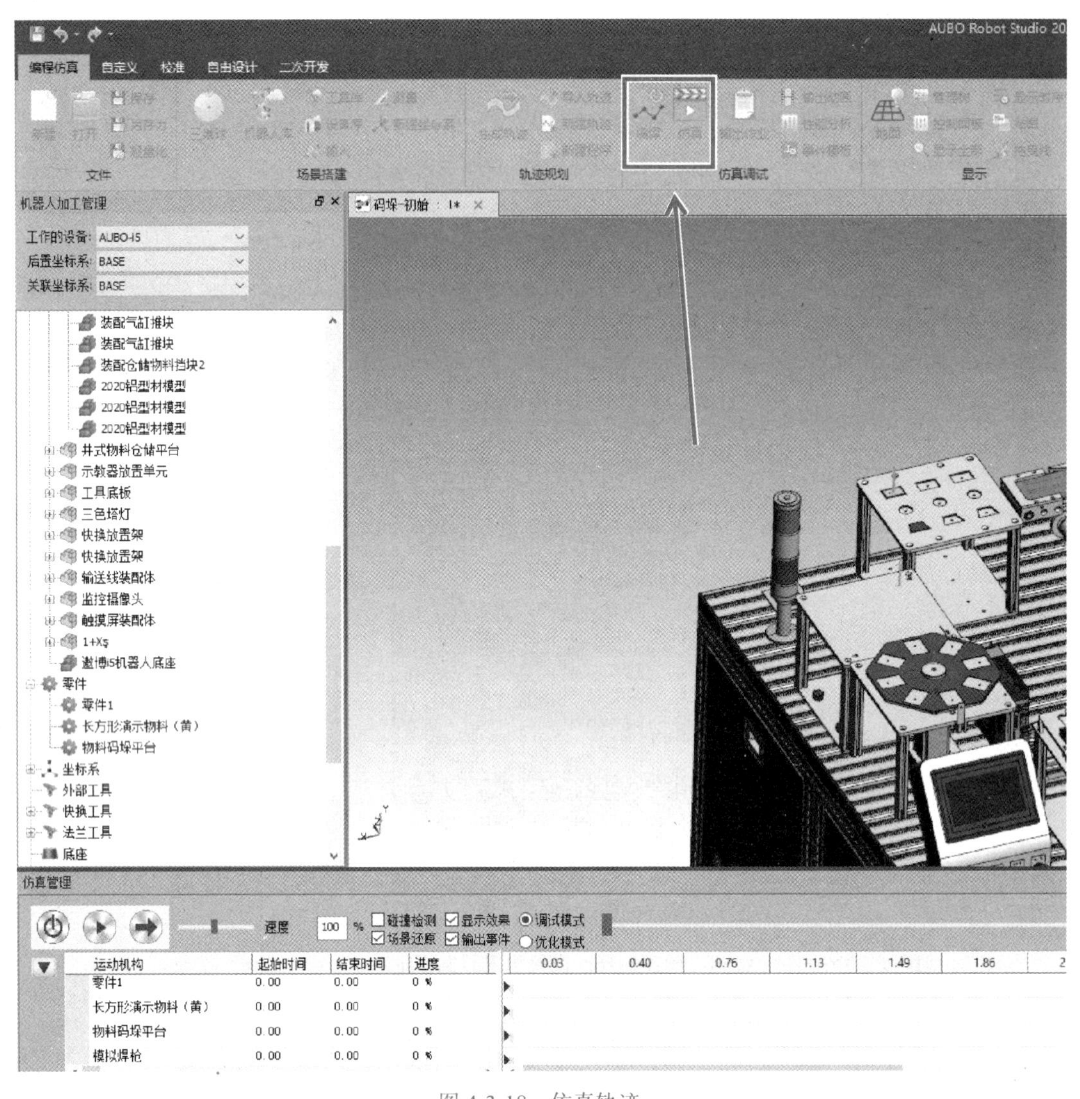

图 4-3-18　仿真轨迹

4.3.4　AUBO RobotStudio 轨迹驱动零件

1. 定义零件

1）在“场景”中的“输送线装配体”中选择“长方形演示物料（黄）”，按住鼠标左键，将其拖动到场景的最上层，如图 4-3-19 所示。

2）将其重命名为“长方形演示物料（黄）1”，以区分上一个任务的零件，重命名模型如图 4-3-20 所示。

3）将“长方形演示物料（黄）1”定义成零件，设置好抓取点和放置参考点，零件自定义界面如图 4-3-21 所示。

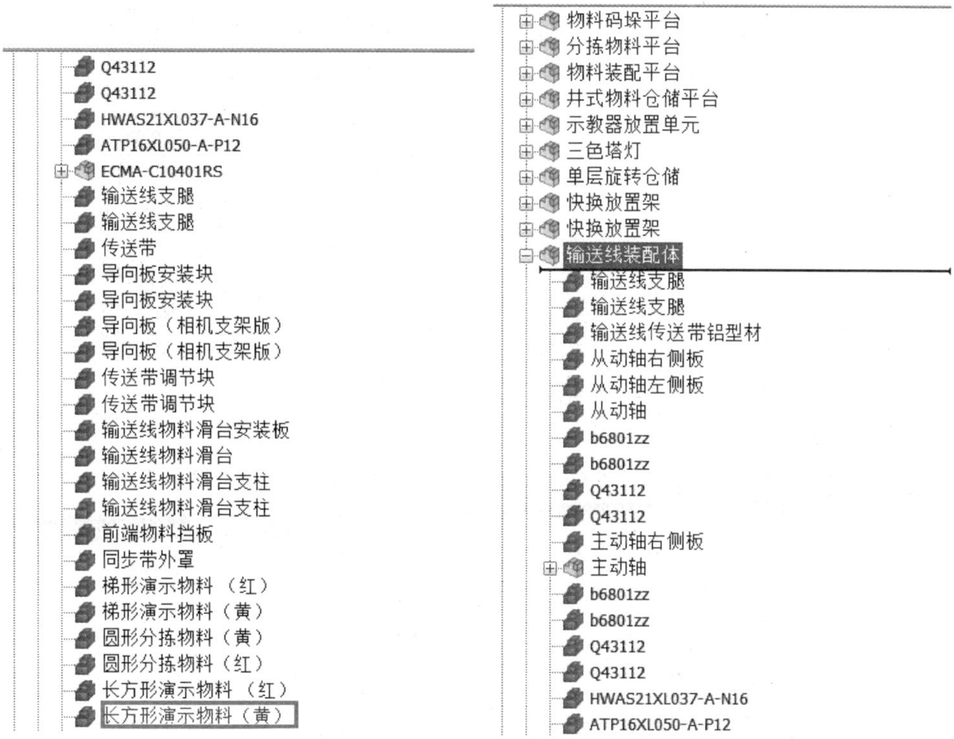
Q43112
Q43112
HWAS21XL037-A-N16
ATP16XL050-A-P12
ECMA-C10401RS
输送线支腿
输送线支腿
传送带
导向板安装块
导向板安装块
导向板（相机支架版）
导向板（相机支架版）
传送带调节块
传送带调节块
输送线物料滑台安装板
输送线物料滑台
输送线物料滑台支柱
输送线物料滑台支柱
前端物料挡板
同步带外罩
梯形演示物料（红）
梯形演示物料（黄）
圆形分拣物料（黄）
圆形分拣物料（红）
长方形演示物料（红）
长方形演示物料（黄）
物料码垛平台
分拣物料平台
物料装配平台
井式物料仓储平台
示教器放置单元
三色塔灯
单层旋转仓储
快换放置架
快换放置架
输送线装配体
输送线支腿
输送线支腿
输送线传送带铝型材
从动轴右侧板
从动轴左侧板
从动轴
b6801zz
b6801zz
Q43112
Q43112
主动轴右侧板
主动轴
b6801zz
b6801zz
Q43112
Q43112
HWAS21XL037-A-N16
ATP16XL050-A-P12

图 4-3-19　拖动“长方形演示物料（黄）”

重命名
请输入新的名称
名称:
长方形演示物料（黄）1
确定
取消

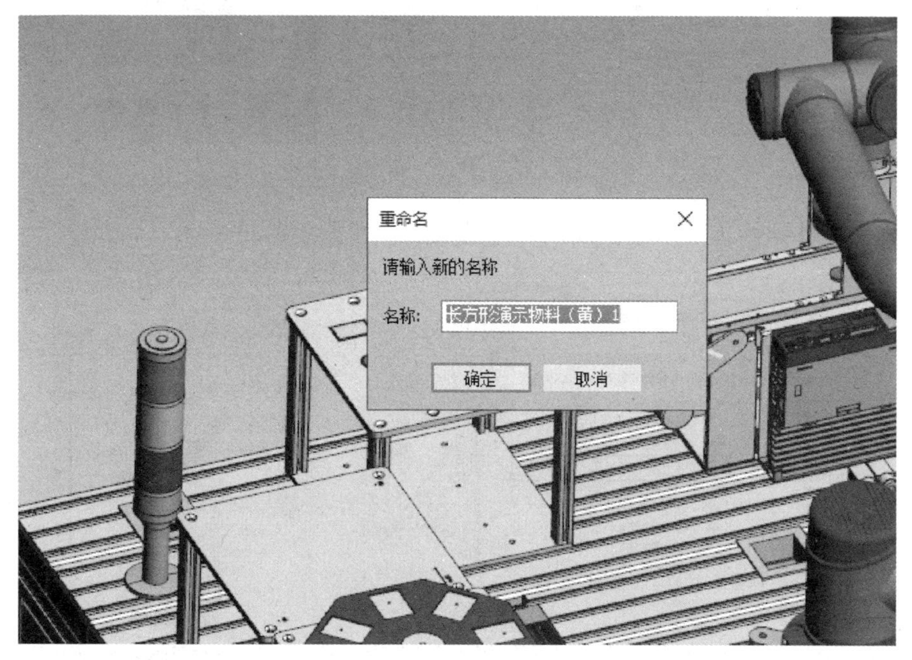

图 4-3-20　重命名模型

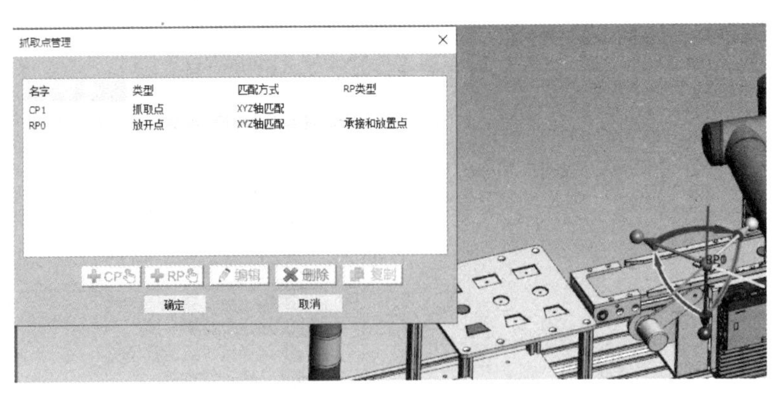

图 4-3-21　零件自定义界面

2. 设置驱动轨迹

1）插入轨迹起始点，通过零件的右击菜单，选择“插入 Pos 点”，如图 4-3-22 所示。

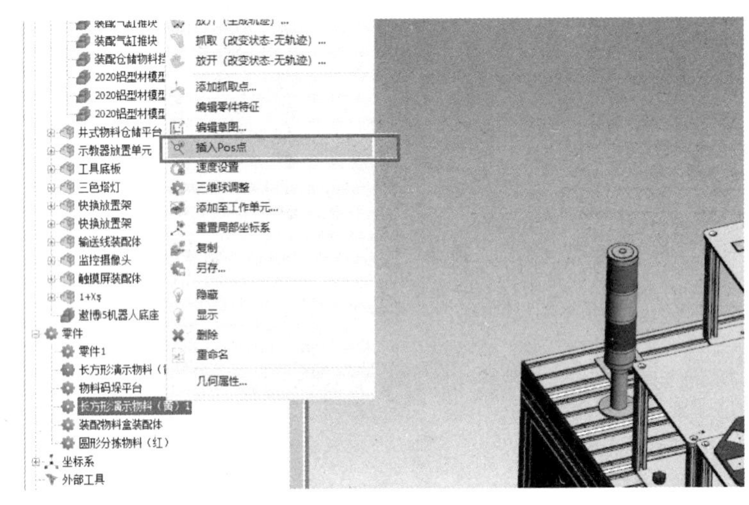

图 4-3-22　“插入 Pos 点”

2）移动零件到传送带末端，插入轨迹结束点，如图 4-3-23 所示。

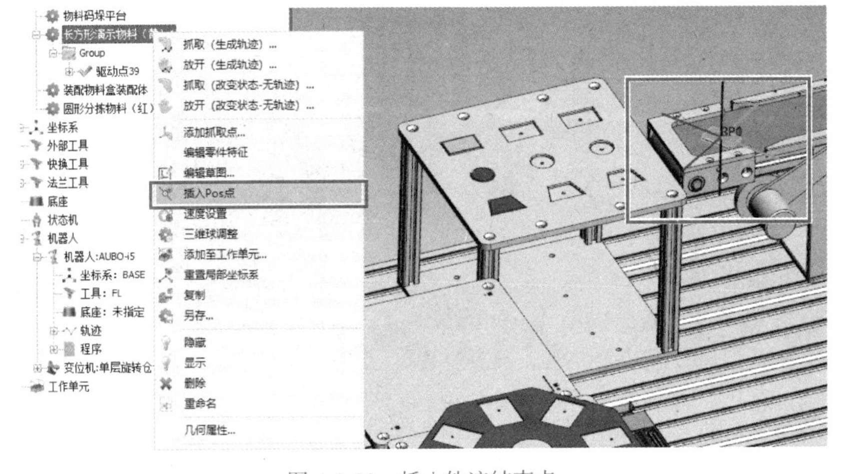

图 4-3-23　插入轨迹结束点

3）仿真验证界面如图 4-3-24 所示。

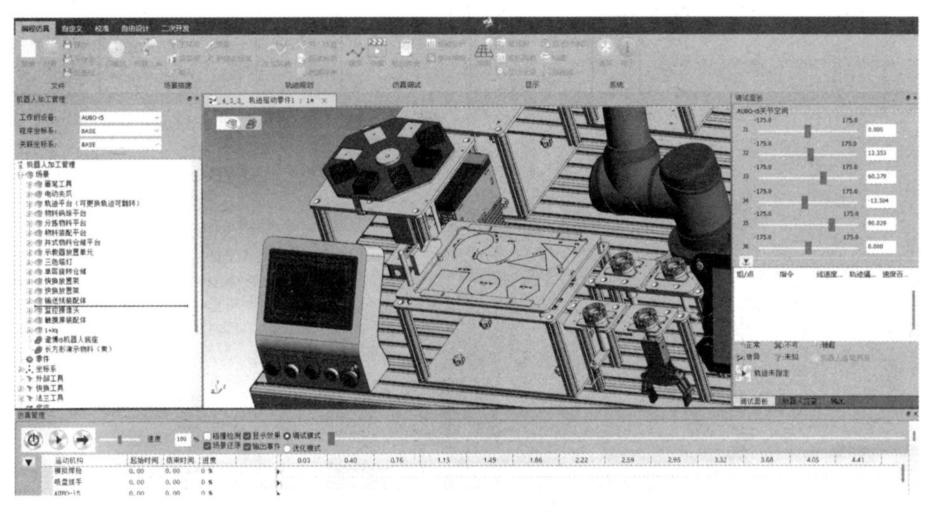

图 4-3-24　仿真验证界面

4.3.5　AUBO RobotStudio 仿真事件

AUBO RobotStudio 仿真事件

1. 发送与等待事件

通过发送与等待事件能够实现多个设备仿真时的先后顺序控制，本例实现的动作仿真是：机器人安装吸盘抓手后到达传送带上方，然后启动传送带，将物料运送到传送带末端后传送带停止，机器人将物料搬运到托盘上。

（1）添加发送事件

1）准备工作：双击零件驱动轨迹的起始点让零件回到初始位置，示意图如图 4-3-25 所示。

图 4-3-25　零件驱动轨迹的起始点位置示意图

2）机器人添加发送事件：将机器人移动到传送带上方，右击机器人本体，选择“插入 POS 点（Move-AbsJoint）”，如图 4-3-26 所示。

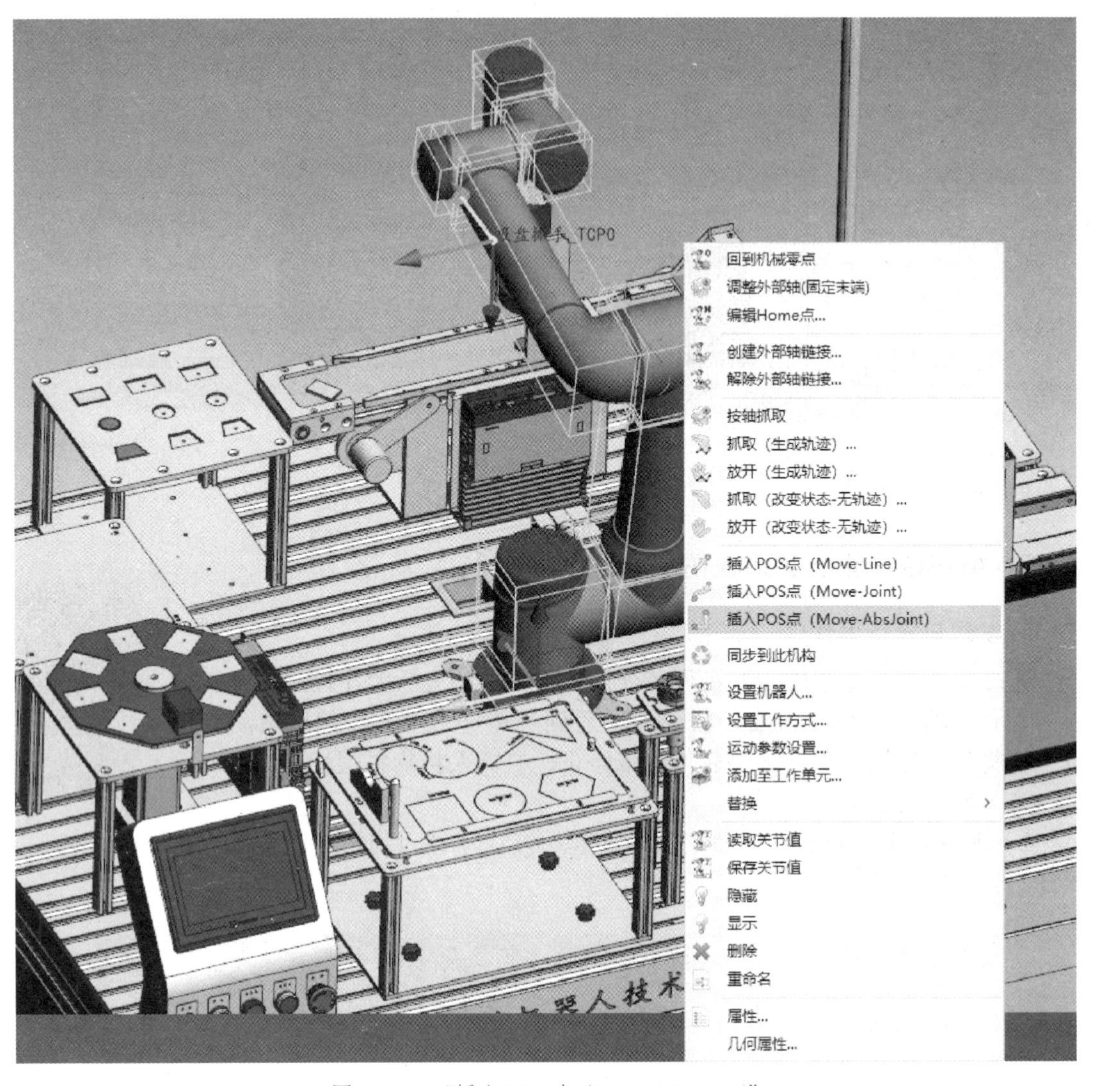

图 4-3-26 “插入 POS 点（Move-AbsJoint）”

3）右击选择新插入的 POS 点路径，在右侧机器人调试面板中右击“点 1”，在弹出的右击菜单中选择“添加仿真事件”，如图 4-3-27 所示。

（2）设置发送事件　修改仿真事件名字，设置类型为“发送事件”，执行设备选择“AUBO-i5”，输出位置为“点后执行”，设置事件名字为“传送带启动”，其余项保持默认，属性设置如图 4-3-28 所示。

（3）添加等待事件　选择零件驱动轨迹起始点，在右侧右击“点 1”打开路点右击菜单，选择“添加仿真事件”，如图 4-3-29 所示。

（4）设置等待事件　设置仿真事件类型为“等待事件”，执行设备选择“长方形演示物料（黄）1”，输出位置为“点后执行”，设置等待的事为“传送带启动”，其余项保持默认，如图 4-3-30 所示。

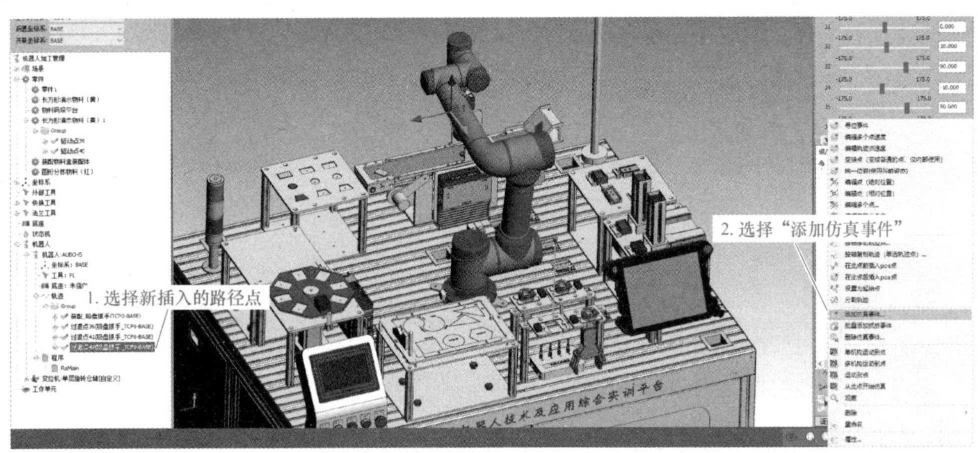

图 4-3-27　“添加仿真事件”

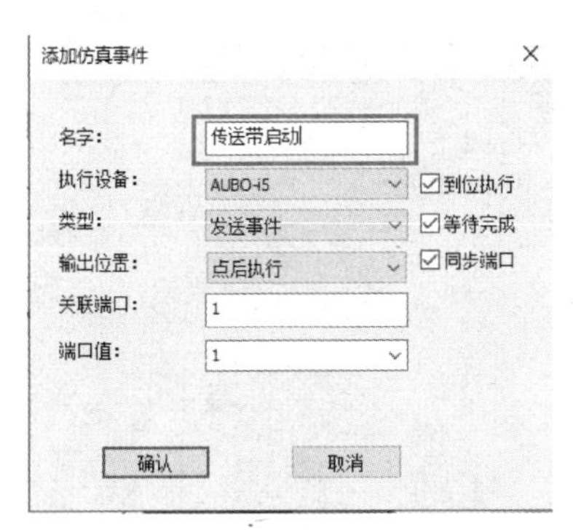

图 4-3-28　“传送带启动”发送事件属性设置

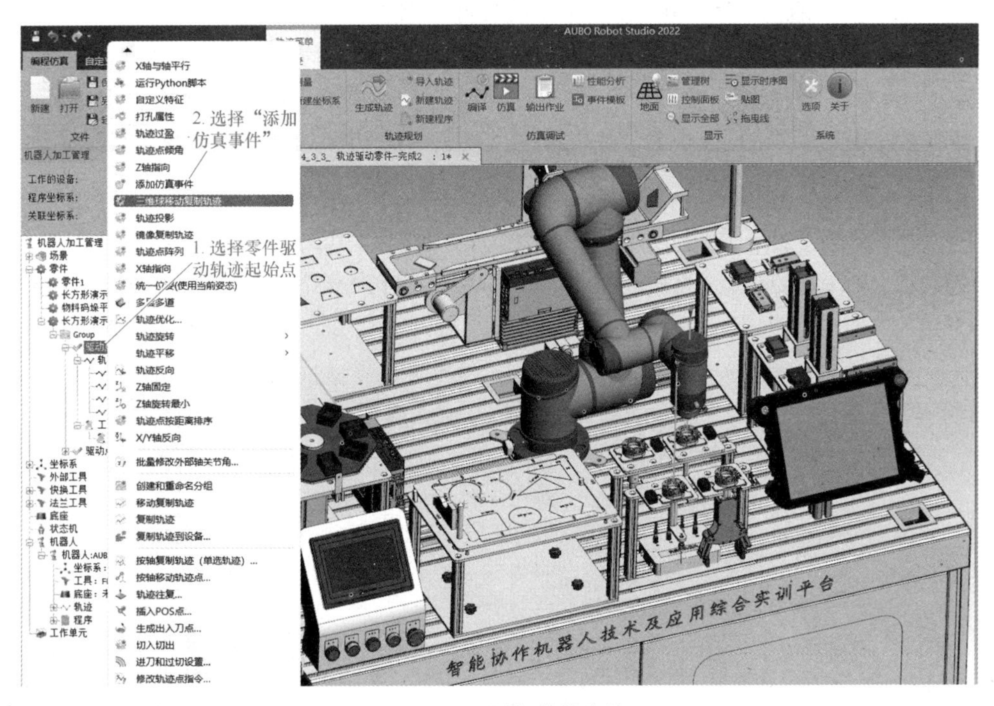

图 4-3-29　添加等待事件

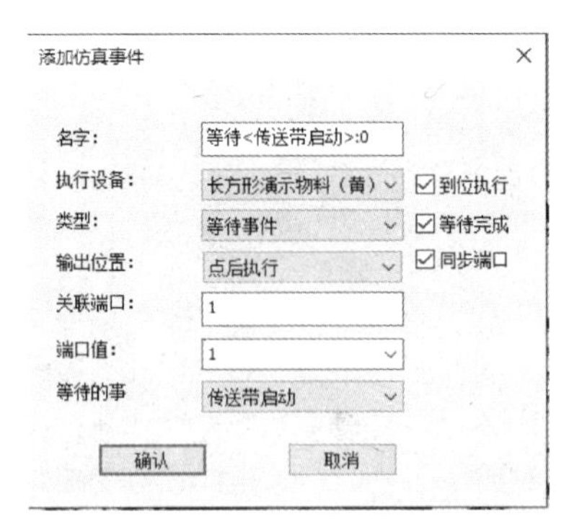

图 4-3-30 “传送带启动”等待事件属性设置

（5）添加发送事件 选择零件驱动轨迹结束点，在右侧右击“点 1”打开路点右击菜单，选择“添加仿真事件”，如图 4-3-31 所示。

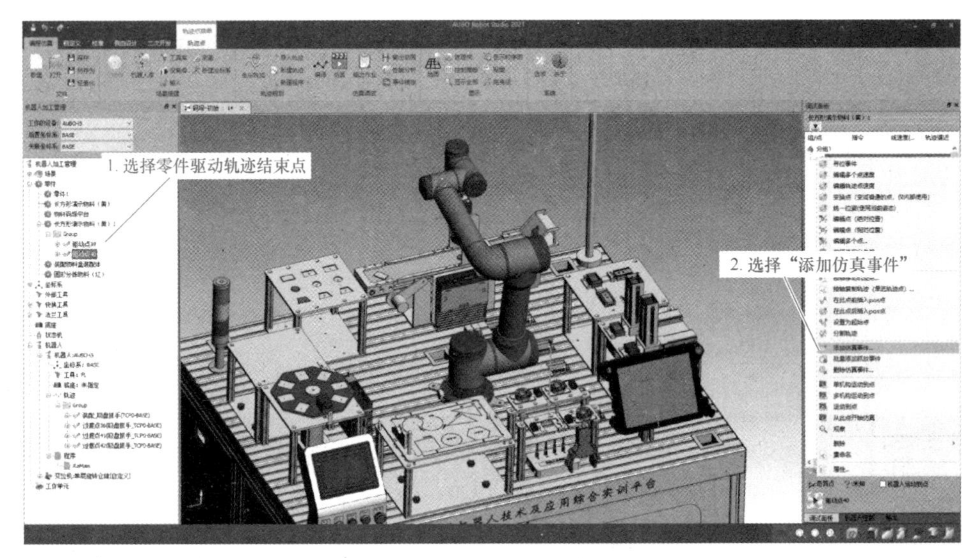

图 4-3-31 添加发送事件

（6）设置发送事件 设置仿真事件类型为“发送事件”，执行设备选择“长方形演示物料（黄)1”，输出位置为“点后执行”，设置事件名称为“产品到位”，其余项保持默认，如图 4-3-32 所示。

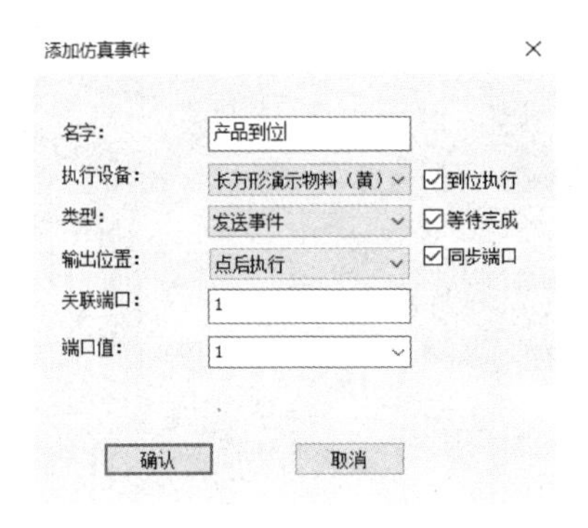

图 4-3-32 “产品到位”发送事件属性设置

2. 传送带上的物料搬运仿真

（1）零件运行到抓取位置　双击零件驱动轨迹结束点“驱动点 40”，使演示物料到达被抓取位置，示意图如图 4-3-33 所示。

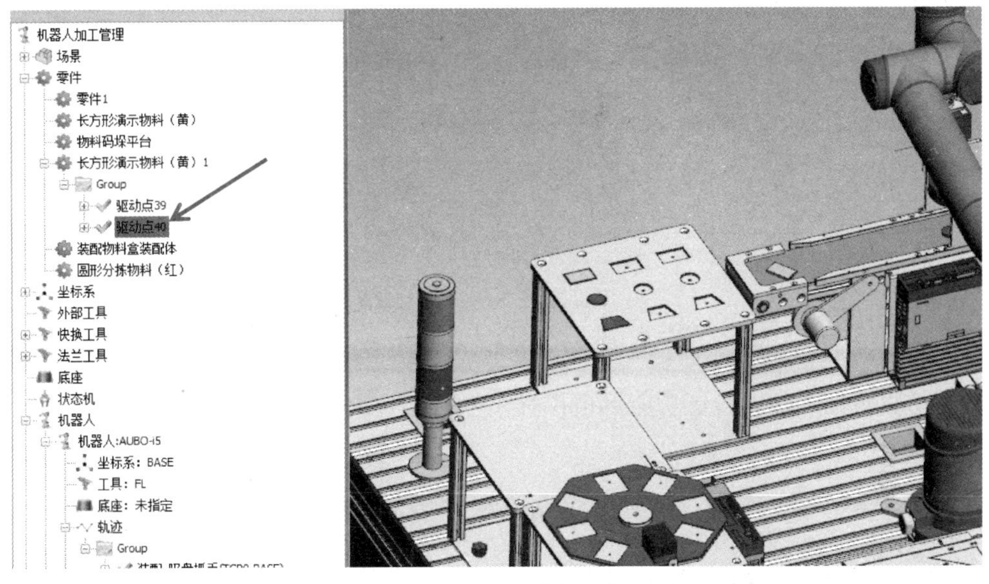

图 4-3-33　“驱动点 40”

（2）搬运编程　搬运编程方法与 4.3.3 节搬运仿真一致。

（3）添加仿真事件　在抓取动作之前，添加等待事件，确保物料移动到末端后再进行抓取，如图 4-3-34 所示。

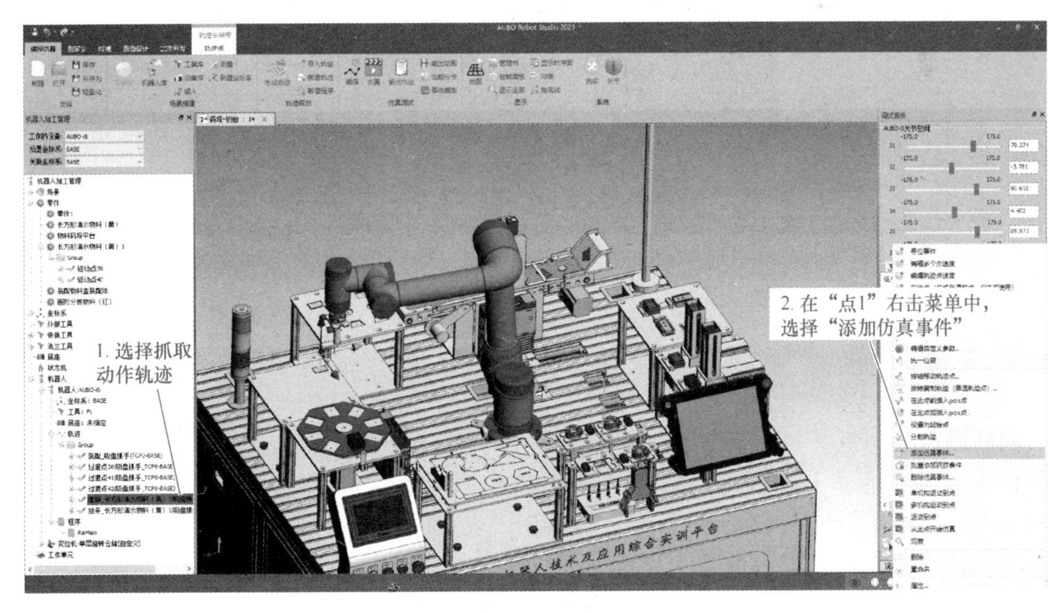

a) 添加仿真事件步骤

图 4-3-34　添加仿真事件

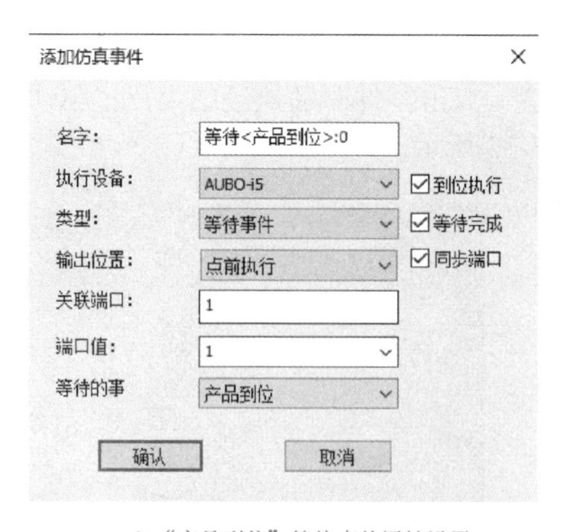

b)“产品到位”等待事件属性设置

图 4-3-34　添加仿真事件（续）

（4）仿真验证　仿真验证功能可模拟真实生产，验证搬运仿真程序的正确性，界面如图 4-3-35 所示。

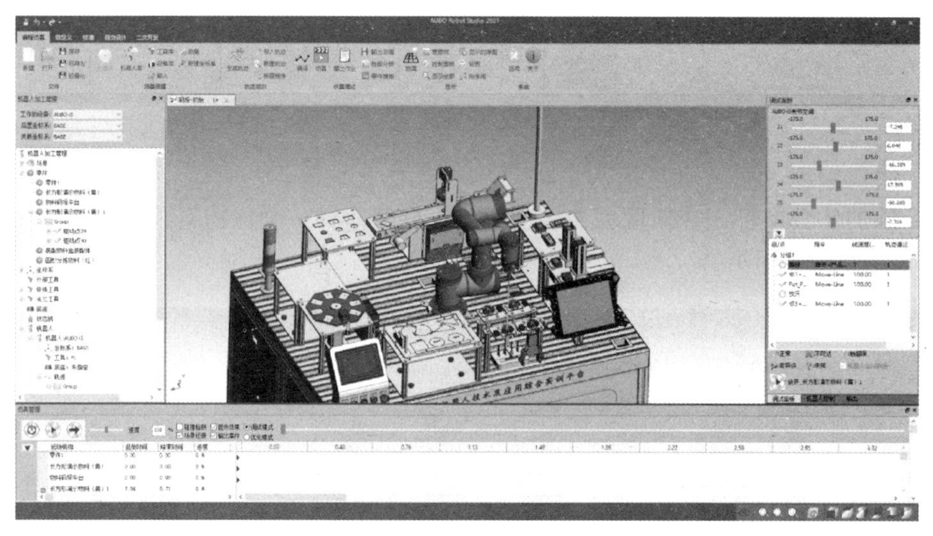

图 4-3-35　仿真验证界面

任务测评

判断题

1. 在零件中右击新建的零件，可在弹出的右击菜单中选择“添加抓取点”来设置抓取点。（　　）
2. 测试生成轨迹机器人的到达能力，可使用编译轨迹功能。（　　）
3. 插入轨迹起始点，通过零件的左击菜单，给零件插入 Pos 点。（　　）
4. 通过发送与等待事件能够实现多个设备仿真时的先后顺序控制。（　　）
5. 双击零件驱动轨迹结束点，能使演示物料到达被抓取位置。（　　）

项目 5

智能协作机器人技术及应用系统视觉应用

学习目标

- ➢ 熟悉视觉软件功能界面布局，完成视觉相机管理。
- ➢ 掌握视觉通信配置方法。
- ➢ 掌握视觉常用指令的使用方法。

小故事

“大国工匠”郑春辉

郑春辉是来自福建莆田的高级工艺美术师。2019 年，郑春辉获选“大国工匠年度人物”，是第一个被授予“大国工匠”称号的民间手艺人。1968 年出生的郑春辉用他爱岗敬业的工匠精神、精益求精的钻研精神和继往开来的创新精神，不断创作出一件又一件新时代新风貌的好作品，其创作的六十多件作品荣获国家级、省部级奖项，他也是吉尼斯世界纪录——大型木雕《清明上河图》的创造者。

与一般的传承人不同，郑春辉在“守正”的同时不忘“创新”：“我一直在思考怎样用传统的东西，带给现代人一份惊喜。我的信念是通过自己的工作，来传承中国传统文化、传统技艺，并在此基础上不断地探索、创新。”

任务 5.1　机器视觉软件基本操作

任务描述

根据智能协作机器人技术及应用平台对视觉分拣应用的需求，掌握 VisionMaster 视觉

软件界面布局，完成视觉系统的全局相机添加、像素格式及触发方式设置，并将视觉系统作为服务器端，完成相机与机器人通信的参数配置。

任务目标

1）掌握视觉相机管理方法。
2）掌握视觉通信配置方法。

知识储备

5.1.1 视觉算法平台简介

机器视觉应用中，对图像的处理要求很高。以往用户需要用代码逐行实现算法的处理，而随着技术的不断发展以及机器视觉市场的不断扩大，有厂商开始给用户提供封装好的算法，以供用户进行快速开发，此类产品被称为算法平台。算法平台通常包含不同类型的算法工具，例如定位类、几何查找类、识别类、色彩处理类、缺陷检测类和图像处理类等。这些工具基本涵盖了机器视觉的不同工业应用。

1. 视觉算法平台软件介绍

VisionMaster 算法平台集成机器视觉多种算法组件，适用多种应用场景，可快速组合算法，实现对工件或被测物的查找、测量和缺陷检测等。

算法平台依托海康威视在算法技术领域多年的积累，拥有强大的视觉分析工具库，可简单灵活地搭建机器视觉应用方案，无须编程；满足视觉定位、测量、检测和识别等视觉应用需求，具有功能丰富、性能稳定和用户操作界面友好的特点。VisionMaster 算法平台功能区域划分如图 5-1-1 所示。

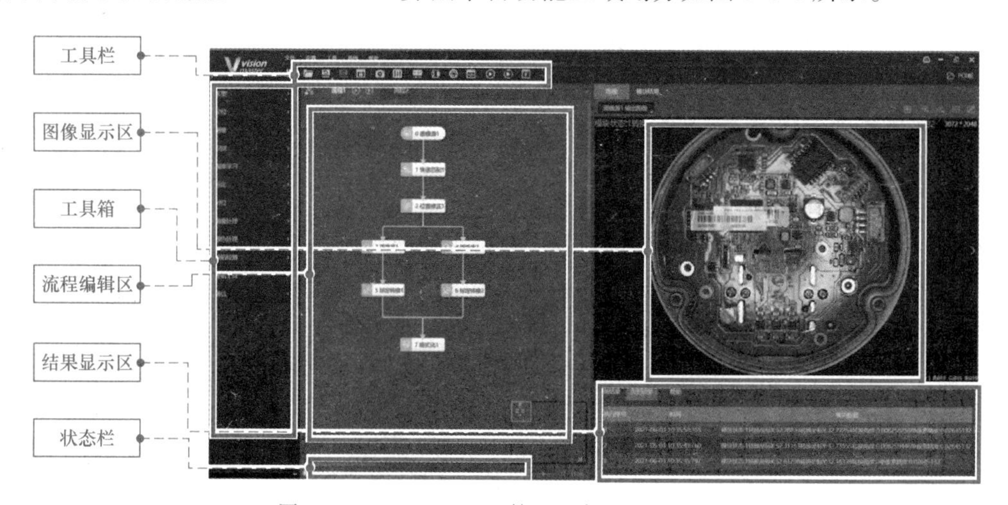

图 5-1-1　VisionMaster 算法平台功能区域划分

2. 视觉功能区介绍

1）VisionMaster 工具箱是视觉工具包的集合，包含采集、定位、测量、识别、深度学习标定、对位、图像处理、颜色处理、缺陷检测、逻辑工具和通信等单元。视觉工具包是完成视觉方案搭建的基础。用户按照项目需求，选择相应的视觉工具包，进行方案的搭建和测试，如图 5-1-2 所示。

2）流程编辑区：流程编辑区是视觉方案的编辑区域，具有直观易用的特点，功能如图 5-1-3 所示。

图 5-1-2　VisionMaster 工具箱

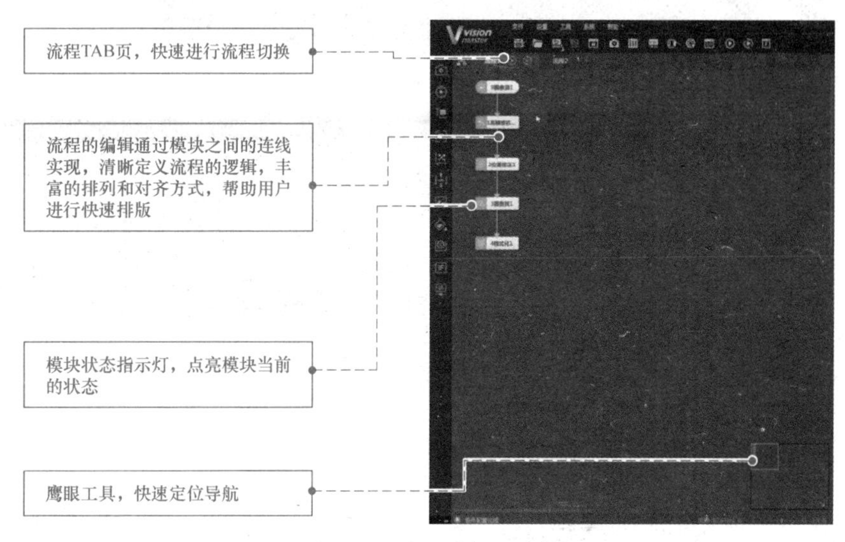

图 5-1-3　流程编辑区功能

3）状态栏：状态栏具有流程配置状态、耗时显示、流程显示的放大和缩小功能，如图 5-1-4 所示。

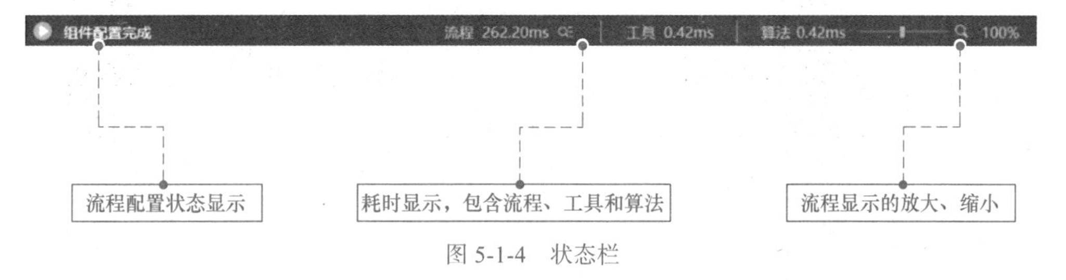

图 5-1-4　状态栏

4）图像显示区：图像显示区能对当前处理的图像信息进行显示，功能如图 5-1-5 所示。

5）结果显示区：

① 当前结果：显示模块当前执行的输出结果，如图 5-1-6 所示。

② 历史结果：显示模块历史执行的输出结果。

③ 帮助：模块的功能说明和操作说明。

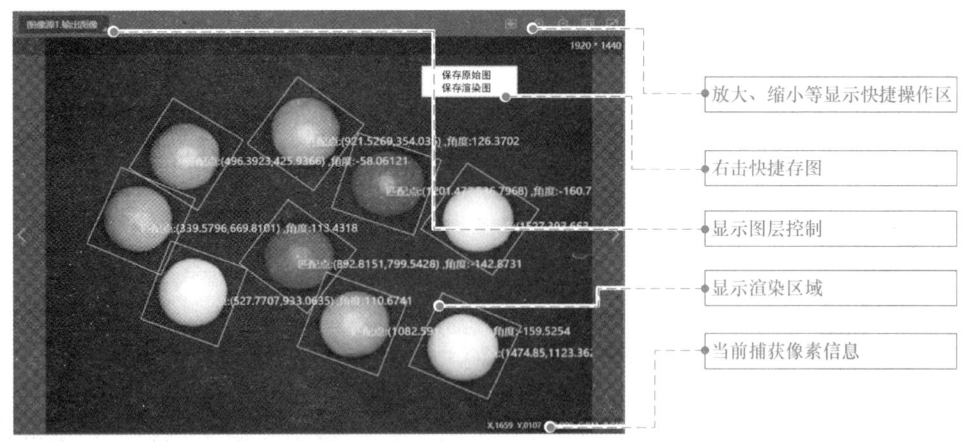

图 5-1-5 图像显示区功能

图 5-1-6 结果显示区

任务实施

5.1.2 视觉相机管理

1）单击菜单栏的“相机管理”进入全局相机编辑界面，如图 5-1-7 所示。

图 5-1-7 相机管理

2）设置相机参数，像素格式自定义，如图 5-1-8 所示。

图 5-1-8 设置相机参数

3）相机触发设置选择“SOFTWARE”，单击“确定”保存相机设置，如图 5-1-9 所示。

4）单击软件界面左侧的“采集”，把“图像源”拖入编程界面，如图 5-1-10 所示。

图 5-1-9　相机触发设置

图 5-1-10　单击“采集”

5）双击“0 图像源 1”进入设置界面，“图像源”选择“相机”，“关联相机”选择“1 全局相机 1”，以实际创建名称为准，基本参数如图 5-1-11 所示。

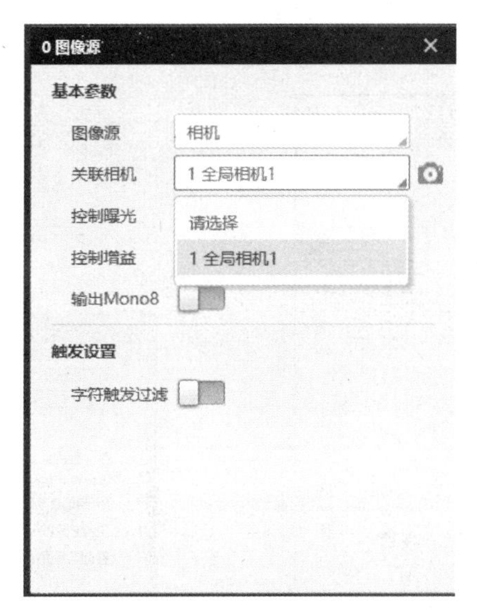

图 5-1-11　基本参数

5.1.3　视觉通信配置

1）打开 2D 视觉控制器的“打开网络和共享中心”，单击左侧“以太网”选择“更改适配器选项”，网络设置如图 5-1-12 所示。

2）选择“以太网 1”（以实际为准），左击，选择弹出菜单中的“属性（R）”，进入网络设置界面，如图 5-1-13 所示。

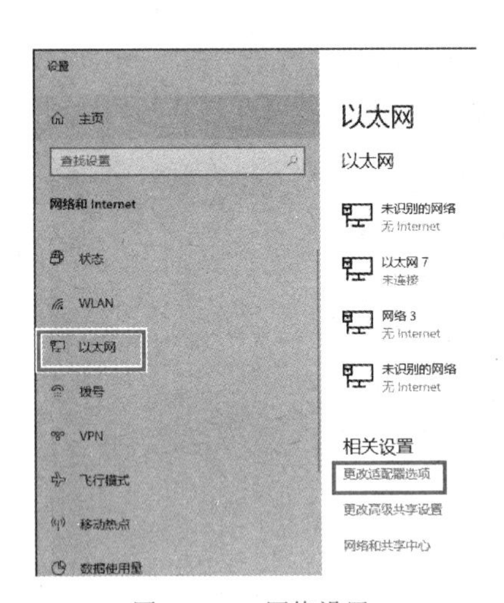

图 5-1-12　网络设置

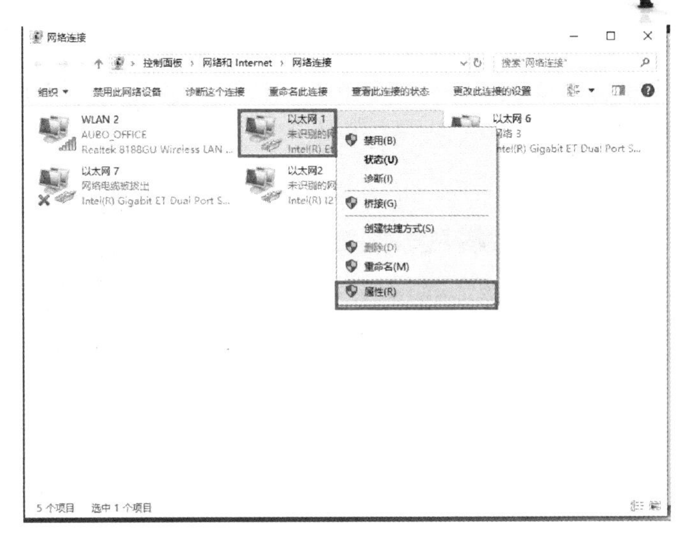

图 5-1-13　选择“属性（R）”

3）双击“Internet 协议版本 4（TCP/IPv4）”，进入网络 IP 地址配置界面，如图 5-1-14 所示。

4）IP 地址设置为“192.168.1.90”，子网掩码设置为“255.255.255.0”，单击“确定”完成网络地址设置，如图 5-1-15 所示。

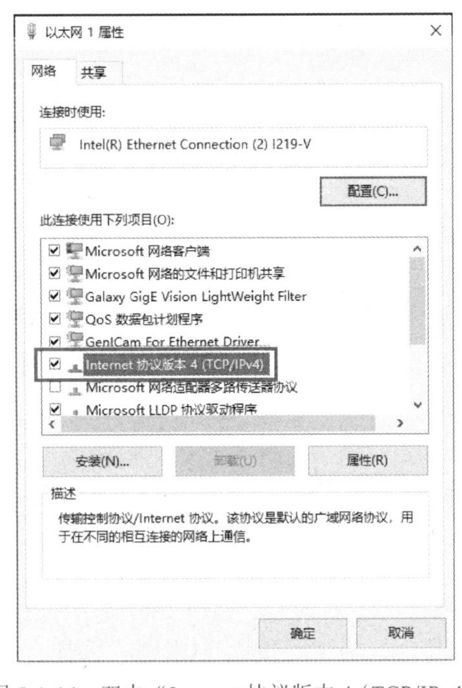

图 5-1-14　双击“Internet 协议版本 4（TCP/IPv4）”

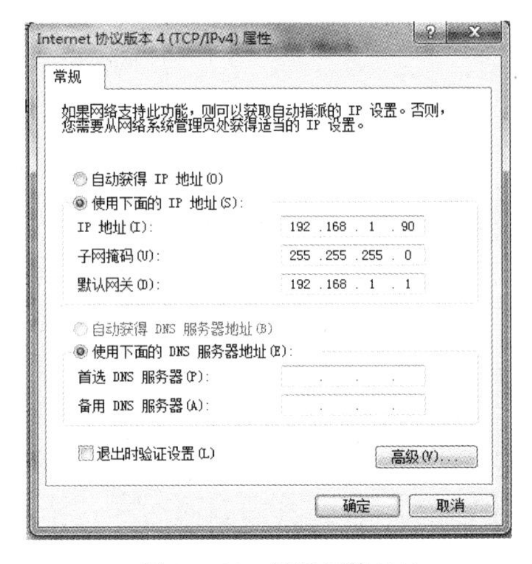

图 5-1-15　设置网络地址

5）打开 VisionMaster V4.0.0，单击 VisionMaster 开始界面上的“通用方案”，建立普通空白方案，如图 5-1-16 所示。

图 5-1-16　单击“通用方案”

6）单击菜单栏“通信管理”，进入通信配置界面，如图 5-1-17 所示。

图 5-1-17　单击“通信管理”

7）协议类型选择“TCP 服务端”，设备名称（自定义）为“TCP 服务端 0”；通信参数填入相机 PC 的 IP 信息、端口号；单击“创建”，如图 5-1-18 所示。

8）先单击触发方案再单击 TCP 服务端 0，完成对相机通信网络的设置，如图 5-1-19 所示。

9）单击协作机器人示教器上方“设置”，进入设置界面，单击示教器左侧菜单栏“系统”，选择“网络”进入网络配置界面，单击网络调试栏“ping”，测试网络硬件连接是否正常，硬件连接正常如图 5-1-20 所示。

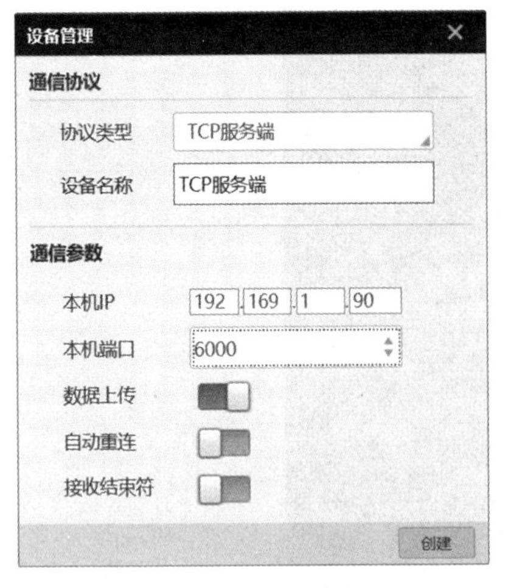

图 5-1-18　TCP 参数设置

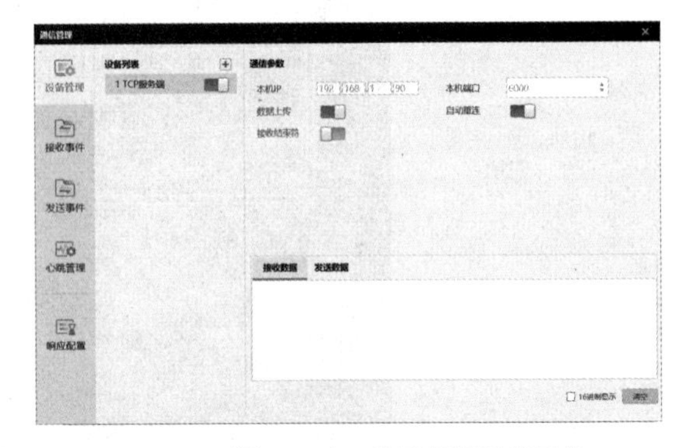

图 5-1-19　设置相机通信网络

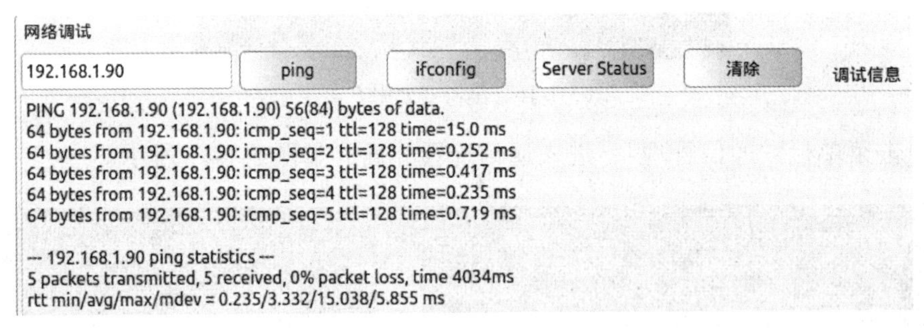

图 5-1-20　硬件连接正常

任务测评

判断题

1. 使用 ping 功能可测试网络通信硬件连接是否正常。（　　）
2. 工具箱中包含了图像采集、定位和测量等功能。（　　）
3. VisionMaster 的通信协议只支持 TCP/UDP。（　　）
4. 可在图像显示区直接对图片进行编辑。（　　）
5. 视觉 TCP 服务端是将视觉作为服务端等待客户端连接。（　　）

任务 5.2　机器视觉编程应用

任务描述

根据智能协作机器人技术及应用平台对视觉分拣应用的需求，掌握 VisionMaster 视觉常用功能的参数设置及使用方法，使用 BLOB 分析功能完成轴承工件的识别并以“个数：识别数量”的格式显示。

任务目标

掌握视觉常用功能使用方法。

知识储备

5.2.1　视觉常用功能

1. 特征匹配

搜索和定位图像中具有相同特征的目标，常用于视觉方案的粗定位。VisionMaster 特征匹配工具如图 5-2-1 所示，提供两种模式。

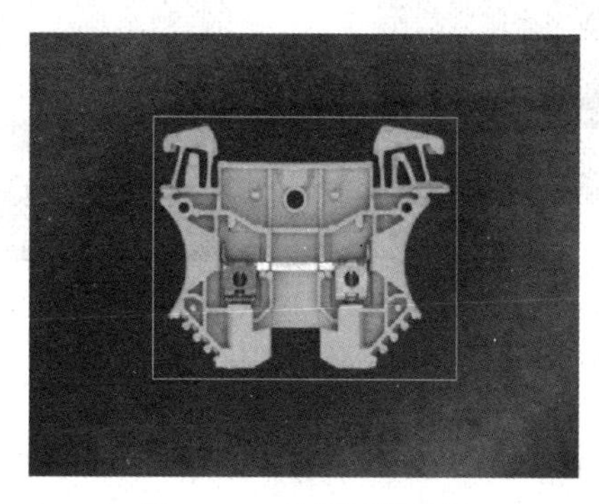

图 5-2-1　特征匹配工具

1）快速：相对于高精度版本模型进一步压缩，特征点数变少，搜索的自由度空间进一步压缩，搜索过程进一步简化，以求效率最大化。

2）高精度：相对于快速版本有着完整的模型特征点，搜索粒度更小，边缘位置更加精密，追求更高精度。

2. BLOB 分析

在图像中检测、定位和分析具有相同灰度特征的团块，仅需要通过设置 ROI（感兴趣区）和灰度阈值，即可实现团块的定位分析，通过多种使能进行过滤实现理想检测，BLOB 工具如图 5-2-2 所示。

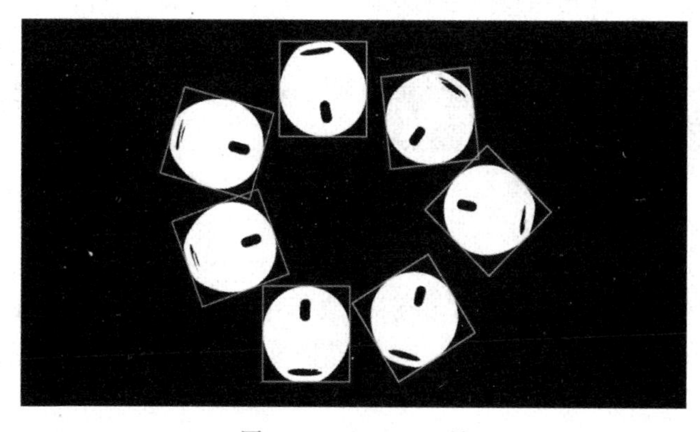

图 5-2-2　BLOB 工具

3. 卡尺

测量目标对象边缘位置、特征或距离等，仅需要设置检测区域和查找方向，通过灰度阈值实现点的精准定位，卡尺工具如图 5-2-3 所示。

4. 圆查找

查找图像中圆形区域，卡点并拟合成理想圆。仅需设置检测区域、阈值等相关参数，确保卡点理想即可得到理想圆，圆查找工具如图 5-2-4 所示。

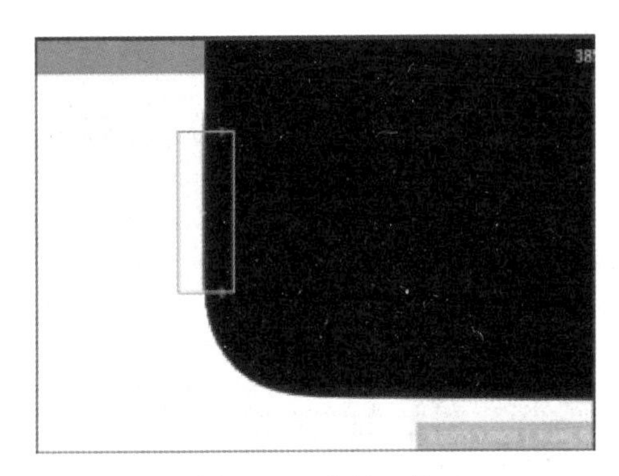

图 5-2-3　卡尺工具

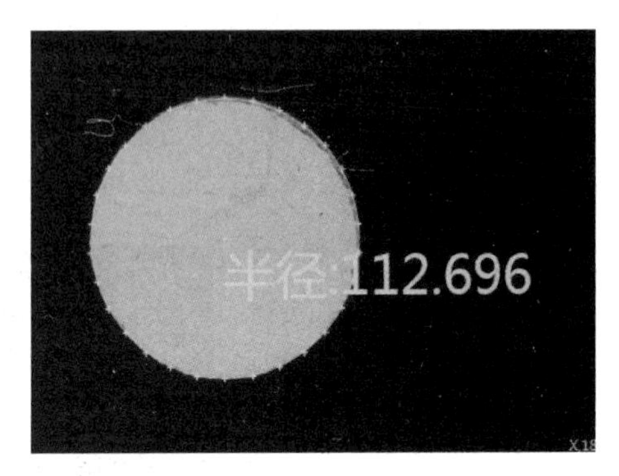

图 5-2-4　圆查找工具

5. 一维码识别

识别条码，支持 128、93、30、EAN、ITF25 和 Codabar 等码制几乎无须调整参数，设置读取数量即可读取条码信息，一维码识别工具如图 5-2-5 所示。

6. 二维码识别

识别二维码，支持 DM（数据矩阵）码和 QR（快速响应）码。几乎无须调整参数，设置读取数量即可读取二维码信息，二维码识别工具如图 5-2-6 所示。

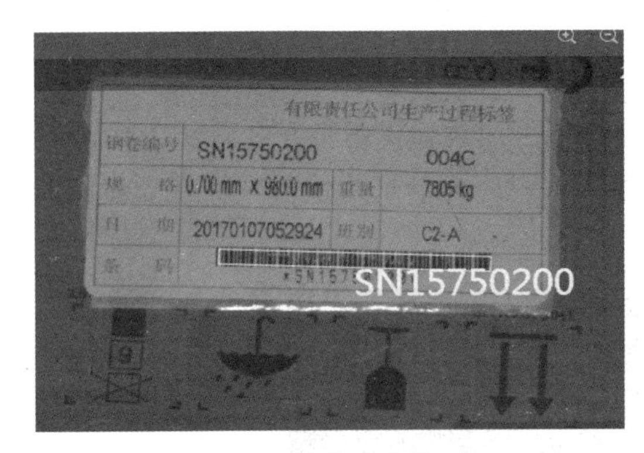

图 5-2-5　一维码识别工具

图 5-2-6　二维码识别工具

7. 字符识别

通过对标准字符的训练提取，来识别获取标准字符信息。使用时需要先训练字库，可通过分割检查字符提取的准确程度、多种参数实现复杂场景的适应，字符识别工具如图 5-2-7 所示。

8. 形态学处理

从图像中提取出对表达和描绘区域形状有意义的图像分量，减少干扰或加强特征稳定性。可通过核宽度、核高度等参数灵活调整处理效果，形态学处理工具如图 5-2-8 所示。

图 5-2-7　字符识别工具

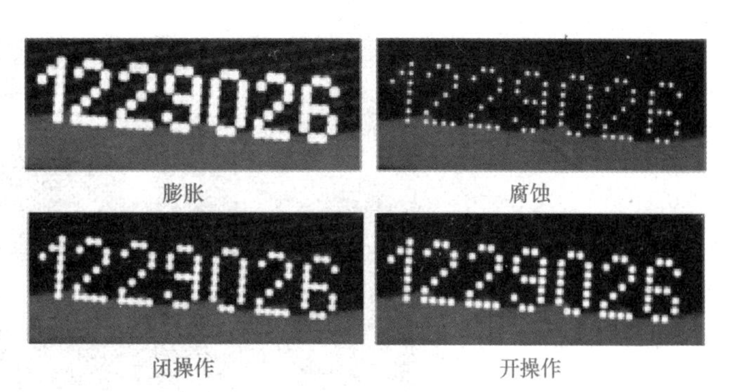

图 5-2-8　形态学处理工具

9. 颜色识别

通过训练生成模型，来识别指定区域颜色。训练时根据样本颜色情况选择灵敏度，实现颜色的准确识别，效果如图 5-2-9 所示。

10. 字符缺陷检测

通过标准字符库训练，进行字符不良或漏印的检测，可全自动提取字符，训练时仅需打钩确认良品，即可准确定位相关缺陷，效果如图 5-2-10 所示。

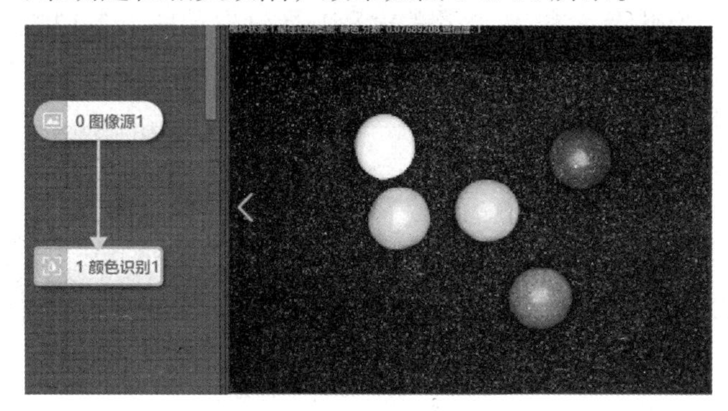

图 5-2-9　颜色识别效果

图 5-2-10　字符缺陷检测效果

11. 圆环缺陷检测

通过卡尺卡点与标准圆进行比较，将不符合设置参数的检测为缺陷。支持标准圆的输入，多种使能可良好定位相关缺陷，效果如图 5-2-11 所示。

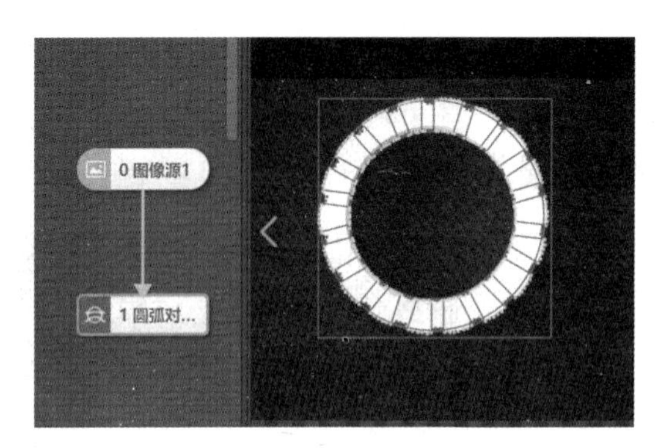

图 5-2-11 圆环缺陷检测效果

12. 深度学习字符定位

深度学习字符定位是工业视觉中的 BLOB 分析功能，BLOB 是指图像中的一块连通区域，BLOB 分析就是对前景 / 背景分离后的二值图像进行连通域提取和标记。标记完成的每一个 BLOB 都代表一个前景目标，然后就可以计算 BLOB 的一些相关特征，如面积、质心和外接矩形等几何特征，还可以计算 BLOB 的颜色、纹理特征，这些特征都可以作为跟踪的依据。BLOB 算法的核心思想就是在一块区域内，将出现“灰度突变”的范围找出来，确定其大小、形状及面积等。深度学习工具效果如图 5-2-12 所示。深度学习算法主要应用于字符的定位，面向的字符类型有以下特点。

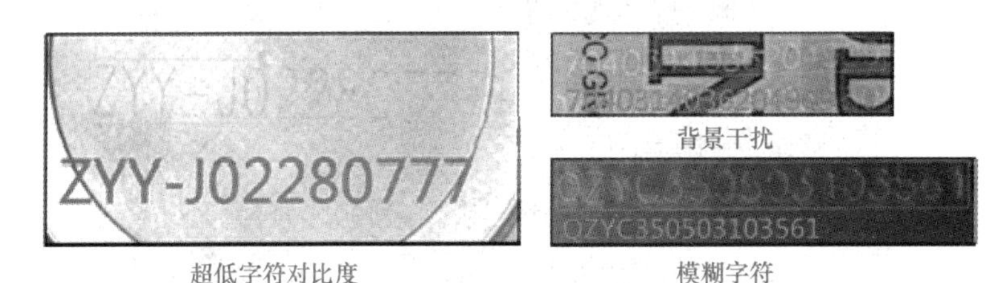

图 5-2-12 深度学习工具效果

1）字符可以是中文、英文或符号，形式可以是单个字符或字符串。
2）支持多行文本定位、多行文本中单行文本定位。
3）支持字符位置偏移、角度旋转，只要在视野中都能定位到。
4）要求单个字符宽高与整幅图像宽高比要大于 12/528 像素。
5）在字符成像质量差、对比度低和背景略带干扰的情况下也有较高的精度与准确率。

任务实施

5.2.2 视觉定位

本任务中的视觉定位是使用 VisionMaster 的 BLOB 算法，识别工件轴承的圆形特征，

分析图像内器件的面积和个数，并使用格式化功能将个数输出显示。

1）双击 VisionMaster 图标，打开 VisionMaster 软件，图标如图 5-2-13 所示。

图 5-2-13　VisionMaster 图标

2）单击“通用方案”进入主界面，如图 5-2-14 所示。

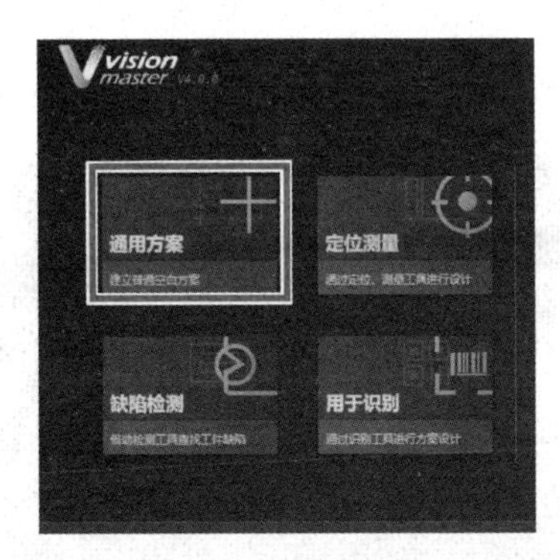

a) 选择“通用方案”

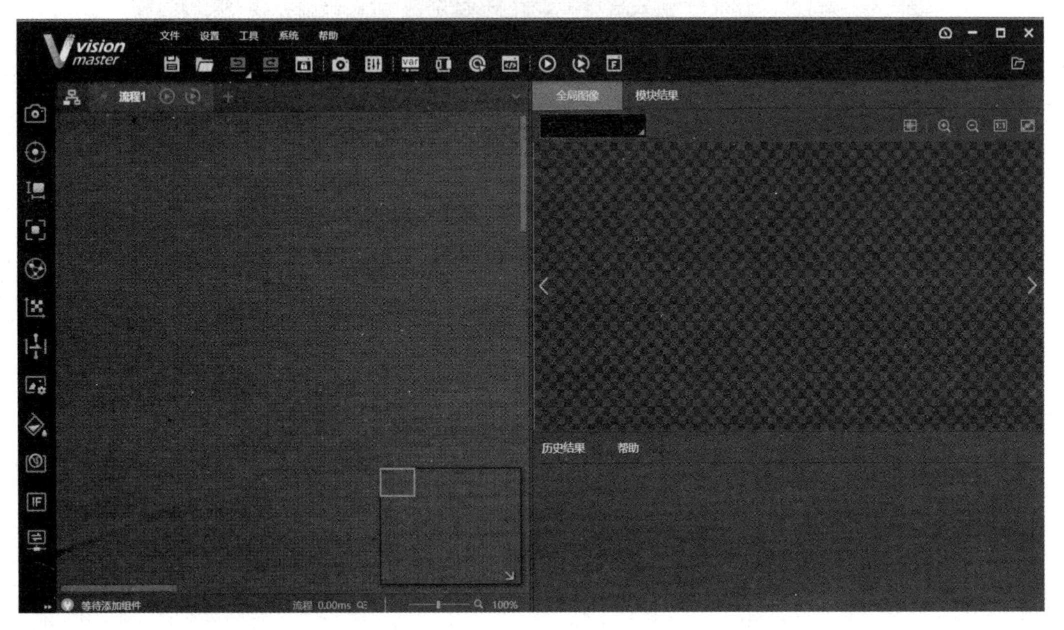

b) 程序主界面

图 5-2-14　进入主界面

3）选择“采集”→“图像源”并将其拖动到主界面内，如图 5-2-15 所示。

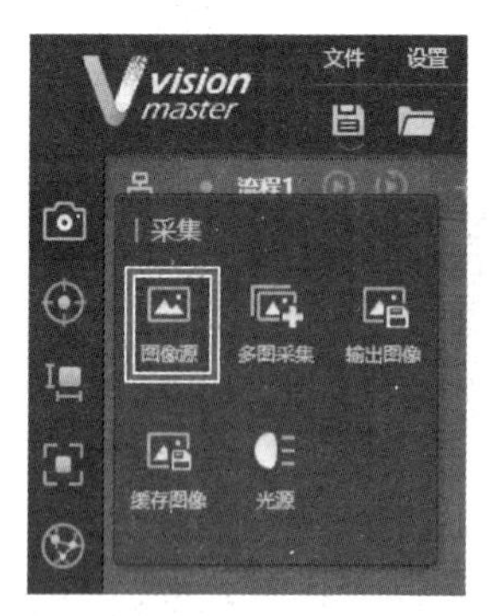

图 5-2-15 “图像源”

4）单击“图像源”，右侧添加图片源文件夹，如图 5-2-16 所示。

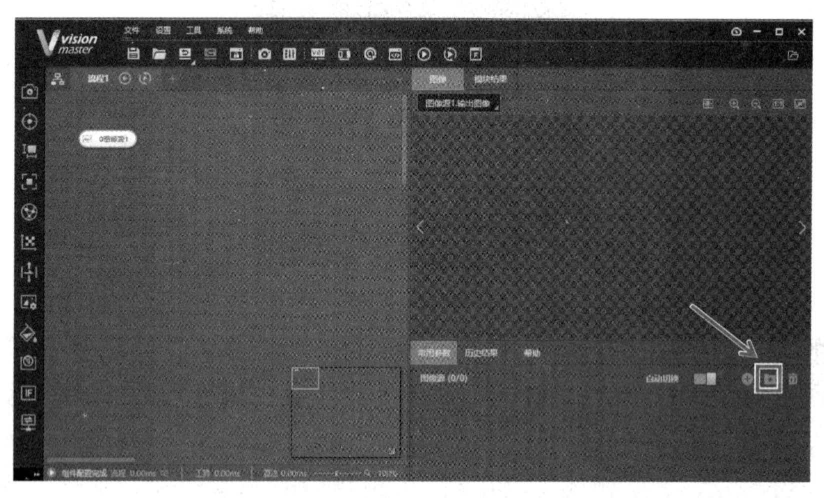

图 5-2-16 添加图片源文件夹

5）选择所提供的图片文件所在的文件夹，单击“确定”，浏览文件夹如图 5-2-17 所示。

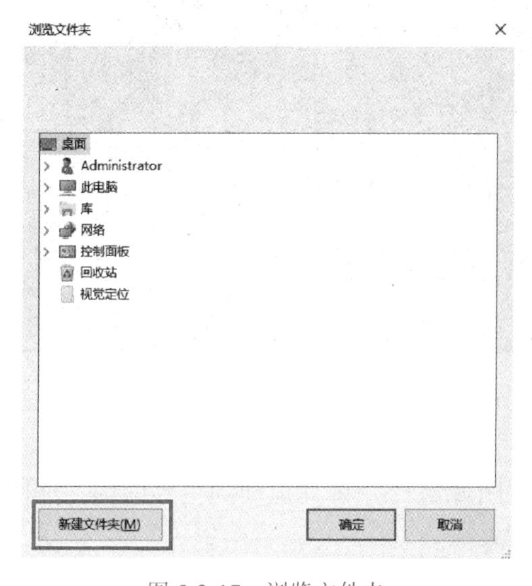

图 5-2-17 浏览文件夹

6）添加成功后能看到图片内容，选中可以查看图片，添加的图片如图 5-2-18 所示。

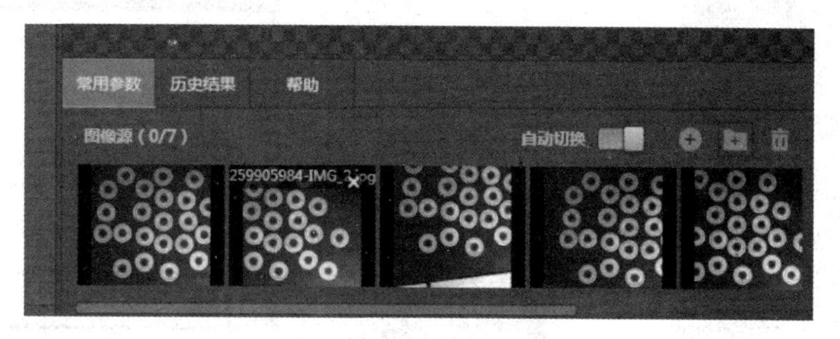

图 5-2-18　添加的图片

7）拖动“定位”→“BLOB 分析”到流程中，如图 5-2-19 所示。
8）鼠标拖动连线，连接图像源与“BLOB 分析”，如图 5-2-20 所示。

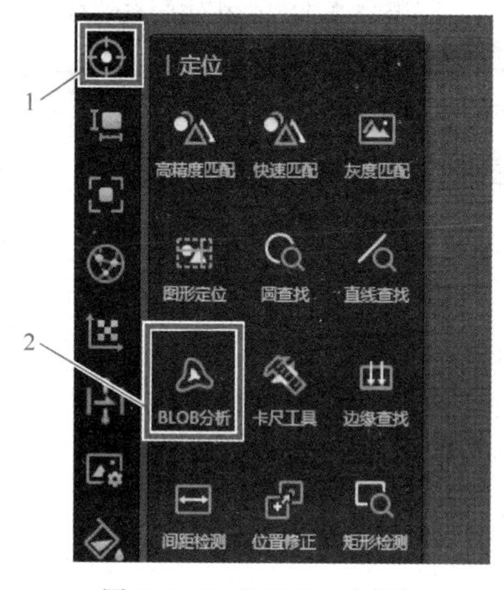

图 5-2-19　“BLOB 分析”

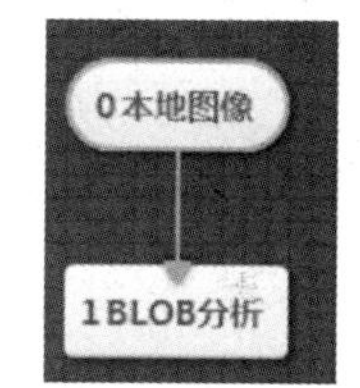

图 5-2-20　连线

9）拖动“逻辑工具”→“格式化”到流程中，如图 5-2-21 所示。
10）鼠标拖动连线，连接“BLOB 分析”与“格式化”，如图 5-2-22 所示。
11）双击“BLOB 分析”，选择“运行参数”选项卡，修改“极性”为“亮于背景”，“孔洞最小面积”为“15000”，打开“面积使能”，“面积范围”最小值为“15000”，单击“确定”，关闭 BLOB 分析设置，如图 5-2-23 所示。
12）双击“格式化”，数据选择“BLOB 分析”的“Blob 个数”，如图 5-2-24 所示。
13）自定义格式化内容，添加“个数：”，单击“保存”，保存设置，如图 5-2-25 所示。
14）单击“执行”，查看执行结果。
15）按钮 1：单次执行。按钮 2：循环执行。按钮 3：可以在循环执行中停止。按钮 4：单独运行界面。如图 5-2-26 所示，单击单次执行按钮，可以执行。
16）执行结果，可以查看识别结果、切换不同图片查看执行结果，如图 5-2-27 所示。可以发现格式化输出的结果为“个数：× ×”，“ × × ”为图中器件的个数，如图 5-2-28 所示。

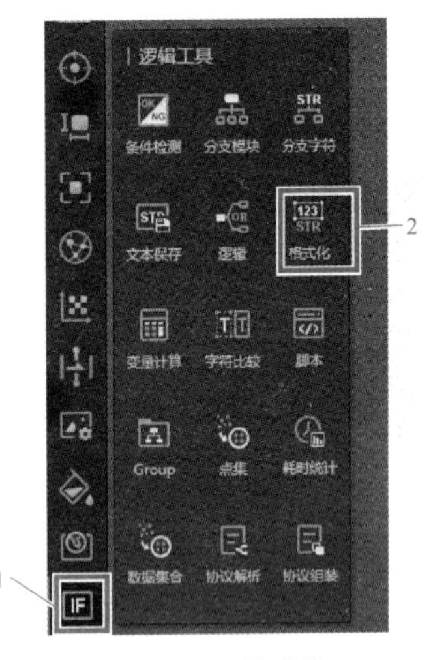

图 5-2-21　格式化

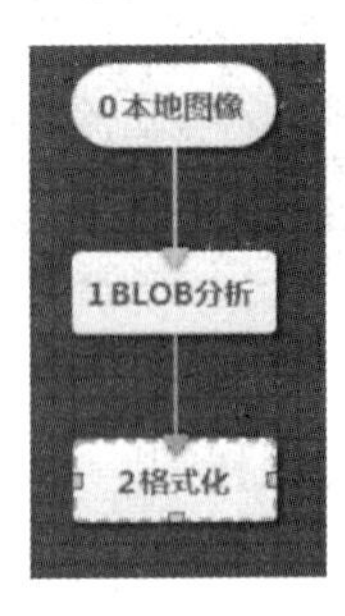

图 5-2-22　连线

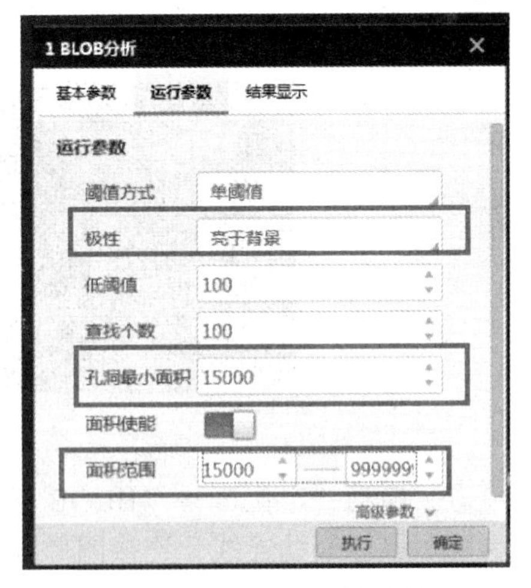

图 5-2-23　“BLOB 分析”选项卡

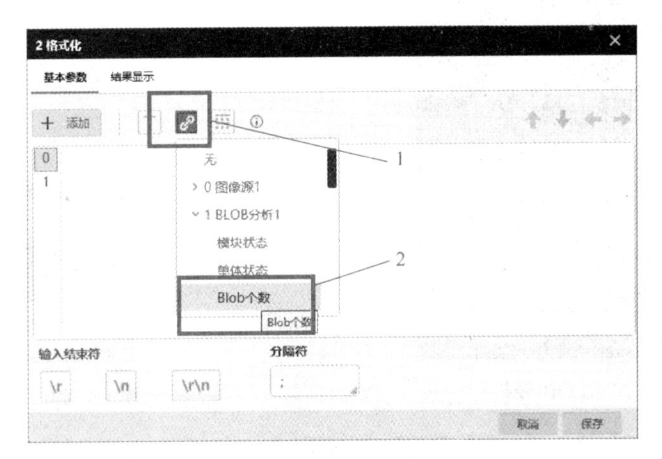

图 5-2-24　“格式化”

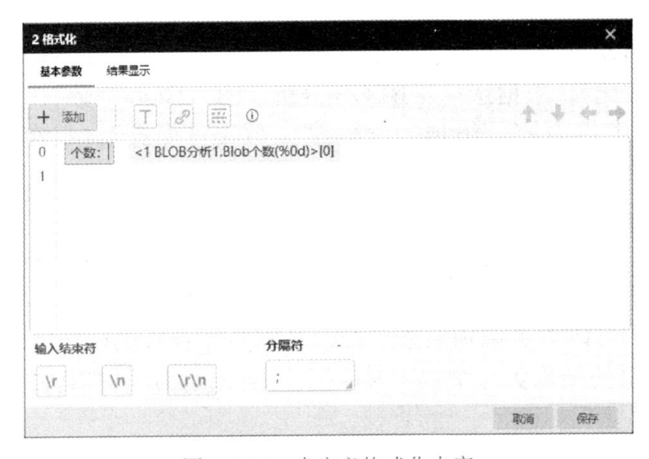

图 5-2-25　自定义格式化内容

图 5-2-26 执行按钮

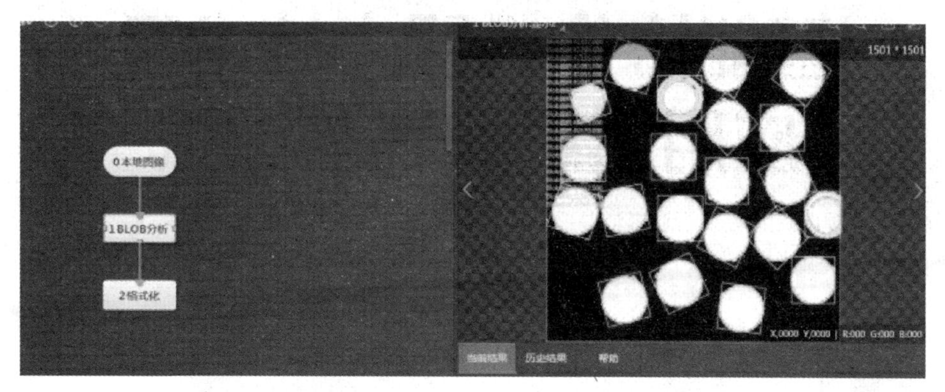

图 5-2-27 “BLOB 分析”执行结果

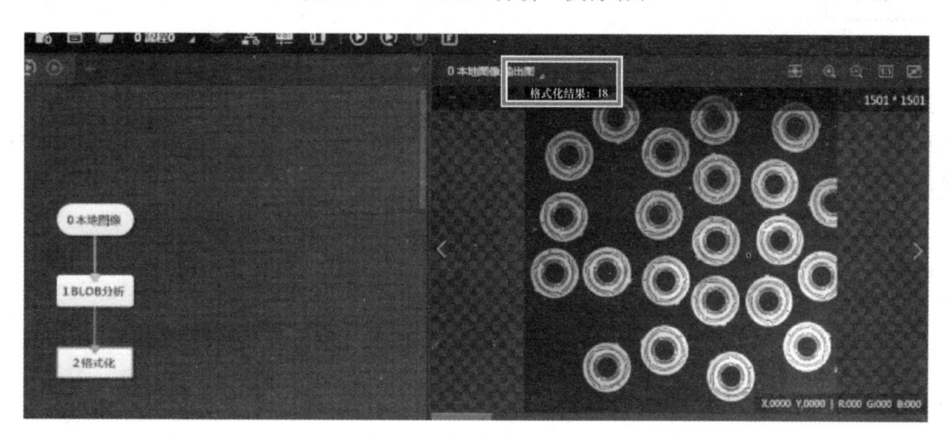

图 5-2-28 “格式化”输出结果

任务测评

判断题

1. 在图像源中可将相机设置为本地图像，使用保存的图片虚拟拍照。 ( )

2. 格式化功能模块是将数据清除。 ( )

3. VisionMaster 与 AUBO 机器人通信，只支持 TCP/UDP。 ( )

4. 高精度版本相对于快速版本有着完整的模型特征点，搜索粒度更小，边缘位置更加精密，追求更高精度。 ( )

5. 使用字符识别功能不需要先训练字库。 ( )

项目 6

智能协作机器人技术及应用系统编程与调试

学习目标

➢ 掌握 PLC 程序建立及编程调试方法。

➢ 掌握 HMI 工程建立及编程调试方法。

➢ 掌握末端执行器及传感器的控制程序，完成机器人程序与末端执行器及其他周边设备的通信控制程序。

小故事

“大国工匠”卢仁峰

1979 年，年仅 16 岁的卢仁峰来到内蒙古第一机械集团从事焊接工作。一次，厂里的一条水管爆裂，要抢修又不能停水，这让大家束手无策；而卢仁峰用十多分钟就漂亮地焊接成功。从此，带水焊接成了卢仁峰的招牌绝活。

然而，卢仁峰却遭遇到人生中最沉重的打击，一场突发灾难让他的左手丧失劳动能力。单位安排他做库管员，但卢仁峰没有接受，他做出了一个大家都没想到的决定——继续做焊工。那段日子，卢仁峰常常一连几个月吃住在车间，他给自己定下每天练习 50 根焊条的底线，常常一蹲就是几个小时。一次次的练习中，卢仁峰不断寻找替代左手的办法——特制手套、牙咬焊帽等。凭着这股倔劲，他不但恢复了焊接技术，仅靠右手练就一身电焊绝活，还攻克了一个个焊接难题。他的手工电弧焊、单面焊双面成型技术堪称一绝，压力容器焊接缺陷返修合格率达百分之百，赢得“独手焊侠”的美誉。

任务 6.1　协作机器人装配应用

任务描述

结合智能协作机器人技术及应用平台实际情况，编写 PLC 控制双井料仓检测有料并收到机器人取料信号推出物料的控制程序，并且 HMI 界面显示气缸推出的状态及手动控制气缸动作的界面。编写机器人程序，实现机器人装上电动夹爪工具，从 1# 双井料仓抓取盒子、2# 双井料仓抓取盖子物料，在装配定位模块完成工件组装，将成品存入旋转仓储，循环 8 次完成 8 个工件的组装入库控制程序的编程及调试。

任务目标

1）掌握 PLC 控制程序编写及调试方法。
2）掌握 HMI 工程程序编写及调试方法。
3）掌握协作机器人搬运程序编写及调试方法。

知识储备

6.1.1　编程软件使用简介

1. 西门子博途软件

全集成自动化（TIA）基于西门子丰富的产品系列和优化的自动化系统，遵循工业自动化领域的国际标准，着眼于满足先进自动化理念的所有需求，并结合系统完整性和对第三方系统的开放性，为各行业应用领域提供整体的自动化解决方案。全集成自动化以一致的软件和硬件接口，可实现与运营层、管理层数据的无缝集成。

TIA 博途（Totally Integrated Automation Portal）软件为全集成自动化的实现提供了统一的工程平台，是软件开发领域的一个里程碑，是工业领域第一个带有“组态设计环境”的自动化软件。

2. 威纶通软件

EasyBuilder Pro 是一款非常好用且功能强大的威纶通触摸屏编程软件，软件提供了人性化的 HMI 界面，可以满足不同编程人员的需要，适用于威纶通 eMT、cMT、iE、MT（iP）以及 TK（iP）机型。软件提供了强大实用的编程工具，包含了触摸屏设计、传输、维护、数据转换以及管理等多种功能。

3. 西门子博途编程

以电动机正反转控制为例，介绍博途软件编程使用方法。

1）新建工程：单击博途视图中的“创建新项目”，随后设置新项目的项目名称和存储路径，单击“创建”，完成新项目的创建，如图 6-1-1 所示。

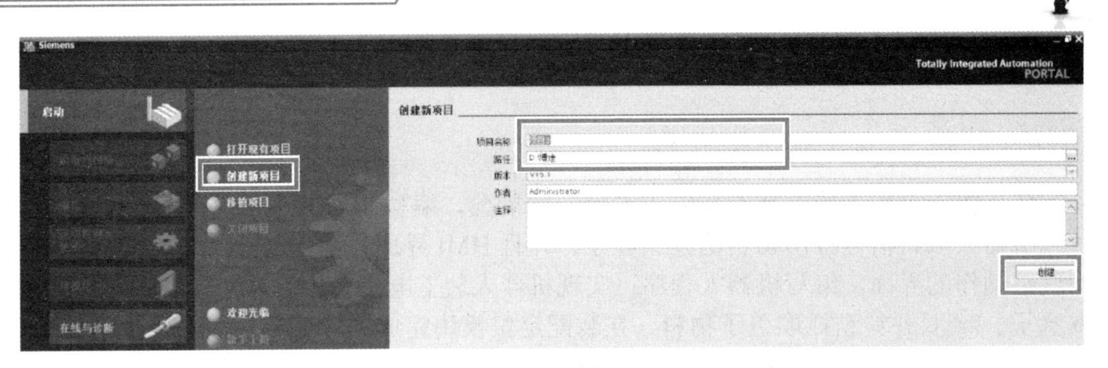

图 6-1-1 创建新项目

2）设备组态：单击“打开项目视图”切换到项目视图，如图 6-1-2 所示。

3）选择项目树中的“添加新设备”，如图 6-1-3 所示。

图 6-1-2 “打开项目视图”

4）依次单击“SIMATIC S7-1200”→“CPU 1214C DC/DC/DC”→“6ES7 214-1AG40-0XB0”，选择正确的 PLC 订货号后，单击确定，添加 PLC CPU 如图 6-1-4 所示。

5）设备组态完成，单击“编译”图标完成 PLC 组态，如图 6-1-5 所示。

6）填写 PLC 变量表，在项目树中，按步骤打开 PLC 变量表，如图 6-1-6 所示。

7）在 PLC 变量中填写电动机正反转控制需要的 I/O 表，如图 6-1-7 所示。

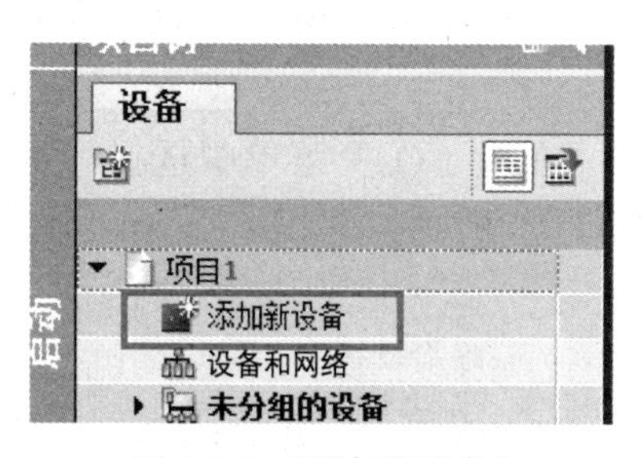

图 6-1-3　“添加新设备”

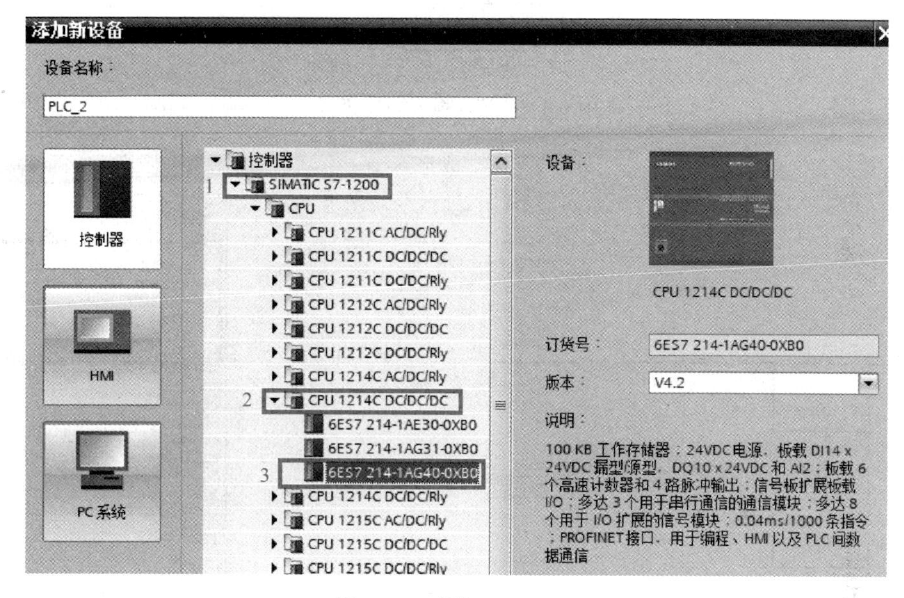

图 6-1-4　添加 PLC CPU

图 6-1-5 “编译”图标

图 6-1-6　PLC 变量表打开步骤

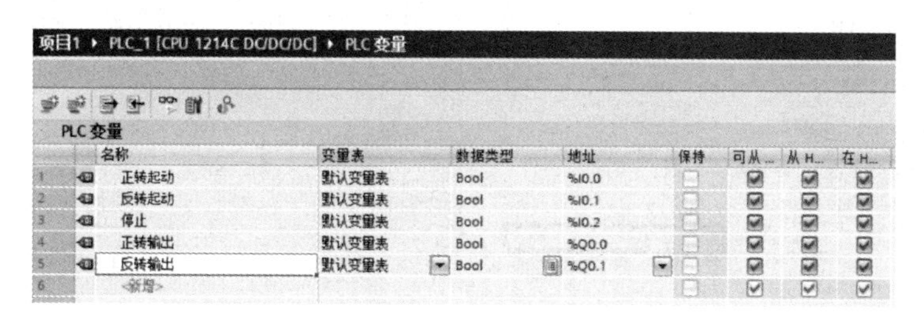

	名称	变量表	数据类型	地址	保持	可从...	从 H...	在 H...
1	正转起动	默认变量表	Bool	%I0.0	☐	☑	☑	☑
2	反转起动	默认变量表	Bool	%I0.1	☐	☑	☑	☑
3	停止	默认变量表	Bool	%I0.2	☐	☑	☑	☑
4	正转输出	默认变量表	Bool	%Q0.0	☐	☑	☑	☑
5	反转输出	默认变量表	Bool	%Q0.1	☐	☑	☑	☑
6	<新增>				☐	☑	☑	☑

图 6-1-7　填写 PLC 变量表

8）编写 PLC 程序，按步骤进入编程界面，如图 6-1-8 所示。

9）从指令窗口选择相应的指令，完成 PLC 电动机正反转控制程序编写，示意图如图 6-1-9 所示。

10）程序编写完成后，在“在线（O）”菜单中选择“可访问的设备（B)”，搜索与计算机连接的 PLC 设备，如图 6-1-10 所示。

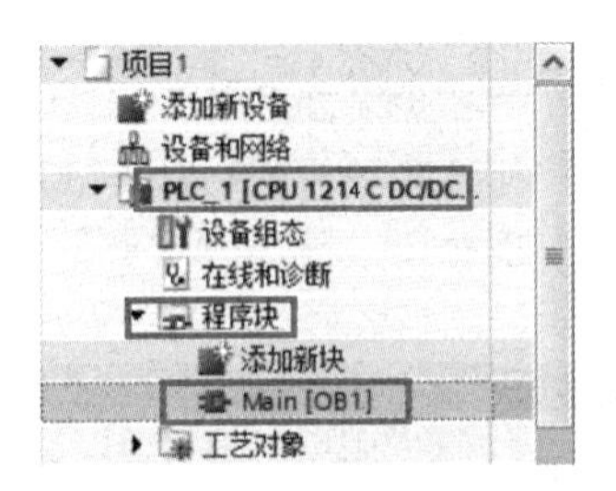

图 6-1-8　进入编程界面步骤

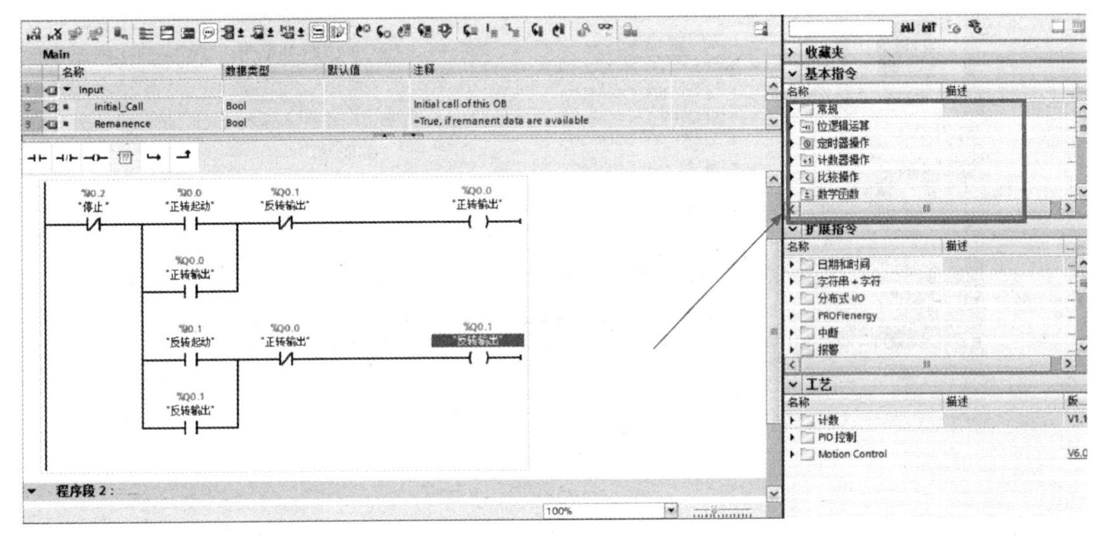

图 6-1-9　指令窗口位置及电动机正反转控制程序示意图

a)“可访问的设备(B)”

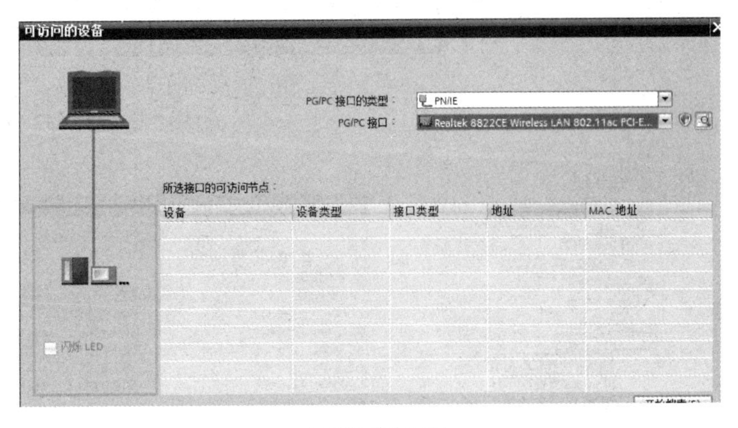

b) 设备搜索界面

图 6-1-10　搜索

11）查找可用的 PLC 设备后，单击“下载”按钮，将程序下载至 PLC 中，如图 6-1-11 所示。

图 6-1-11　“下载”按钮

4. 触摸屏编程

1）创建新工程，选择触摸屏型号及安装方向，**注意**：所选型号与实际设备型号必须一致。

2）配置系统参数，单击“新增设备”按钮，系统参数设置界面如图 6-1-12 所示；设置设备类型、接口类型，注意选择以太网连接需要设置和 PLC 同一网段，选择 RS485 通信注意 COM 端口设置一致，S7–1200 PLC 设备属性设置如图 6-1-13 所示。

图 6-1-12　系统参数设置界面

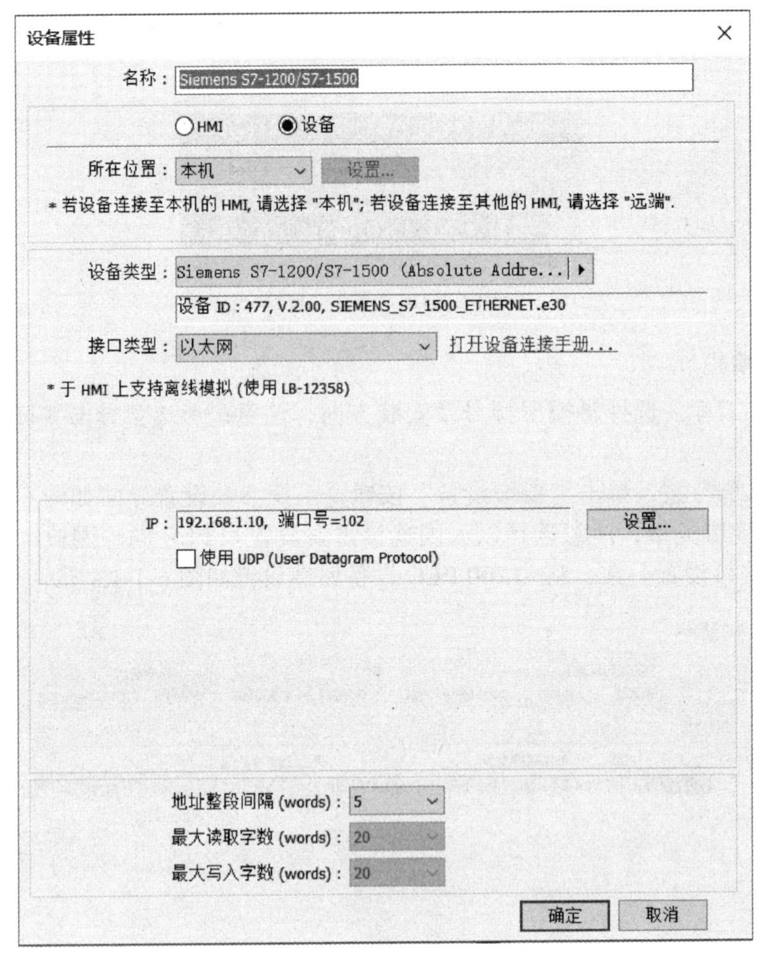

图 6-1-13　S7-1200 PLC 设备属性设置

3）添加元器件（这里以开关、指示灯为例），如图 6-1-14 所示。

图 6-1-14　添加元器件

4）设置元器件的属性，包括读取 PLC 的地址、操作模式和图片显示等，如图 6-1-15 所示。

5）程序编译测试，EasyBuilder Pro 触摸屏编程软件提供了程序编译测试功能，通过“工程文件”下的在线模拟、离线模拟等功能实现，如图 6-1-16 所示。

6）单击编译按钮，完成程序的编译工作，保存程序，如图 6-1-17 所示。

7）连接好下载专用电缆，单击下载按钮即可将程序下载到设备中，如图 6-1-18 所示。

图 6-1-15　指示灯的一般属性及图片显示设置

图 6-1-16　程序编译测试

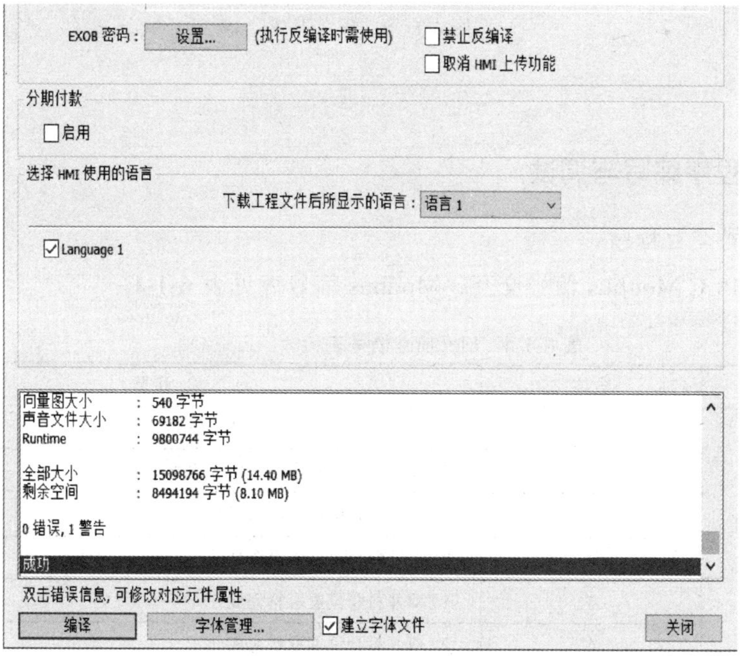

EXOB 密码：设置... (执行反编译时需使用)　☐禁止反编译　☐取消 HMI 上传功能

分期付款

☐启用

选择 HMI 使用的语言

下载工程文件后所显示的语言：语言 1

☑Language 1

向量图大小　：540 字节
声音文件大小　：69182 字节
Runtime　：9800744 字节

全部大小　：15098766 字节 (14.40 MB)
剩余空间　：8494194 字节 (8.10 MB)

0 错误，1 警告

成功

双击错误信息，可修改对应元件属性.

编译　字体管理...　☑建立字体文件　关闭

图 6-1-17　程序编译

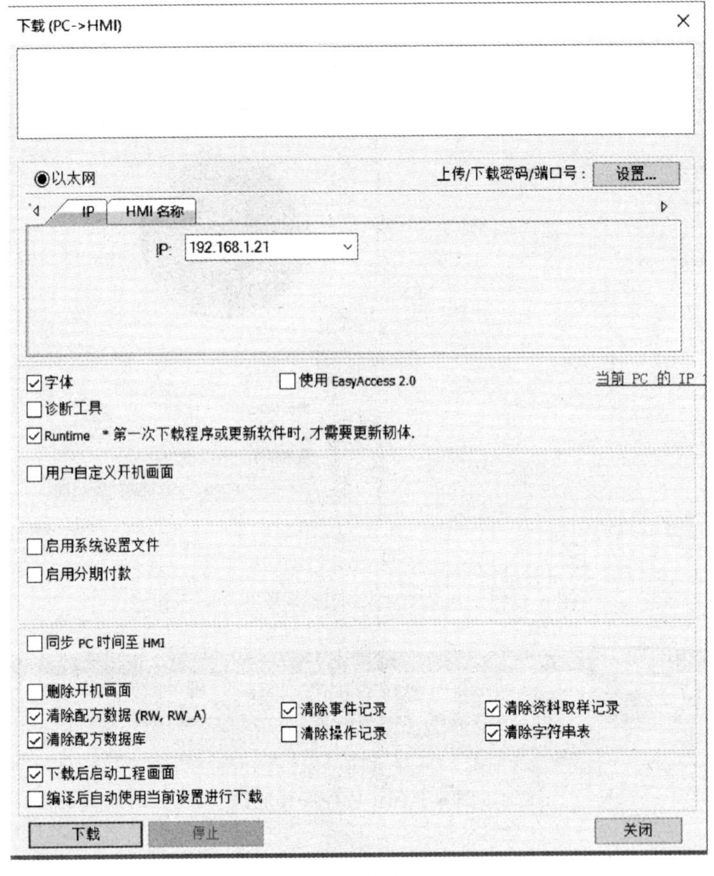

图 6-1-18　程序下载

任务实施

6.1.2　PLC 程序编写与调试

1. 取料信号交互程序

机器人与 PLC Modbus 信号交互，Modbus 信号表见表 6-1-1。

表 6-1-1　Modbus 信号表

通信地址	数值	注释
40002 双井料仓	1	1# 双井料仓机器人取料请求信号
	2	2# 双井料仓机器人取料请求信号
	3	1# 双井料仓机器人可取料
	4	2# 双井料仓机器人可取料
	5	1# 双井料仓位置取料完成
	6	2# 双井料仓位置取料完成
	7	1# 双井料仓位置气缸复位完成
	8	2# 双井料仓位置气缸复位完成

（续）

通信地址	数值	注释
40003 装配定位	0	机器人请求放料
	1	机器人放料完成信号
	2	气缸推出完成
	3	机器人请求取料信号
	4	气缸复位完成
40006 旋转仓储	1	机器人请求放料信号
	2	可放料

机器人装配任务流程图如图 6-1-19 所示。

1）机器人发出取料请求信号（“40002”置为 1 或 2），双井料仓检测是否有物料，若有，2s 后，气缸将物料推出，PLC 推料程序如图 6-1-20 所示。

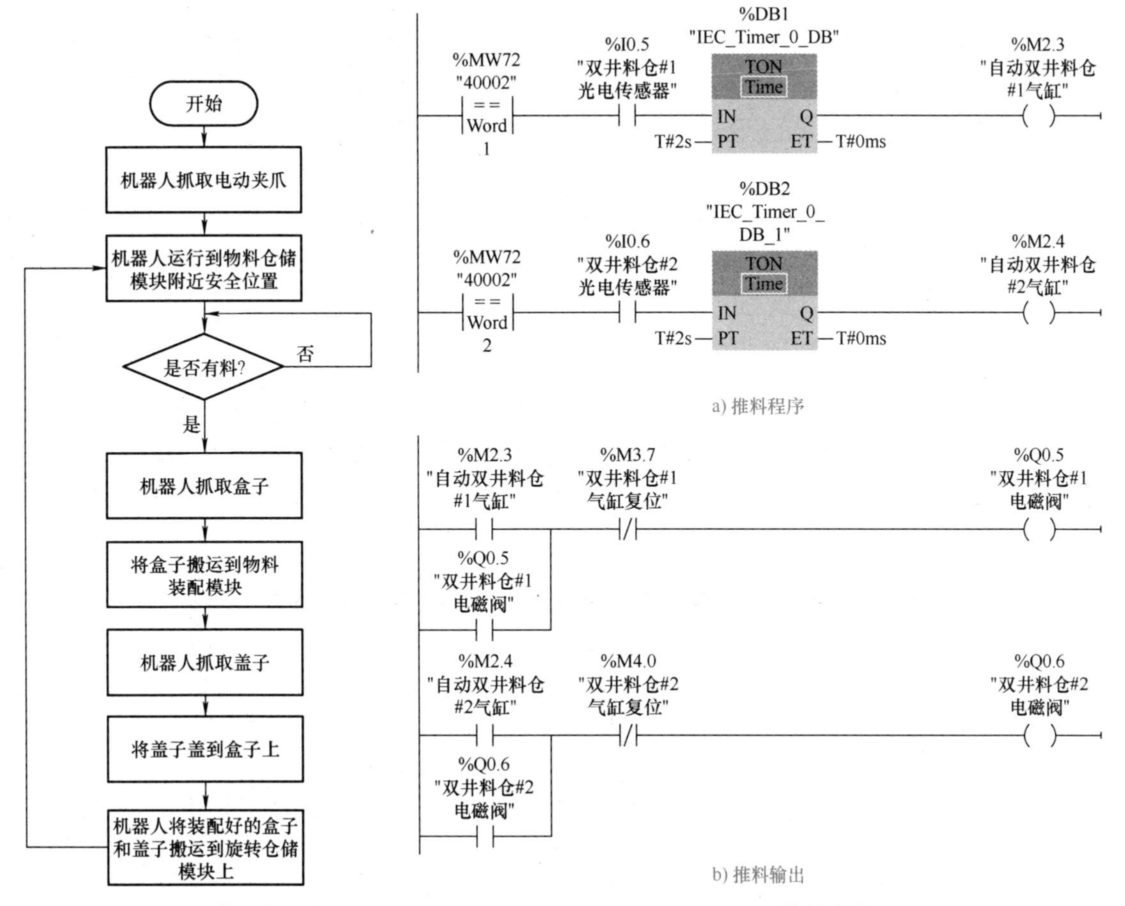

图 6-1-19　机器人装配任务流程图　　图 6-1-20　PLC 推料程序

2）PLC 同时向机器人发送取料信号，机器人接收（40002==3/4）信号后，执行下一步动作，如图 6-1-21 所示。

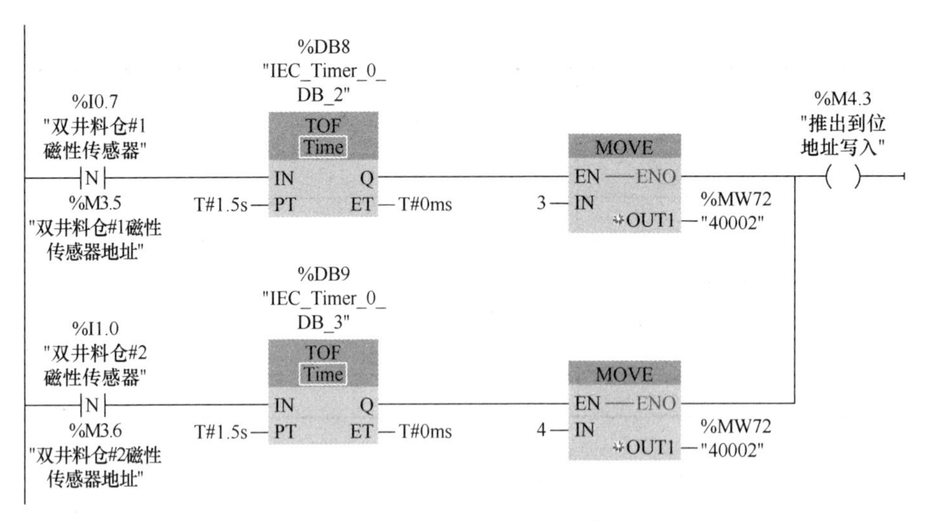

图 6-1-21　向机器人发送取料信号

2. 放料信号交互程序

1）机器人抓取物料后，运送至装配定位模块，机器人将物料放至指定位置后，将“40003”置为 1，气缸推出，物料块固定好后，机器人进行装配动作，定位输出如图 6-1-22 所示。

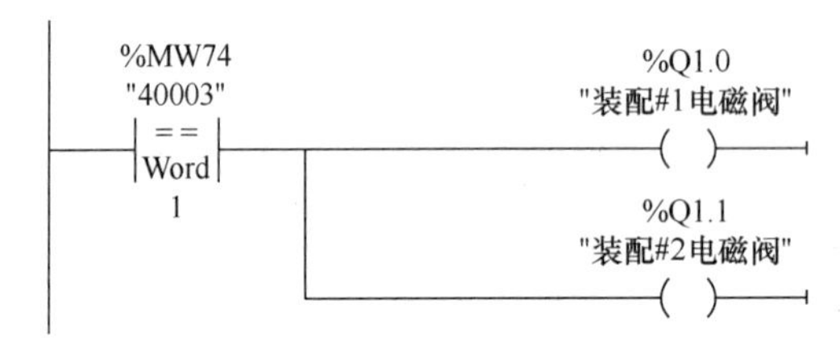

图 6-1-22　定位输出

2）装配完成后，将成品物料放置于旋转仓储部分，此处要求旋转仓储转至空仓位置，配合机器人完成放置物料的动作。首先进行 PLC 基础设置，启动脉冲发生器如图 6-1-23 所示。

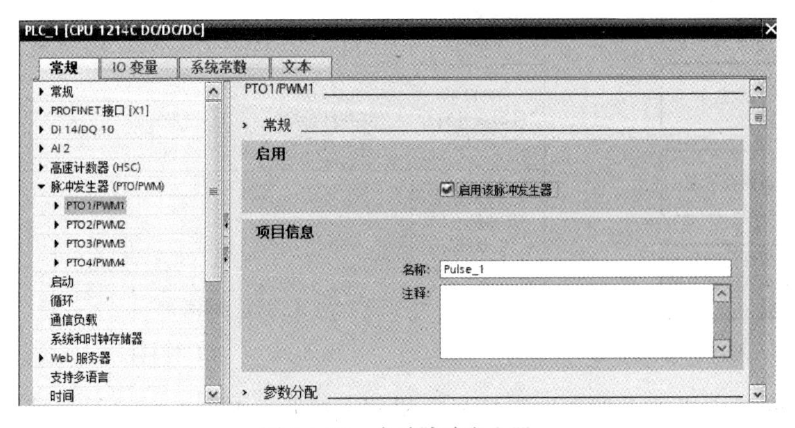

图 6-1-23　启动脉冲发生器

3）设置脉冲的信号类型为“PTO（脉冲 A 和方向 B）”，脉冲输出为 Q0.0，方向输出为 Q0.1。脉冲信号类型设置如图 6-1-24 所示。

图 6-1-24　脉冲信号类型设置

4）组态轴工艺对象如图 6-1-25 所示。

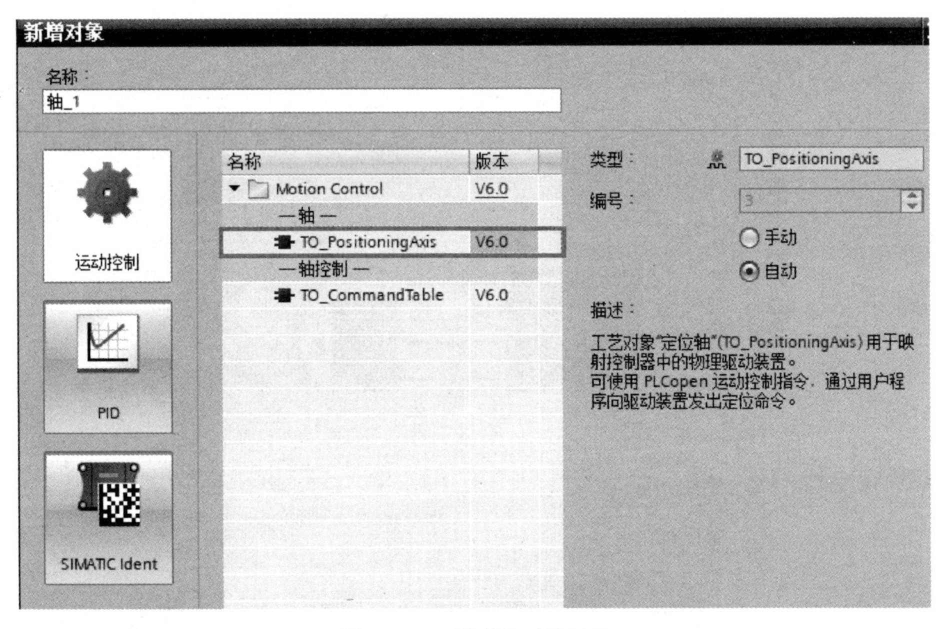

图 6-1-25　组态轴工艺对象

5）位置单位设为度（°），如图 6-1-26 所示。

6）设置驱动器的硬件接口，设置脉冲发生器为“Pules_1”，信号类型为“PTO（脉冲 A 和方向 B）”，脉冲输出为“Q0.0”，方向输出为“Q0.1”，脉冲参数设置如图 6-1-27 所示。

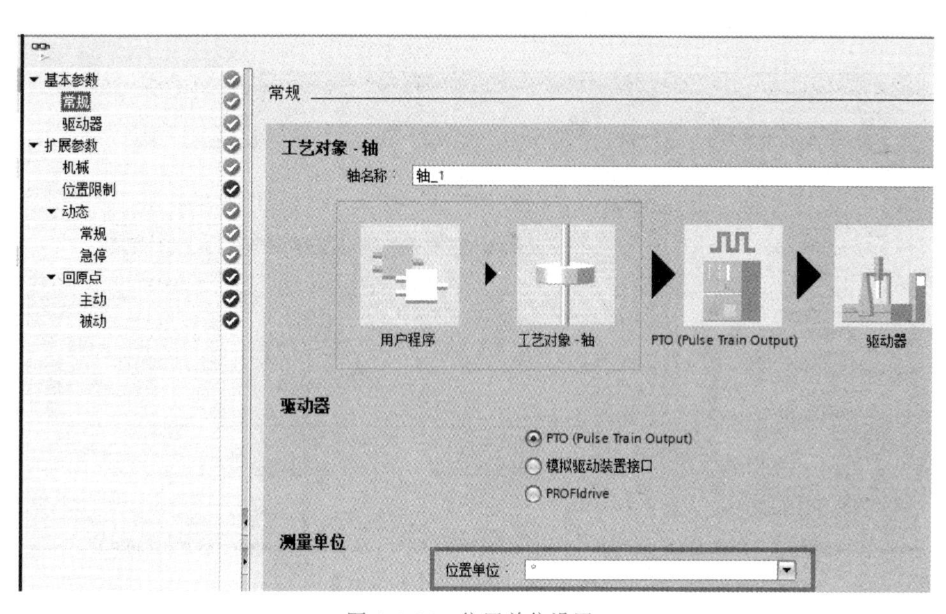

图 6-1-26　位置单位设置

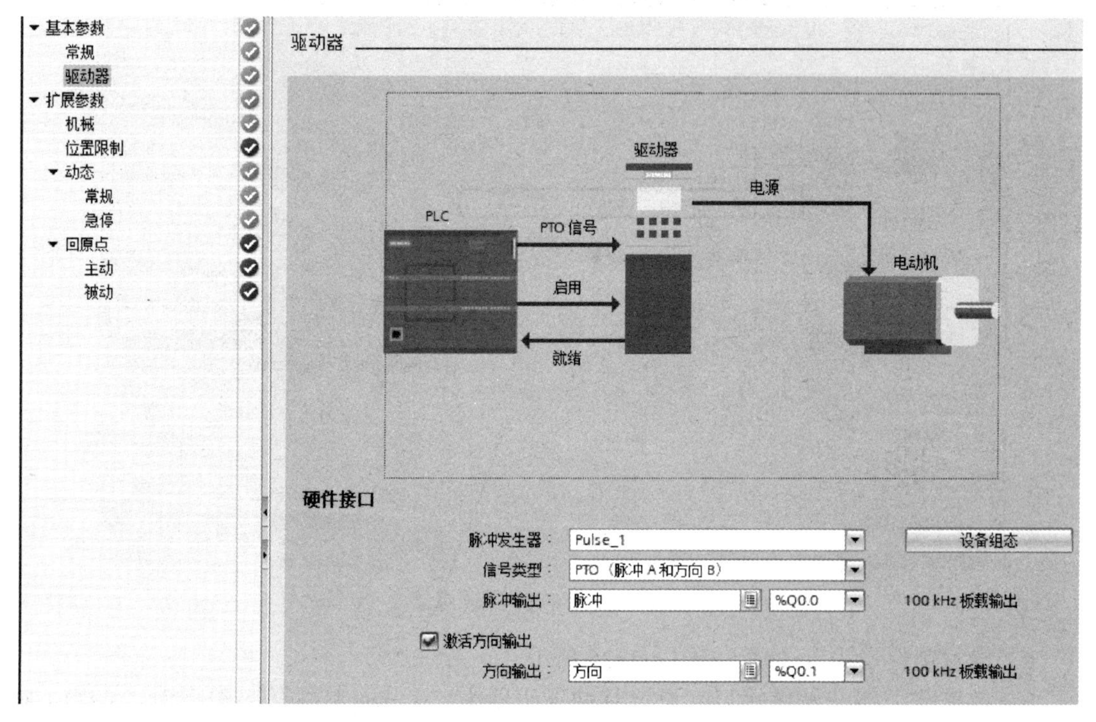

图 6-1-27　脉冲参数设置

7）电动机每转的脉冲数设置为 1600，电动机每转的负载位移为“360.0”，脉冲个数设置如图 6-1-28 所示。

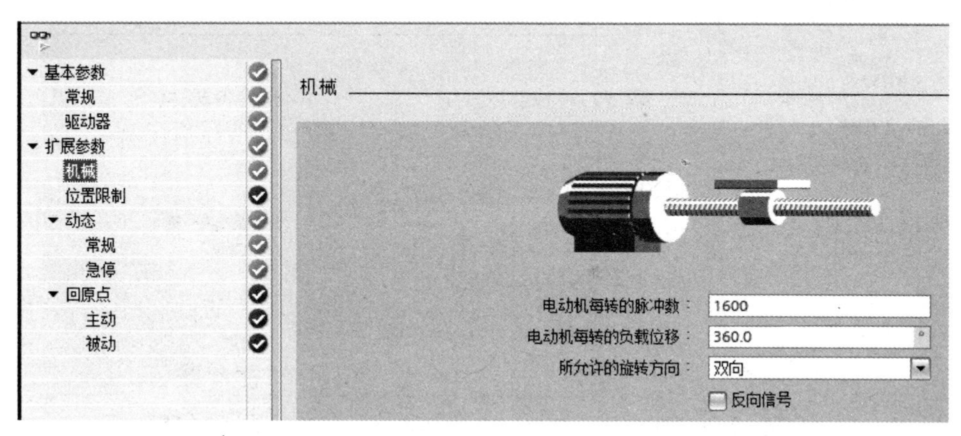

图 6-1-28 脉冲个数设置

8）速度限值的单位为（°）/s，最大转速为 10.0°/s，启动 / 停止速度为 5.0°/s，速度单位设置如图 6-1-29 所示。

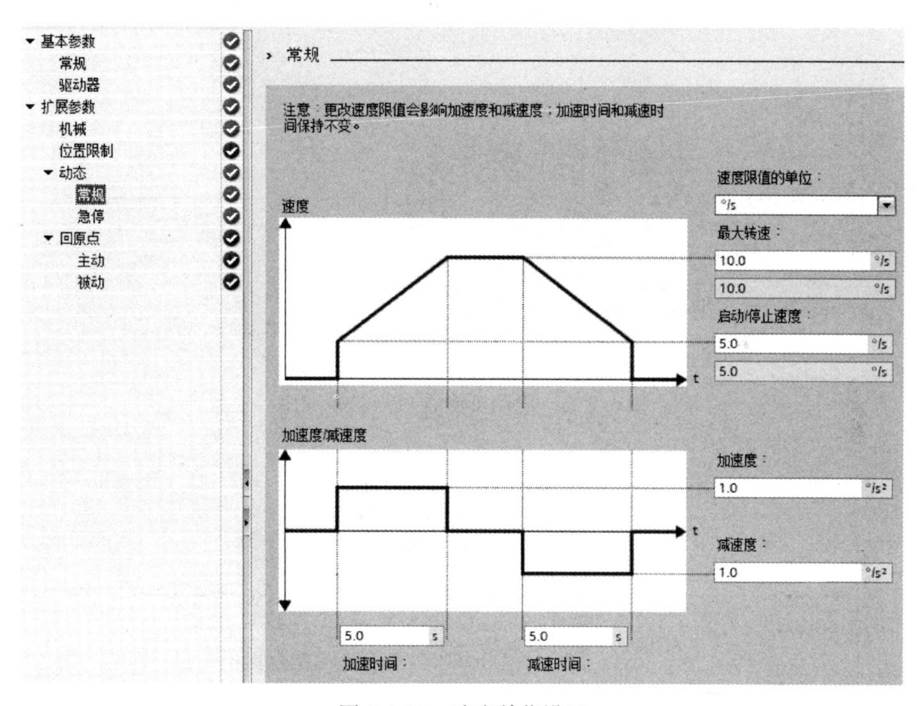

图 6-1-29 速度单位设置

9）主动回原点选项中“输入原点开关”设为“%I1.0”，“选择电平”为“高电平”，“逼近 / 回原点方向”为“正方向”，“参考点开关一侧”为“下侧”，“逼近速度”和“回原点速度”设为“5.0”，主动回原点选项如图 6-1-30 所示。

10）电动机使能 PLC 控制程序如图 6-1-31 所示。

11）使能触发的情况下，电动机才能寻找原点，然后根据原点位置进行偏移，如图 6-1-32 所示。

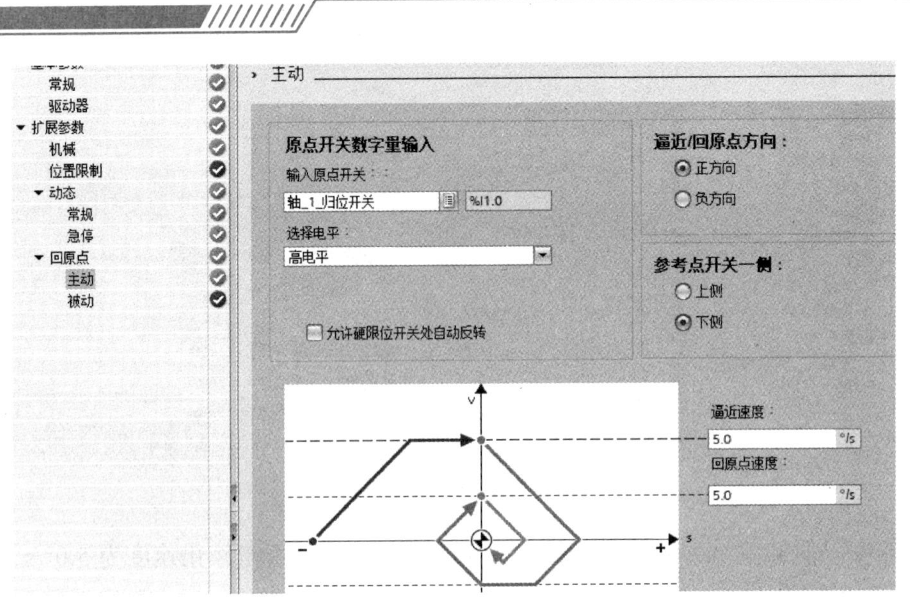

图 6-1-30　主动回原点选项

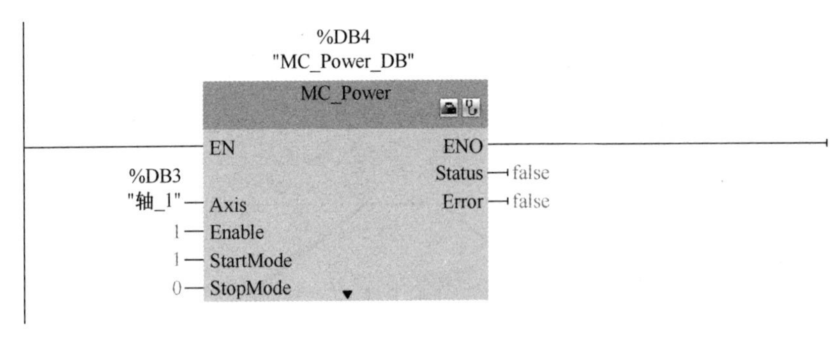

图 6-1-31　电动机使能 PLC 控制程序

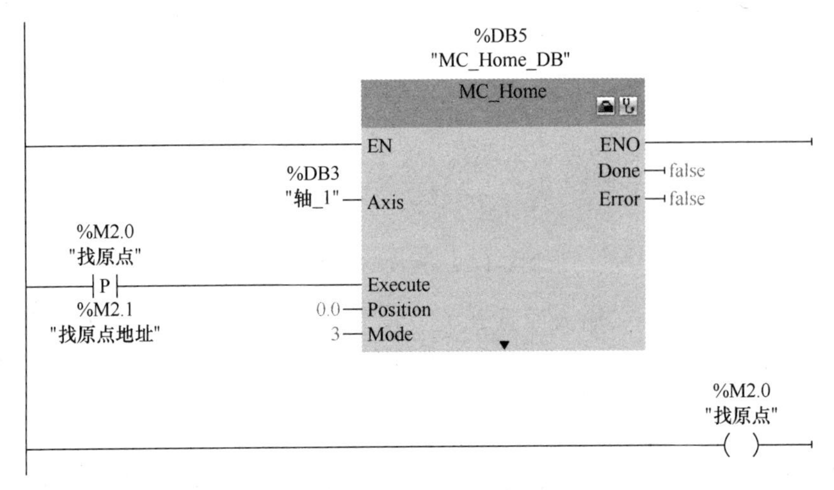

图 6-1-32　寻找原点

12）旋转仓储上平均分成 8 个物料放置位置，相邻的两个位置间隔 45°，使旋转仓储每次都基于原点位置相对偏移 45°，确保机器人每次放置的位置足够精确，PLC 接收到

"40006==1"机器人请求放料信号，开始旋转寻找空仓位置，如图6-1-33所示。

13）每转到一个位置时，光电传感器实时检测，当处于被遮挡状态时表示存在物料，此位置不满足物料放置前提，继续旋转45°，检测下一个位置的可用性。当找到满足条件的位置时，机器人接收到PLC的反馈信号"40006==2"，放置物料如图6-1-34所示。

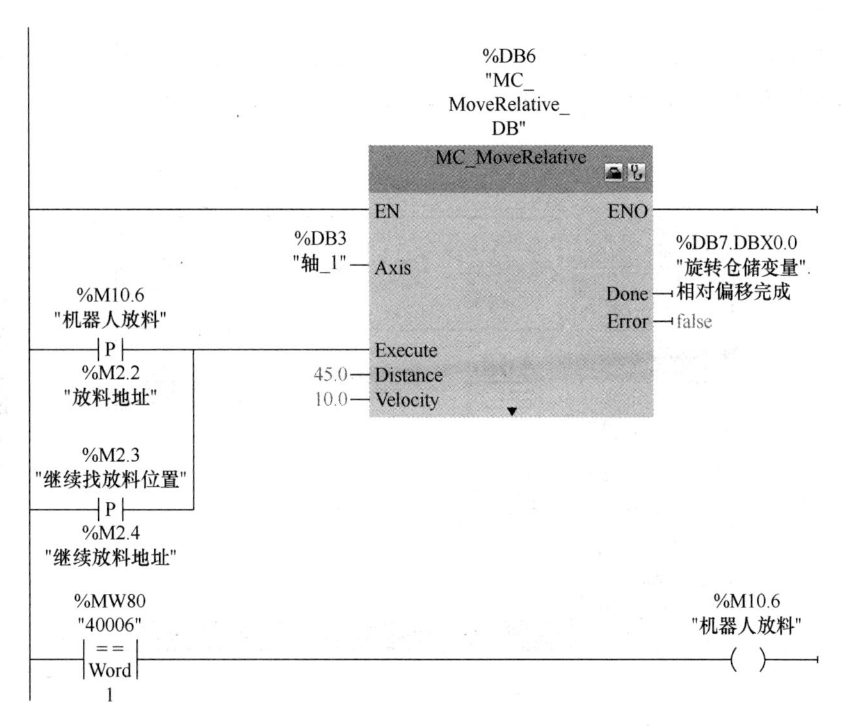

图6-1-33　寻找空仓位置

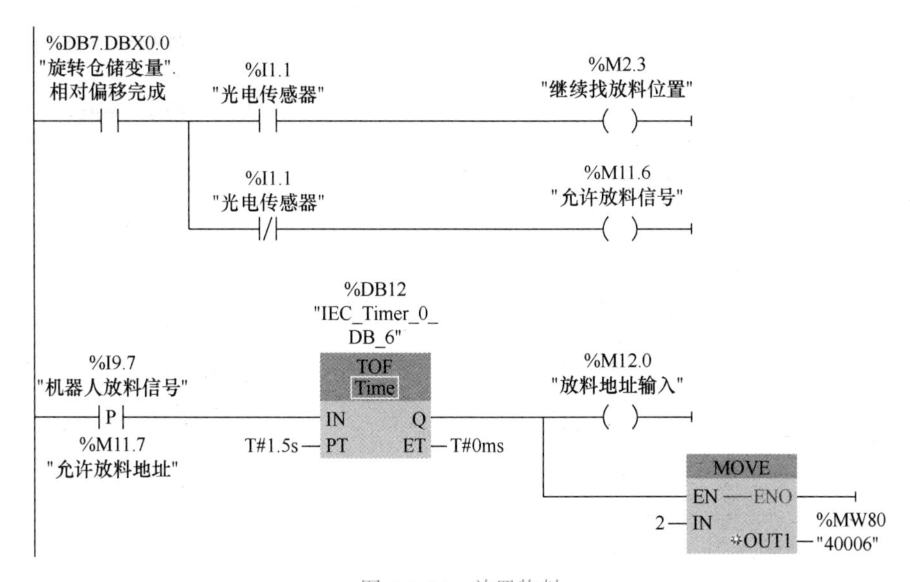

图6-1-34　放置物料

6.1.3 HMI 程序编写与调试

1. 基础画面

1）打开“Utility Manager”软件，选择“EasyBuilder Pro”软件，进入编程界面，如图 6-1-35 所示。

2）在“EasyBuilder Pro”软件界面，单击“文件”，选择“新建”，选择触摸屏型号“MT8071iE/MT8101iE”，单击“确定”完成新建工程，如图 6-1-36 所示。

图 6-1-35　Utility Manager 界面

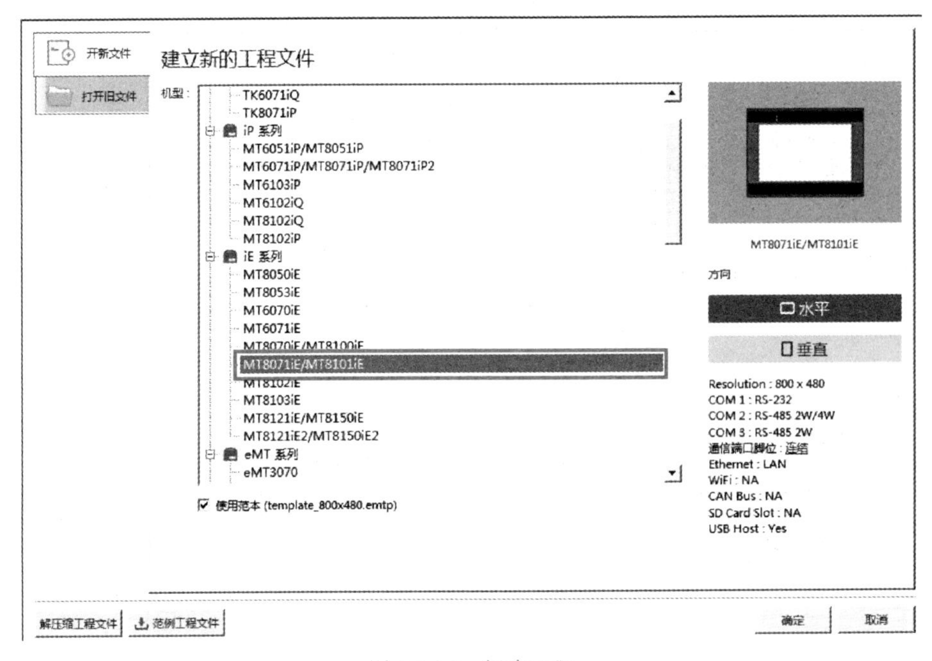

图 6-1-36　新建工程

3）新建完成自动进入“系统参数设置”界面，单击“确定”进入编程界面，如图 6-1-37 所示。

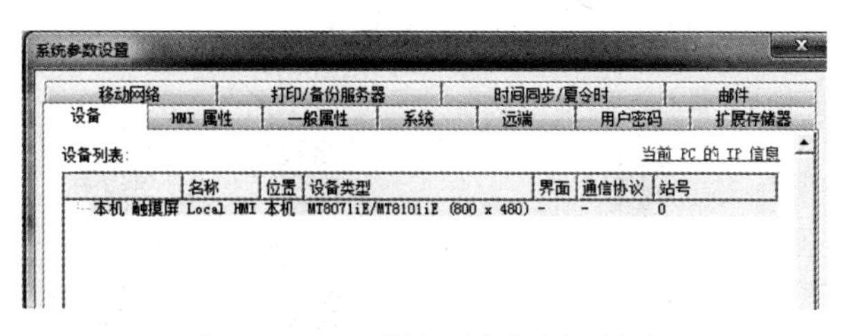

图 6-1-37　“系统参数设置”界面

4）单击“常用”，选择“矩形”工具，设置颜色为红色，圆角宽度为“15”，类型和宽度自定义，画出基本图框，如图 6-1-38 所示。

5）单击“常用”选择“文字 / 批注”工具，可在文本“属性”中编辑文本的格式、大小和字体等参数，添加文本如图 6-1-39 所示。

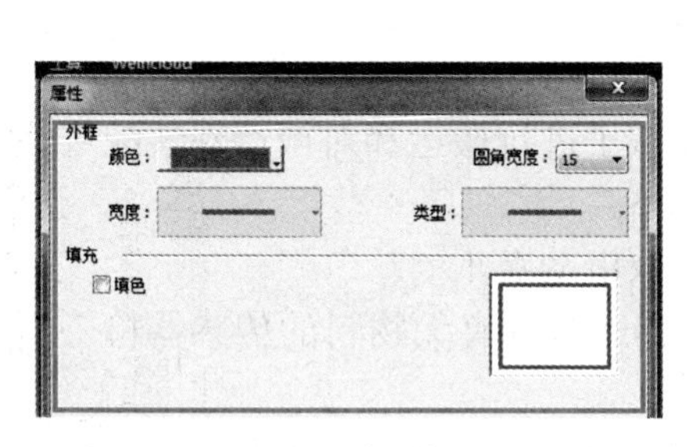

图 6-1-38　画出基本图框

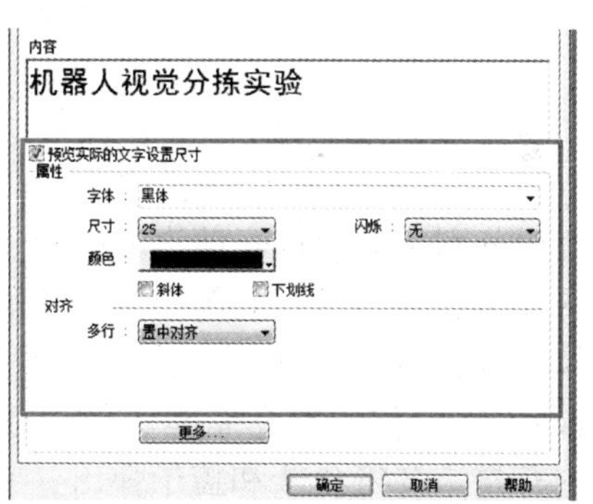

图 6-1-39　添加文本

2. 程序功能

1）单击“常用”，选择“位状态指示灯”，可在“一般属性”选择“位状态指示灯”功能，配置输入设备及地址，参数如图 6-1-40 所示，显示参数设置如图 6-1-41 所示。

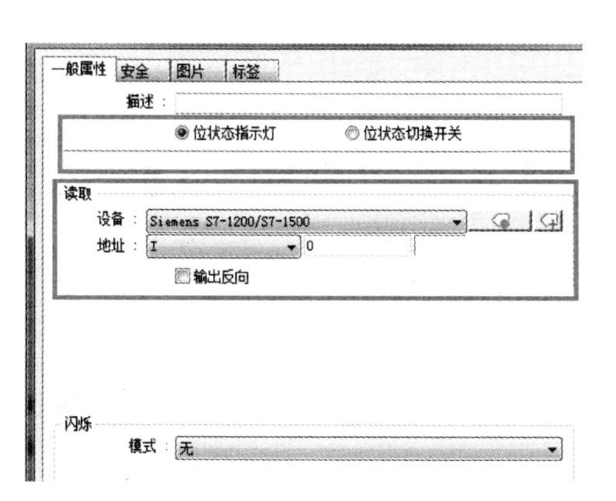

图 6-1-40　“位状态指示灯”参数

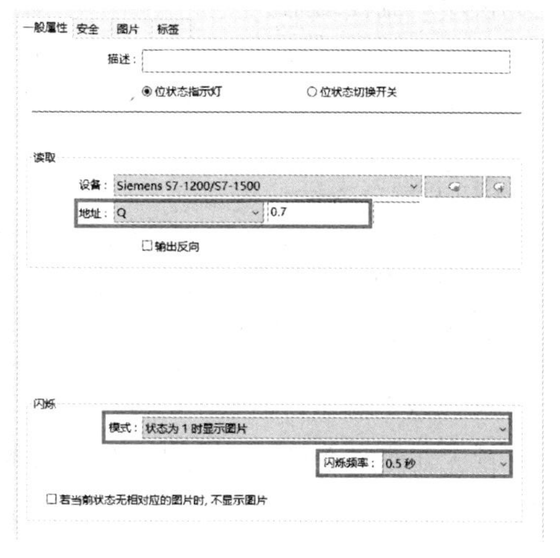

图 6-1-41　显示参数设置

2）完整功能界面如图 6-1-42 所示。

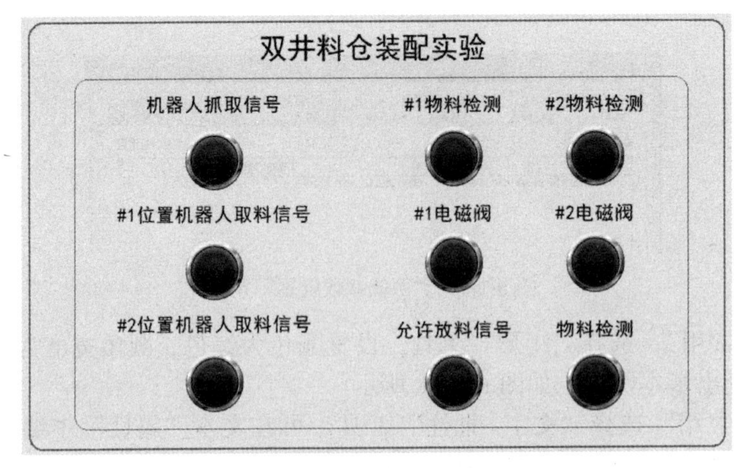

图 6-1-42　完整功能界面

6.1.4　协作机器人程序编写与调试

操作流程分别是对物料仓储模块的盒子和盖子进行搬运和对搬运到装配定位模块的盒子和盖子进行装配，具体流程如下：

1）机器人运行到工具快换模块 #1 位置抓取电动夹爪。

2）机器人运行到物料仓储模块附近等待，当检测有无物料的传感器检测到料仓内有料，会将盒子和盖子弹出。

3）机器人首先抓取盒子并将盒子搬运到装配定位模块，机器人松开夹爪，物料装配电磁阀弹出气缸将盒子夹紧，机器人移动到物料仓储模块附近开始夹取盖子。

4）机器人将盖子搬运到装配定位模块，并将盖子盖在盒子上。

5）装配电磁阀将气缸复位，松开被夹紧的盒子，机器人将装配好的盒子搬运到旋转仓储模块，流程结束。

Open 脚本文件：

```
script_common_interface("InsGripper", "OpenFinger|0, 1000, 0")
sleep(1)
```

Close 脚本文件：

```
script_common_interface("InsGripper","SetFing-
er|0, 1000, 1000")
sleep(1)
```

1. 抓取工具

首先新建一个机器人工具选择的过程文件“taketool”，程序编辑过程见表 6-1-2。

表 6-1-2　机器人抓取工具程序

序号	图片示例	操作步骤
1	工程 过程 条件 基础条件 taketool Procedure_Program Move home Set Switch	添加“Move”，轴动，速度、加速度为 50%，添加路点为初始安全位置 添加“Set”，设置 DO（数字输出），U_DO_00 为“High”
2	工程 过程 新建 加载 保存 taketool 1 Procedure_Program 2 Move 3 home 4 Set 5 Switch 6 tool1 7 Move 8 tool1_1	添加“Switch”，条件为 V_I_gongju==V_I_gongju（V_I_X==V_I_X 也可以，后面照改即可） 添加“Case”重命名为 tool1，条件为 V_I_gongju==1 添加“Move”，轴动，相对偏移 X、Y 为“0”，Z 为“0.05”，速度、加速度为 50%，路点为抓取工具 1 上方安全位置
3	工程 过程 新建 加载 保存 taketool 1 Procedure_Program 2 Move 3 home 4 Set 5 Switch 6 tool1 7 Move 8 tool1_1 9 Move 10 tool1_2 11 Set 12 Wait	添加“Move”，轴动，相对偏移 X、Y 为“0”，Z 为“0”，速度、加速度为 50%，路点为抓取工具 1 的位置 添加“Set”，设置 U_DO_00 为 Low 添加“Wait”，等待时间 1s
4	工程 过程 新建 加载 保存 taketool 5 Switch 6 tool1 7 Move 8 tool1_1 9 Move 10 tool1_2 11 Set 12 Wait 13 Move 14 tool1_3	添加“Move”，直线，相对偏移 X、Y 为“0”，Z 为“0.03”，速度、加速度 50%，路点为抓取工具 1 后提升的安全位置
5	工程 过程 新建 加载 保存 taketool 5 Switch 6 tool1 7 Move 8 tool1_1 9 Move 10 tool1_2 11 Set 12 Wait 13 Move 14 tool1_3 15 Move 16 tool1_4 17 Move 18 tool1_5	添加“Move”，直线，相对偏移 X 为“0.07”，Y 为“0”，Z 为“0.03”，速度、加速度 50%，路点为抓取工具 1 后提升的安全位置 添加“Move”，直线，相对偏移 X 为“0.07”，Y 为“0”，Z 为“0.18”，速度、加速度 50%，路点为抓取工具 1 后提升的安全位置

（续）

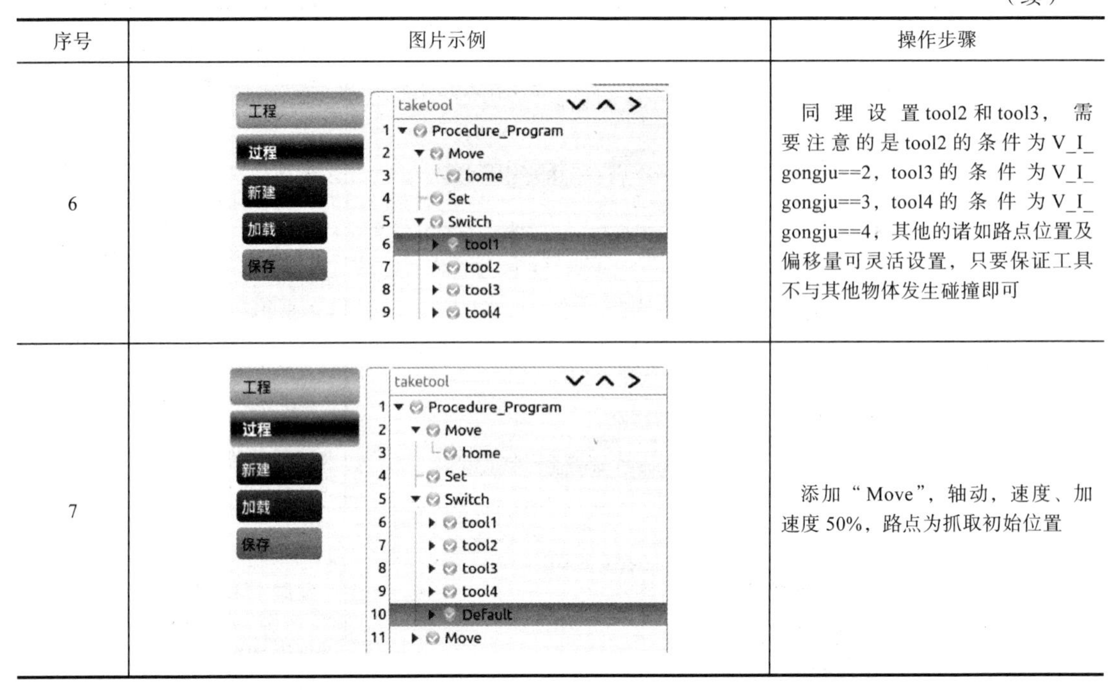

序号	图片示例	操作步骤
6	工程 过程 新建 加载 保存 taketool 1 Procedure_Program 2 Move 3 home 4 Set 5 Switch 6 tool1 7 tool2 8 tool3 9 tool4	同理设置tool2和tool3，需要注意的是tool2的条件为V_I_gongju==2，tool3的条件为V_I_gongju==3，tool4的条件为V_I_gongju==4，其他的诸如路点位置及偏移量可灵活设置，只要保证工具不与其他物体发生碰撞即可
7	工程 过程 新建 加载 保存 taketool 1 Procedure_Program 2 Move 3 home 4 Set 5 Switch 6 tool1 7 tool2 8 tool3 9 tool4 10 Default 11 Move	添加“Move”，轴动，速度、加速度50%，路点为抓取初始位置

2. 抓取盒子

工具选择程序完成后，机器人要进行抓取盒子的路径规划，机器人在Home点移动到物料仓储模块时首先发出一个取料请求并进入等待状态；当仓储检测传感器检测到料仓内有料时，便驱动气缸把盒子推出，气缸末端传感器检测到到位信号后，机器人运行到抓取位置进行抓取；程序见表6-1-3。

表6-1-3　抓取盒子程序

序号	图片示例	操作步骤
1	工程 过程 新建 Box 1 Procedure_Program 2 Move 3 Home 4 Open	添加“Move”，轴动，速度、加速度为50%，添加路点为初始安全位置 添加“Script”，加载Open脚本文件，详见本节脚本程序
2	工程 过程 新建 加载 保存 Box 1 Procedure_Program 2 Move 3 Home 4 Open 5 Move 6 Box1_1 7 Set 8 Wait 9 Wait	添加“Move”，轴动，速度、加速度为50%，添加路点为盒子抓取点上方安全位置 添加“Set”，设置Modbus模拟量输出“40002”为1 添加“Wait”，等待时间1s 添加“Wait”，等待Modbus条件（M）40002==3

（续）

序号	图片示例	操作步骤
3	工程 过程 新建 加载 保存 Box 1 Procedure_Program 2 Move 3 Home 4 Open 5 Move 6 Set 7 Wait 8 Wait 9 Move 10 Box1_2 11 Box1_3 12 Close 13 Set	添加“Move”，直线，速度、加速度为 50%，添加 2 个路点，一个为抓取盒子上方安全位置，一个为抓取点 添加“Script”，加载 Close 脚本文件，详见本节脚本程序 添加“Set”，设置 Modbus，模拟量输出“40002”为 5
4	8 Wait 9 Move 10 Close 11 Set 12 Wait 13 Move 14 Box1_4 15 Box1_5	添加“Wait”，等待 Modbus 条件（M）40002==7 添加“Move”，直线，速度、加速度 50%，路点为抓取盒子后提升的安全位置

3. 装配盒子

接下来进行盒子装配程序的编写，机器人抓取盒子移动到装配定位模块附近，向 PLC 输出一个放料请求信号，如果此时装配定位模块气缸没有复位，则首先复位装配气缸，复位后靠气缸末端的传感器发送给机器人一个可放料信号，机器人开始放料。机器人放料完成后输出一个放料完成信号，PLC 控制装配气缸进行装配，程序编辑过程见表 6-1-4。

表 6-1-4　装配盒子程序

序号	图片示例	操作步骤
1	工程 过程 新建 加载 保存 AssemblyBox 1 Procedure_Program 2 Set 3 Wait 4 Move 5 AssemblyBox1_1 6 AssemblyBox1_2 7 Move 8 AssemblyBox1_3 9 AssemblyBox1_4 10 Open	添加“Set”设置 Modbus 模拟量输出“40003”为 0 添加“Wait”，等待 Modbus 条件（M）40003==4 添加“Move”，轴动，速度、加速度为 50%，添加 2 个路点，为放置盒子安全位置及过渡点 添加“Move”，直线，速度、加速度为 50%，添加 2 个路点，一个为中间过渡的安全位置，一个为装配平台的盒子装配点 添加“Script”，加载 Open 脚本文件

（续）

序号	图片示例	操作步骤
2	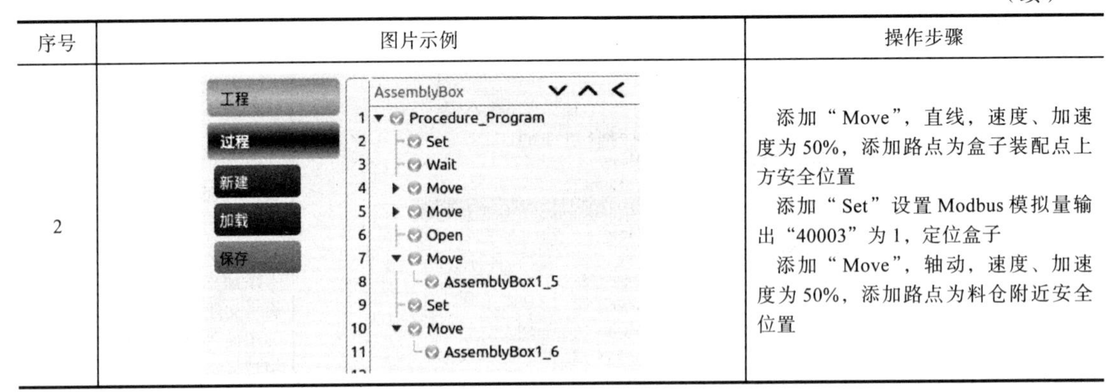	添加“Move”，直线，速度、加速度为 50%，添加路点为盒子装配点上方安全位置 添加“Set”设置 Modbus 模拟量输出“40003”为 1，定位盒子 添加“Move”，轴动，速度、加速度为 50%，添加路点为料仓附近安全位置

4. 抓取盖子

接下来需要建立一个抓取盖子的过程文件，程序编辑过程见表 6-1-5。

表 6-1-5　抓取盖子程序

序号	图片示例	操作步骤
1	工程 过程 新建 Lid 1 Procedure_Program 2 Move 3 Lid1_1 4 Open 5 Wait	添加“Move”，轴动，速度、加速度为 50%，添加抓取盖子初始路点 添加“Script”，加载 Open 脚本文件
2	工程 过程 新建 加载 保存 Lid 1 Procedure_Program 2 Move 3 Lid1_1 4 Open 5 Wait 6 Move 7 Lid1_2 8 Lid1_3 9 Close 10 Wait	添加“Set”设置 Modbus，模拟量输出“40002”为 2 添加“Wait”，等待 Modbus 条件（M）40002==4 添加“Move”，轴动，速度、加速度为 50%，添加 2 个路点，第一个为盖子上方的安全位置，第二个为盖子抓取点 添加“Script”，加载 Close 脚本文件 添加“Wait”，等待 1s
3	加载 保存 5 Wait 6 Move 7 Close 8 Wait 9 Set 10 Wait 11 Move 12 Lid1_4 13 Lid1_5	添加“Set”设置 Modbus 模拟量输出“40002”为 6 添加“Wait”，等待 Modbus 条件（M）40002==8 添加“Move”，轴动，速度、加速度为 50%，添加 2 个路点，皆为盖子放置点上方安全位置

5. 装配盖子

接下来需要建立一个装配盖子的过程文件，程序编辑过程见表 6-1-6。

表 6-1-6　装配盖子程序

序号	图片示例	操作步骤
1	工程 过程 新建 加载 保存 AssemblyLid 1 Procedure_Program 2 Move 3 AssemblyLid1_1 4 Move 5 AssemblyLid1_2 6 AssemblyLid1_3 7 Open	添加“Move”，轴动，速度、加速度为 50%，添加一个路点，为盖子抓取点上方安全位置 添加“Move”，直线，速度、加速度为 50%，添加 2 个路点，一个为盖子放置点上方安全位置，一个为盖子放置点 添加“Script”，加载 Open 脚本文件
2	工程 过程 新建 加载 保存 AssemblyLid 1 Procedure_Program 2 Move 3 Move 4 Open 5 Move 6 AssemblyLid1_4 7 Move 8 AssemblyLid1_5 9	添加“Move”，轴动，速度、加速度为 50%，添加一个路点，为放置盖子后的上方安全位置 添加“Move”，轴动，速度、加速度为 50%，添加一个路点，为安全位置

6. 存储取料

盒子装配完成后，机器人需要将装配好的盒子搬运到旋转仓储模块，此时创建“reclaiming”过程文件，程序编辑过程见表 6-1-7。

表 6-1-7　存储取料程序

序号	图片示例	操作步骤
1	工程 过程 新建 reclaiming 1 Procedure_Program 2 Move 3 reclaiming1_1 4 reclaiming1_2	添加“Move”，轴动，速度、加速度为 50%，添加 2 个路点，分别为装配好的盒子和盖子抓取点上方安全位置
2	工程 过程 新建 加载 保存 reclaiming 1 Procedure_Program 2 Move 3 reclaiming1_1 4 reclaiming1_2 5 Move 6 Close 7 Set 8 Wait	添加“Move”，轴动，速度、加速度为 50%，添加 1 个路点，为组装好工件抓取点 添加“Script”，加载 Close 脚本文件 添加“Set”设置 Modbus 模拟量输出“40003”为 3 添加“Wait”，等待 Modbus 条件（M）40003==4
3	工程 过程 新建 加载 保存 reclaiming 1 Procedure_Program 2 Move 3 reclaiming1_1 4 reclaiming1_2 5 Move 6 Close 7 Set 8 Wait 9 Move 10 reclaiming1_4 11 reclaiming1_5	添加“Move”，轴动，速度、加速度为 50%，添加 2 个路点，皆为抓取后的上方安全位置

7. 仓储放料

机器人在旋转仓储模块上方向 PLC 发出放料请求信号，PLC 接收到放料请求信号后控制伺服电动机旋转到一个空仓位置，并向机器人发出允许放料信号，机器人接收到允许放料信号后开始放料，放料完成后流程结束。建立一个“ Warehousing”过程文件，程序编辑过程见表 6-1-8。

表 6-1-8　仓储放料程序

序号	图片示例	操作步骤
1	工程 过程 条件 基础条件 Warehousing Procedure_Program Move Home Warehousing1_1 Set Wait	添加“ Move”，轴动，速度、加速度为 50%，添加 2 个路点，一个为 Home 点，一个为放料上方安全位置 添加“Set”设置 Modbus 模拟量输出“40006”为 1 添加“ Wait”，等待 Modbus 条件（M）40006==2
2	工程 过程 新建 加载 保存 Warehousing 1 Procedure_Program 2 Move 3 Set 4 Wait 5 Move 6 Warehousing1_2 7 Open 8 Move 9 Warehousing1_3 10 home	添加“ Move”，轴动，速度、加速度为 50%，路点为放料点 添加“ Script”，加载 Open 脚本文件 添加“ Move”，轴动，速度、加速度为 50%，添加 2 个路点，一个为放置点的上方安全位置，一个为 Home 点

8. 放置工具

创建一个放置工具的过程文件“Puttool”，程序编辑过程见表 6-1-9。

表 6-1-9　放置工具程序

序号	图片示例	操作步骤
1	工程 过程 条件 基础条件 Puttool Procedure_Program Move Home Switch Move	添加“ Move”，轴动，速度、加速度为 50%，添加路点为初始位置 添加“ Switch”，条件 V_I_gongju==V_I_gongju
2	新建 加载 保存 Switch Tool1 Move Tool1_1 Tool1_2 Tool1_3 Tool1_4	添加“Case”重命名为“Tool1”，条件为 V_I_gongju==1 添加“ Move”，轴动，添加 4 个路点，前 3 个皆为放置点前的安全过渡位置，第 4 个为工具 1 放置点

（续）

序号	图片示例	操作步骤
3	工程 过程 新建 加载 保存 Puttool Procedure_Program Move Switch Tool1 Move Set Wait Move	添加“Set”，设置 DO，U_DO_00 为“High” 添加“Wait”，等待时间 1s 添加“Move”，轴动，路点为放置后的安全位置
4	工程 过程 新建 加载 保存 Puttool Procedure_Program Move Switch Tool1 Tool2 Tool3 Tool4	同理，设置 Tool2、Tool3 和 Tool4，需要注意的是 Tool2 的条件为 V_I_gongju==2，Tool3 的条件为 V_I_gongju==3，Tool4 的条件为 V_I_gongju==4，根据实际需要示教路点参数
5	工程 过程 新建 加载 保存 Puttool Procedure_Program Move Switch Tool1 Tool2 Tool3 Tool4 Default Move Home1	添加“Default” 添加“Move”，轴动，速度、加速度为 50%，路点为初始位置

最后创建一个主程序，并将刚才分别创建的过程文件添加到主程序中，整个流程完成，第一次调试可以使用“单步”，逐条调试程序。

任务测评

判断题

1. Switch 指令中可以添加多个 Case 指令。（　　）
2. Set 指令可以用来输出用户 I/O 信号状态。（　　）
3. Wait 指令是机器人用来延迟执行程序的。（　　）
4. 博途软件可以用来编写机器人仿真程序。（　　）
5. 触摸屏实现数值输入的地址，要对应 PLC 内部的输入地址。（　　）

任务 6.2　协作机器人码垛应用

任务描述

结合智能协作机器人技术及应用平台实际情况，编写 PLC 控制旋转仓储检测无料旋转直至有料停止的控制程序，并实现 HMI 界面显示；编写机器人程序实现机器人装载吸盘工

具从旋转仓储取料，在码垛平台模块实现 2 行 2 列 2 层重叠式垛型码垛程序的编程及调试。

任务目标

1）掌握 PLC 控制程序编写及调试方法。

2）掌握 HMI 工程程序编写及调试方法。

3）掌握协作机器人码垛程序编写及调试方法。

知识储备

6.2.1 码垛工艺描述

随着产业的不断发展和生产技术设备的不断革新，机器人技术在建材、饮料、化工、医药和消费品等领域得到广泛应用，在这些领域至关重要的包装码垛环节中，机器人已经在真正意义上成为得力工具。

码垛是指对具备外形一致性的码垛对象进行有规律地抓放，堆码成垛，一般在自动化生产线上及仓库中应用较多。常见码垛垛型有以下几种。

1. 重叠式码垛

重叠式码垛，如图 6-2-1 所示，即各层堆码方式完全相同，托盘利用率高，货物不易被压坏，但由于完全没有交叉搭接，货物容易纵向分开，稳定性差。重叠式码垛分层查看如图 6-2-2 所示。

图 6-2-1 重叠式码垛

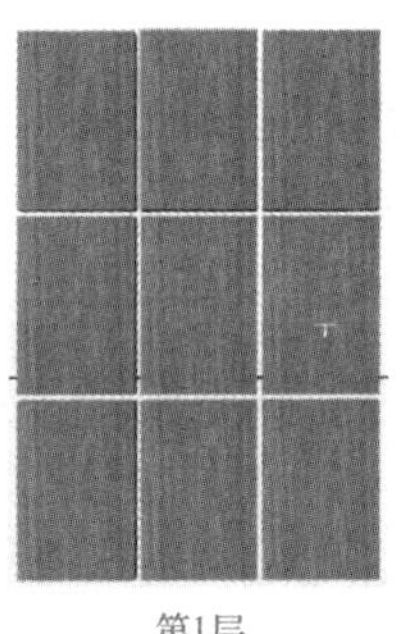

第1层

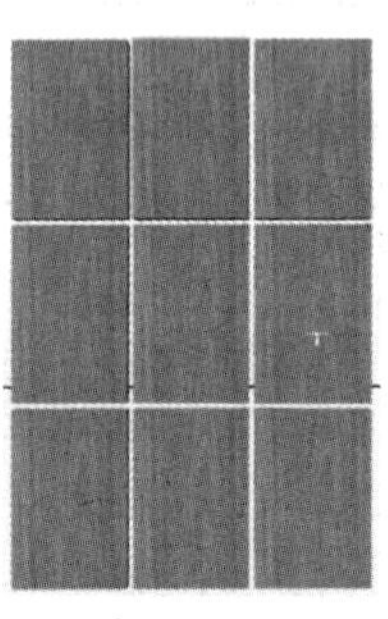

第2层

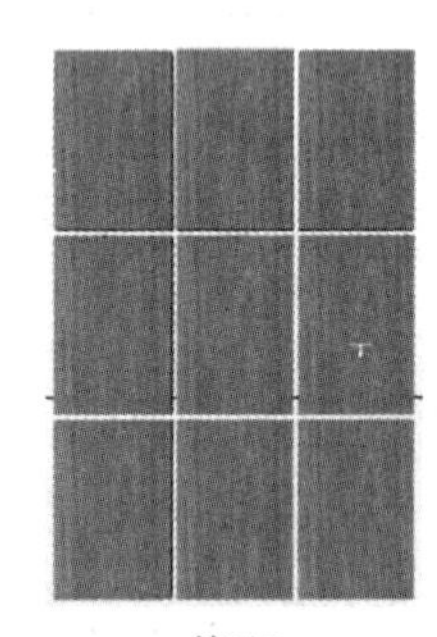

第3层

图 6-2-2 重叠式码垛分层查看

2. 纵横交错式码垛

纵横交错式码垛，如图 6-2-3 所示，相邻两层货品的摆放旋转 90°，一层横向放置、相邻层纵向放置，层次之间交错堆码，稳定性好，但受货物的长宽比例限制，且易出现箱体变形和被压坏的现象，用于正方形托盘。纵横交错式码垛分层查看如图 6-2-4 所示。

3. 正反交错式

正反交错式码垛，如图 6-2-5 所示，同一层中，不同列货品以 90° 垂直码放，相邻两层货物码放形式旋转 180°。货物层间搭接、稳定性好，长方形托盘多采用此方式堆码，当比例适当时托盘利用率高，但容易出现箱体被压坏的现象。正反交错式码垛分层查看如图 6-2-6 所示。

图 6-2-3　纵横交错式码垛

第1层

第2层

第3层

图 6-2-4　纵横交错式码垛分层查看

图 6-2-5　正反交错式码垛

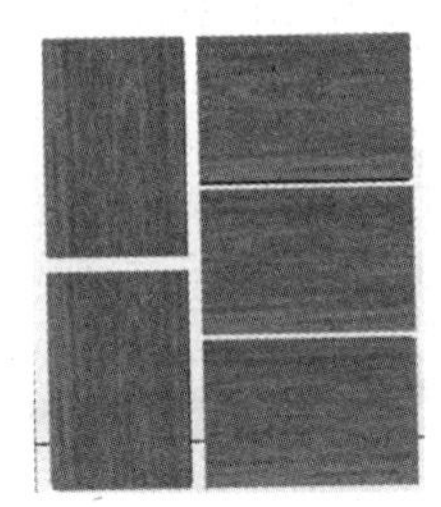

第1层

第2层

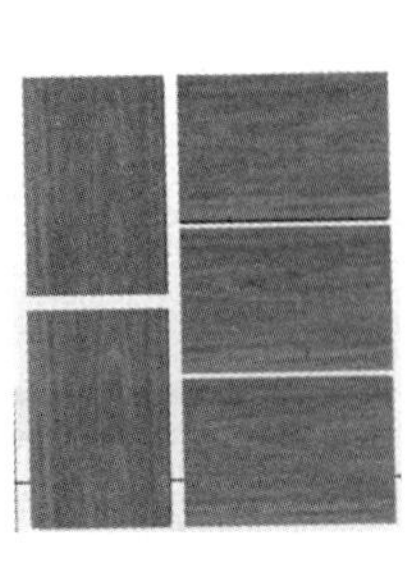

第3层

图 6-2-6　正反交错式码垛分层查看

任务实施

6.2.2　PLC 程序编写与调试

码垛运行时，机器人需要将“40006”置为 3，输出取料信号，PLC 接收到信号后，以 45° 为单位开始旋转并配合光电传感器检测物料，当光电传感器被物料遮挡时，旋转仓储停止运行，并同时向机器人发送可取料信号（40006==4）。

机器人与 PLC Modbus 信号交互，Modbus 信号表见表 6-2-1。

表 6-2-1　Modbus 信号表

通信地址	数值	注释
40006 旋转仓储	3	机器人请求取料信号
	4	可取料信号

机器人码垛任务流程图如图 6-2-7 所示。

1）打开博途软件新建程序，编写伺服使能功能块，如图 6-2-8 所示。

2）编写 PLC 程序，实现伺服上电寻找原点位置，如图 6-2-9 所示。

3）编写 PLC 程序，实现接收取料信号、伺服旋转功能，如图 6-2-10 所示。

4）编写 PLC 程序，实现伺服旋转寻找到物料后输出可取料信号，如图 6-2-11 所示。

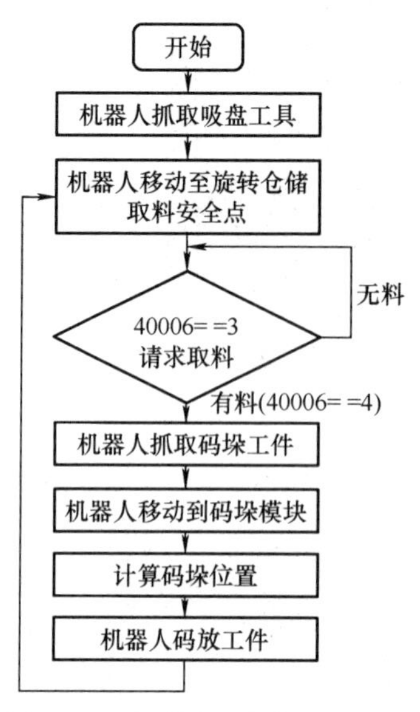

图 6-2-7 机器人码垛任务流程图

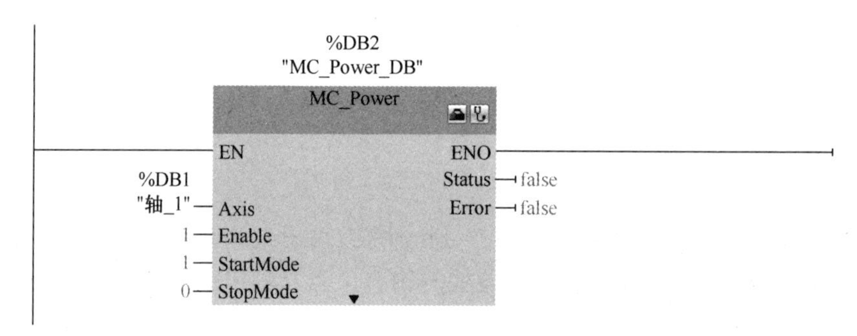

图 6-2-8 伺服使能功能块

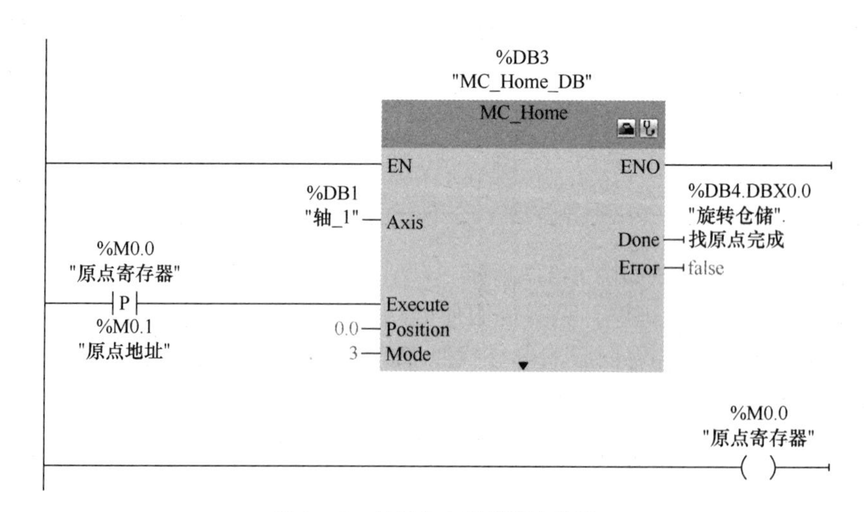

图 6-2-9 伺服上电寻找原点位置

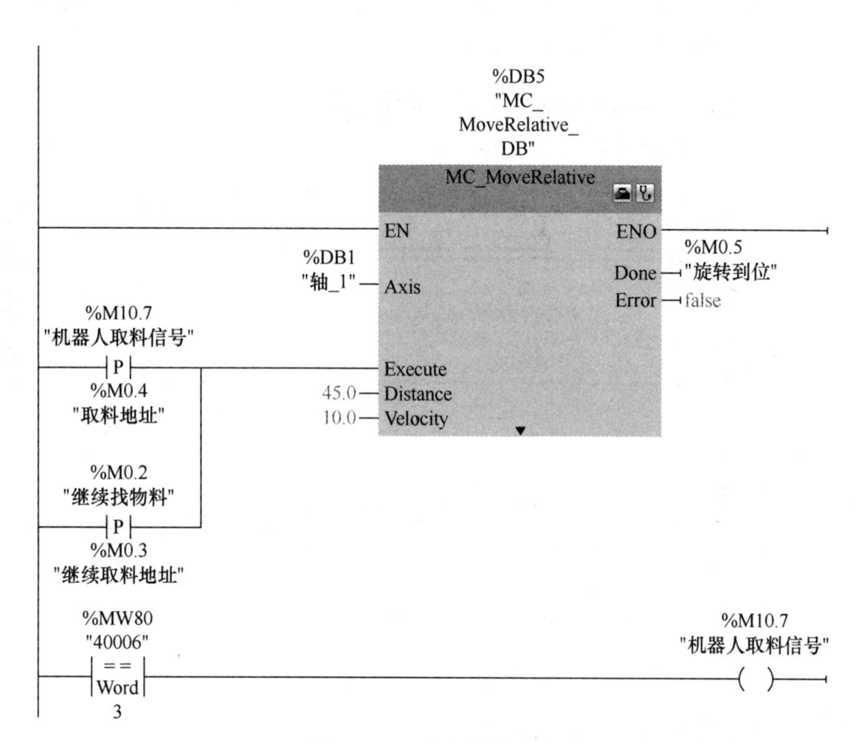

图 6-2-10　伺服旋转功能

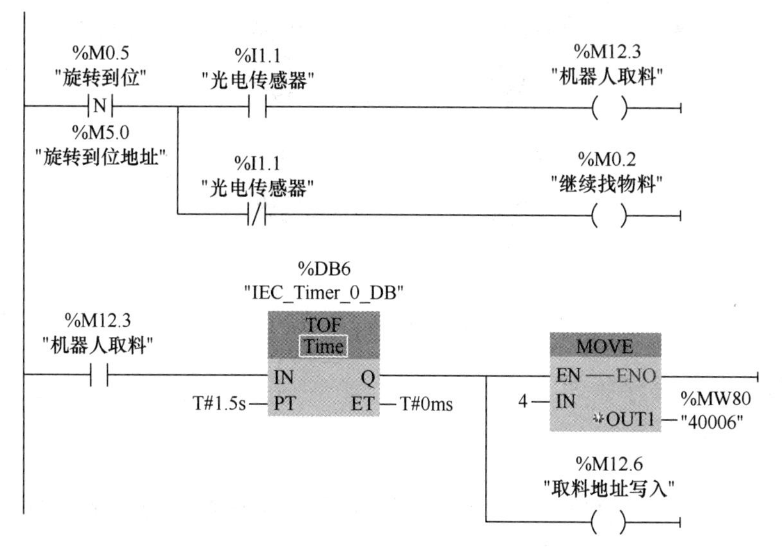

图 6-2-11　输出可取料信号

6.2.3　HMI 程序编写与调试

基础画面同 6.1.3 部分。

1）单击“常用”，选择“位状态指示灯”，可在“一般属性”选择“位状态指示灯”功能，配置输入设备及地址，参数如图 6-2-12 所示。

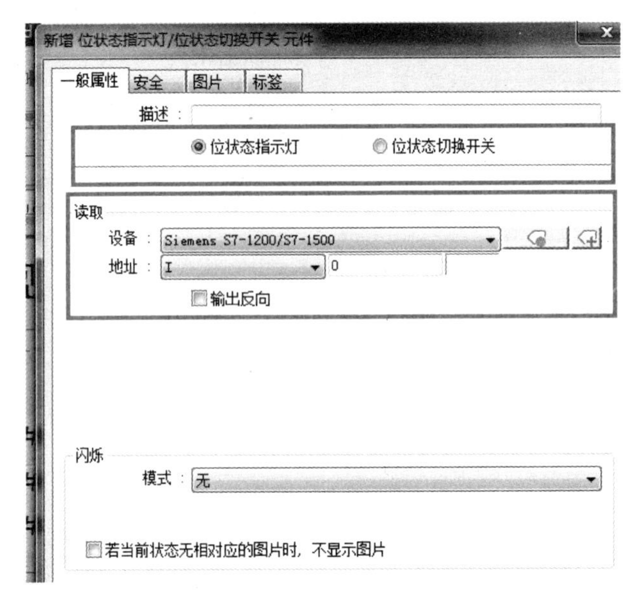

图 6-2-12 “位状态指示灯”

2）完整功能界面如图 6-2-13 所示。

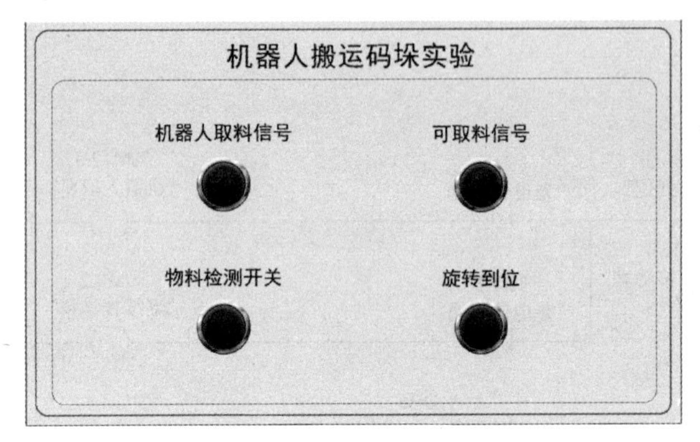

图 6-2-13 完整功能界面

6.2.4 协作机器人程序编写与调试

1. 设置程序变量

添加整数型变量 V_I_planex、V_I_planey 和 V_I_planez 并赋初值，变量配置表见表 6-2-2。

表 6-2-2 变量配置表

名称	类型	全局保持	值
V_I_X	int	false	0
V_I_gongju	int	false	1

（续）

名称	类型	全局保持	值
V_I_gongxu	int	false	1
V_1_planex	int	false	0
V_I_planey	int	false	0
V_I_planez	int	false	0

在变量配置中，V_I_planex、V_I_planey 和 V_I_planez 分别被用于 plane 坐标系下 X、Y 和 Z 方向工件被搬运的数量计数，同时也被用于 Move 偏移的参考系数。

2. 码垛在线编程

协作机器人码垛程序见表 6-2-3。

表 6-2-3 码垛程序

序号	图片示例	操作步骤
1		创建码垛的过程文件（Palletizing）并添加一个“Move”指令设置机器人初始位置
2		添加 3 个“Set”指令，分别用于为 3 个变量 V_I_planex、V_I_planey 和 V_I_planez 初始化
3		添加“Loop”指令，用于码垛时循环抓取物料，循环条件设置为无限循环
4		添加一个“Move”指令，运行方式选择轴动，并将点位设置为旋转仓储模块上方的取料点

（续）

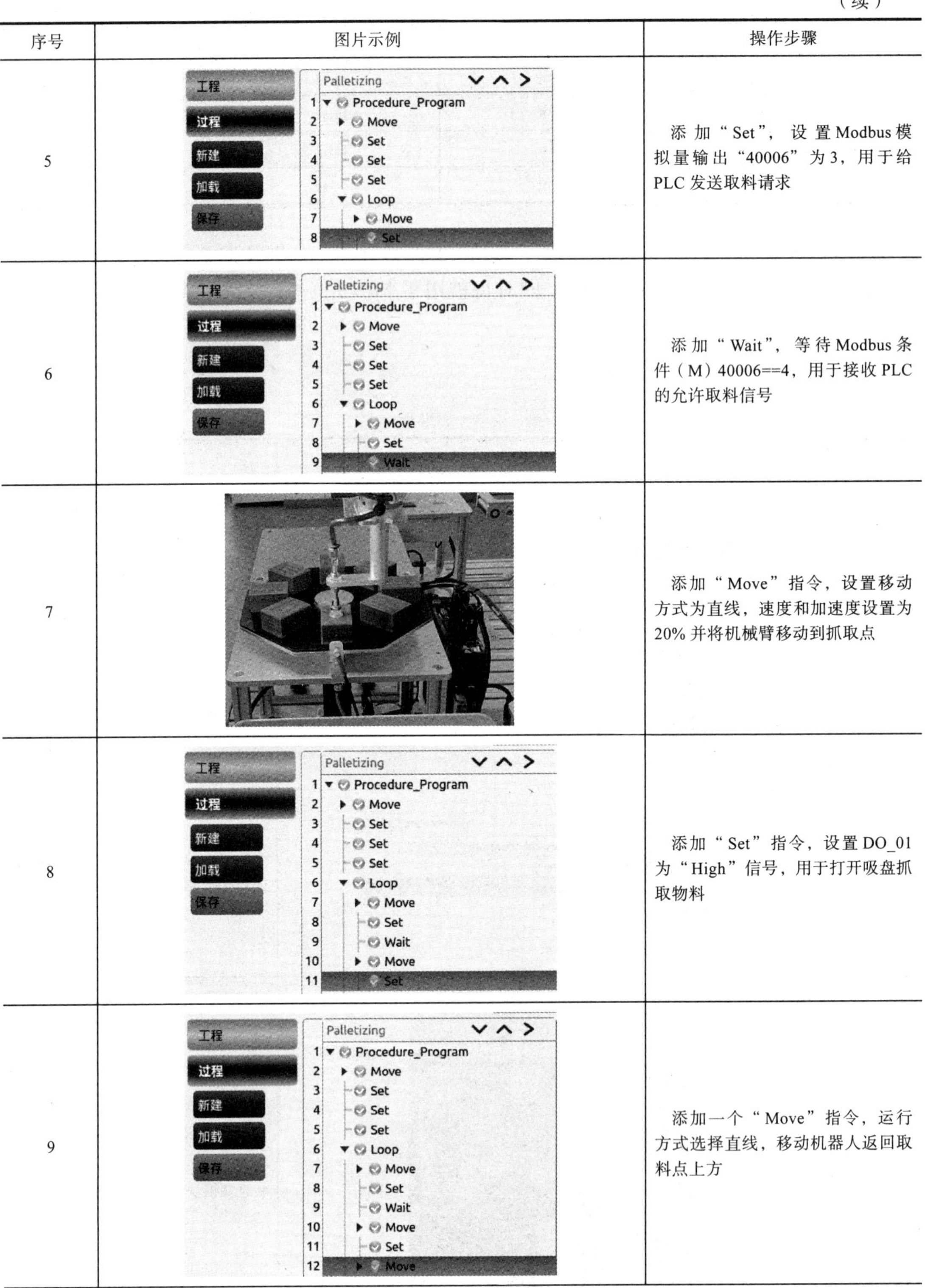

序号	图片示例	操作步骤
5		添加“Set”，设置Modbus模拟量输出“40006”为3，用于给PLC发送取料请求
6		添加“Wait”，等待Modbus条件（M）40006==4，用于接收PLC的允许取料信号
7		添加“Move”指令，设置移动方式为直线，速度和加速度设置为20%并将机械臂移动到抓取点
8		添加“Set”指令，设置DO_01为“High”信号，用于打开吸盘抓取物料
9		添加一个“Move”指令，运行方式选择直线，移动机器人返回取料点上方

（续）

序号	图片示例	操作步骤
10		运行到准备码垛放置点；直线运动，坐标平移 X=V_I_planex*(-0.055)，Y=V_I_planey*(-0.04)，Z=V_I_planez*0.03
11		运行到放置点；直线运动，坐标平移 X=V_I_planex*(-0.055)，Y=V_I_planey*(-0.04)，Z=V_I_planez*0.03
12		添加“Set”指令，设置 DO_01 为“Low”信号，用于松开物料
13		返回准备码垛放置点；直线运动，坐标平移 X=V_I_planex*(-0.055)，Y=V_I_planey*(-0.04)，Z=V_I_planez*0.03
14		添加“Set”指令 V_I_planex=V_I_planex+1，X+ 平移放置下一个点位
15		添加“If”条件，如果 X 方向等于 2，将 Y 方向加 1，并将 V_I_planex 置 0
16		再次添加“If”条件，如果 Y 方向等于 2，将 Z 方向加 1，并将 V_I_planey 置 0

（续）

序号	图片示例	操作步骤
17	24 ▼ If 25 └ Break	添加“If”条件和“Break”指令，如果Z方向等于2，则跳出循环
18	工程 过程 条件 基础条件 Palletizing 1 ▼ Project_Program 2 Set 3 ▶ taketool 4 ▶ Palletizing 5 ▶ Puttool 6	创建一个主程序，分别将前面编辑好的“Take_tool”“Palletizing”“Put_tool”过程文件添加到主程序中，运行主程序，测试程序运行轨迹是否正常

整个流程完成，第一次调试可以使用“单步”，逐条调试程序。

任务测评

判断题

1. 机器人过程程序可以使用 Procedure 指令调用过程程序。 （ ）
2. 机器人工程程序可以使用 Procedure 指令调用过程程序。 （ ）
3. 机器人 Move 指令的运动方式有轴动、直线和轨迹 3 种。 （ ）
4. 触摸屏是输入设备。 （ ）
5. 触摸屏与 PLC 一般通过串口、现场总线和以太网等实现通信。 （ ）

任务 6.3 协作机器人视觉分拣应用

任务描述

结合智能协作机器人技术及应用平台实际情况，编写 PLC 控制程序实现传送带启动和检测到物料后停止运转，使用 TCP/IP 与机器人通信，接收并处理机器人发送的工件形状及颜色字符串，并在触摸屏上显示工件的形状、颜色及位置参数；编写视觉定位及机器人程序实现机器人装载吸盘工具，将视觉识别定位的红色工件放入装配定位模块的盒子中，蓝色和黄色工件放入分拣仓储对应形状中。

任务目标

1）掌握 PLC 控制程序编写及调试方法。
2）掌握 HMI 工程程序编写及调试方法。
3）掌握视觉定位程序编写及调试方法。
4）掌握协作机器人分拣程序编写及调试方法。

知识储备

6.3.1　机器人与 PLC 通信方式

1. PLC 与机器人 I/O 通信

1）PLC 与机器人 I/O 通信也叫 I/O 连接，一般在 PLC 与机器人之间没有通信模块，或有少量的信号交互时使用。

2）PLC 与机器人进行 I/O 通信时，应使用中间继电器进行信号隔离，具体实现过程为：

① PLC 的输出信号驱动中间继电器线圈，通过中间继电器触点将信号传递给机器人输入。

② 机器人的输出信号驱动中间继电器线圈，通过中间继电器触点将信号传递给 PLC 输入。

2. PLC 与机器人 Modbus 通信

在 S7-1200 系列 PLC 中配置了 Profinet 接口，通过该接口，可以使用 Profinet 通信，比如连接远程的 I/O 设备。该接口除了实现 Profinet 通信以外，还可以使用其他通信，比如 Modbus TCP 通信、TCP/IP 通信等。

博途软件为 S7-1200 PLC CPU 实现 Modbus TCP 通信提供了 Modbus TCP 客户端指令和 Modbus TCP 服务端指令，供用户选择使用。

当 S7-1200 PLC CPU 作为 Modbus TCP 客户端，可通过以太网与 Modbus TCP 服务器进行通信，通过客户端指令（MB_CLIENT）可实现与服务器之间建立连接，发送 Modbus 请求，接收响应。

当 S7-1200 PLC CPU 作为 Modbus TCP 服务器时，可通过以太网与 Modbus TCP 的客户端进行通信，Modbus TCP 服务器指令（MB_SERVER）用于处理 Modbus TCP 客户端的连接请求，接收和处理 Modbus 请求，并发送 Modbus 应答报文。

“MB_CLIENT”指令是一个综合性的指令，如图 6-3-1 所示，其内集成了“TCON”“TSEND”和“TRCV”等 OUC（开放式）通信指令，因此 Modbus 建立连接的方式与 TCP 通信建立连接的方式相同。在指令选项卡的“通信”选项卡中，找到“其他”文件夹，从里面的“Modbus TCP”文件夹中可选择通信 Modbus TCP 指令。

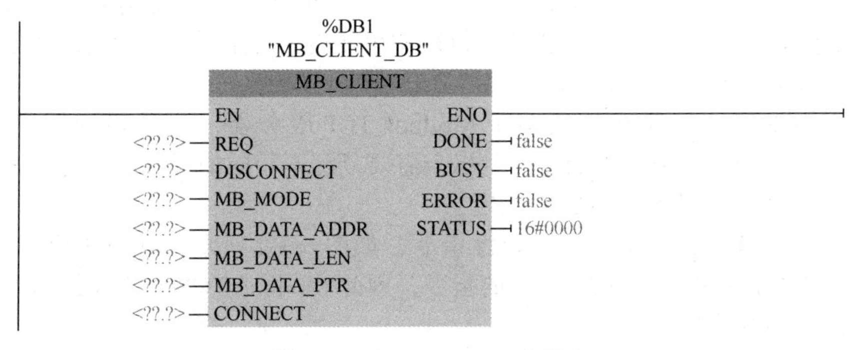

图 6-3-1　“MB_CLIENT”指令

引脚表达的含义：

1）REQ：电平触发 Modbus 请求作业。

2）DISCONNECT："0" 为建立连接，"1" 为断开连接。

3）MB_MODE："0" 为读请求，"1" 为写请求。

4）CONNECT：指向性描述结构的指针，数据类型为 TCON_IP_V4。

5）下面着重介绍 MB_DATA_ADDR 引脚。该引脚指明从站中的起始地址，即指定要在 Modbus 从站中访问的数据的起始地址，该地址使用 Modbus 寄存器地址表示。

Modbus 寄存器地址分为 5 种类型：0××××、1××××、2××××、3××××和 4××××，每种类型针对不同的功能码，每个地址以十进制数的形式表示，地址范围 0001 ～ 9999。

功能码与 Modbus 寄存器地址的对应关系见表 6-3-1。

表 6-3-1　功能码与 Modbus 寄存器地址对应关系

功能码	描述	位 / 字操作	Modbus 寄存器地址
01	读线圈寄存器	位操作	00001 ～ 09999
02	读离散输入寄存器	位操作	10001 ～ 19999
03	读保持寄存器	字操作	40001 ～ 49999
04	读输入寄存器	字操作	30001 ～ 39999
05	写单个线圈寄存器	位操作	00001 ～ 09999
06	写单个保持寄存器	字操作	40001 ～ 49999
15	写多个线圈寄存器	位操作	00001 ～ 09999
16	写多个保持寄存器	字操作	40001 ～ 49999

6）DONE 为完成位，当下作业完成并且无错误时，该位置为 1。

7）BUSY 为作业状态位，"0" 表示当前没有正在处理的 "MB_CLIENT"，"1" 为 "MB_CLIENT" 作业正在处理。

8）ERROR 为错误位，"0" 表示无错误，"1" 表示出现错误，错误数值在引脚 "STATUS"。

使用 "MB_CLIENT" 指令时的注意事项：Modbus TCP 客户端对同一个服务器进行多次读写操作时，需要多次调用该指令，每次调用该指令时需要分配相同的背景数据块和相同的连接 ID，且同时只能有一个 "MB_CLIENT" 被触发。

Modbus TCP 客户端需要连接多个 Modbus TCP 服务器，则需要调用多个 "MB_CLIENT" 指令，每个 "MB_CLIENT" 指令需要分配不相同的背景数据块和不相同的连接 ID，连接 ID 通过参数 CONNECT 指定。

"MB_SERVER" 指令是一个综合性指令，如图 6-3-2 所示，其内集成了 "TCON" "TSEND" 和 "TRCV" 等 OUC 通信的指令，因此 Modbus TCP 建立连接的方式与 TCP 通信建立连接方式相同。

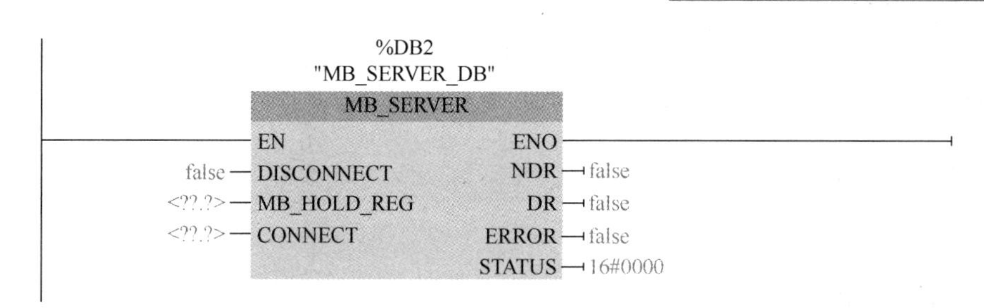

图 6-3-2　“MB_SERVER”指令

MB_HOLD_REG：用于指定保持性存储器的地址。

“MB_SERVER”允许进入的 Modbus 功能码（1、2、4、5 和 15）在输入 / 输出过程映像中直接对位 / 字进行读 / 写，对于数据功能传输代码（3、6 和 16），MB_HOLD_REG 参数必须定义为大于一个字节的数据类型。

任务实施

6.3.2　机器人与 PLC 通信配置

Modbus 协议是一种广泛应用于工业通信领域的简单、公开、经济和透明的通信协议，是一个请求 / 应答协议，Modbus 协议有 3 种报文类型：ASCII、RTU（远程终端单元）、TCP。

1. PLC Modbus 通信配置

1）首先打开博途软件创建新项目，依次填写项目名称、路径，单击“创建”。新建项目及项目参数如图 6-3-3、图 6-3-4 所示。

Modbus
通信配置

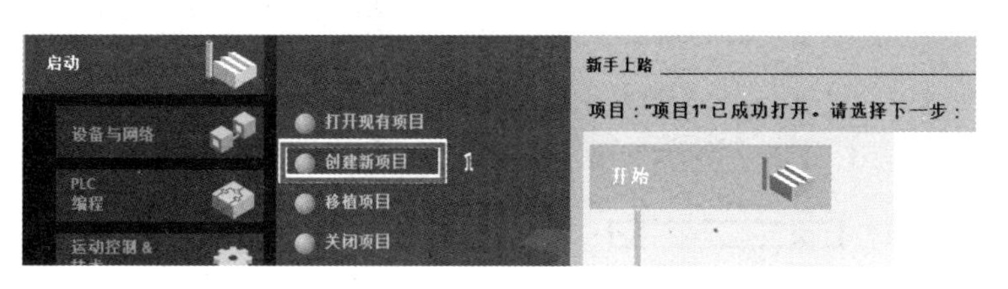

图 6-3-3　新建项目

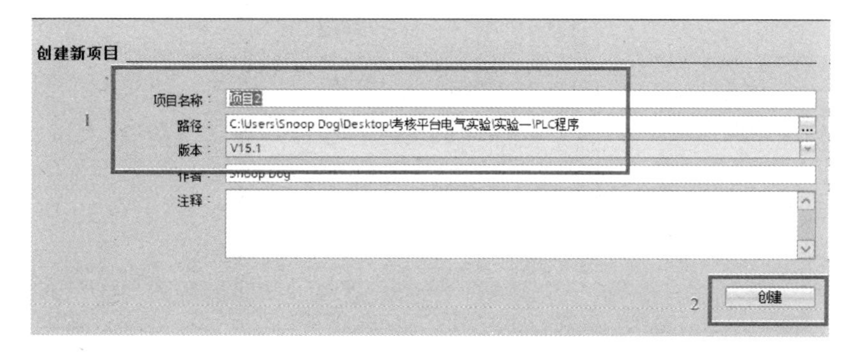

图 6-3-4　项目参数

2）单击“打开项目视图”，进入编程界面，如图 6-3-5 所示。

3）选择项目树中的“添加新设备”，如图 6-3-6 所示。

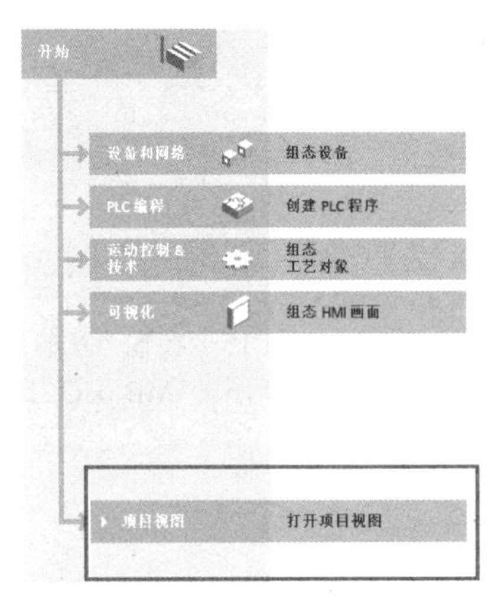

图 6-3-5　打开项目视图

图 6-3-6　添加新设备

4）依次单击“SIMATIC S7-1200”→“CPU 1214C DC/DC/DC”→“6ES7 214-1AG40-0XB0”，选择正确的 PLC 订货号后，单击“确定”，添加 PLC 如图 6-3-7 所示。

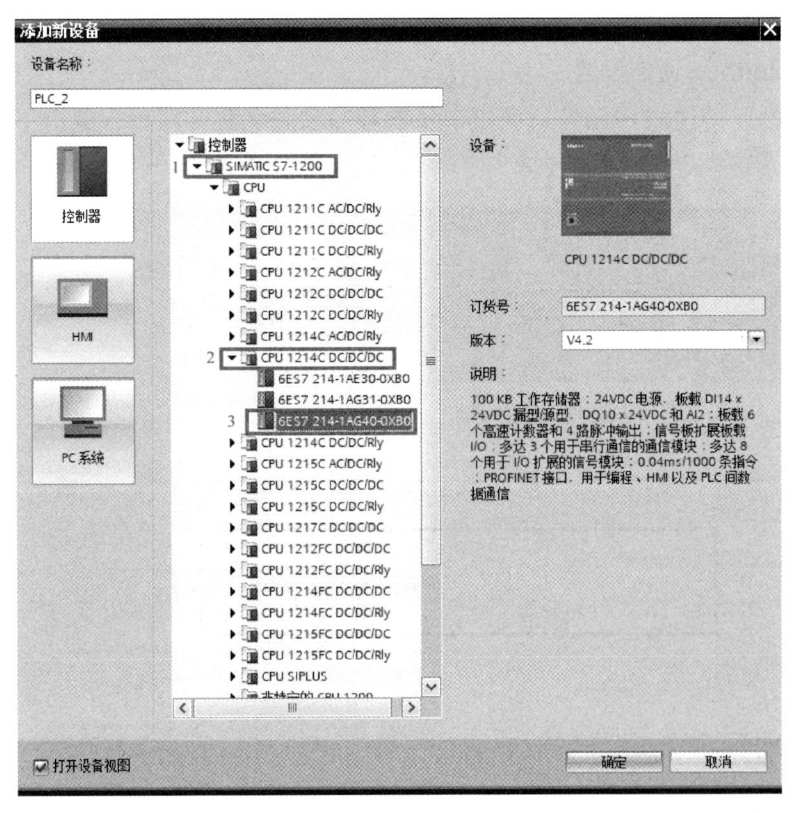

图 6-3-7　添加 PLC

5）在编程界面左侧项目树中，依次按照图 6-3-8 中的顺序单击进入“Main[OB1]”，如图 6-3-8 所示。

6）在编程界面右侧的指令→基本指令界面，选择用到的指令，鼠标拖动到编程栏中，如图 6-3-9 所示。

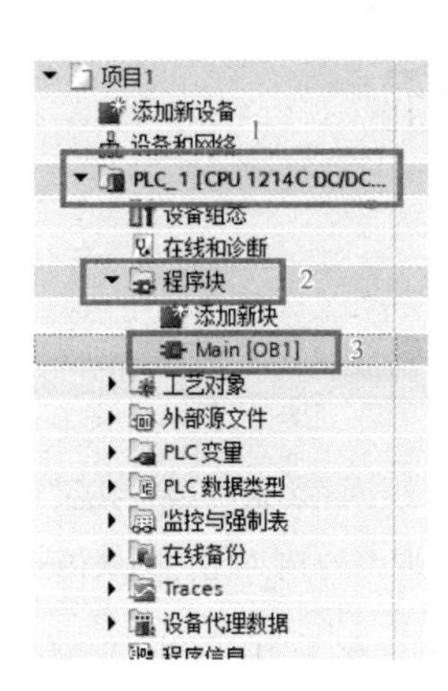

图 6-3-8　进入“Main[OB1]”

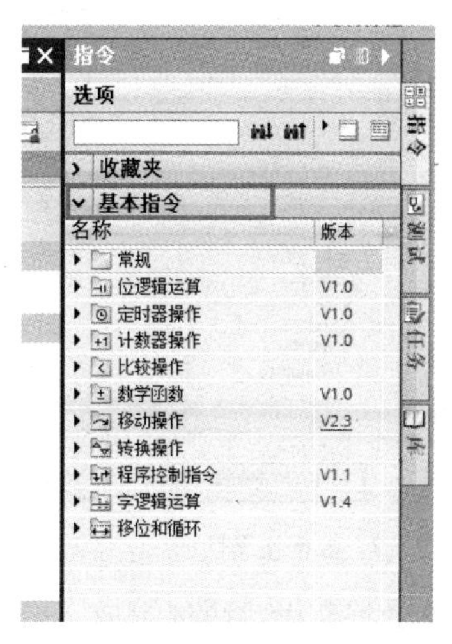

图 6-3-9　基本指令界面

7）在程序左侧选择 PLC，打开“程序块”，单击“添加新块”，在弹出的菜单中选择“DB 数据块”，然后单击“确定”进入数据块变量添加界面，如图 6-3-10、图 6-3-11 所示。

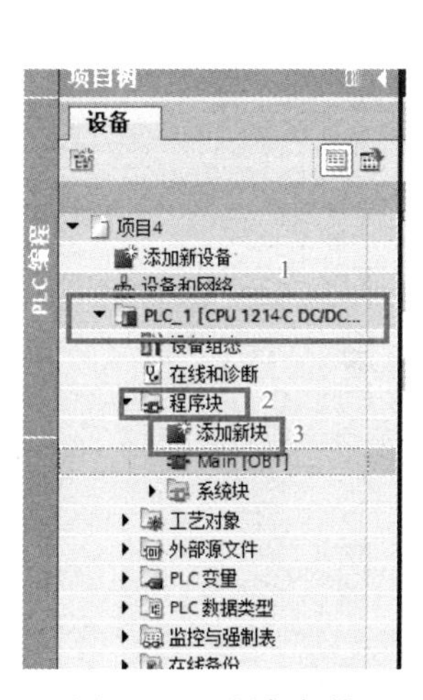

图 6-3-10　添加新块

图 6-3-11　DB 数据块

8）右击数据块，选择“属性”，在数据块属性中取消勾选“优化的块访问”，然后单击“确定”，如图 6-3-12、图 6-3-13 所示。

图 6-3-12　数据块属性

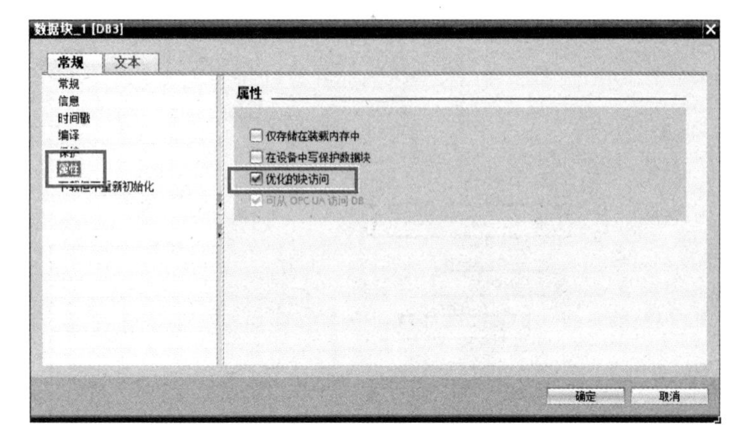

图 6-3-13　取消勾选“优化的块访问”

9）在数据块中，数据类型一栏填写“ TCON_IP_v4”，名称填写为“ Modbus TCP”，参数配置如图 6-3-14 所示。

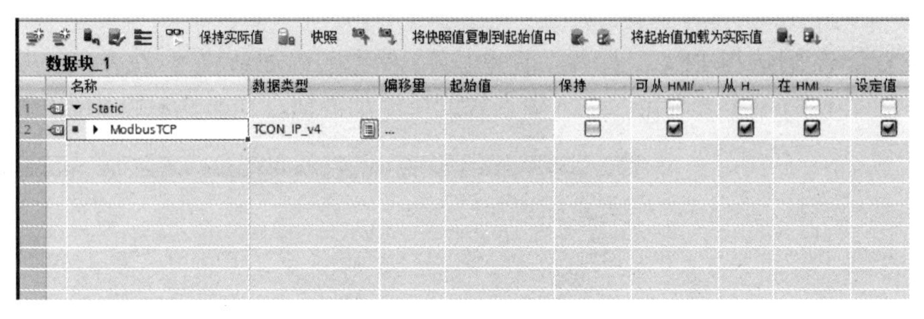

图 6-3-14　参数配置

10）单击左侧的“▼”展开数据，如图 6-3-15 所示。

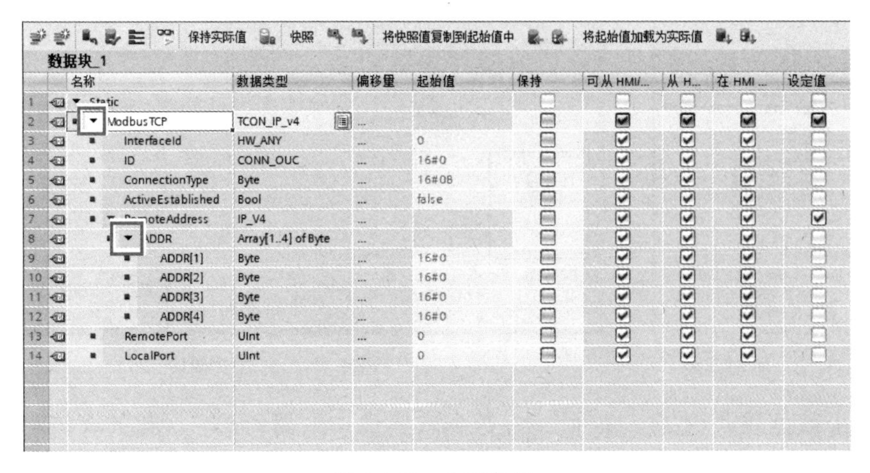

图 6-3-15　展开数据

11）“InterfaceId”为本机的以太网口硬件标识，此处填写“64”；“ID”为每个通信实例的唯一标识，此处填写“1”。“LocalPort”为本地的端口，PLC 做服务器，参数填“502”（默认），数据块参数配置如图 6-3-16 所示。

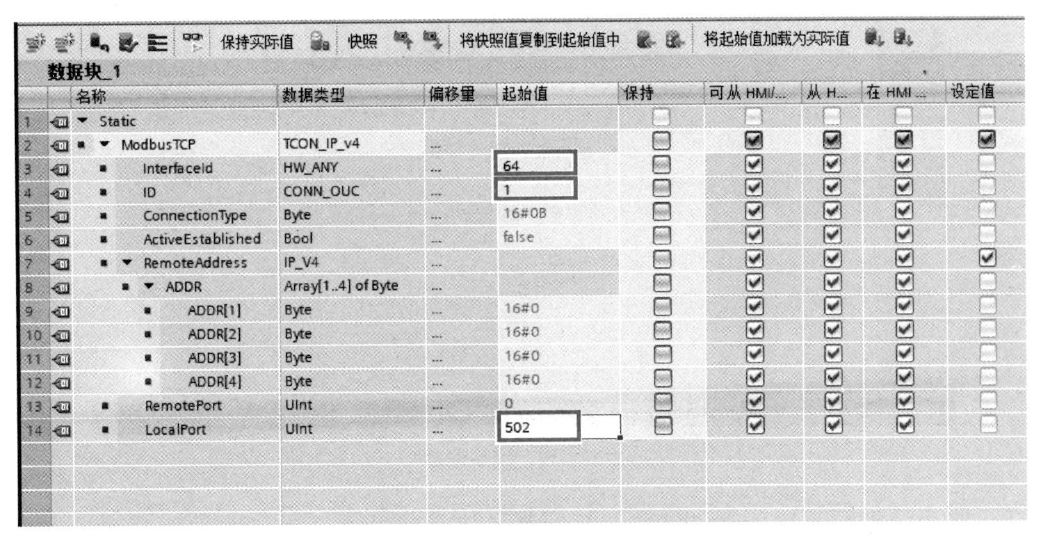

图 6-3-16　数据块参数配置

12）在编程界面右侧，选择“通信”→“其他”→“MB_SERVER”，将此指令拖动到 MAIN[OB1] 中，添加通信模块如图 6-3-17 所示。

13）在“MB_HOLD_REG”引脚处输入“P#M0.0 WORD5”。此数值表示指针，从 M0.0 开始以“WORD”为单位，按照顺序使用 5 个地址，分别为：MW0、MW2、MW4、MW6 和 MW8，DB 参数如图 6-3-18 所示。

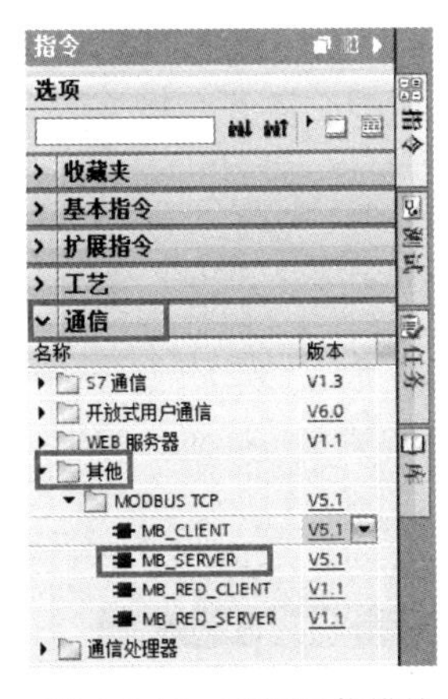

图 6-3-17　添加通信模块

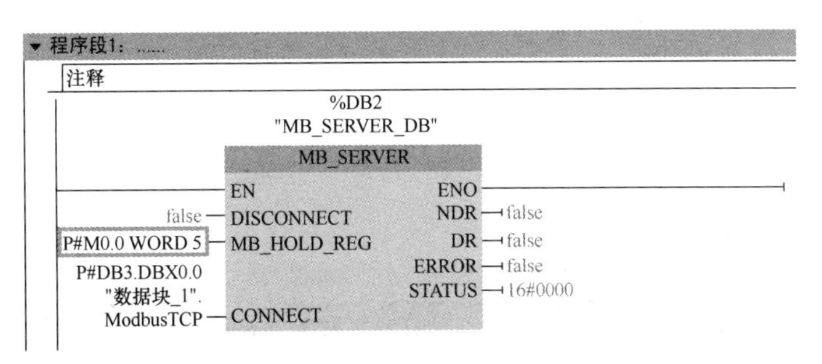

图 6-3-18　DB 参数

2. 机器人 Modbus 通信配置

1）在示教器“设置”→“网络”界面中，依次修改本机 IP 地址“192.168.0.2”，掩码“255.255.255.0”，网关“192.168.0.1”，修改完成后重启控制器，网络配置如图 6-3-19 所示。

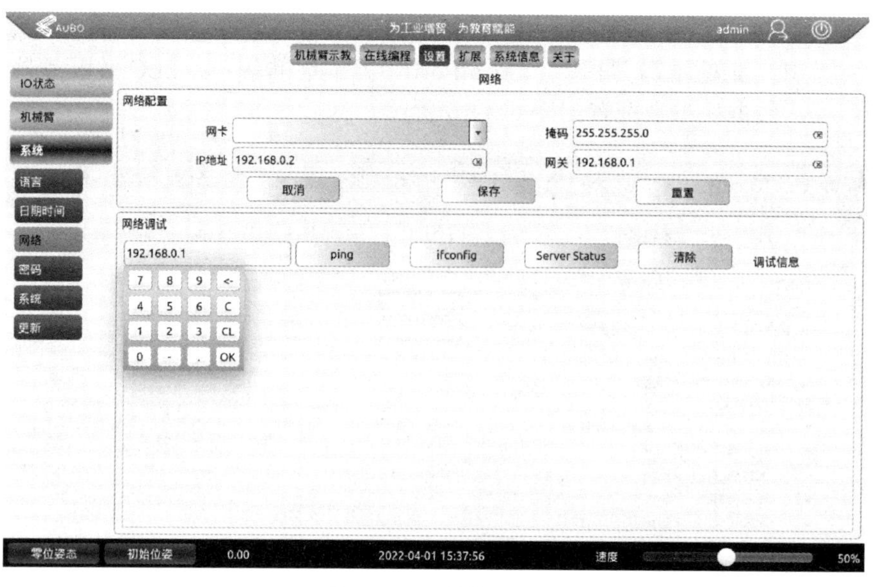

图 6-3-19 网络配置

2）单击“扩展”→“Modbus”，设备配置中进行如下设置：名称输入为“TCP”，模式设置为“TCP”，从站设为“1”，响应时间设为“200ms”，频率设为“50Hz”，IP 地址设为“192.168.0.1”；端口号设为“503”，Modbus 参数配置如图 6-3-20 所示。

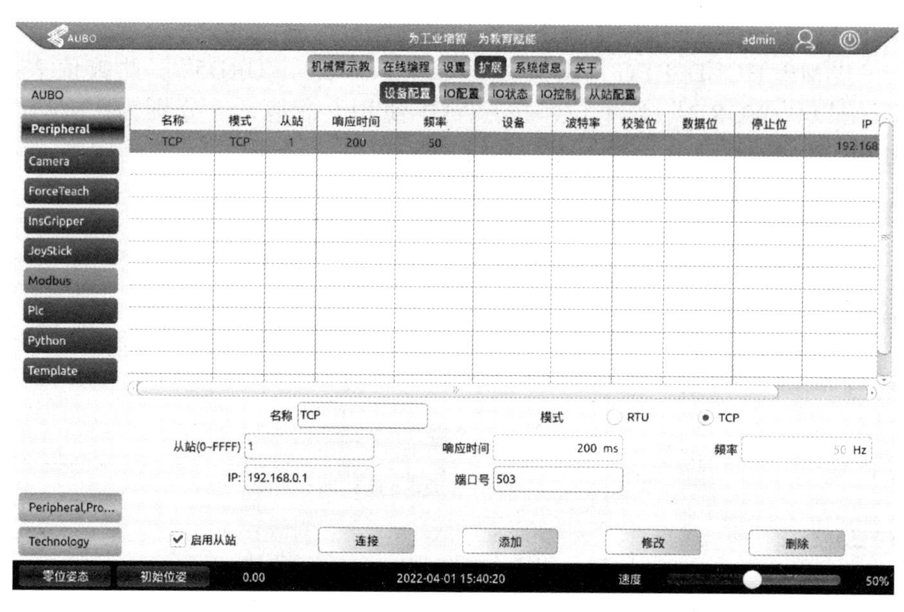

图 6-3-20 Modbus 参数配置

3）在扩展界面单击“Modbus”，选择“IO 配置”，添加两个通信地址并进行配置。Modbus 名称设为“TCP”，地址类型为“RegisterOutput（get：0×03 set：0×06）”，IO 名称设置为“dizhi1”，地址设为 0；“Modbus”名称设为“TCP”，地址类型为“RegisterOutput（get：0×03 set：0×06）”，IO 名称设置为“dizhi2”，地址设为 1，如图 6-3-21 所示。

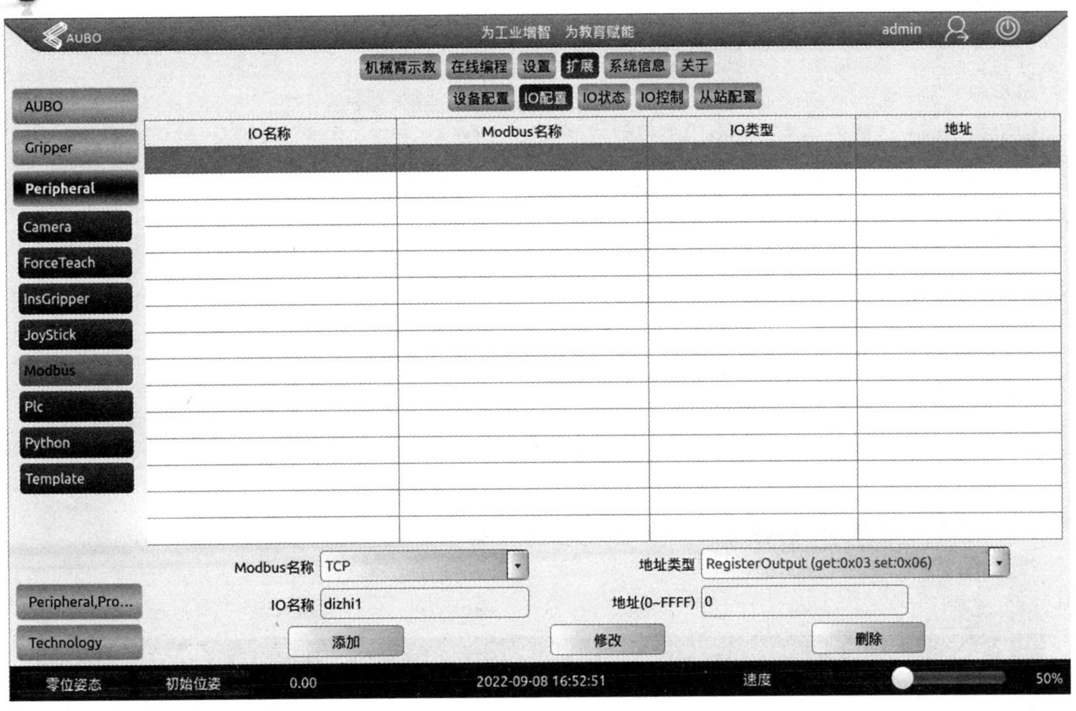

a)

b)

图 6-3-21　IO 配置

4）单击“设备配置”，返回 Modbus 配置界面，选择需要连接的 Modbus，单击“连接”完成 Modbus 通信，连接服务器如图 6-3-22 所示。

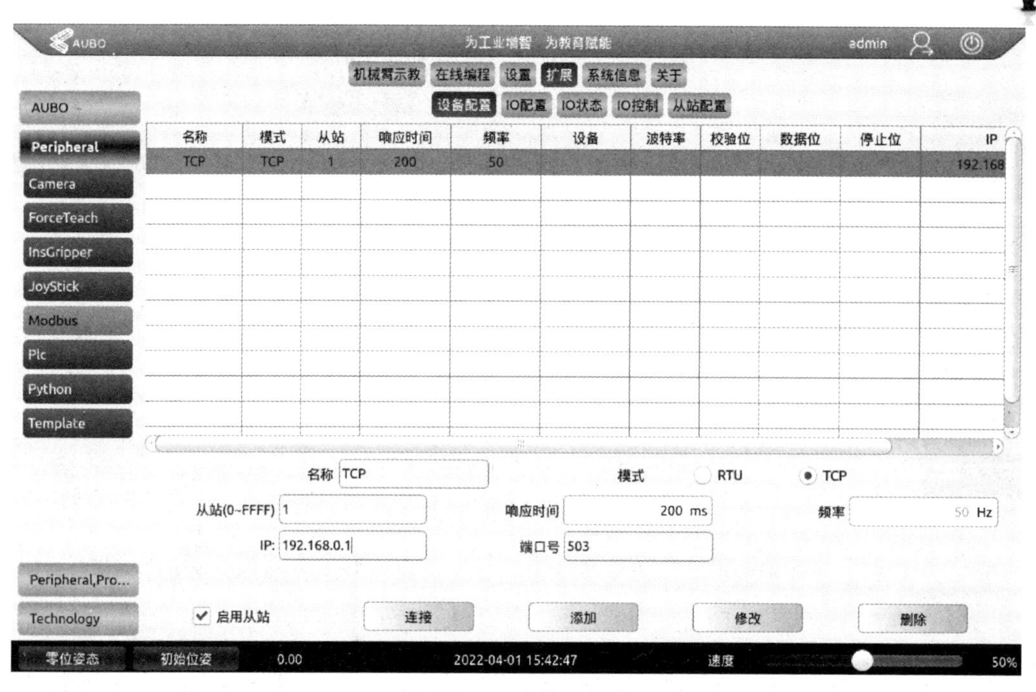

图 6-3-22 连接服务器

5）在示教器的“IO 控制”界面选择“dizhi1”，输入 2（发送参数值），在 PLC 的监控表里可以同步观察到数值变化；同理在“IO 控制”界面选择“dizhi2”，输入 5，PLC 的监控表里也会同步修改 PLC 发送、接收参数值，如图 6-3-23、图 6-3-24 所示。

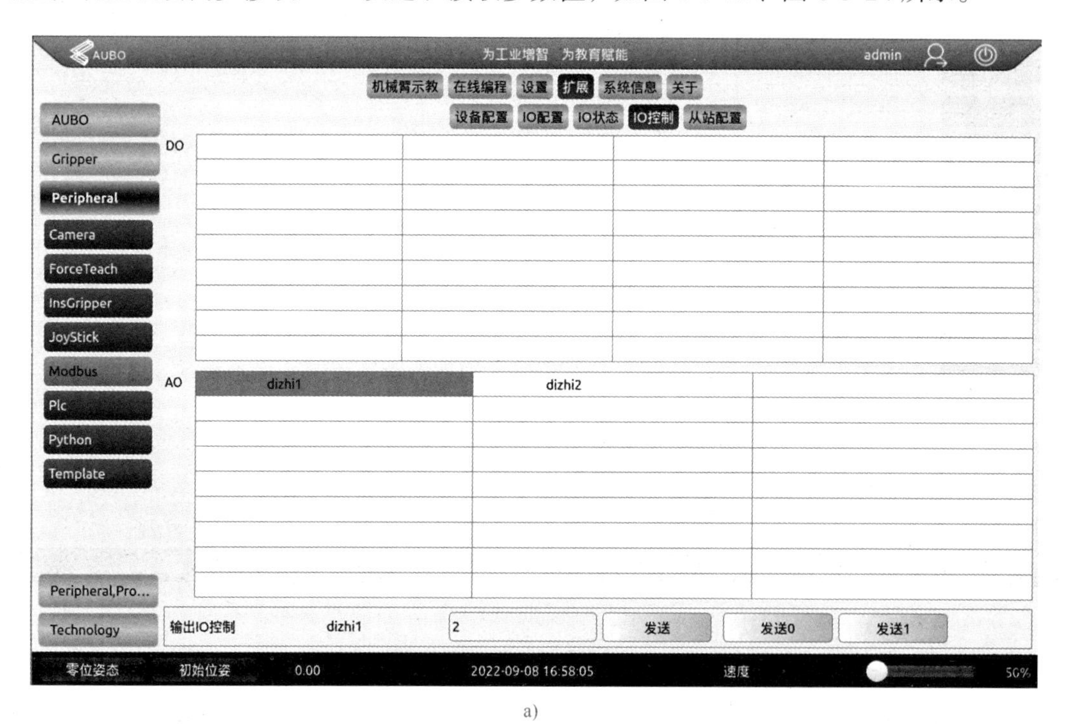

a）

图 6-3-23 发送参数值

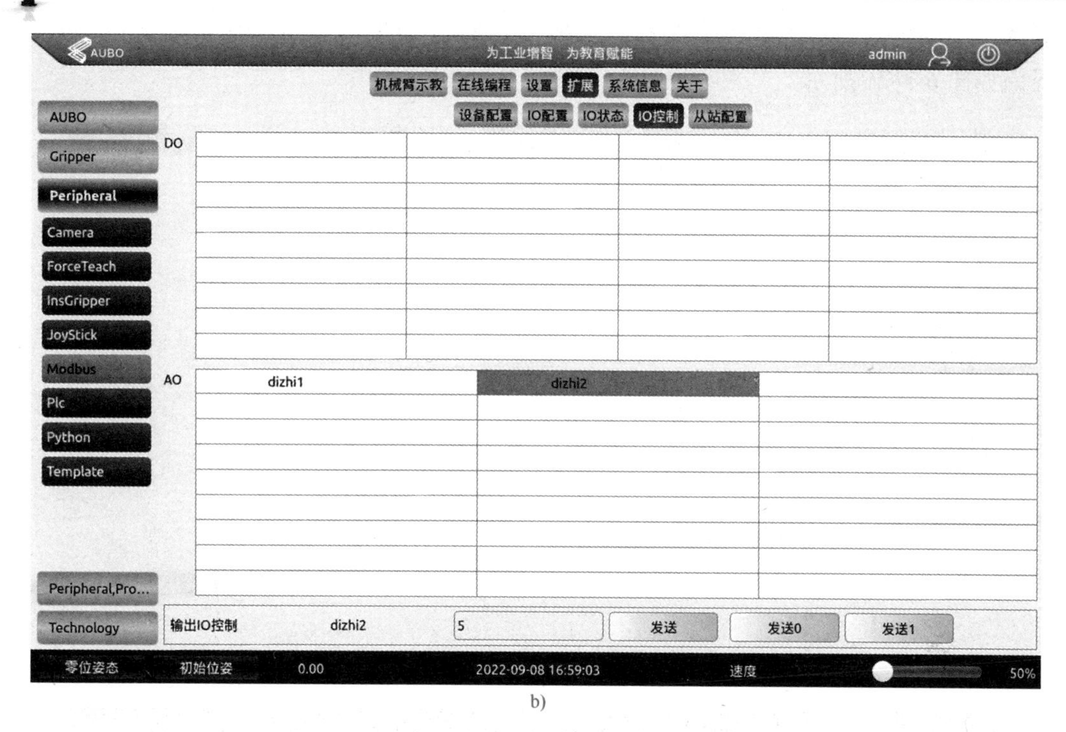

b)

图 6-3-23　发送参数值（续）

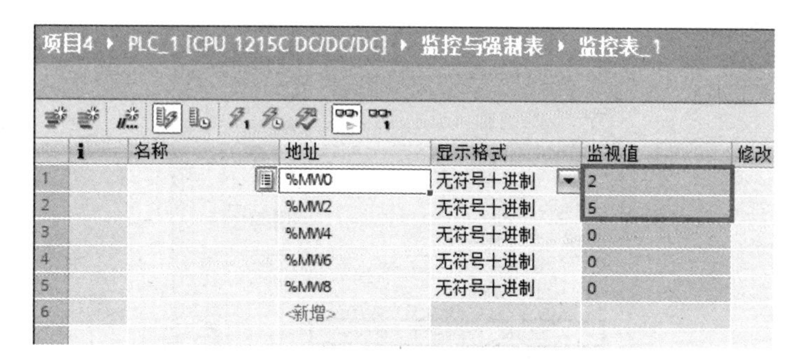
项目4 ▸ PLC_1 [CPU 1215C DC/DC/DC] ▸ 监控与强制表 ▸ 监控表_1

	i	名称	地址	显示格式	监视值	修改
1			%MW0	无符号十进制	2	
2			%MW2	无符号十进制	5	
3			%MW4	无符号十进制	0	
4			%MW6	无符号十进制	0	
5			%MW8	无符号十进制	0	
6			<新增>			

图 6-3-24　PLC 接收参数值

6.3.3　机器人与视觉通信配置

1. 机器人网络通信配置

1）选择上方菜单“设置”，选择左侧“系统”→“网络”，网络设置界面如图 6-3-25 所示。

2）设置机器人 IP 地址、掩码与网关，与相机保持在同一网段内，完成对机器人通信网络的设置。

3）单击“保存”，保存网址参数，重启机器人系统，网络配置完成。

2. 相机网络通信配置

1）打开计算机网络和共享中心，双击“更改适配器设置”进入网络配置界面，选择

实际连接的网络端口，右击进入属性，找到“Internet 协议版本 4（TCP/IPv4）”，网络配置界面如图 6-3-26 所示。

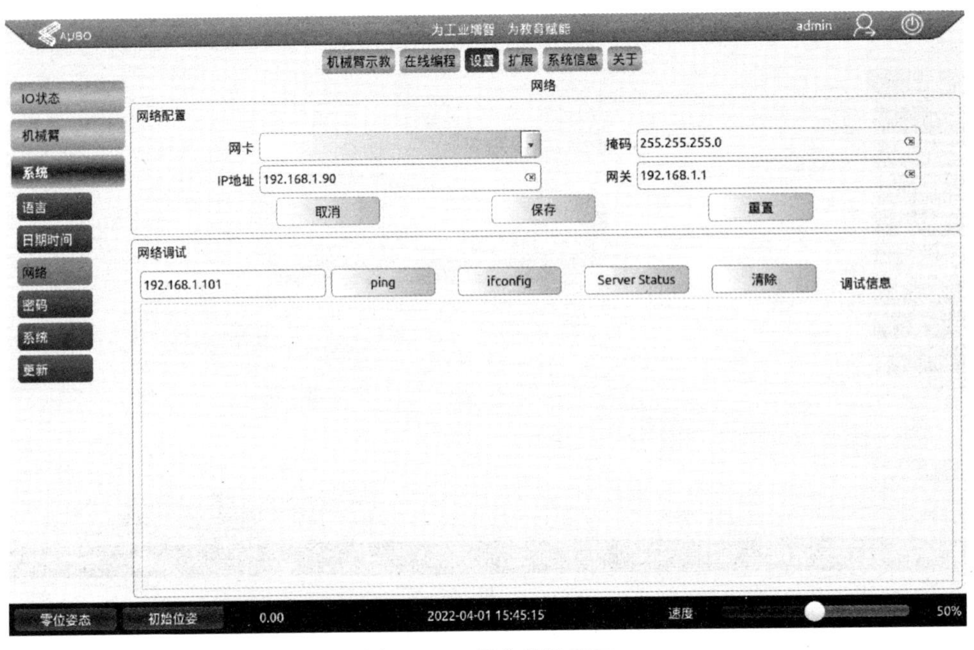

图 6-3-25　网络设置界面

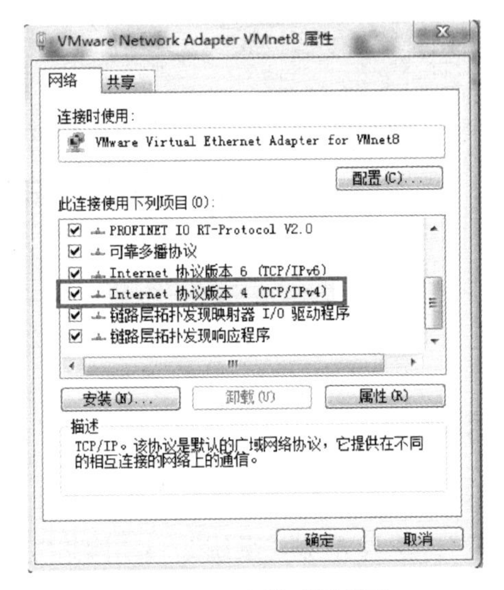

图 6-3-26　网络配置界面

2）“Internet 协议版本 4（TCP/IPv4）”IP 地址需与机器人在同网段，IP 参数配置如图 6-3-27 所示。

3）打开“VisionMaster”，单击 VisionMaster 开始界面上“通用方案”，建立普通空白方案，如图 6-3-28 所示。

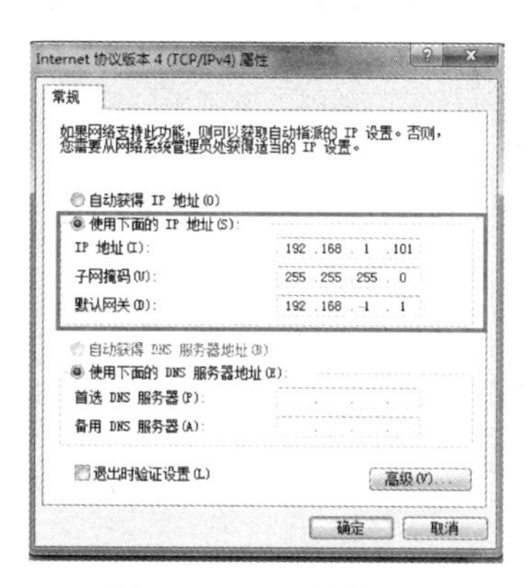

图 6-3-27　IP 参数配置

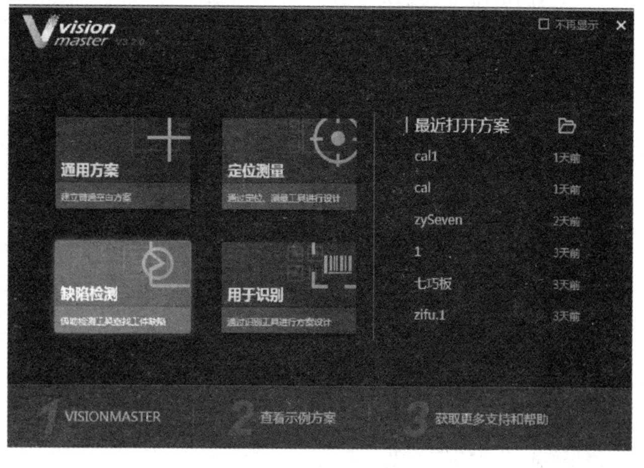

图 6-3-28　打开“VisionMaster”

4）单击上方菜单栏“通信管理”，如图 6-3-29 所示。

图 6-3-29　通信管理

5）协议类型选择“TCP 服务端”，设备名称（自定义）为“TCP 服务端”；通信参数填入相机 PC 的 IP 信息、端口，单击“创建”，TCP 参数设置如图 6-3-30 所示。

6）先单击“触发方案”，再单击“TCP 服务端”完成对相机通信网络的设置，完成通信参数配置，启用服务器功能如图 6-3-31 所示。

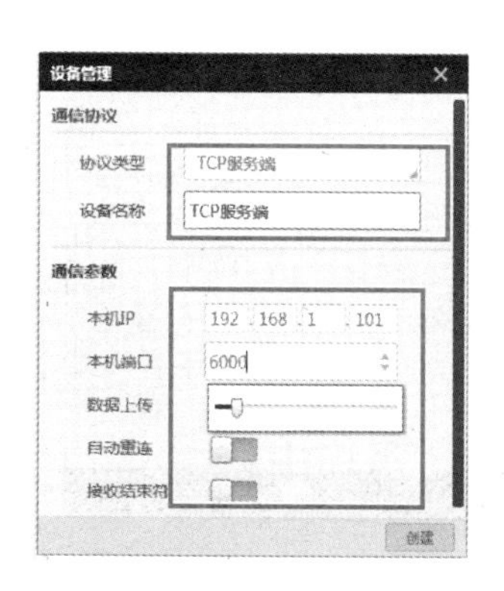

图 6-3-30　TCP 参数设置

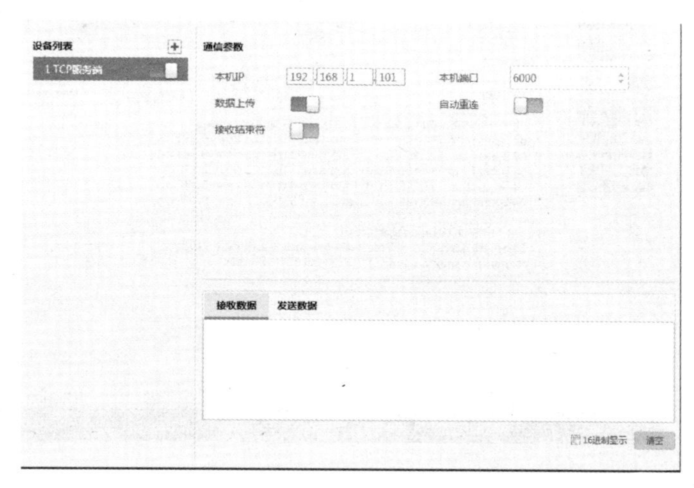

图 6-3-31　启用服务器功能

7）打开机器人示教器操作界面，单击“设置”，选择左侧菜单“系统”→“网络”，进入网络配置界面，“网络调试”对话框填写服务器 IP 地址，如图 6-3-32 所示。

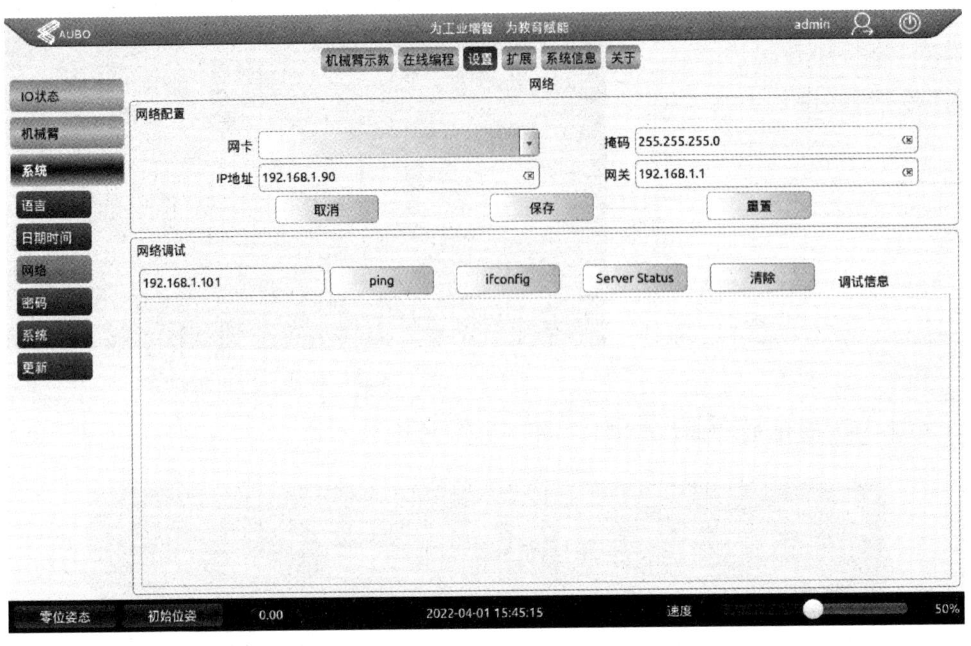

图 6-3-32　网络调试

8）单击网络调试右侧“ping”，网络能 ping 通，硬件连接、网络配置正常，如图 6-3-33 所示。

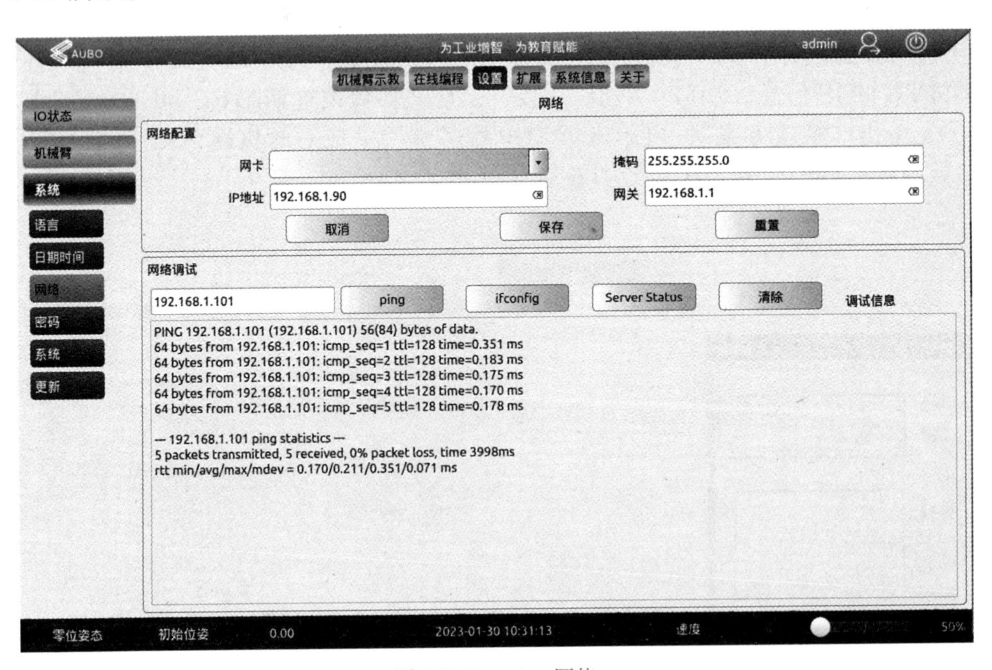

图 6-3-33　ping 网络

6.3.4　PLC 程序编写与调试

1. 信号检测

机器人与 PLC Modbus 信号交互，Modbus 信号表见表 6-3-2，机器人变量表见表 6-3-3。

表 6-3-2　Modbus 信号表

通信地址	数值	注释
40004 传送带	1	机器人输出的传送带启动信号
	2	物料到位信号

表 6-3-3　机器人变量表

名称	类型	初始值	注释
V_D_X	double	0	视觉标定 X 方向偏移量
V_D_Y	double	0	视觉标定 Y 方向偏移量
V_I_pingmin_x	int	0	平面仓储取料 X 方向偏移参数
V_I_pingmin_y	int	0	平面仓储取料 Y 方向偏移参数
V_D_offs_x	double	0	视觉定位工件 X 方向偏移量
V_D_offs_y	double	0	视觉定位工件 Y 方向偏移量
V_D_offs_rz	double	0	视觉定位工件 Z 方向旋转偏移量
V_I_flag	int	0	寄存视觉识别工件的形状及颜色代号

协作机器人视觉分拣任务流程图如图 6-3-34 所示。

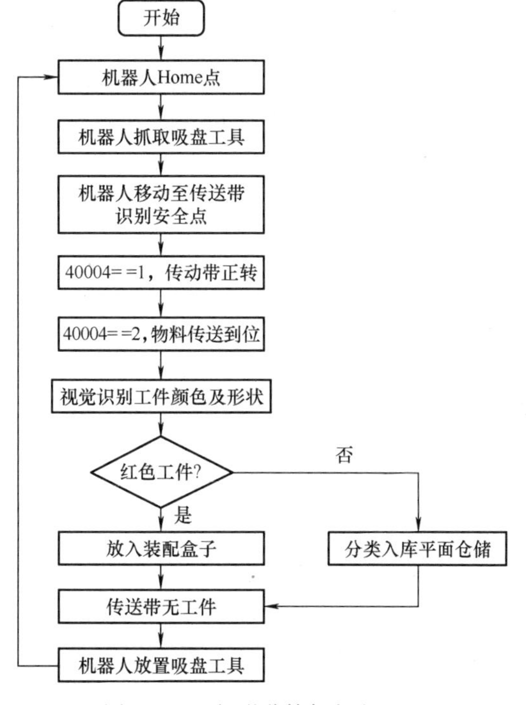

图 6-3-34　视觉分拣任务流程图

平面仓储上配有不同颜色、不同形状的物料块共 9 个，机器人在传送带上进行视觉分拣。将“40004”置为 1，传送带正转运行，物料通过第二个传感器时，传送带停止运行，同时向机器人发送到位信号，机器人收到反馈信号（40004==2）时，进行视觉识别。伺服使能如图 6-3-35 所示，有料检测如图 6-3-36 所示。

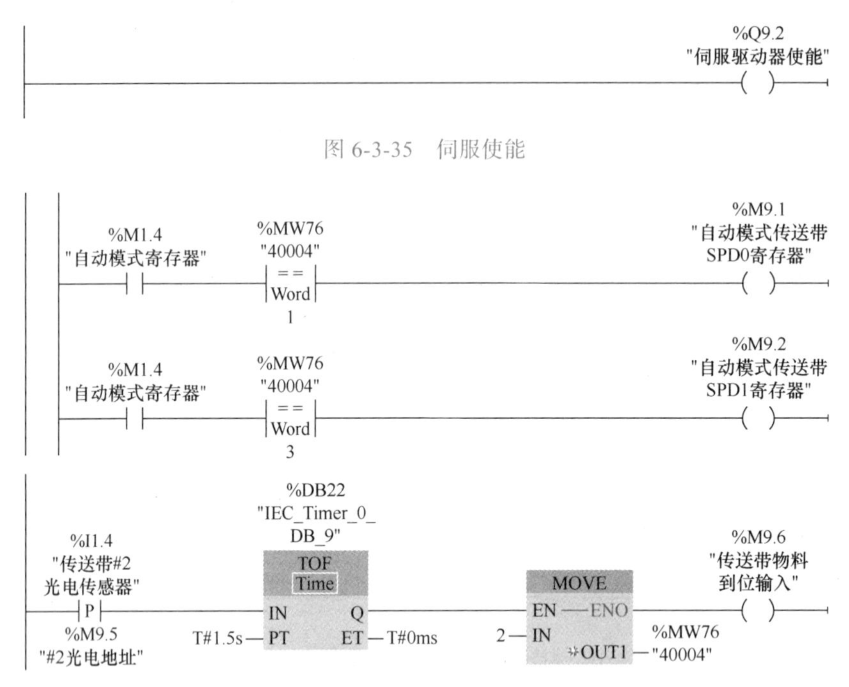

图 6-3-35　伺服使能

图 6-3-36　有料检测

2. 物料显示

1）机器人将视觉相机的数据处理后通过 TCP 通信传输数据至 PLC，PLC 在程序内对视觉数据进行截取，然后传输到触摸屏上进行显示。机器人做主站、PLC 做从站，通过 TCP 进行数据传输，有料检测如图 6-3-37 所示。

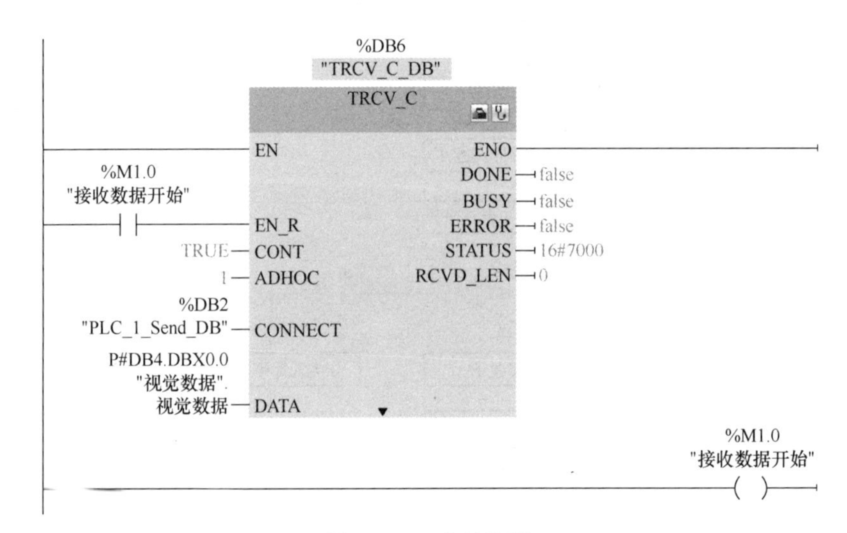

图 6-3-37　有料检测

2）通信指令中设置本地端口为“3000”，机器人的 IP 地址为“192.168.1.5”，通信配置如图 6-3-38 所示。

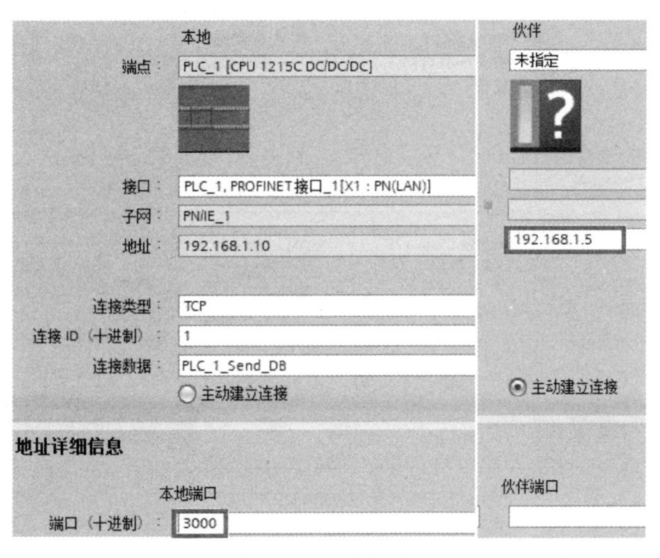

图 6-3-38　通信配置

3）下面进行数据截取，视觉数据的格式为：颜色；X 轴坐标；Y 轴坐标；RZ 角度。其中颜色数据包含了工件的形状及颜色信息，截取颜色数据，截取形状及颜色如图 6-3-39 所示。

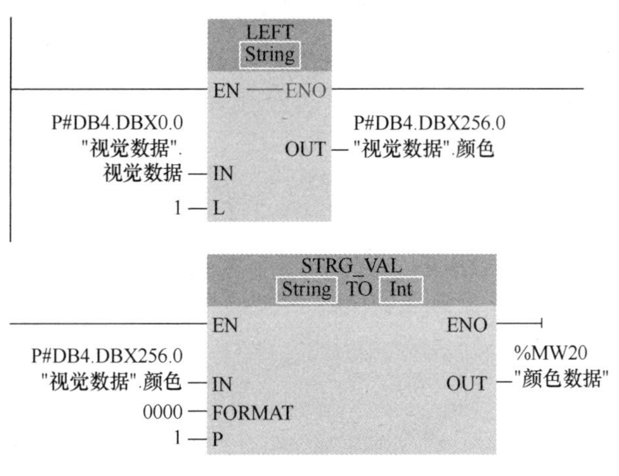

图 6-3-39　截取形状及颜色

4）截取 X 轴数据，并将其在触摸屏上显示，如图 6-3-40 所示。

5）截取 Y 轴数据，并将其在触摸屏上显示，如图 6-3-41 所示。

6）截取 RZ 轴数据，并将其在触摸屏上显示，如图 6-3-42 所示。

7）接下来是颜色数据的处理，通过对各数据识别，使其对应到规定的图形，MW20 分别对应：1 红色圆形；2 红色矩形；3 红色梯形；4 蓝色矩形；5 蓝色梯形；6 蓝色圆形；7 黄色矩形；8 黄色梯形；9 黄色圆形。形状显示程序如图 6-3-43 所示。

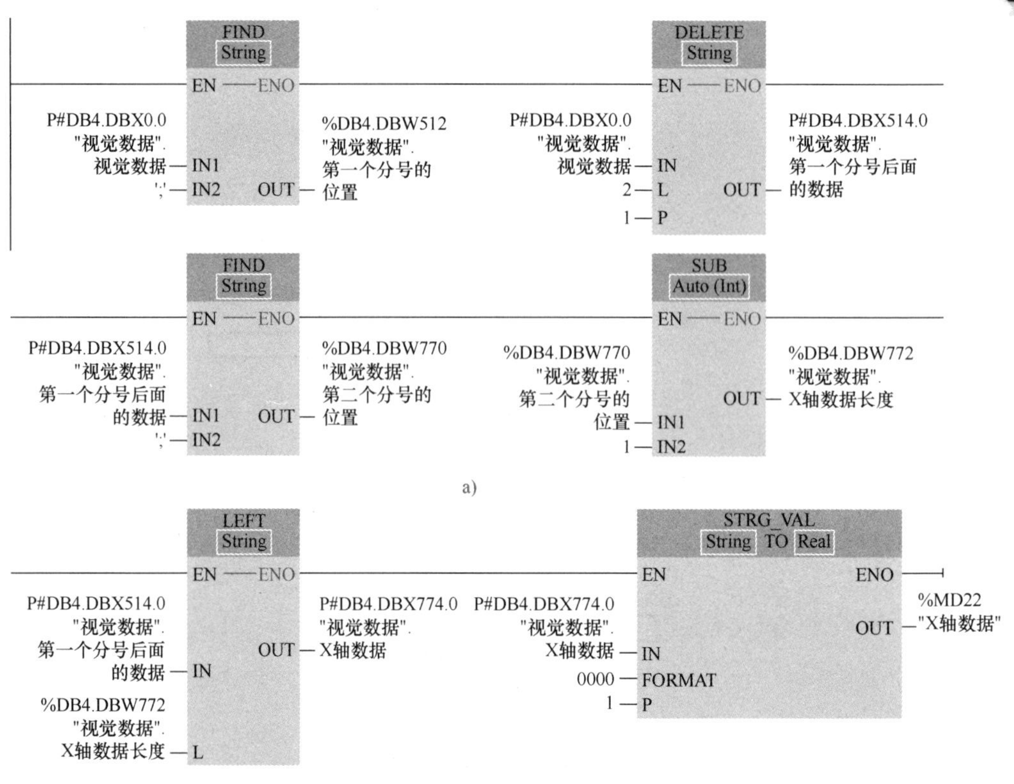

图 6-3-40　截取 X 轴数据

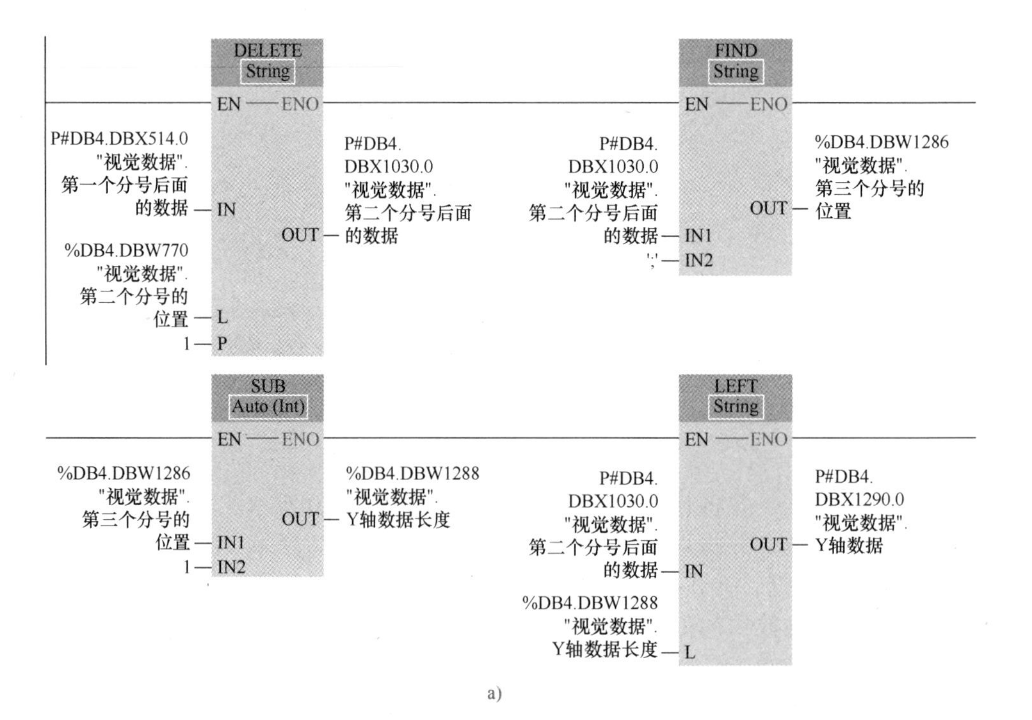

图 6-3-41　截取 Y 轴数据

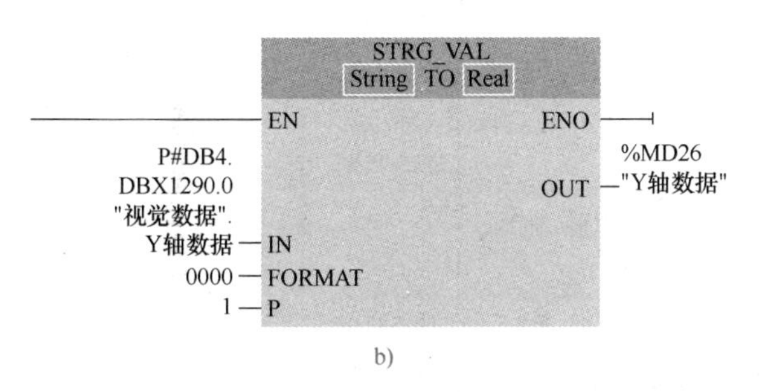

b)

图 6-3-41　截取 Y 轴数据（续）

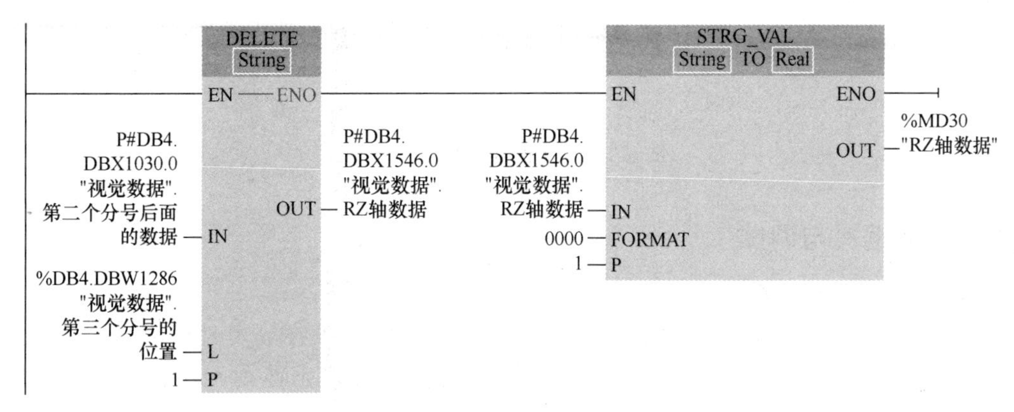

图 6-3-42　截取 RZ 轴数据

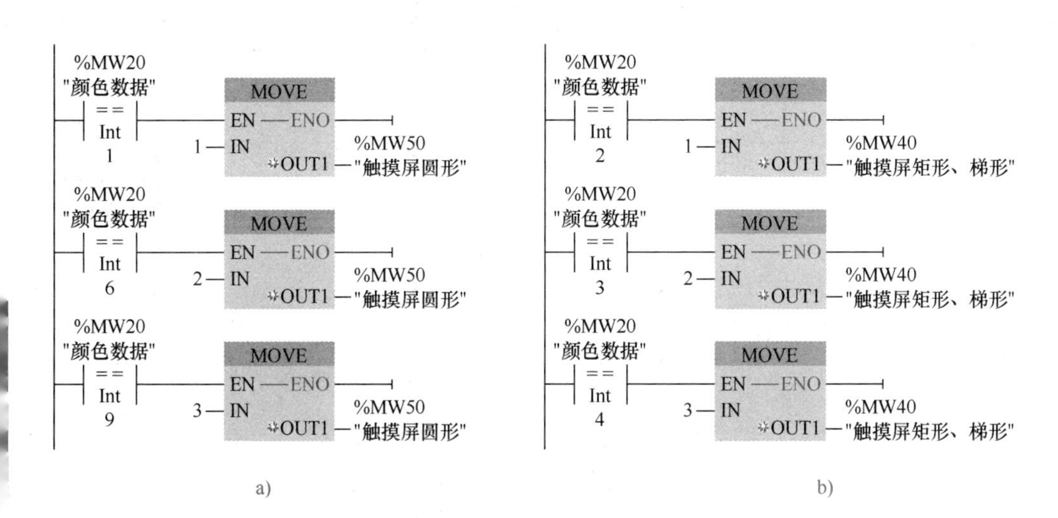

图 6-3-43　形状显示程序

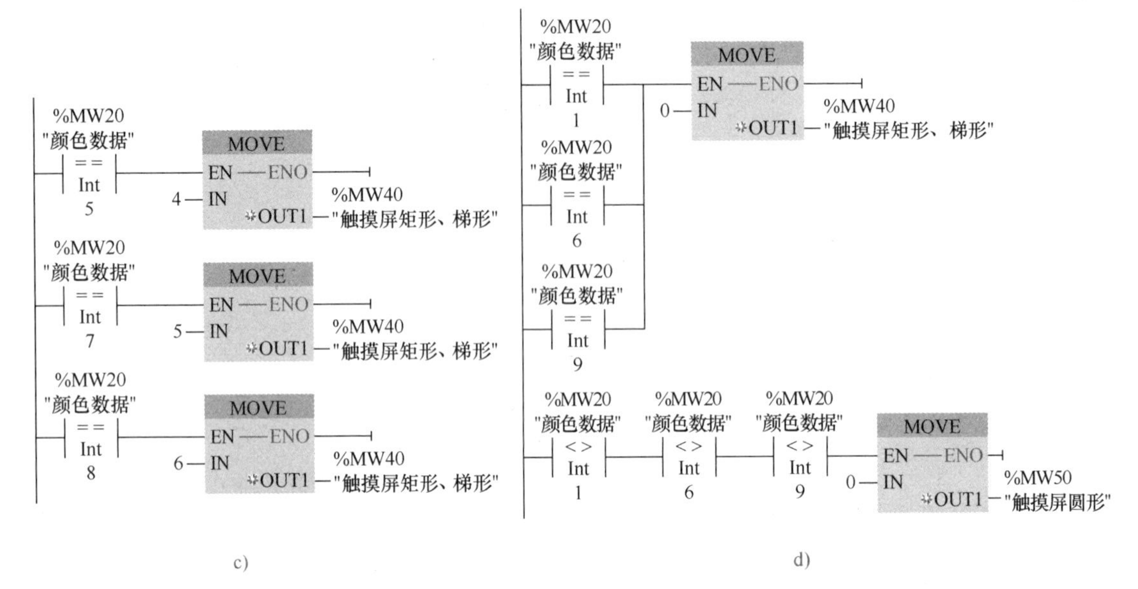

图 6-3-43　形状显示程序（续）

6.3.5　HMI 编写与调试

基础画面同前述任务。

触摸屏程序需实现视觉识别工件形状、颜色及工件位置参数实时显示、平面仓储物料状态显示、传送带伺服电动机使能状态及传送带运行状态显示，触摸屏元器件表见表 6-3-4。

表 6-3-4　触摸屏元器件表

类型	数量	注释
多状态指示灯	3	用于显示视觉识别的物料形状及颜色
位状态切换开关	1	用于定位气缸定位 / 缩回状态切换
位状态指示灯	11	用于显示平面仓储物料有无状态及传送带运行状态
数值	3	用于显示视觉识别工件的位置参数

1）单击“常用”选择“位状态切换开关”，可在“一般属性”选择“位状态切换开关”功能，配置输入端及操作模式，如图 6-3-44 所示。

2）单击“常用”选择“数值”，可在“一般属性”设置数值输入地址，添加数值如图 6-3-45 所示。

3）可在“格式”设置显示设置的数值格式及显示位数，如图 6-3-46 所示。

4）可在“限制”中设置设备显示的上下限，如图 6-3-47 所示。

5）单击“常用”选择“位状态指示灯”，可在“一般属性”选择“位状态指示灯”功能，配置输入设备及地址，如图 6-3-48 所示。

6）在 PPT 软件中画出想要的图形，直接复制粘贴到“ EasyBuilder Pro ”中，勾选“透明色”，单击“确定”完成图片新建，参照画出其他图形，添加图形如图 6-3-49 所示。

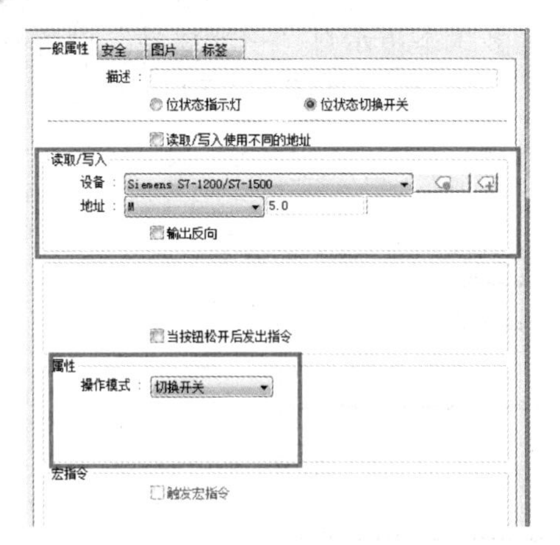

图 6-3-44　位状态切换开关

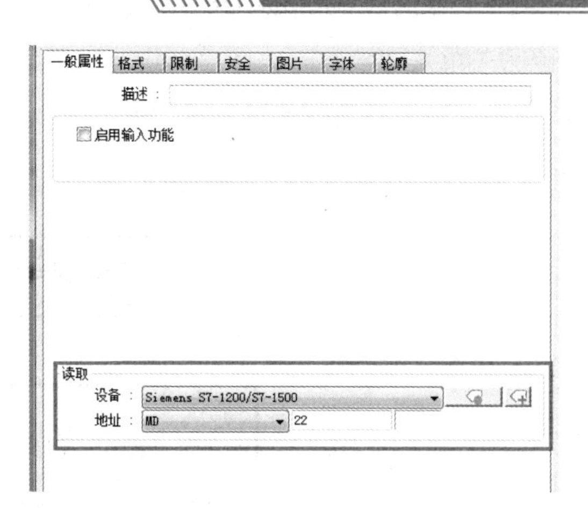

图 6-3-45　添加数值

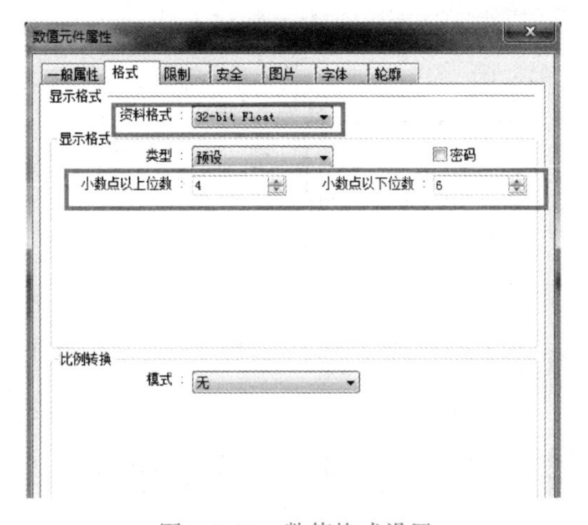

图 6-3-46　数值格式设置

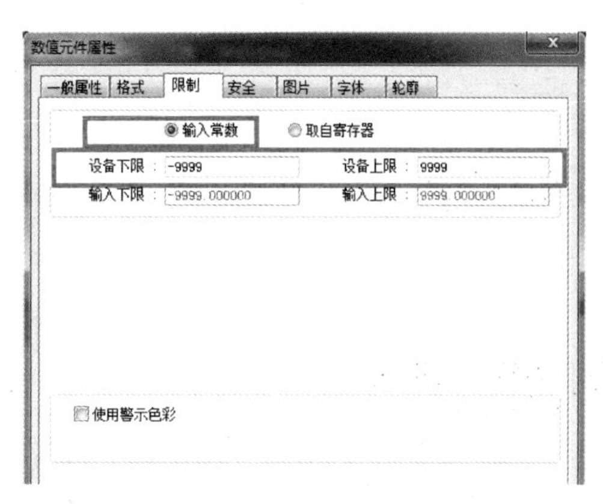

图 6-3-47　显示上下限设置

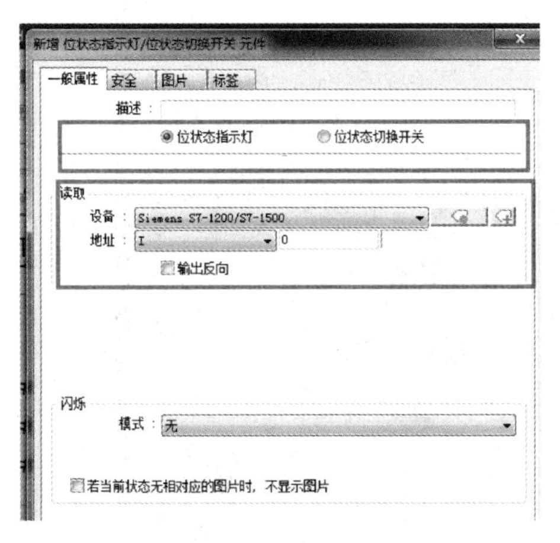

图 6-3-48　位状态指示灯

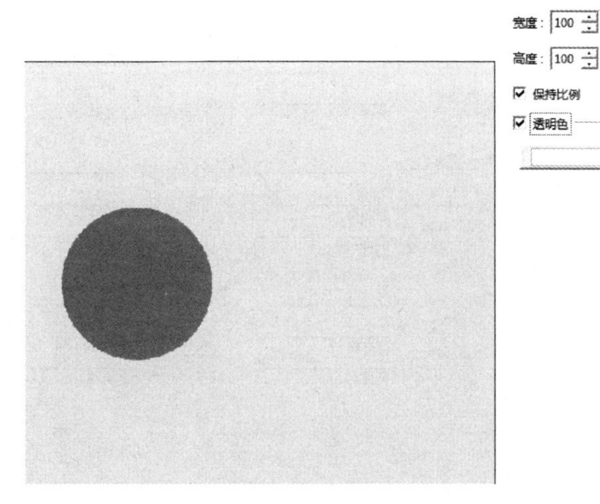

图 6-3-49　添加图形

7）单击“常用”选择“多状态指示灯”，进入多状态指示灯“一般属性”设置界面，在“读取”项设置设备和地址，属性设置“状态数”为“9”，如图 6-3-50 所示。

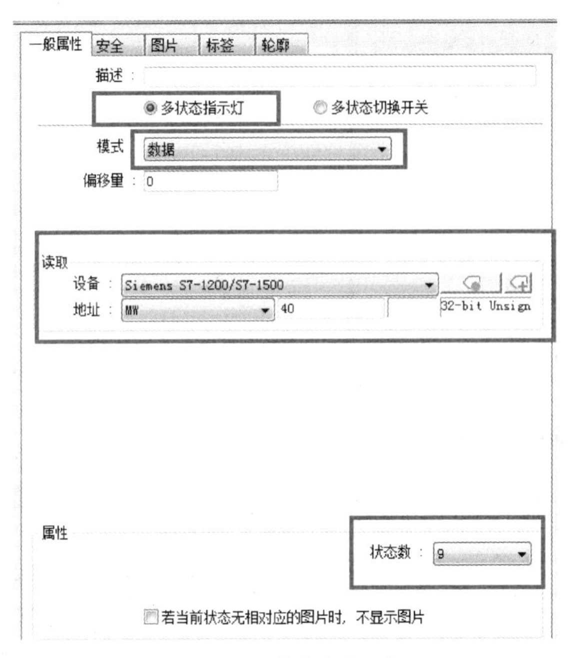

图 6-3-50　多状态指示灯

8）单击多状态指示灯“图片”选项，选择“图库”进入图片编辑界面，添加状态图片界面如图 6-3-51 所示。

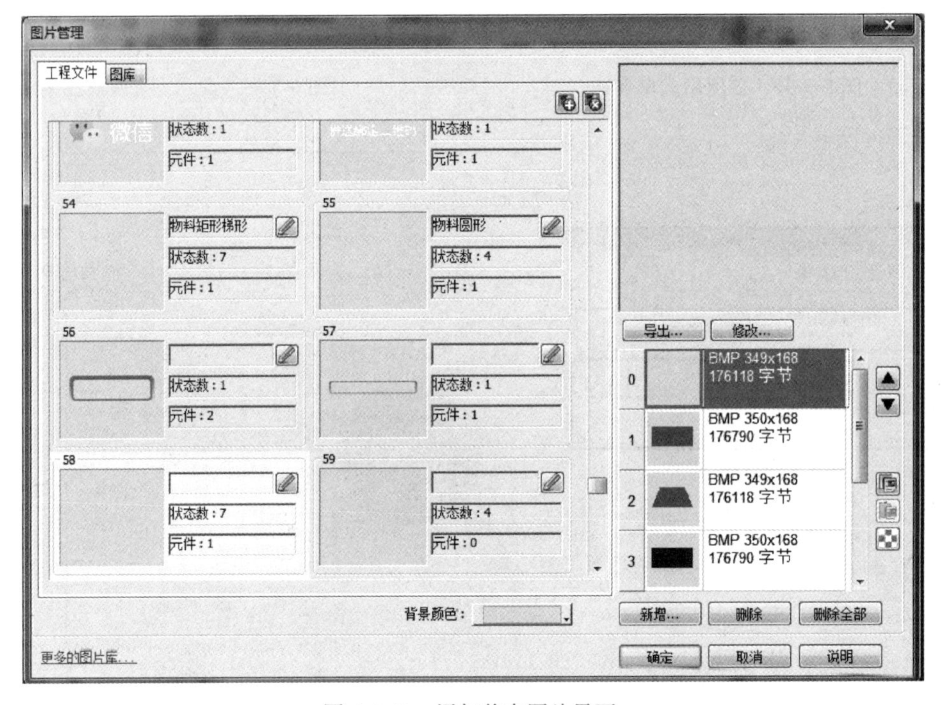

图 6-3-51　添加状态图片界面

9）单击刚添加的图片，选择“复制”按钮，复制状态图片如图 6-3-52 所示。

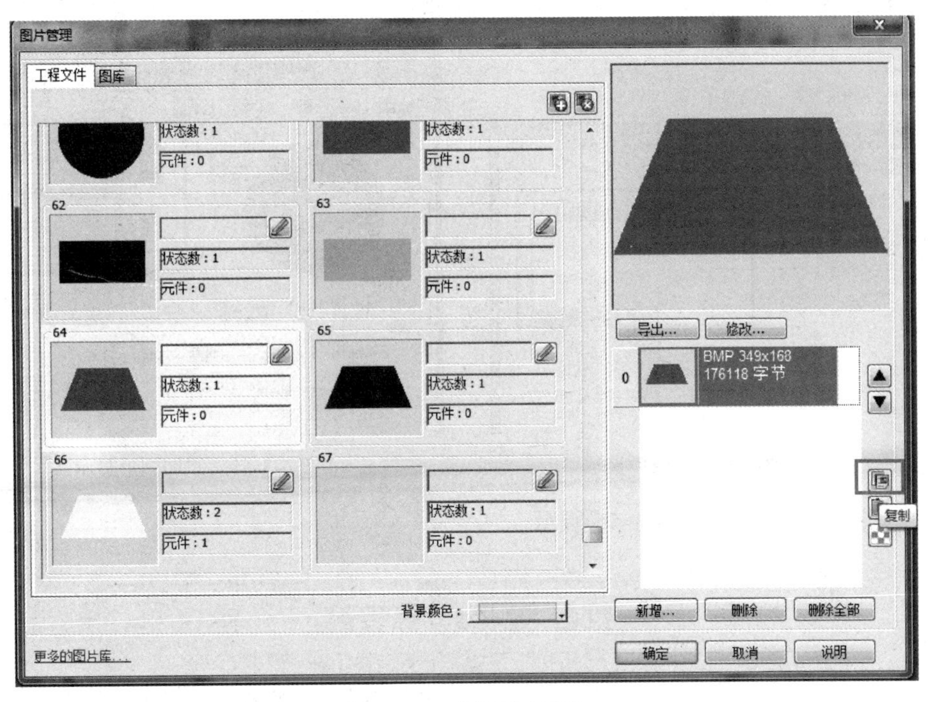

图 6-3-52　复制状态图片

10）单击选择需要粘贴的图片，选择“粘贴”按钮，重复操作完成想要的多状态指示灯显示图片，粘贴状态图片如图 6-3-53 所示。

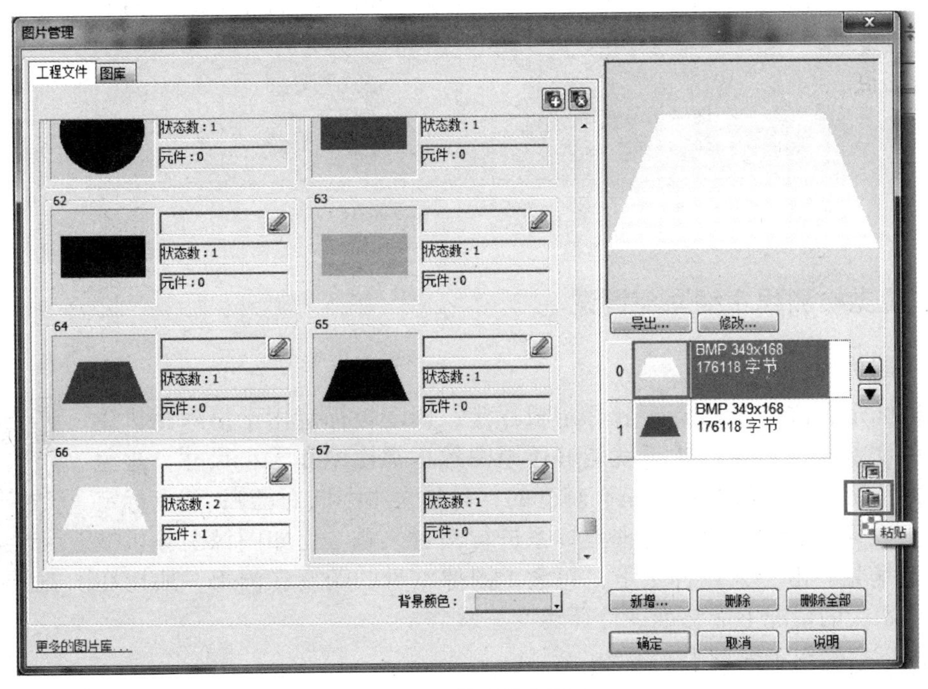

图 6-3-53　粘贴状态图片

11）多状态指示灯图片展示，**注意**：圆形显示需要另外创建一个多状态指示灯，添加梯形、矩形和圆形显示如图 6-3-54、图 6-3-55 所示。

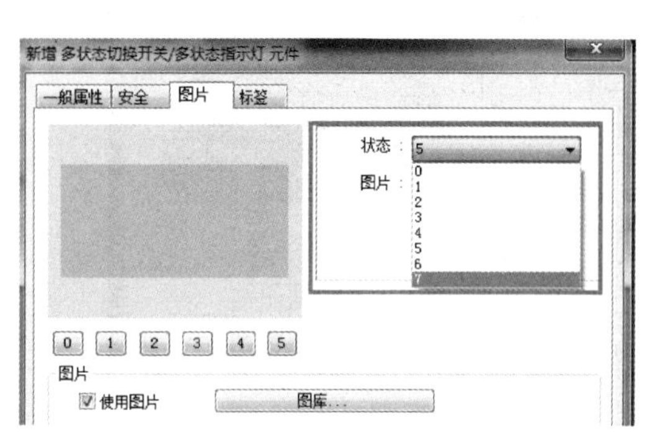

图 6-3-54　添加梯形、矩形显示

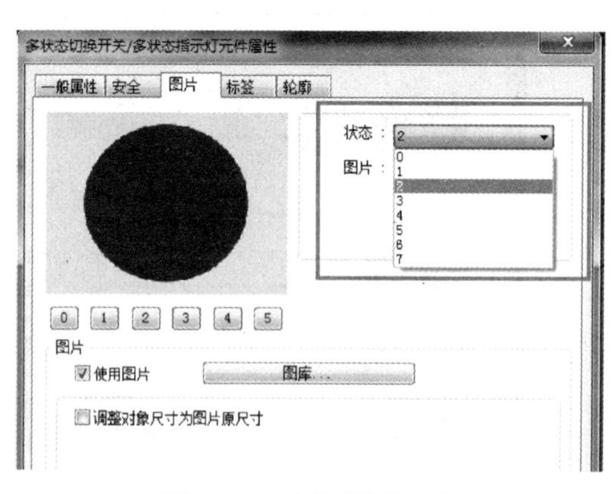

图 6-3-55　添加圆形显示

12）完整功能界面如图 6-3-56 所示。

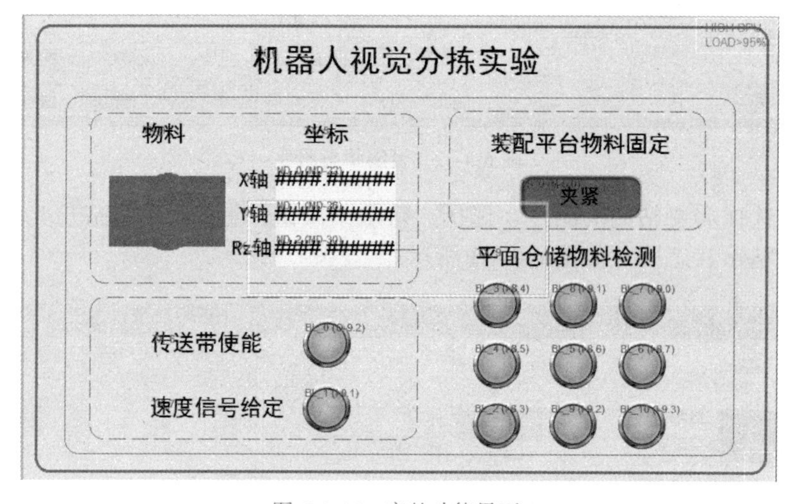

图 6-3-56　完整功能界面

6.3.6　视觉检测程序编写与调试

1. 手眼标定

相机标定方法有 N 点标定和标定板标定；标定板标定用于消除相机镜头造成的图像畸变，通过矫正就能够还原图像正常比例和大小尺寸，避免计算误差（所有拍摄的图像都是有畸变的，只是大小不同而已）；N 点标定主要用于图像坐标系和机械物理坐标系进行映射关系，比如图像引导机械手抓取等场景。由于九点标定下，包含了图像本身的畸变在内部，所以在图像畸变不大的情况下能够准确计算转换关系。

手眼标定操作步骤见表 6-3-5。

表 6-3-5　手眼标定操作步骤

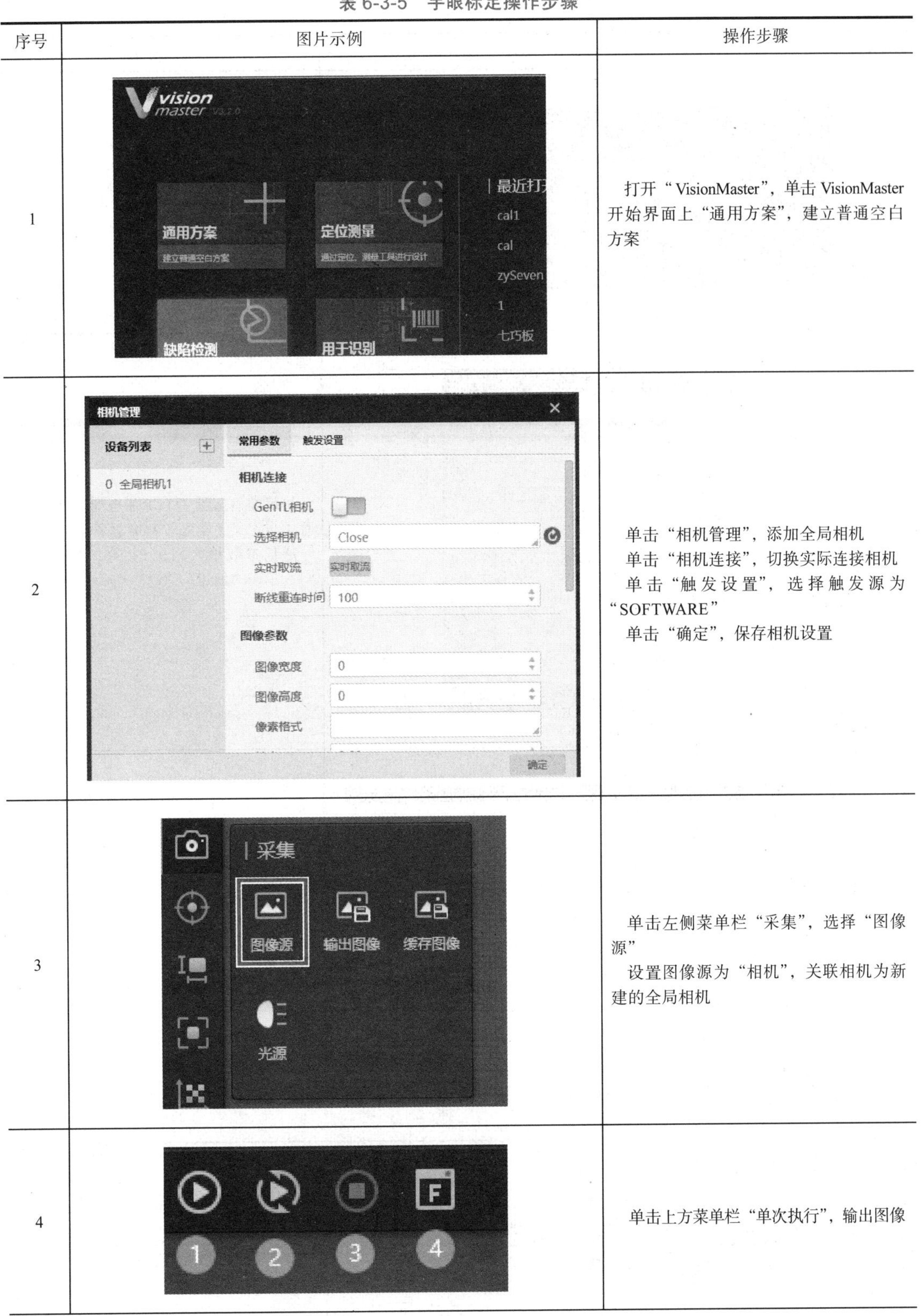

序号	图片示例	操作步骤
1		打开“VisionMaster”，单击 VisionMaster 开始界面上“通用方案”，建立普通空白方案
2		单击“相机管理”，添加全局相机 单击“相机连接”，切换实际连接相机 单击“触发设置”，选择触发源为“SOFTWARE” 单击“确定”，保存相机设置
3		单击左侧菜单栏“采集”，选择“图像源” 设置图像源为“相机”，关联相机为新建的全局相机
4		单击上方菜单栏“单次执行”，输出图像

（续）

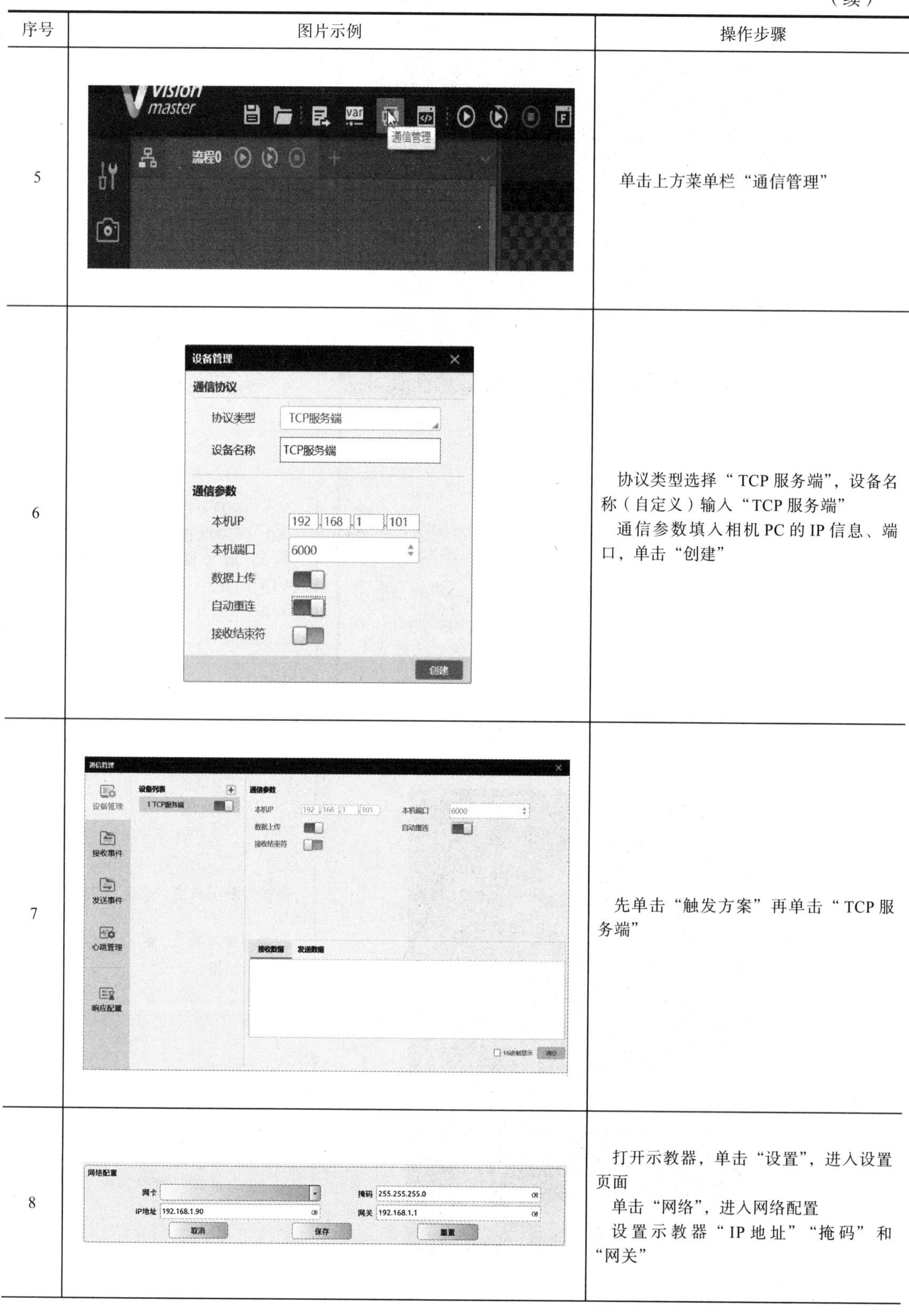

序号	图片示例	操作步骤
5		单击上方菜单栏“通信管理”
6		协议类型选择“TCP服务端”，设备名称（自定义）输入“TCP服务端” 通信参数填入相机PC的IP信息、端口，单击“创建”
7		先单击“触发方案”再单击“TCP服务端”
8		打开示教器，单击“设置”，进入设置页面 单击“网络”，进入网络配置 设置示教器“IP地址”“掩码”和“网关”

（续）

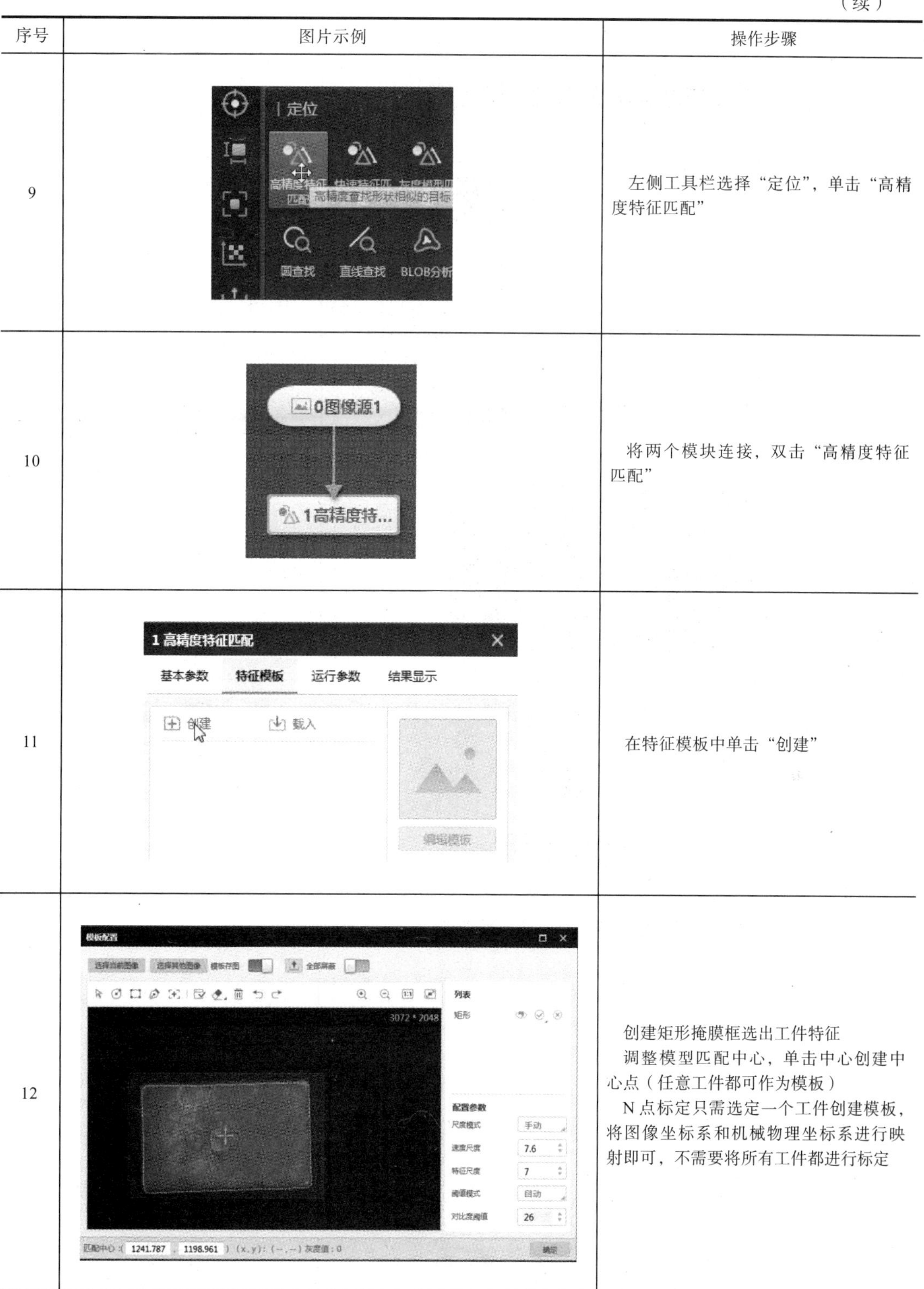

序号	图片示例	操作步骤
9		左侧工具栏选择“定位”，单击“高精度特征匹配”
10		将两个模块连接，双击“高精度特征匹配”
11		在特征模板中单击“创建”
12		创建矩形掩膜框选出工件特征 调整模型匹配中心，单击中心创建中心点（任意工件都可作为模板） N 点标定只需选定一个工件创建模板，将图像坐标系和机械物理坐标系进行映射即可，不需要将所有工件都进行标定

（续）

序号	图片示例	操作步骤
13		单击“确定”创建高精度匹配
14		左侧工具栏选择“通信”，单击“接收数据”
15		连接两个模块，双击“接收数据”
16		单击“通信设备”，选择“TCP 服务端0”，单击“确定”

（续）

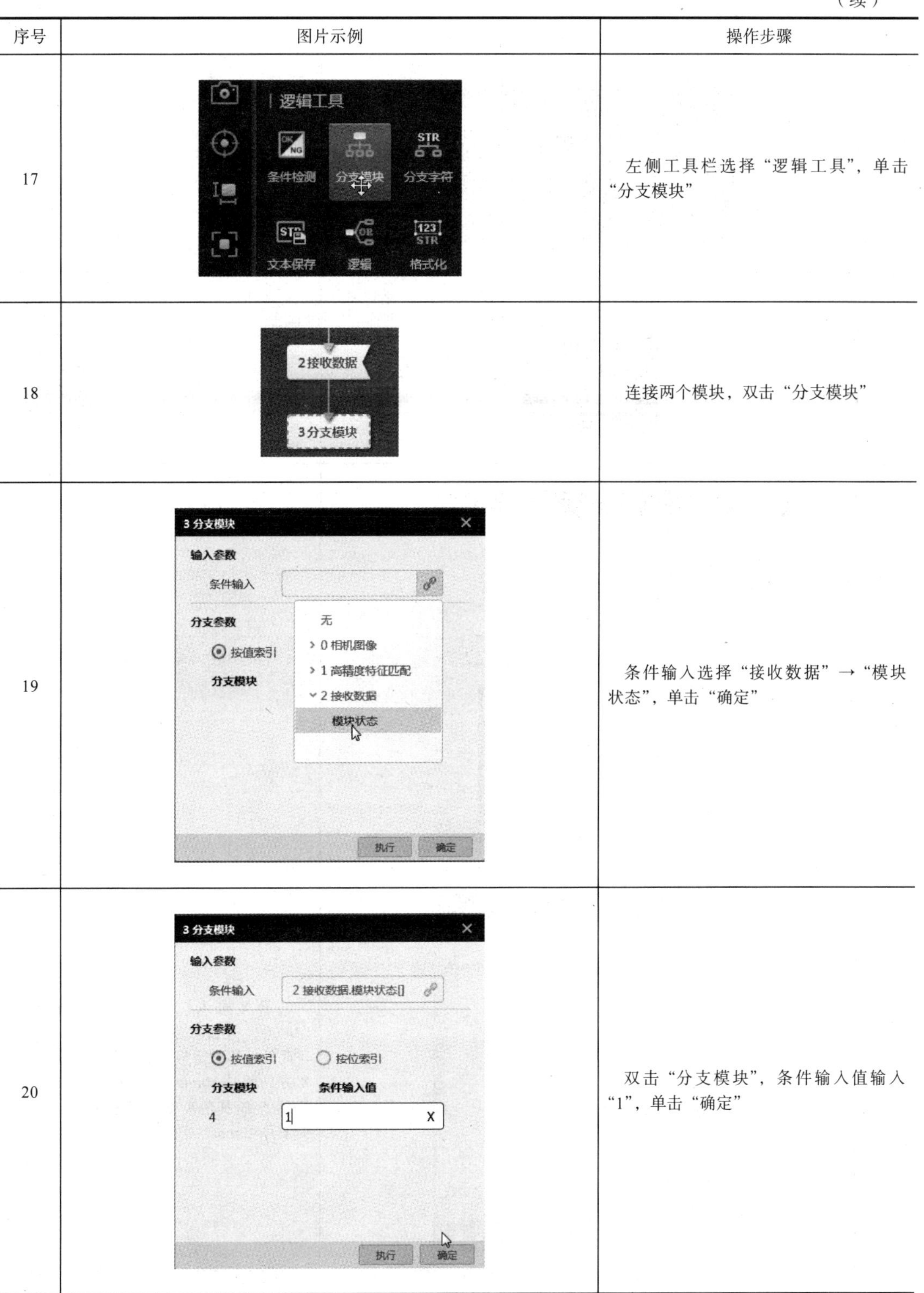

序号	图片示例	操作步骤
17		左侧工具栏选择“逻辑工具”，单击“分支模块”
18		连接两个模块，双击“分支模块”
19		条件输入选择“接收数据”→“模块状态”，单击“确定”
20		双击“分支模块”，条件输入值输入“1”，单击“确定”

（续）

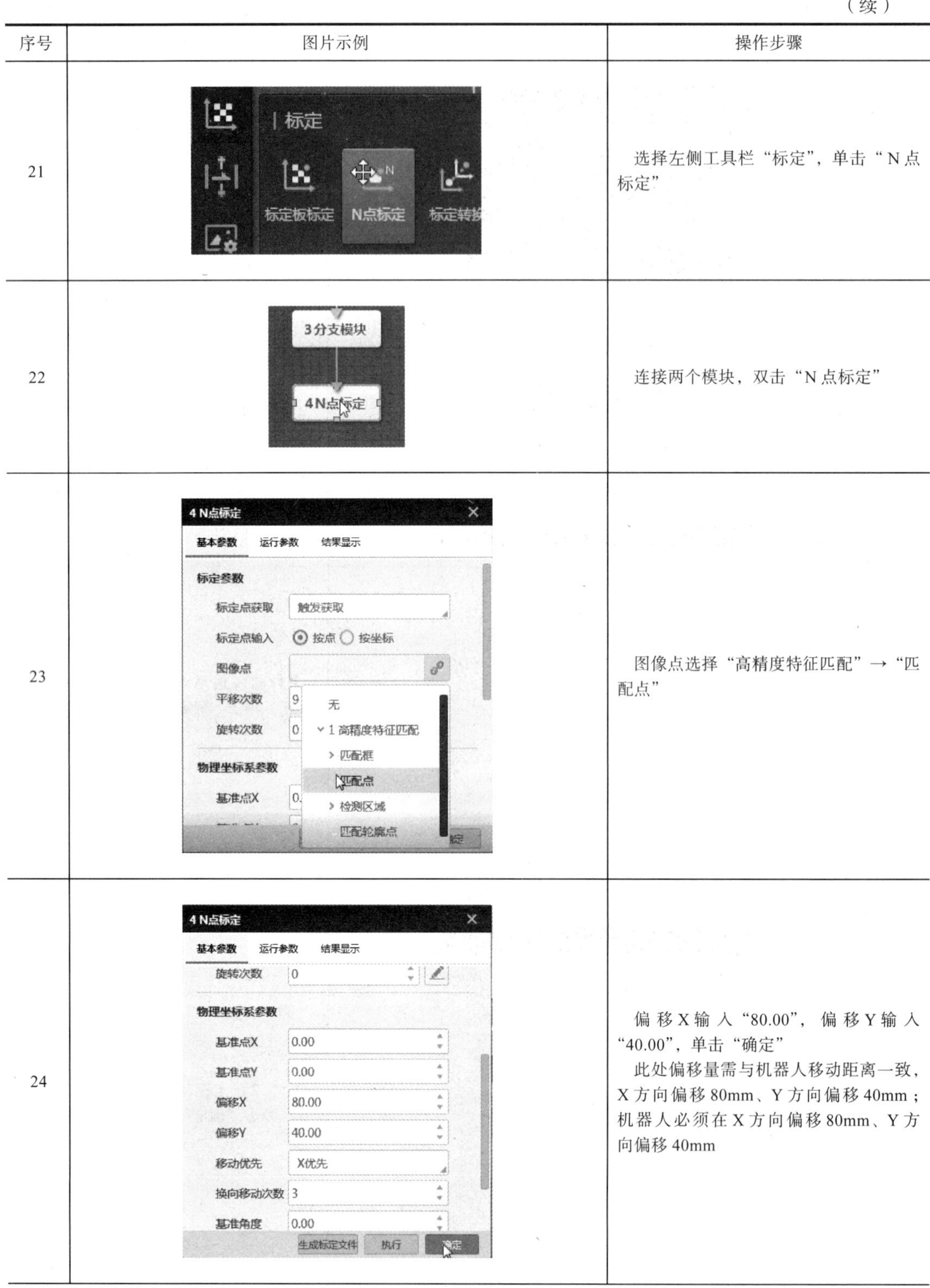

序号	图片示例	操作步骤
21		选择左侧工具栏“标定”，单击“N点标定”
22		连接两个模块，双击“N点标定”
23		图像点选择“高精度特征匹配”→“匹配点”
24		偏移X输入“80.00”，偏移Y输入“40.00”，单击“确定” 此处偏移量需与机器人移动距离一致，X方向偏移80mm、Y方向偏移40mm；机器人必须在X方向偏移80mm、Y方向偏移40mm

（续）

序号	图片示例	操作步骤
25		左侧工具栏选择“逻辑工具”，单击“格式化”
26		连接两个模块，双击“格式化”
27		输入“1”，单击“保存”
28		左侧工具栏选择“通信”，单击“发送数据”

（续）

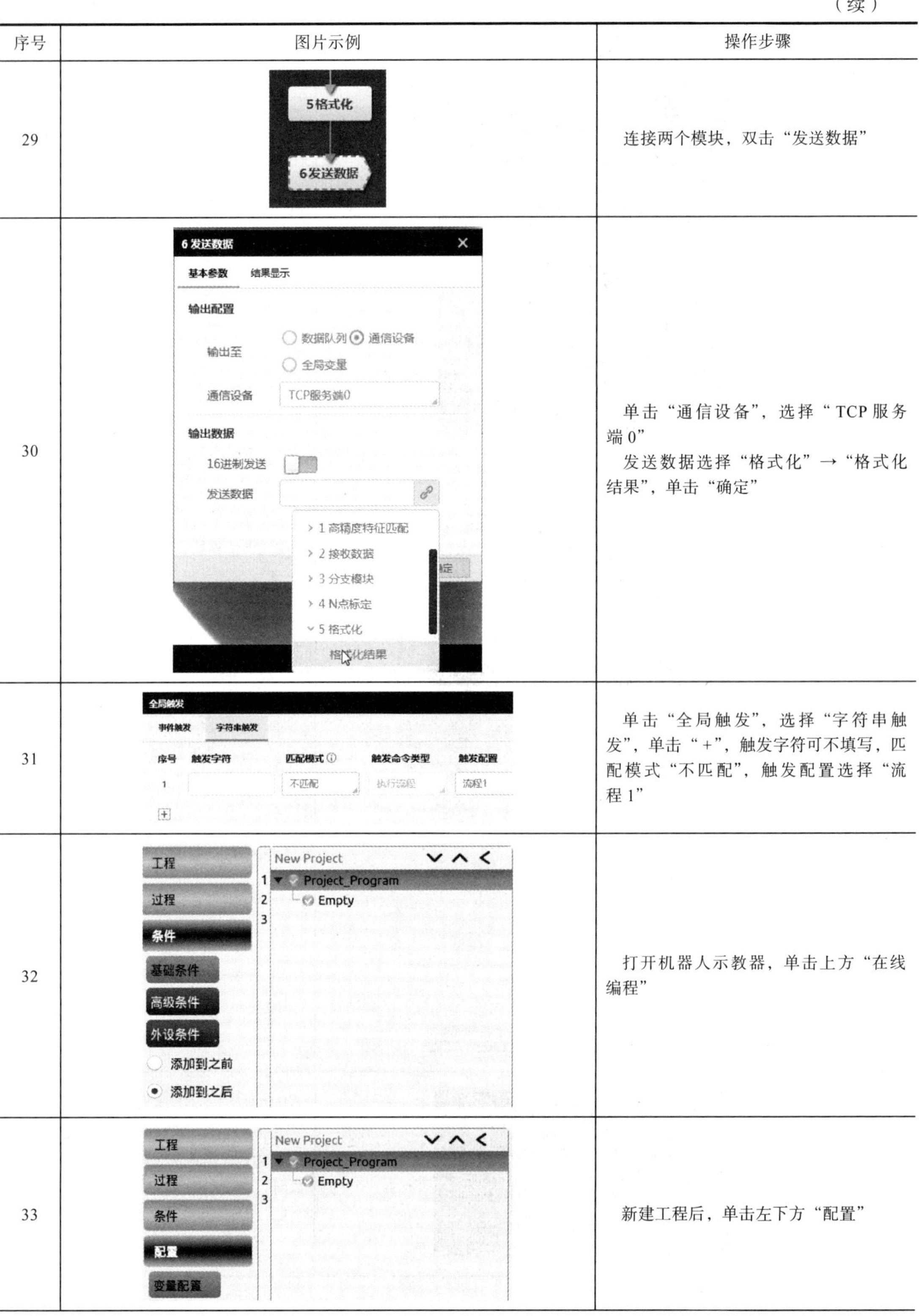

序号	图片示例	操作步骤
29		连接两个模块，双击“发送数据”
30		单击“通信设备”，选择“TCP服务端0” 发送数据选择“格式化”→“格式化结果”，单击“确定”
31		单击“全局触发”，选择“字符串触发”，单击“+”，触发字符可不填写，匹配模式“不匹配”，触发配置选择“流程1”
32		打开机器人示教器，单击上方“在线编程”
33		新建工程后，单击左下方“配置”

（续）

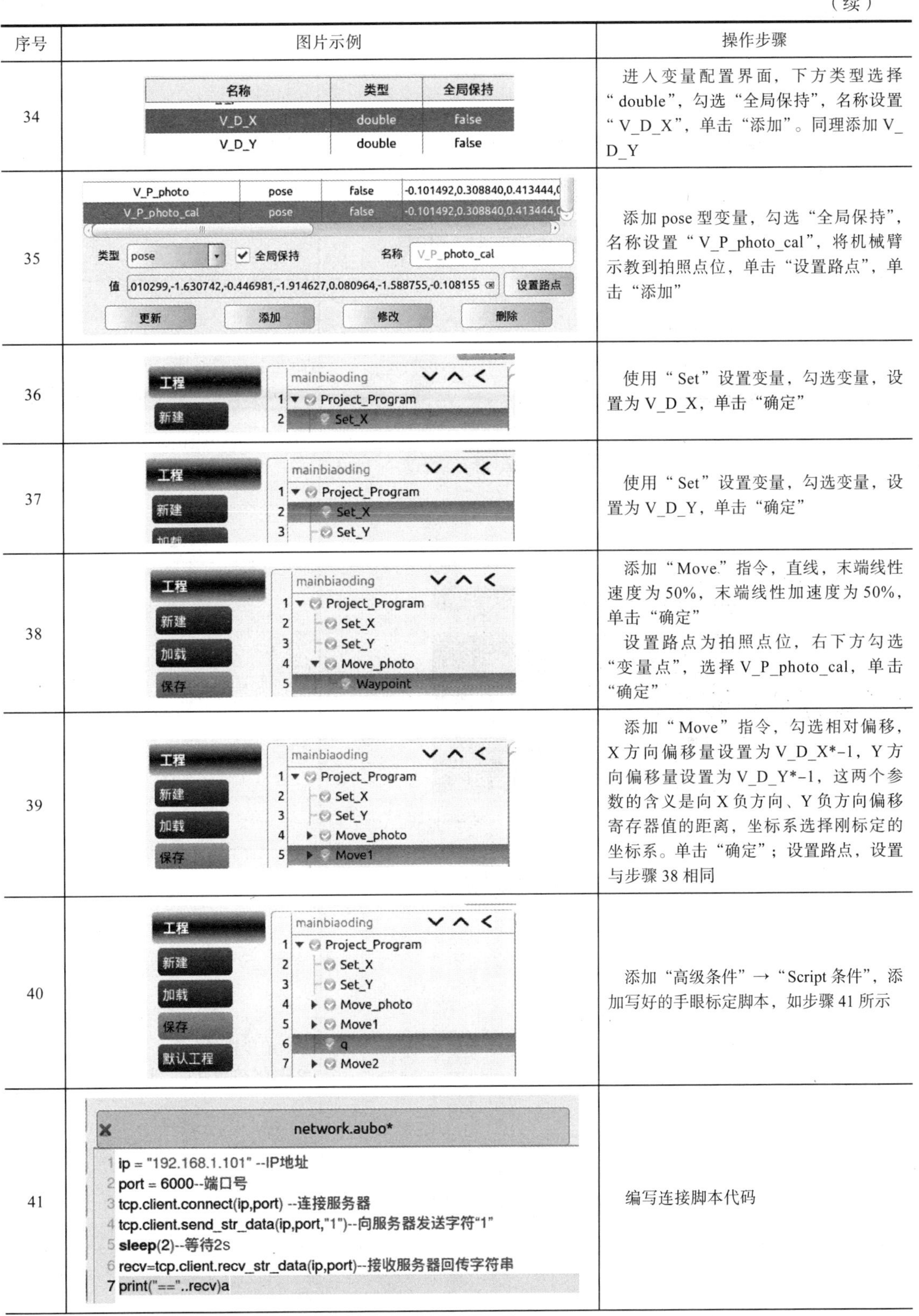

序号	图片示例	操作步骤
34	名称 | 类型 | 全局保持 V_D_X | double | false V_D_Y | double | false	进入变量配置界面，下方类型选择“double”，勾选“全局保持”，名称设置“V_D_X”，单击“添加”。同理添加 V_D_Y
35	V_P_photo | pose | false | -0.101492,0.308840,0.413444,(V_P_photo_cal | pose | false | -0.101492,0.308840,0.413444,(类型 pose　全局保持　名称 V_P_photo_cal 值 .010299,-1.630742,-0.446981,-1.914627,0.080964,-1.588755,-0.108155　设置路点 更新　添加　修改　删除	添加 pose 型变量，勾选“全局保持”，名称设置“V_P_photo_cal”，将机械臂示教到拍照点位，单击“设置路点”，单击“添加”
36	工程　新建 mainbiaoding 1 Project_Program 2 Set_X	使用“Set”设置变量，勾选变量，设置为 V_D_X，单击“确定”
37	工程　新建 mainbiaoding 1 Project_Program 2 Set_X 3 Set_Y	使用“Set”设置变量，勾选变量，设置为 V_D_Y，单击“确定”
38	工程　新建　加载　保存 mainbiaoding 1 Project_Program 2 Set_X 3 Set_Y 4 Move_photo 5 Waypoint	添加“Move”指令，直线，末端线性速度为 50%，末端线性加速度为 50%，单击“确定” 设置路点为拍照点位，右下方勾选“变量点”，选择 V_P_photo_cal，单击“确定”
39	工程　新建　加载　保存 mainbiaoding 1 Project_Program 2 Set_X 3 Set_Y 4 Move_photo 5 Move1	添加“Move”指令，勾选相对偏移，X 方向偏移量设置为 V_D_X*-1，Y 方向偏移量设置为 V_D_Y*-1，这两个参数的含义是向 X 负方向、Y 负方向偏移寄存器值的距离，坐标系选择刚标定的坐标系。单击“确定”；设置路点，设置与步骤 38 相同
40	工程　新建　加载　保存　默认工程 mainbiaoding 1 Project_Program 2 Set_X 3 Set_Y 4 Move_photo 5 Move1 6 q 7 Move2	添加“高级条件”→“Script 条件”，添加写好的手眼标定脚本，如步骤 41 所示
41	network.aubo* 1 ip = "192.168.1.101" --IP地址 2 port = 6000--端口号 3 tcp.client.connect(ip,port) --连接服务器 4 tcp.client.send_str_data(ip,port,"1")--向服务器发送字符“1” 5 sleep(2)--等待2s 6 recv=tcp.client.recv_str_data(ip,port)--接收服务器回传字符串 7 print("=="..recv)a	编写连接脚本代码

（续）

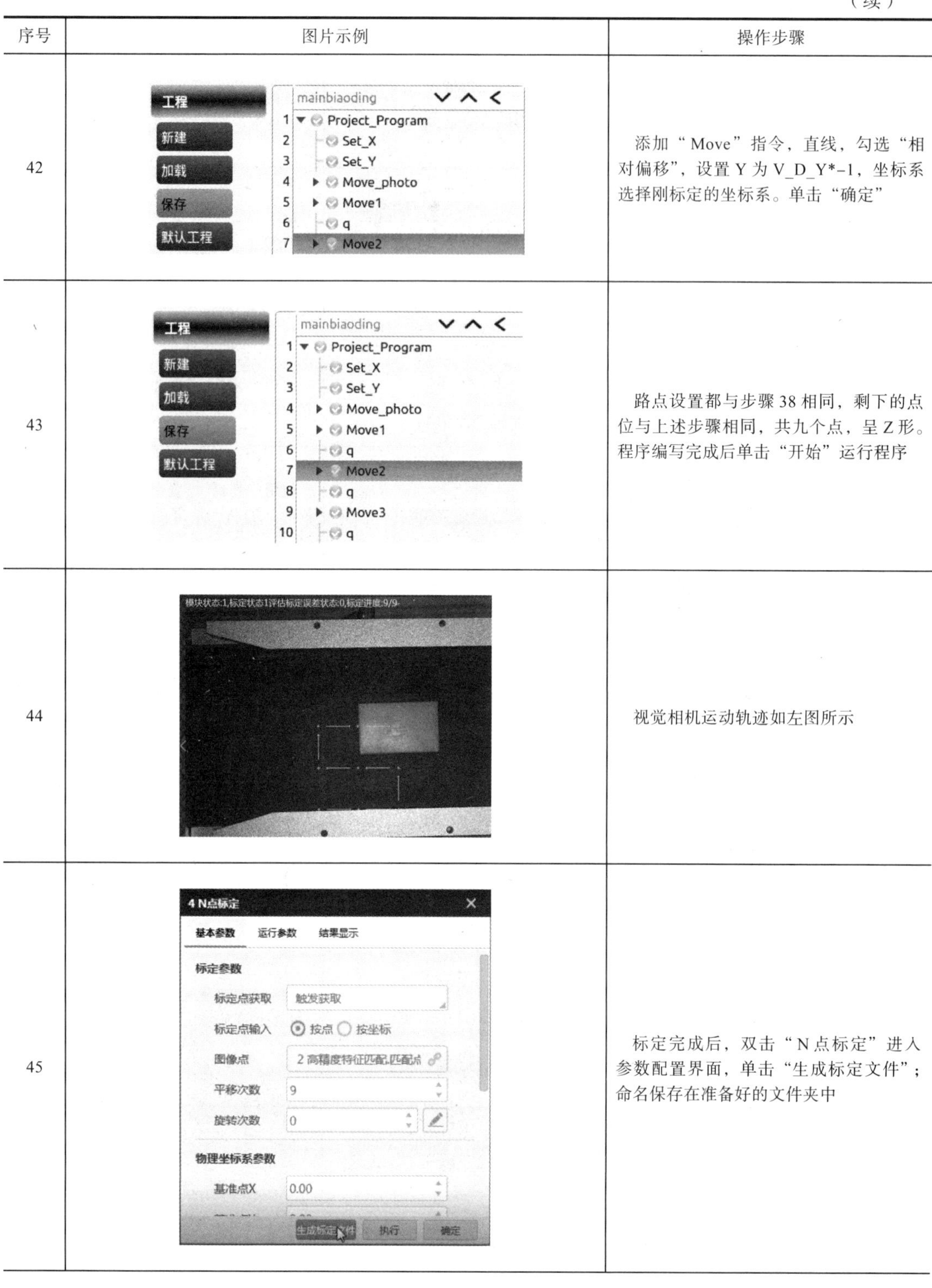

序号	图片示例	操作步骤
42		添加“Move”指令，直线，勾选“相对偏移”，设置 Y 为 V_D_Y*-1，坐标系选择刚标定的坐标系。单击“确定”
43		路点设置都与步骤 38 相同，剩下的点位与上述步骤相同，共九个点，呈 Z 形。程序编写完成后单击“开始”运行程序
44		视觉相机运动轨迹如左图所示
45		标定完成后，双击“N 点标定”进入参数配置界面，单击“生成标定文件”；命名保存在准备好的文件夹中

（续）

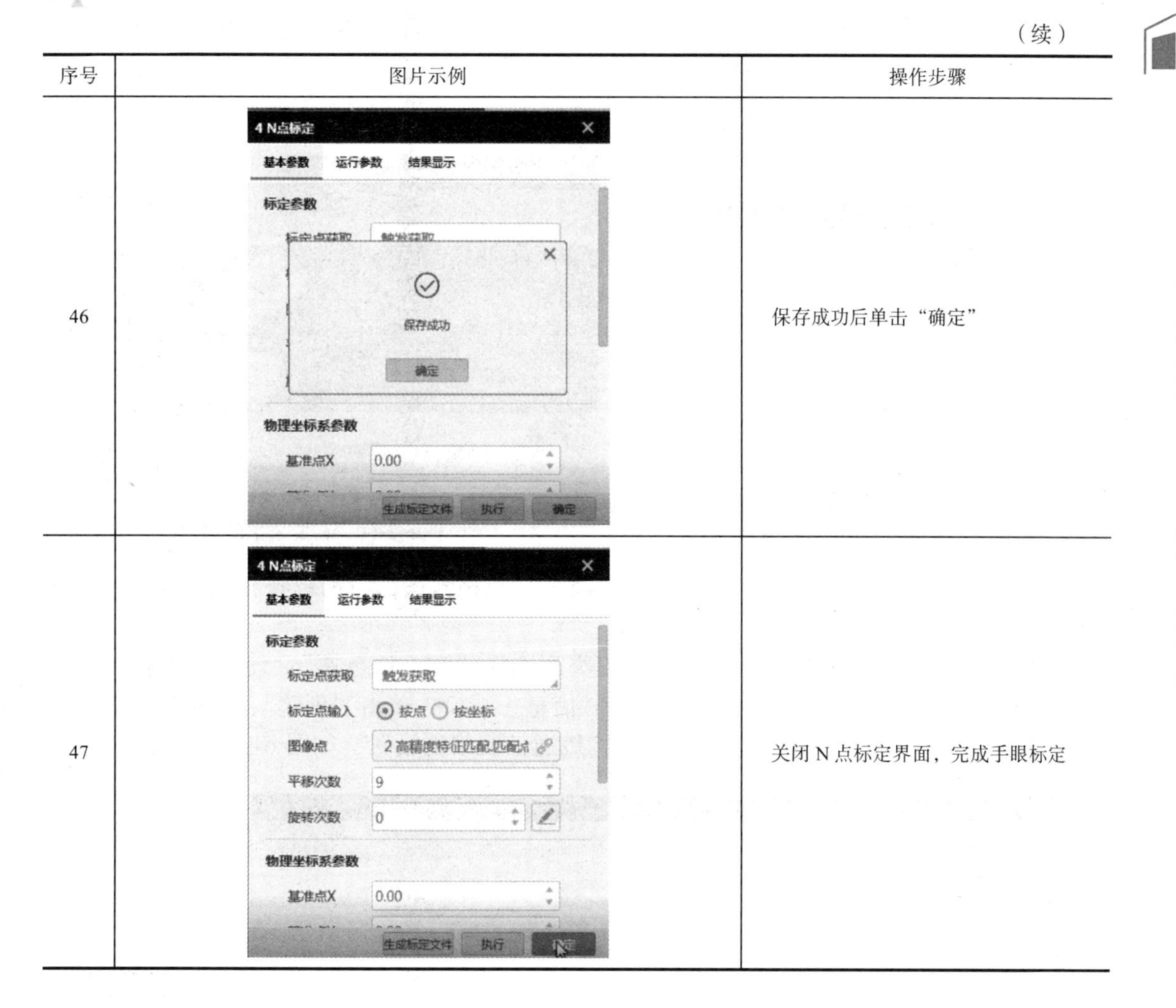

序号	图片示例	操作步骤
46	4 N点标定 基本参数　运行参数　结果显示 标定参数 保存成功 确定 物理坐标系参数 基准点X　0.00 生成标定文件　执行　确定	保存成功后单击“确定”
47	4 N点标定 基本参数　运行参数　结果显示 标定参数 标定点获取　触发获取 标定点输入　按点　按坐标 图像点　2 高精度特征匹配.匹配点 平移次数　9 旋转次数　0 物理坐标系参数 基准点X　0.00 生成标定文件　执行　确定	关闭 N 点标定界面，完成手眼标定

2. 视觉方案设计

1）打开“VisionMaster”，单击“VisionMaster”开始界面上“通用方案”，建立普通空白方案，如图 6-3-57 所示。

2）单击左侧菜单栏“相机管理”，“选择相机”切换实际连接相机，选择像素格式“RGB8”；单击“触发设置”，选择触发源为“SOFTWARE”，相机设置如图 6-3-58 所示。

图 6-3-57　通用方案

图 6-3-58　相机设置

3）双击“0 图像源 1”进入设置界面，“图像源”选择“相机”，“关联相机”选择“1 全局相机 1”，以实际创建名称为准，相机触发源设置如图 6-3-59 所示。

4）单击上方菜单栏“单次执行”，输出图像，需要采集的图像如图 6-3-60 所示。

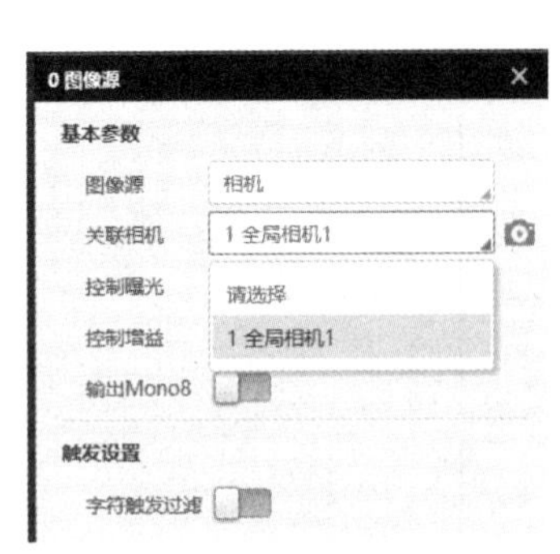

图 6-3-59　相机触发源设置

图 6-3-60　需要采集的图像

5）双击打开“图像源”，识别相机颜色需要彩色格式图像，所以将相机像素格式改为“RGB8”。

6）单击上方菜单栏“通信管理”，协议类型选择“TCP 服务端”，设备名称（自定义）“TCP 服务端”；通信参数填入相机 PC 的 IP 信息、端口。单击“创建”，先单击“触发方案”，再单击开启“TCP 服务端”，完成对相机通信网络的设置，如图 6-3-61 所示。

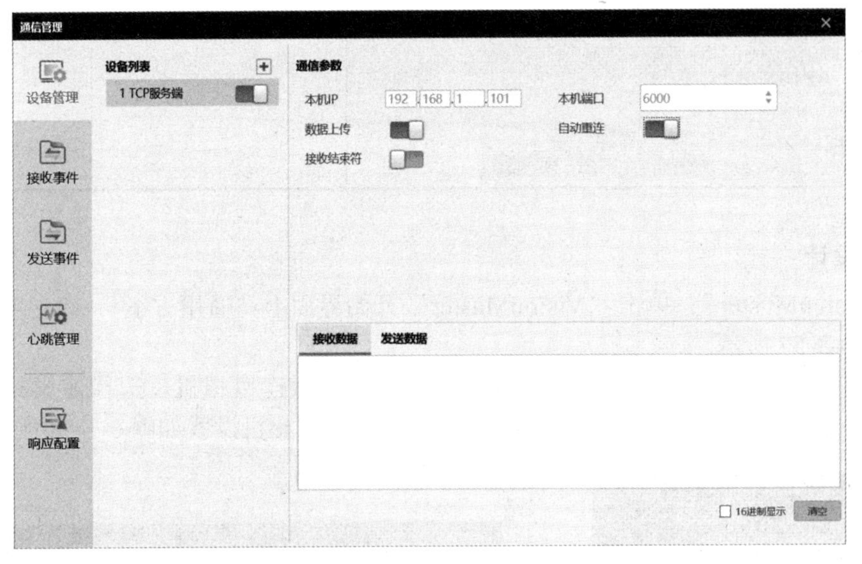

图 6-3-61　通信管理

7）选择左侧工具栏“颜色处理”中“颜色测量”模块与相机进行连接，单击“颜色识别”模块打开参数设置界面，选择“形状”中第 3 个“矩形框选”，在右边图像中框选出所需要的颜色，如图 6-3-62 所示。

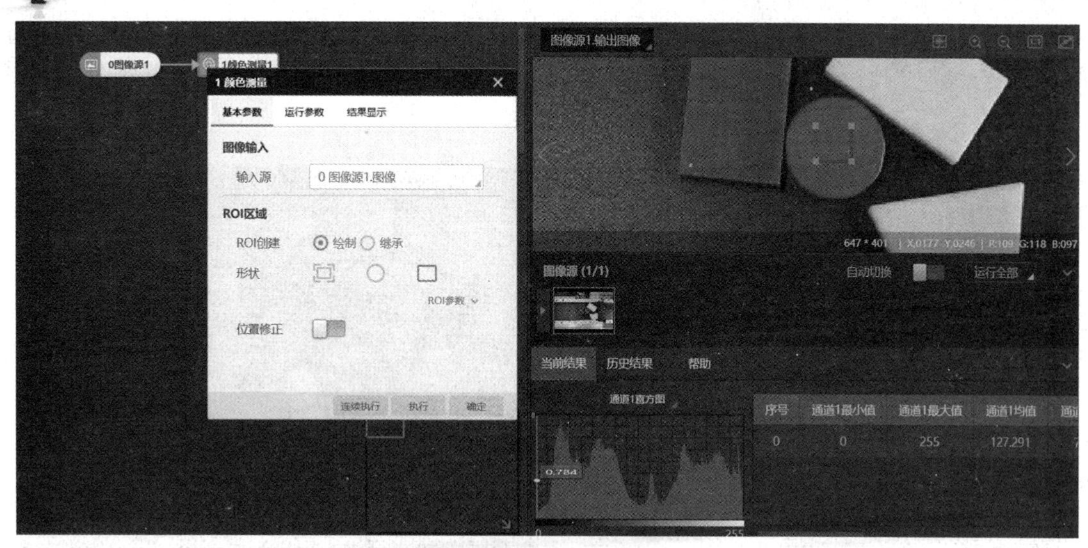

图 6-3-62　颜色测量模块

8）在“运行参数”下设置“颜色空间”为“HSV”，单击“执行”得到下方一栏数据，记录通道一～通道三最大值与最小值，颜色抽取如图 6-3-63 所示。

图 6-3-63　颜色抽取

9）选择左侧工具栏“颜色处理”中“颜色抽取”模块与相机进行连接；单击“颜色抽取”打开参数设置界面，选择运行参数，将“颜色空间”设置为“HSV”，将刚刚记录的通道一～通道三最大值与最小值填入进去；单击“执行”抽取图像颜色区域（抽取的颜色识别出来时可能会与其他相近颜色一同识别，更改通道的下限将颜色抽取识别出来的图像调至清晰），结果如图 6-3-64 所示。

10）选择左侧工具栏“定位”中“快速特征匹配”与相机进行连接，单击“快速特征匹配”进入参数设置界面，选择需要创建模板的图像为颜色抽取的图像，单击“特征模

板”，单击“创建”，对所需要建立模板的图像进行框选，单击“确定”，完成对工件模板的创建；单击“执行”即可看到右侧图像中工件被识别出来，特征模板匹配如图 6-3-65 所示。

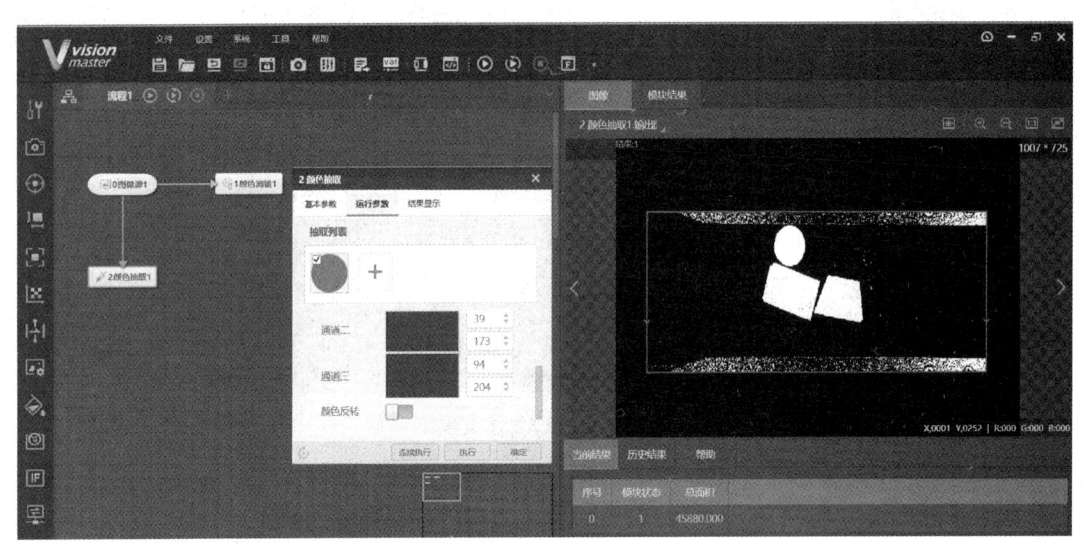

图 6-3-64　颜色抽取结果

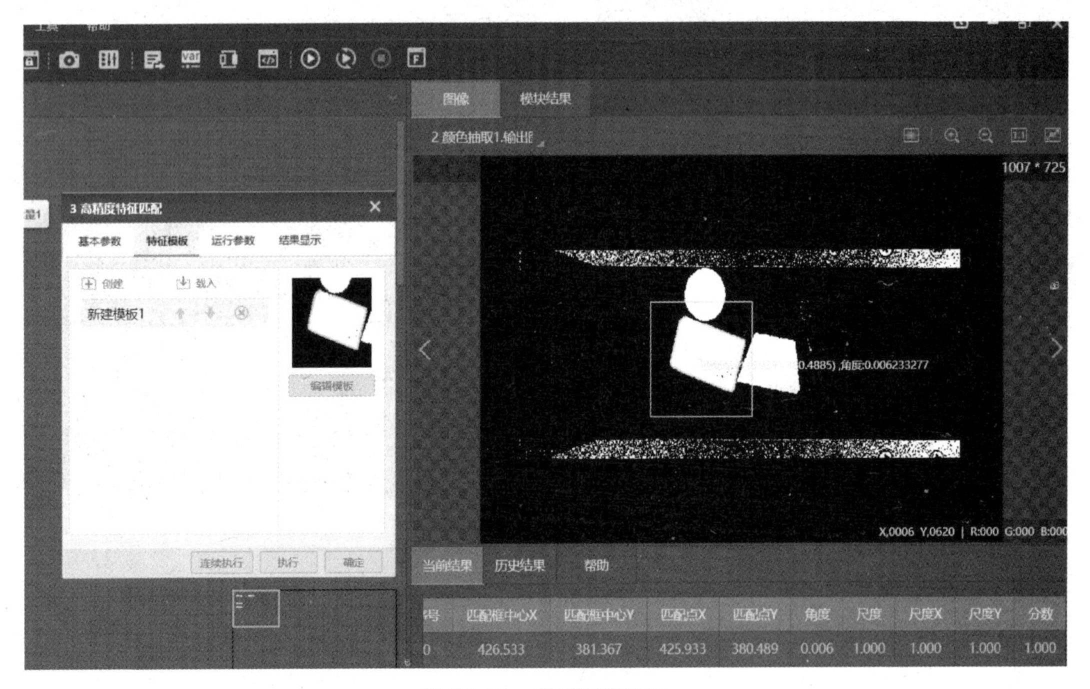

图 6-3-65　特征模板匹配

11）选择“颜色抽取”模块和“快速特征匹配”模块并重命名，使流程图更清晰，如图 6-3-66 所示。

12）选择左侧菜单栏“标定”中“标定转换”模块，与“快速特征匹配”进行连接，单击“标定转换”进入参数设置界面，加载标定文件为“手眼标定”中生成的文件，单击“确定”按钮文件保存成功，参数设置如图 6-3-67 所示。

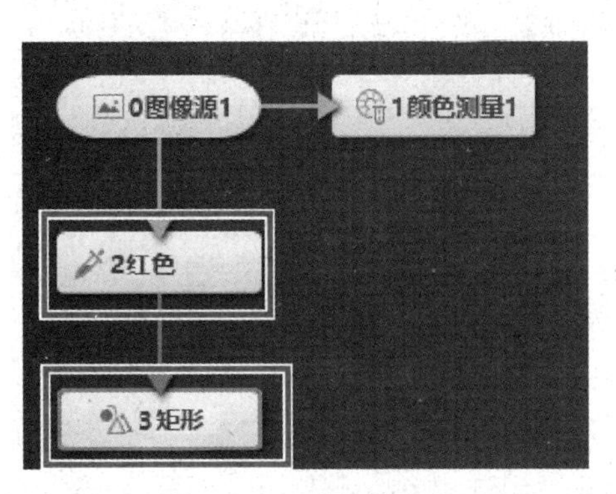

图 6-3-66　模块重命名

图 6-3-67　标定转换参数设置

13）选择左侧菜单栏“逻辑”中“格式化”模块，与“标定转换”进行连接，单击“格式化”进入格式化参数设置界面，输入参数，单击“保存”，格式化参数设置成功，如图 6-3-68 所示。

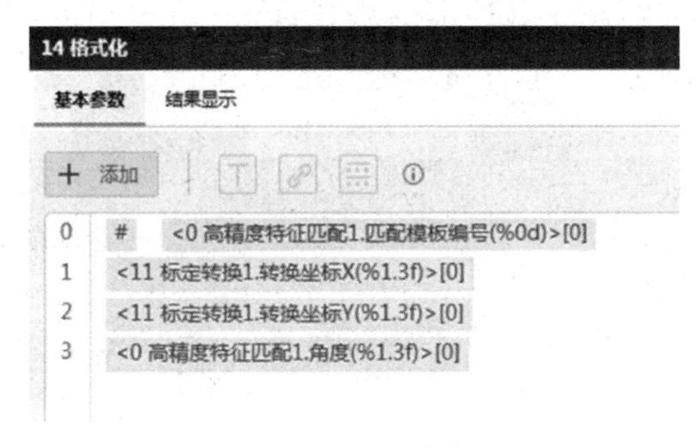

图 6-3-68　格式化参数设置

14）接下来对其他两个颜色进行识别、创建图形模板、标定转化、格式化和发送数据，与上述对红色矩形模块操作一样，视觉方案预览如图 6-3-69 所示。

15）依次设置分支模块：单击“分支模块”进入参数设置界面，将“条件输入”设置为“特征匹配 . 模块状态”，模板匹配成功后，“特征匹配 . 模块状态”为 1，进入下面标定转换分支，否则进行下一种颜色抽取，如图 6-3-70 所示。

6.3.7　协作机器人程序编写与调试

根据机器人和视觉系统通信交互数据的原理，机器人移动到平面仓储模块，吸盘将物料吸起来并放置到传送带的开端位置，传送带运送物料到拍照点位置，机器人运动到一个固定拍照位置，然后给相机发送拍照请求；相机开始对传送带上没有规律且带有颜色的物料块进行拍照，拍照后通过视觉控制器的算法平台把物料块的颜色形状和位置信息发送给机器人，机器人根据接收的数据做出判断抓取物料。如果是红色物料就将该物料放到装配平台上，如果是非红色物料就放回原来的位置，工作流程图如图 6-3-71 所示。

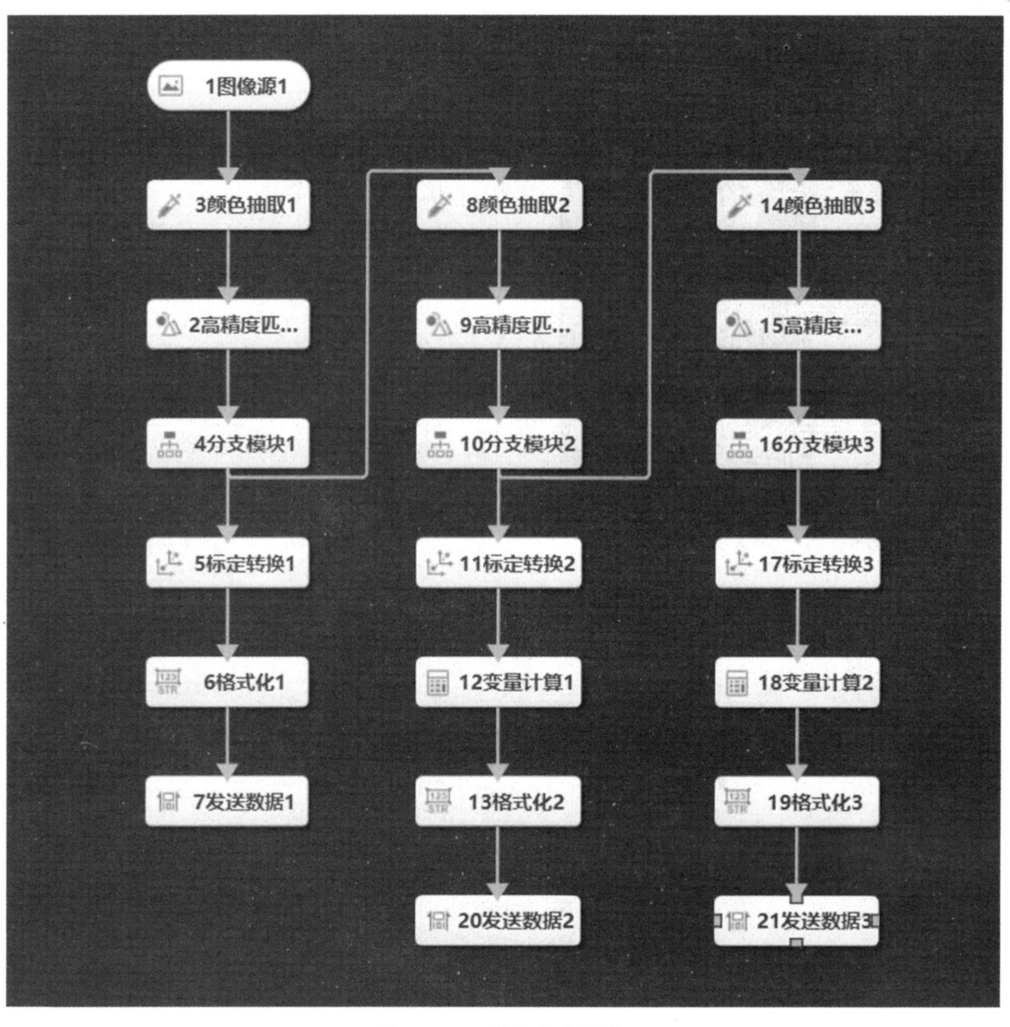

图 6-3-69　视觉方案预览

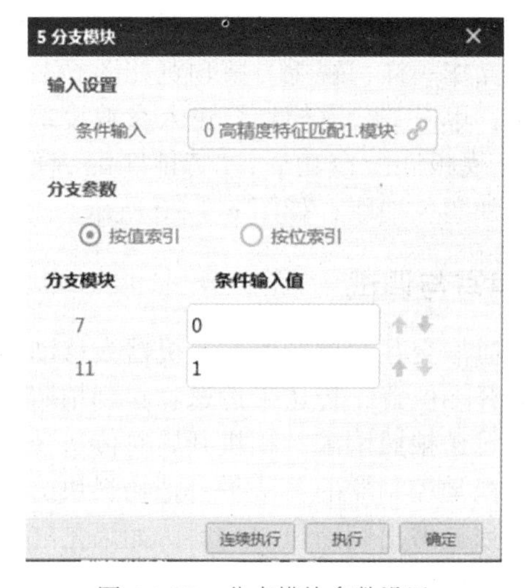

图 6-3-70　分支模块参数设置

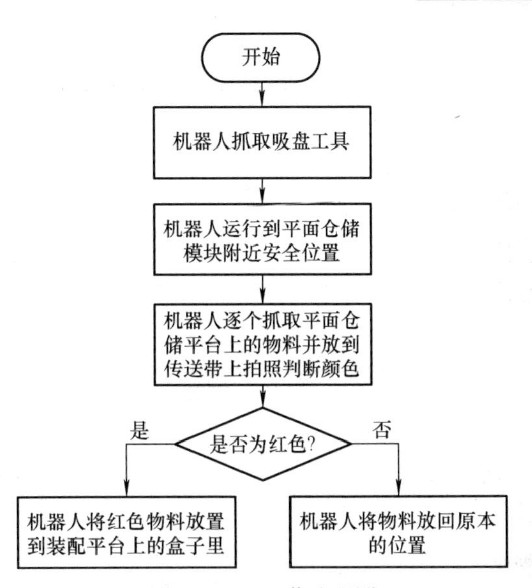

图 6-3-71　工作流程图

1. 编写机器人程序

首先新建一个机器人移动到平面仓储模块取物料并把物料搬运到传送带的过程文件“Visualsorting”，平面仓储取物料的程序编辑过程见表 6-3-6。

表 6-3-6　取物料程序

序号	图片示例	操作步骤
1	工程 过程 Visualsorting 1 Procedure_Program 2 Loop	新建过程程序，添加“Loop”循环指令，循环 9 次
2	工程 过程 新建 Visualsorting 1 Procedure_Program 2 Loop 3 Set 4 Set	添加 2 个“Set”指令，勾选变量，设置 V_I_pingmin_x、V_I_pingmin_y 等于 0 V_I_pingmin_x 是 X 方向偏移量寄存器，V_I_pingmin_y 是 Y 方向偏移量寄存器
3	工程 过程 条件 配置 Visualsorting 1 Procedure_Program 2 Loop 3 Set 4 Set 5 Move 6 Photo_y	添加“Move”，轴动，速度、加速度为 50%，添加 1 个路点 Photo_y，即相机拍照点
4	工程 过程 新建 加载 保存 Visualsorting 1 Procedure_Program 2 Loop 3 Set 4 Set 5 Move 6 Set 7 Wait 8 Photo	添加“Set”指令，设置 Modbus 模拟量输出 40004==1，启动传送带 添加“Wait”，等待 Modbus 条件（M）40004==2 用于接收物料到位信号 调用脚本程序“Photo”

（续）

序号	图片示例	操作步骤
5	工程 过程 新建 加载 保存 Visualsorting 1 Procedure_Program 2 Loop 3 Set 4 Set 5 Move 6 Photo_y 7 Set 8 Photo 9 If	添加“If”指令，条件设置为“V_D_offs_rz >= –90 and V_D_offs_rz <= 90”
6	工程 过程 新建 加载 保存 Visualsorting 1 Procedure_Program 2 Loop 3 Set 4 Set 5 Move 6 Set 7 Photo 8 If 9 Set	添加“Set”指令，勾选变量，设置 V_D_offs_rz=V_D_offs_rz * –1 V_D_offs_rz 是 Z 方向旋转角度的寄存器，乘“–1”表示向 Z 轴负方向旋转
7	工程 过程 新建 加载 保存 Visualsorting 1 Procedure_Program 2 Loop 3 Set 4 Set 5 Move 6 Set 7 Photo 8 If 9 Set 10 Move 11 Pick	添加“Move”，轴动，速度、加速度为 50%，添加 1 个路点 Pick，即抓取接近点。勾选相对偏移，位置偏移参数 X=V_D_offs_x、Y=V_D_offs_y、Z=0.05；旋转参数 RX=0、RY=0、RZ=V_D_offs_rz；坐标系以工具坐标系“xipan”为例
8	工程 过程 新建 加载 保存 Visualsorting 1 Procedure_Program 2 Loop 3 Set 4 Set 5 Move 6 Set 7 Photo 8 If 9 Set 10 Move 11 Move 12 Pick	添加“Move”，直线，速度、加速度为 50%，添加 1 个路点 Pick，即抓取点。勾选相对偏移，位置偏移参数 X=V_D_offs_x、Y=V_D_offs_y、Z=0；旋转参数 RX=0、RY=0、RZ=V_D_offs_rz；坐标系以“xipan”为例
9	工程 过程 新建 加载 保存 Visualsorting 1 Procedure_Program 2 Loop 3 Set 4 Set 5 Move 6 Set 7 Photo 8 If 9 Set 10 Move 11 Move 12 Set 13 Wait	添加“Set”指令，勾选“IO”，设置 U_DO_01 为“High”。添加“Wait”，等待 0.5s

（续）

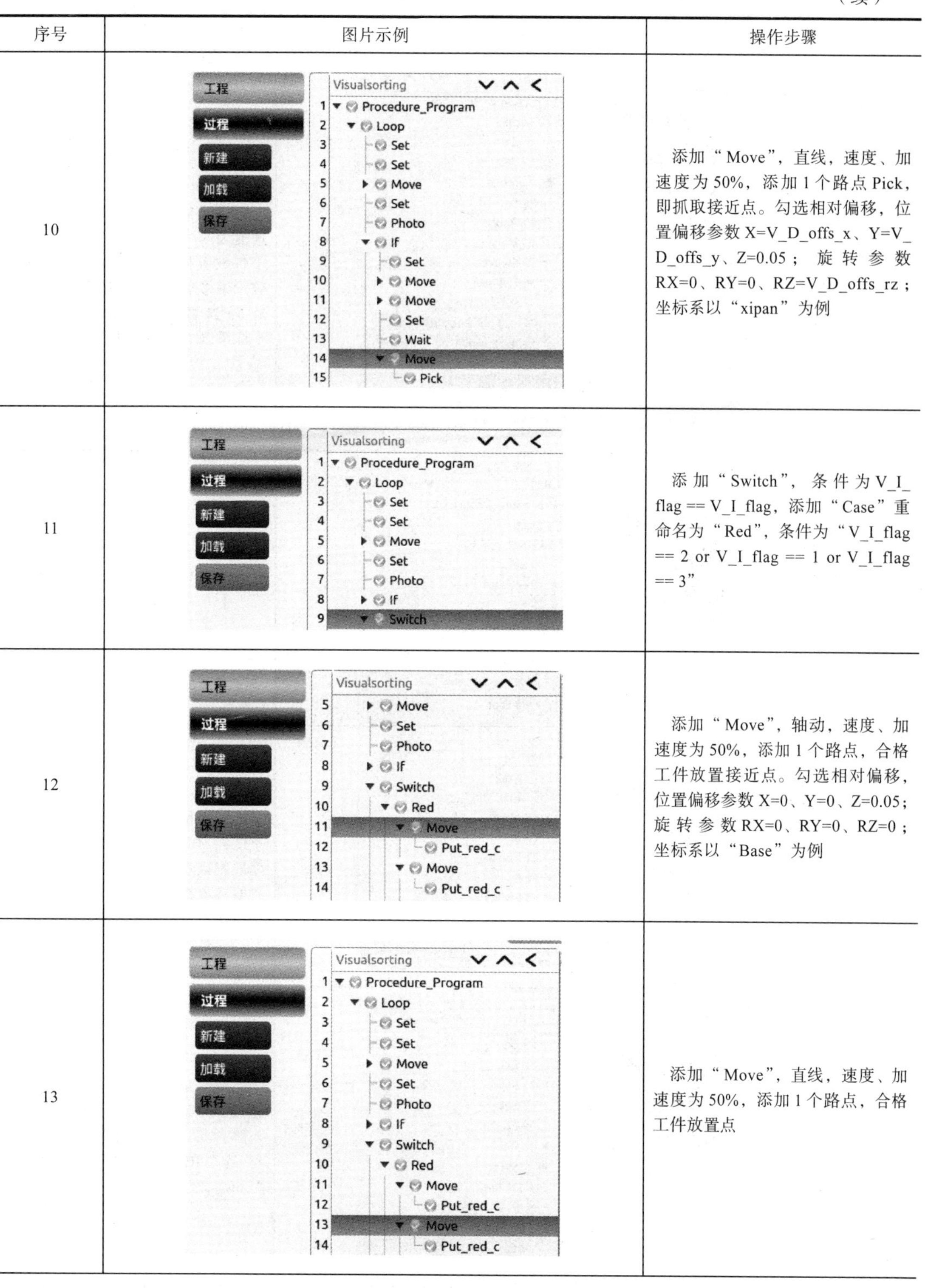

序号	图片示例	操作步骤
10		添加“Move”，直线，速度、加速度为 50%，添加 1 个路点 Pick，即抓取接近点。勾选相对偏移，位置偏移参数 X=V_D_offs_x、Y=V_D_offs_y、Z=0.05；旋转参数 RX=0、RY=0、RZ=V_D_offs_rz；坐标系以“xipan”为例
11		添加“Switch”，条件为 V_I_flag == V_I_flag，添加“Case”重命名为“Red”，条件为“V_I_flag == 2 or V_I_flag == 1 or V_I_flag == 3”
12		添加“Move”，轴动，速度、加速度为 50%，添加 1 个路点，合格工件放置接近点。勾选相对偏移，位置偏移参数 X=0、Y=0、Z=0.05；旋转参数 RX=0、RY=0、RZ=0；坐标系以“Base”为例
13		添加“Move”，直线，速度、加速度为 50%，添加 1 个路点，合格工件放置点

（续）

序号	图片示例	操作步骤
14	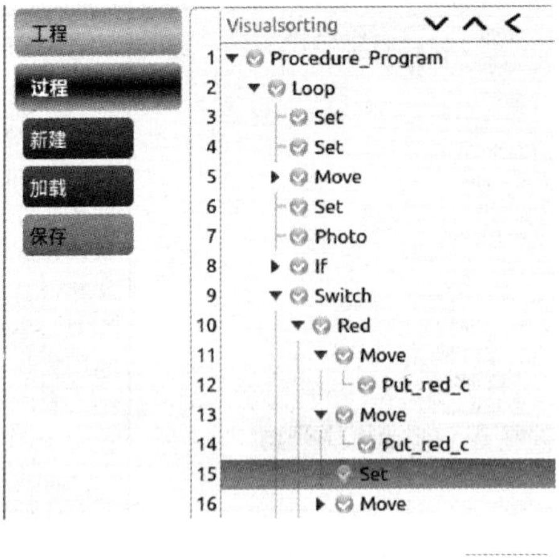	添加“Set”指令，勾选“IO”，设置U_DO_01为“Low” 添加“Move”，轴动，速度、加速度为50%，添加1个路点，合格工件放置接近点。勾选相对偏移，位置偏移参数X=0、Y=0、Z=0.05；旋转参数RX=0、RY=0、RZ=0；坐标系以“Base”为例
15	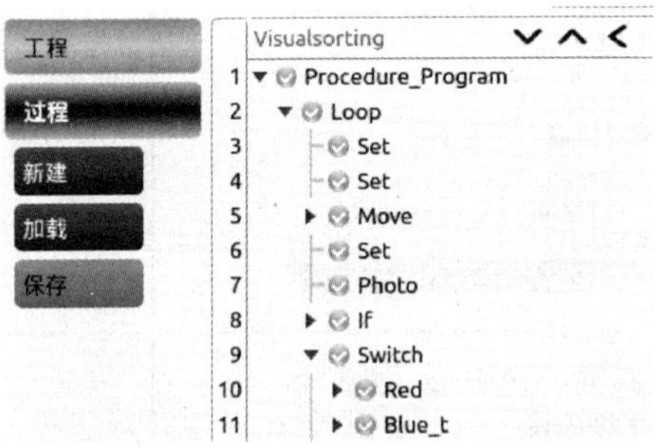	添加“Case”重命名为“Blue_t”，条件为V_I_flag == 5
16	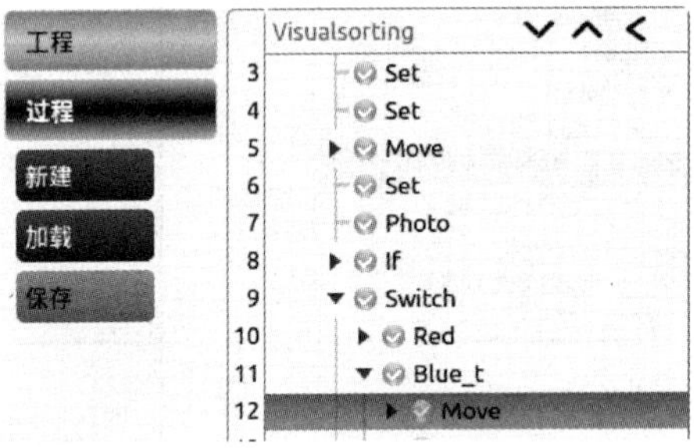	添加“Move”，轴动，速度、加速度为50%，添加1个路点，即入库放置接近点。勾选相对偏移，位置偏移参数Z=0.05
17	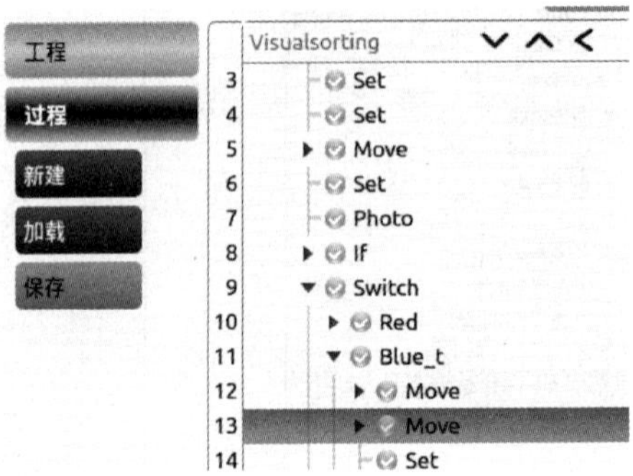	添加“Move”，直线，速度、加速度为50%，添加1个路点，即入库放置点。添加“Set”指令，勾选“IO”，设置U_DO_01为“Low”，放置工件

（续）

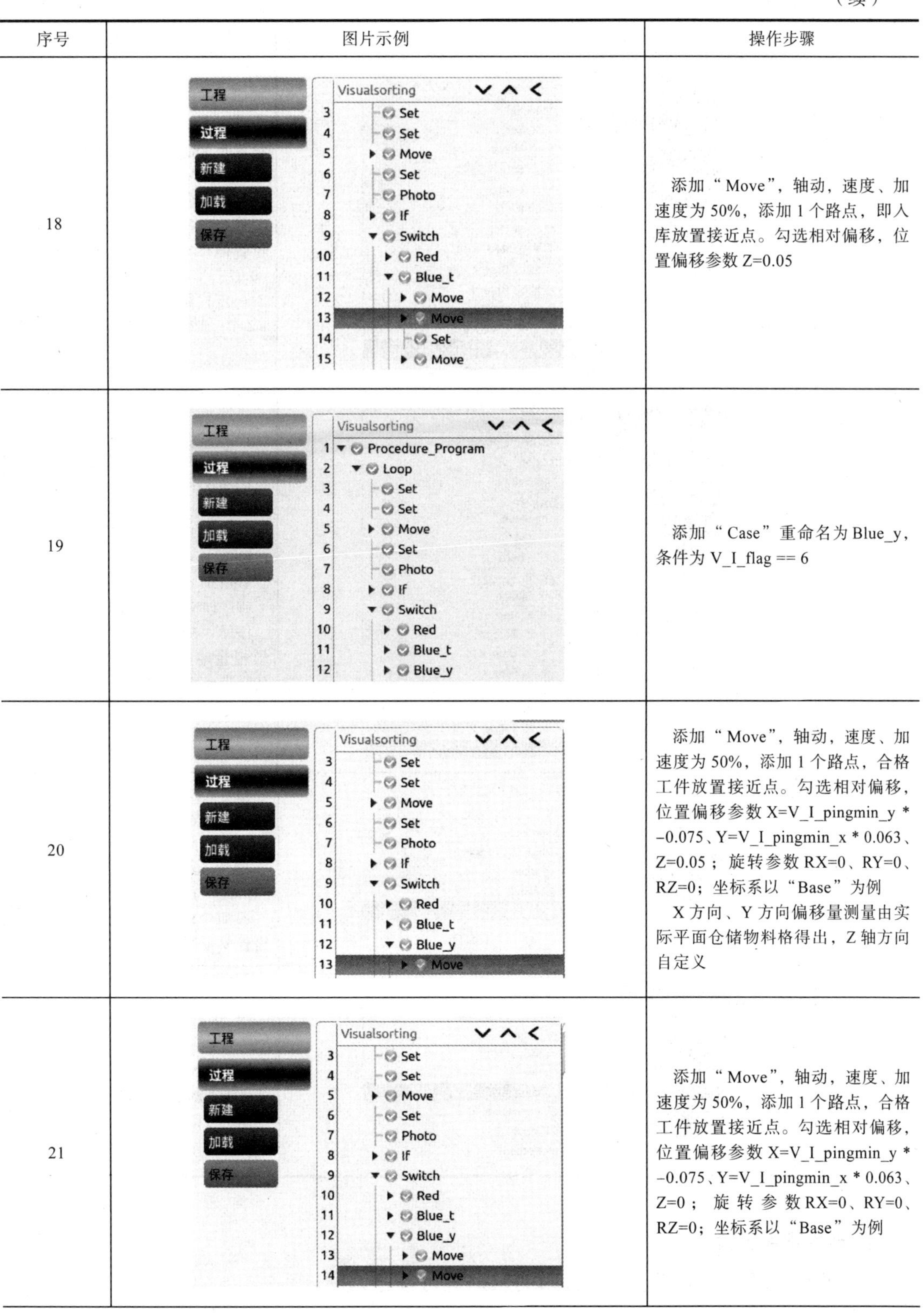

序号	图片示例	操作步骤
18		添加“Move”，轴动，速度、加速度为 50%，添加 1 个路点，即入库放置接近点。勾选相对偏移，位置偏移参数 Z=0.05
19		添加“Case”重命名为 Blue_y，条件为 V_I_flag == 6
20		添加“Move”，轴动，速度、加速度为 50%，添加 1 个路点，合格工件放置接近点。勾选相对偏移，位置偏移参数 X=V_I_pingmin_y * −0.075、Y=V_I_pingmin_x * 0.063、Z=0.05；旋转参数 RX=0、RY=0、RZ=0；坐标系以“Base”为例 X 方向、Y 方向偏移量测量由实际平面仓储物料格得出，Z 轴方向自定义
21		添加“Move”，轴动，速度、加速度为 50%，添加 1 个路点，合格工件放置接近点。勾选相对偏移，位置偏移参数 X=V_I_pingmin_y * −0.075、Y=V_I_pingmin_x * 0.063、Z=0；旋转参数 RX=0、RY=0、RZ=0；坐标系以“Base”为例

（续）

序号	图片示例	操作步骤
22	工程 过程 新建 加载 保存 Visualsorting 3 Set 4 Set 5 Move 6 Set 7 Photo 8 If 9 Switch 10 Red 11 Blue_t 12 Blue_y 13 Move 14 Move 15 Set 16 Move	添加“Set”指令，勾选“IO”，设置 U_DO_01 为“Low” 添加“Move”，轴动，速度、加速度为 50%，添加 1 个路点，合格工件放置接近点。勾选相对偏移，位置偏移参数 X=V_I_pingmin_y * −0.075、Y=V_I_pingmin_x * 0.063、Z=0.05；旋转参数 RX=0、RY=0、RZ=0；坐标系以“Base”为例
23	工程 过程 新建 加载 保存 Visualsorting 1 Procedure_Program 2 Loop 3 Set 4 Set 5 Move 6 Set 7 Photo 8 If 9 Switch 10 Red 11 Blue_t 12 Blue_y 13 Blue_c 14 Yellow_t 15 Yellow_y 16 Yellow_c 17 Set	添加 4 个“Case”，重命名为： Blue_c，条件为 V_I_flag == 4 Yellow_t，条件为 V_I_flag == 8 Yellow_y，条件为 V_I_flag == 9 Yellow_c，条件为 V_I_flag == 7 程序创建参考步骤 19 ~ 22 添加“Set”指令，设置 Modbus 模拟量输出“40004”为 0，停止传送带
24	工程 新建 加载 Visualsorting 1 Project_Program 2 Wait 3 Move 4 Set	创建工程文件 添加“Wait”，等待 0.5s 添加“Move”，轴动，速度、加速度为 50%，添加 1 个路点，为“Home”点 添加“Set”指令，勾选变量，设置 V_I_X=2
25	工程 新建 加载 保存 默认工程 Visualsorting 1 Project_Program 2 Wait 3 Move 4 Set 5 taketool 6 Visualsorting 7 Move 8 Puttool	调用过程文件“taketool”“Visualsorting” 添加“Move”，轴动，速度、加速度为 50%，添加路点，为过渡点 调用过程文件“Puttool”

2. 脚本程序开发

1）机器人建立连接请求并对接收的数据进行颜色判断。

```
port=6000                               -- 设置服务端口号为 6000
ip="192.168.1.101"                      -- 设置服务器 IP 地址
tcp.client.connect(ip, port)            -- 机器人建立连接请求
--var1=get_global_variable("V_I_num")
var1="get"                              -- 把字符串 get 赋值给 var1
tcp.client.send_str_data(ip, port, var1)
                                        -- 机器人发送给相机一个 get 字符用以
                                           启动相机拍照
str1= tcp.client.recv_str_data(ip, port)
                                        -- 把机器人接收到的数据赋值给变量
                                           str1
print(str1)                             -- 把机器人接收到的数据打印出来
while (true) do                         -- 一直循环
str0=string.sub(str1, 1, 1)             -- 截取 str 的第一位字符赋值给 str0
if str0 ～ ="#" then                    -- 如果截取的数值不等于 #
str1= tcp.client.recv_str_data(ip, port)
                                        -- 再次把机器人接收到的数据赋值给变
                                           量 str1
print(str1)                             -- 把接收的数据打印出来
else                                    -- 否则
flag=string.sub(str1, 2, 2)             -- 截取 str 的第二位字符赋值给 flag
print (flag)                            -- 把截取的第二位字符打印出来
```

2）通过计算把发送的数据赋值给 x、y 和 rz 的变量。

```
print(str1)                             -- 把机器人接收到的数据打印出来
var2=string.len(str1)                   -- 把接收的字符串长度赋值给 var2
str2=string.sub(str1, 4, var2)          —从 str1 中字符串的第 4 位开始截取，
                                          截取到 var2 寄存数值位置结束，并赋
                                          值给 str2
var3=string.find(str2, ";", 1)          -- 在 str2 中寻找第一个位到分号的位
                                           置赋值 var3
var3=var3-1                             -- var3 的字符串个数
x=string.sub(str2, 1, var3)             -- 截取第一位到 var3 字符串个数赋值
                                           给 x
print(x)                                -- 打印
x1=x/1000
x1=string.format ("%.6f", x1)
print (x1)
var3=var3+2
str2=string.sub(str2, var3, var2)
```

```
                                        -- 从 str2 中字符串 var3 寄存值的位
                                           数开始截取，到 var2 寄存值位置
                                           结束并赋值到 str2 中
var2=string.len(str2)                   -- 获取 str2 的长度
var3=string.find(str2, ";", 1)          -- 寻找分号
var3=var3-1
y=string.sub(str2, 1, var3)
                                        -- 把 str 中的第一位到 var3 长的字符
                                           赋值给 y
print(y)
y1=y/1000
y1=string.format ("%.6f", y1)
print(y1)
var3=var3+2
rz=string.sub(str2, var3, var2)         -- 截取 var3 开始的 var 个数的字符
rz=string.format ("%.4f", rz)
print(rz)
                                        -- set_global_variable("V_I_
                                           yanse", yanse)
set_global_variable("V_I_flag", flag)
                                        -- 给 flag 赋值
set_global_variable("V_D_offs_x", x1)
set_global_variable("V_D_offs_y", y1)
set_global_variable("V_D_offs_rz", rz)
break
end
sleep(0.2)
end
```

任务测评

判断题

1. tcp.client.connect 指令是与服务端建立连接的指令。 (　　)
2. break 函数可以实现跳出循环的功能。 (　　)
3. string.len 函数的功能是读取字符串的长度。 (　　)
4. string.sub 函数功能是截取字符。 (　　)
5. string.find 函数的功能是用来接收字符串。 (　　)

任务 6.4　系统程序调试与优化

任务描述

要结合智能协作机器人技术及应用平台实际情况，配置系统通信参数完成系统通信，利用相对偏移等功能优化机器人运行程序。

任务目标

1）掌握系统调试及通信参数配置。
2）掌握系统程序优化方法。

知识储备

6.4.1　机器人程序优化指令

1. 相对偏移

添加一个“Move”指令，用户通过勾选“相对偏移”，设置“位置（m）”/“旋转（deg）”偏移量及参考偏移“坐标系”启用“相对偏移”功能，使用相对偏移可以节省路点示教时间，可基于抓取点偏移出抓取接近点，如图 6-4-1 所示。

图 6-4-1　相对偏移

2. 坐标系

启用“相对偏移”功能时，需要根据实际需要选择参考偏移坐标系，默认“Base”坐标系，坐标系为相对偏移提供偏移方向，如图 6-4-2 所示。

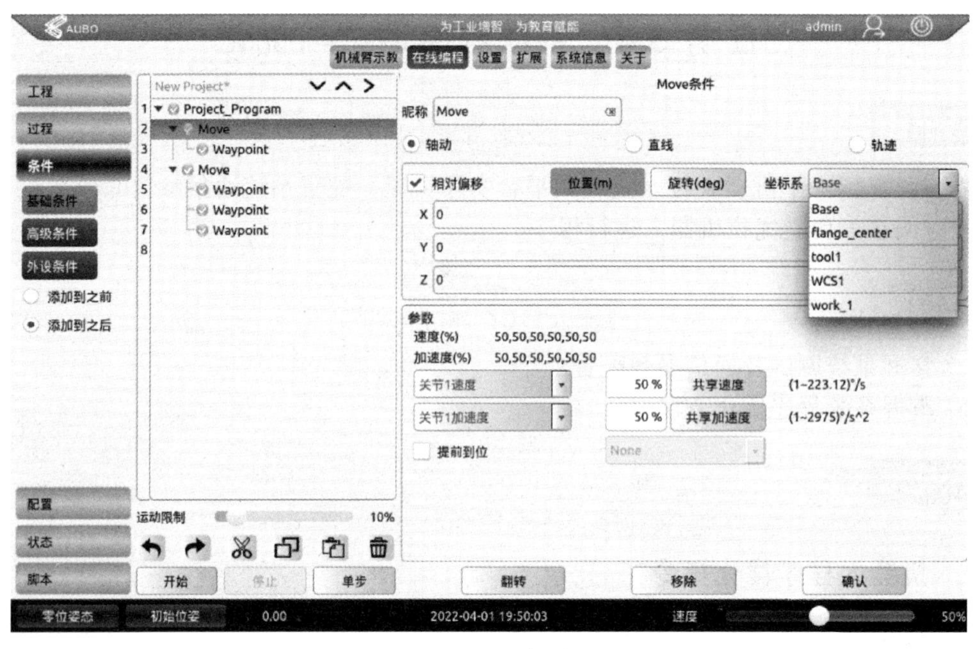

图 6-4-2　坐标系

3. 提前到位

按照距离目标的位置、时间勾选“提前到位”，可以提高机械臂工作效率；勾选此项，“Move”命令下的“Waypoint”会依据用户设置的距离或者时间进行运行轨迹的调整，使机器人提前到达一个点位，如图 6-4-3 ～图 6-4-5 所示。

图 6-4-3　提前距离到达

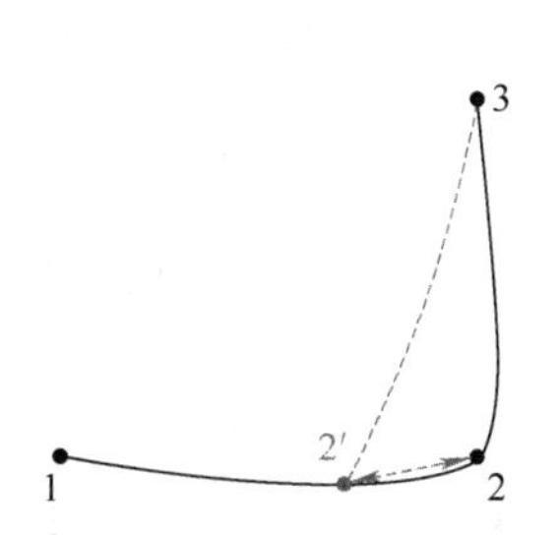

图 6-4-4　提前距离 / 时间到达路径

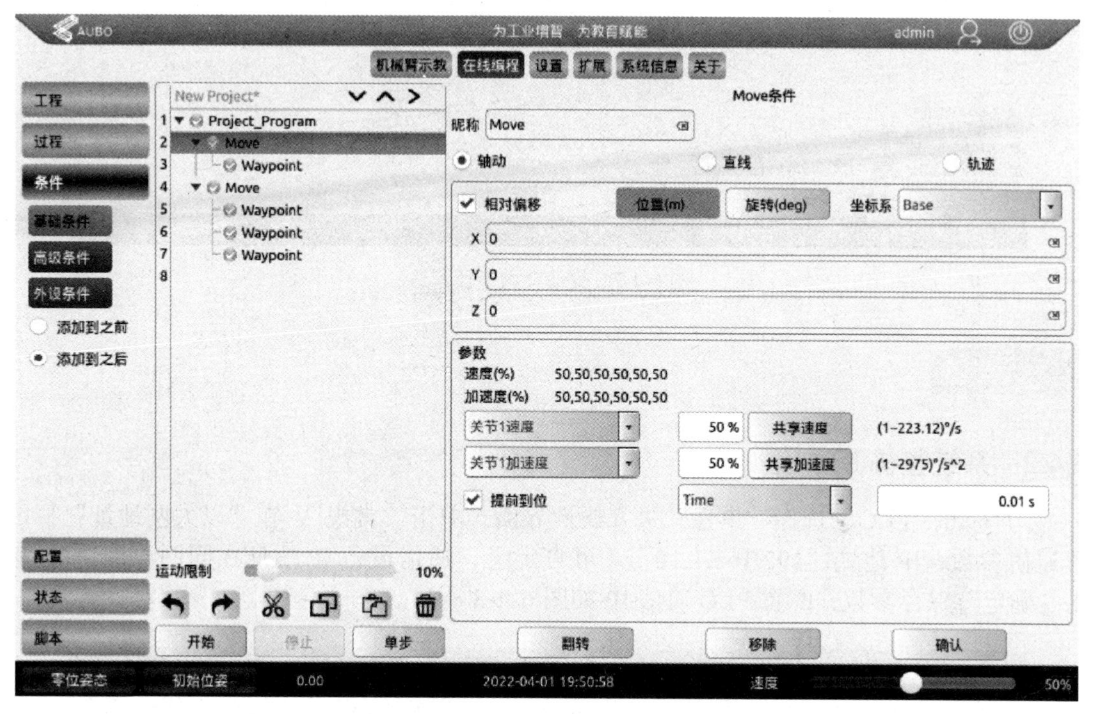

图 6-4-5　提前时间到达

按照距离目标的交融半径勾选“提前到位”，可以提高机械臂工作效率；勾选此项，“Move”命令下的“Waypoint”会依据用户设置的交融半径进行运行轨迹的调整，使机器人提前到达一个点位，如图 6-4-6、图 6-4-7 所示。

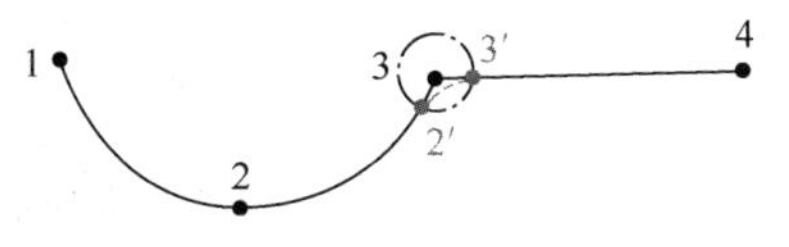

图 6-4-6　提前交融半径到达路径

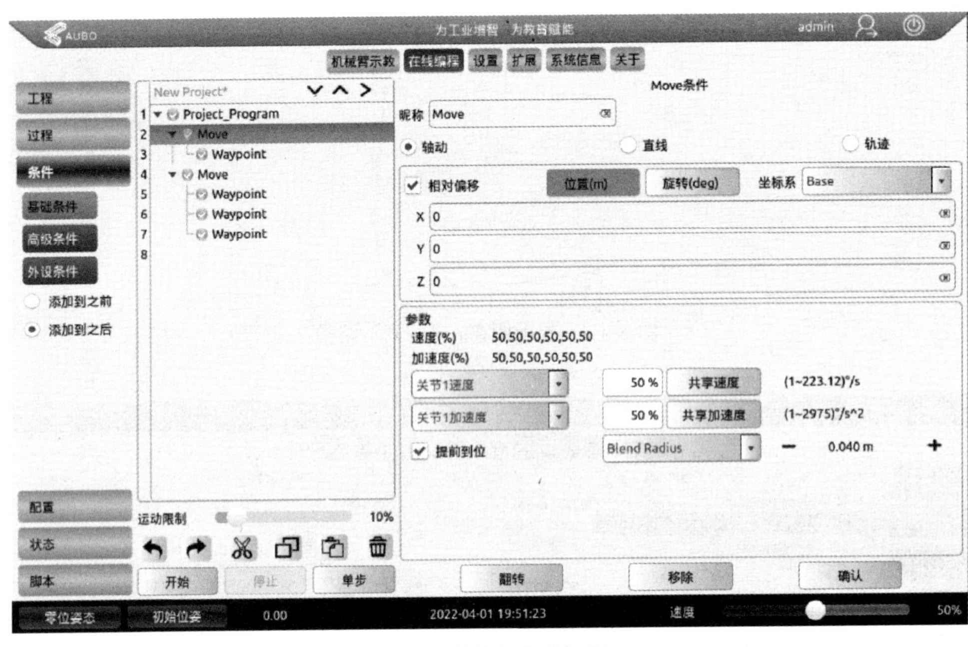

图 6-4-7　提前交融半径到达

任务实施

6.4.2　系统整机 IP 配置

1）右击“PLC”选择“属性”进入属性界面，单击“常规”，在“以太网地址”栏配置通信参数，IP 地址“192.168.1.10”（可自定义，通信设备 IP 地址在同网段即可），单击“确定”保存参数，配置 PLC 通信 IP 如图 6-4-8 所示。

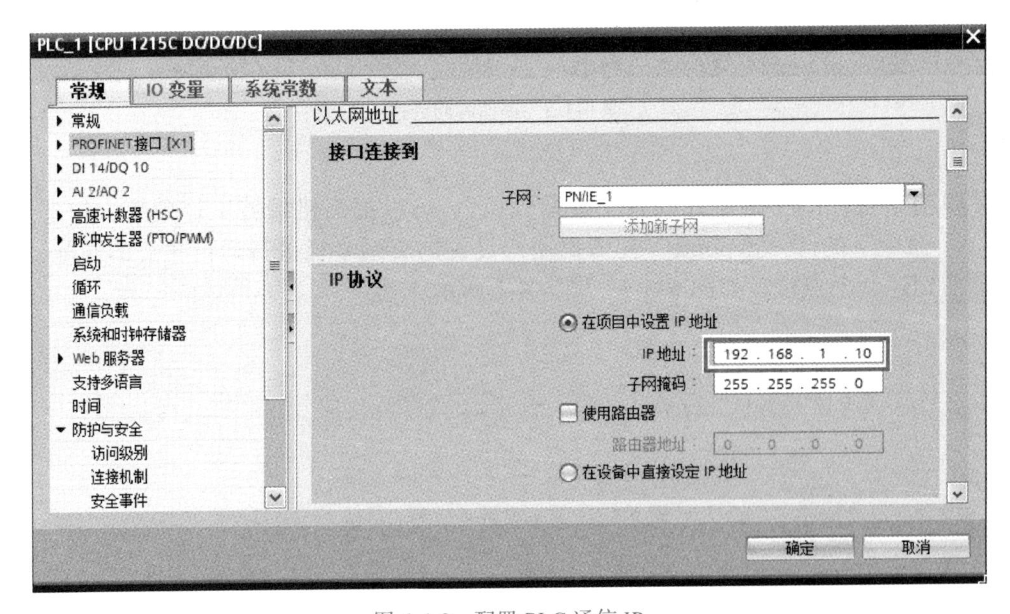

图 6-4-8　配置 PLC 通信 IP

2）单击“下载（L)”把控制程序和 PLC 系统配置参数下载到 PLC，单击“开始搜索（S)”选择正确目标设备，单击“下载（L)”弹出下载预览界面，单击“装载”等待程序下载完成，操作如图 6-4-9 所示。

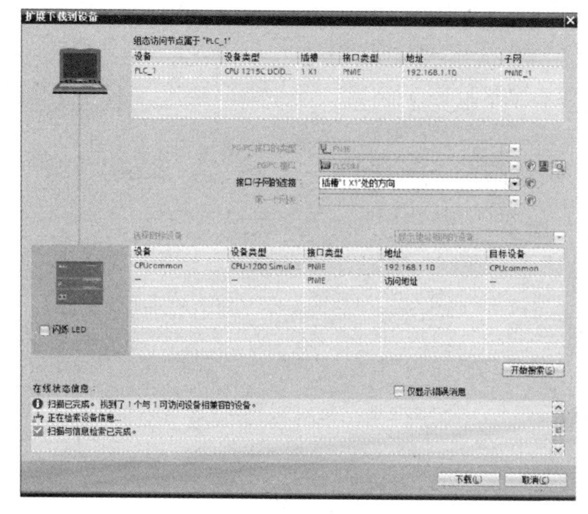
a)

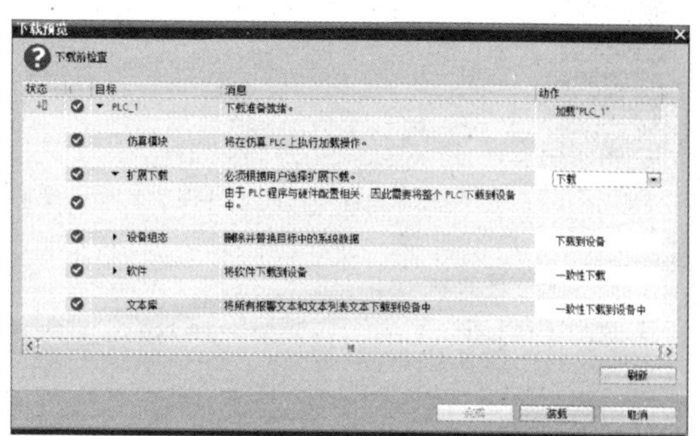
b)

图 6-4-9　程序下载操作

3）单击触摸屏右下角黑色箭头弹出菜单，单击“系统设置”图标，单击“System settings”（系统设定），在弹出的对话框中输入密码进入设置主界面，密码为 111111；进入设置界面选择“Network”（网络），勾选“IP address get from below”（使用下面地址），“IP address”（IP 地址）设置为“192.168.1.8”，“Subnet Mask”（网关）为“255.255.255.0”，单击“Apply”（应用），触摸屏 IP 配置如图 6-4-10 所示。

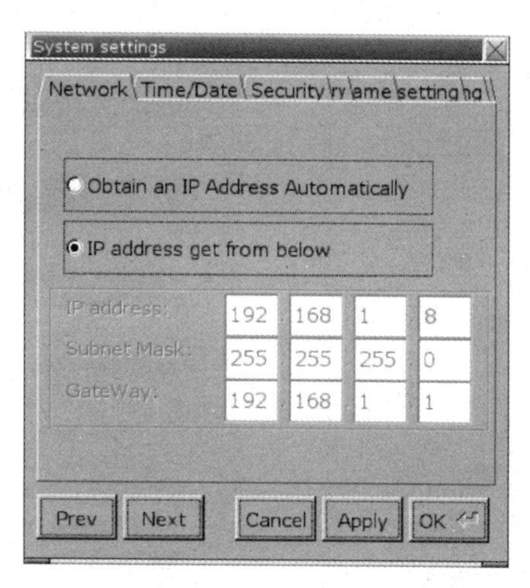

图 6-4-10　触摸屏 IP 配置

4）在机器人示教器界面单击“设置”选择左侧菜单栏“系统”，单击“网络”进入网络配置界面，机器人 IP 配置如图 6-4-11 所示。

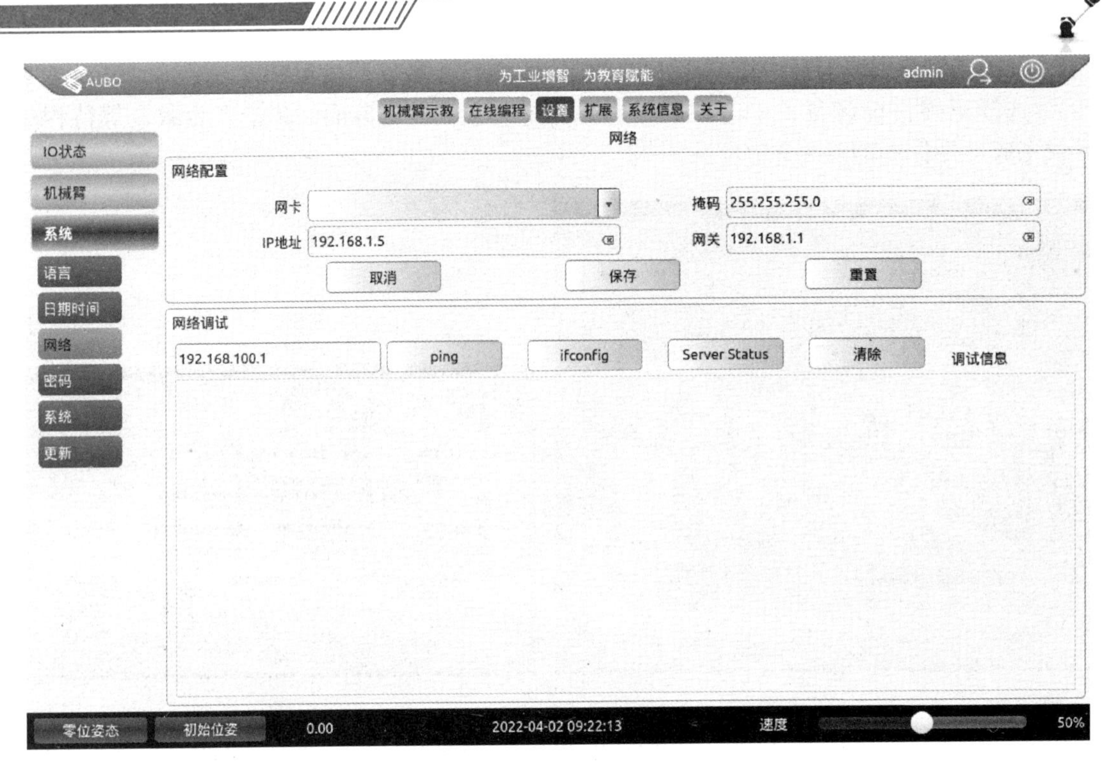

图 6-4-11 机器人 IP 配置

5）打开计算机网络和共享中心，双击“更改适配器设置”进入网络配置界面，选择实际连接的网络端口，右击进入属性，找到“Internet 协议版本 4（TCP/IPv4）”，相机 IPv4 配置界面如图 6-4-12 所示。

6）“Internet 协议版本 4（TCP/IPv4）”IP 地址需与机器人在同网段，IP 地址“192.168.1.101”，子网掩码“255.255.255.0”，相机 IP 配置如图 6-4-13 所示。

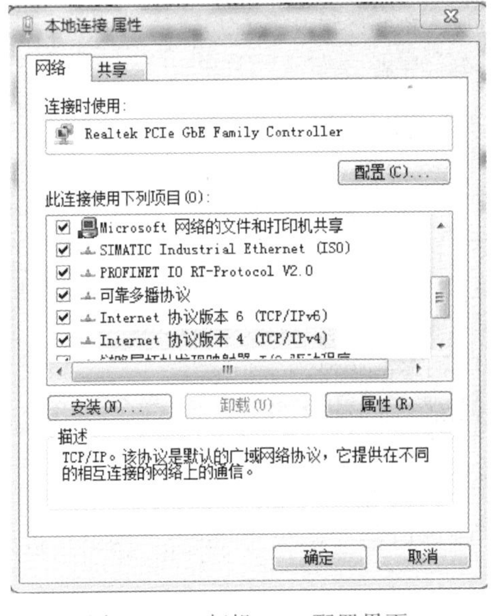

图 6-4-12 相机 IPv4 配置界面

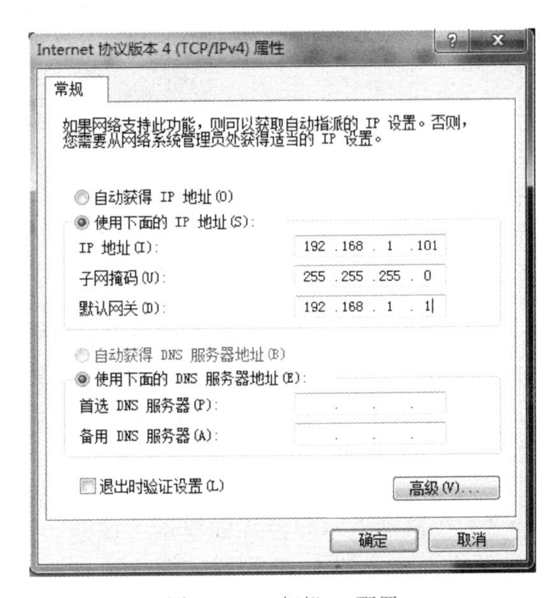

图 6-4-13 相机 IP 配置

7）TCP 通信 IP 地址配置完成后，可使用“ ping”功能检查网络硬件接线是否正常，ping 通说明接线无误，ping 不通应检查硬件接线和网络 IP 地址。

8）可手动运行系统程序单步检测各功能是否正常，手动测试功能无误进行自动运行测试。

6.4.3　机器人节拍优化

1）在机器人示教器中打开创建好的程序，单击“单步”跳转到“移动机械臂到准备点”界面，按住“自动移动”按钮，移动机械臂到程序初始点，如图 6-4-14 所示。

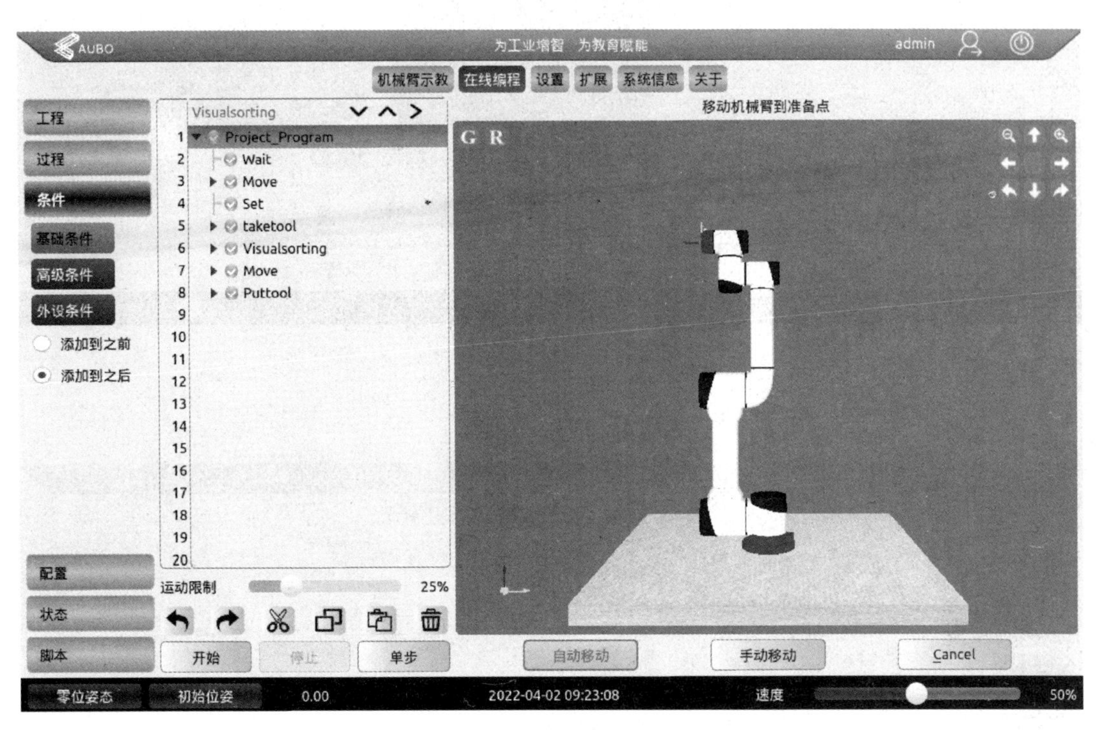

图 6-4-14　移动机械臂到准备点

2）按住“运动限制”滑条，调整机器人运动速度，单击“单步”按钮运行程序，查看相关输出指令和动作状态、输出是否一致，动作错误及时调整，如图 6-4-15 所示。

3）机器人程序过渡点（无实际工作的空中点）可用轴动模式，速度可适当调整到 50% 或更高，系统整机调试过程中可删掉一些不必要的空中过渡点，加快机器人运行节拍，优化过渡点参数如图 6-4-16 所示。

4）机器人程序抓取点前后的过渡点可使用相对偏移功能，优化程序结构及机器人运行节拍，如图 6-4-17 所示。

5）优化机器人程序中的等待时间，根据单步运行的情况，可适当调整等待时间，优化运行节拍，如图 6-4-18 所示。

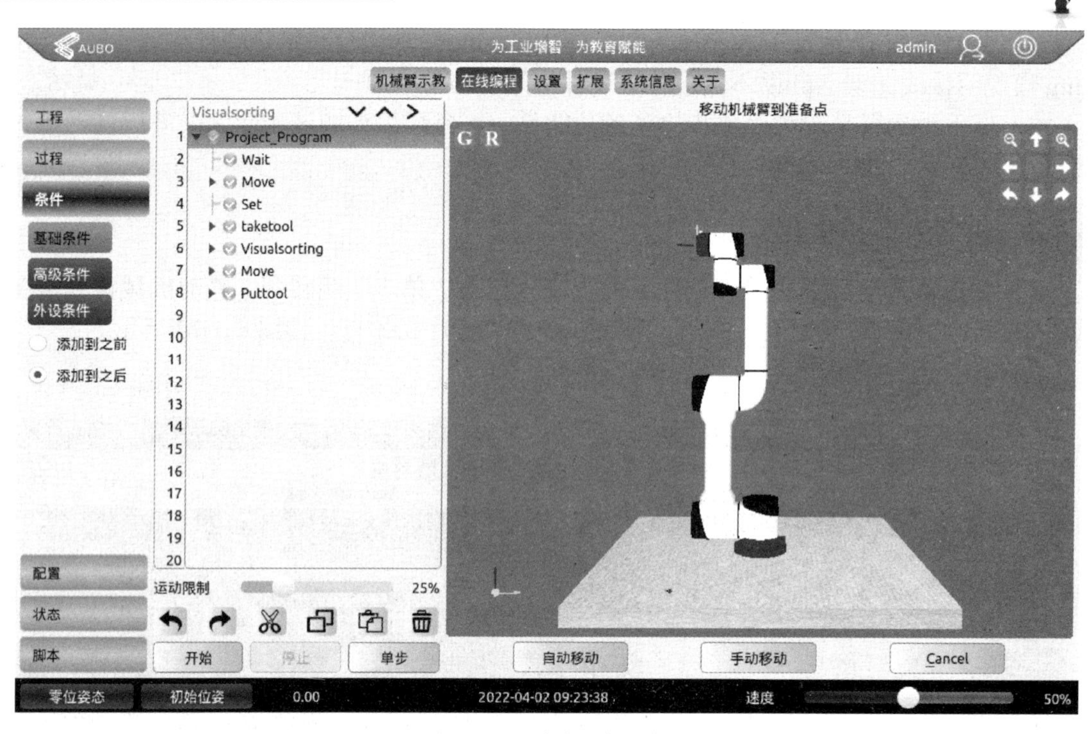

图 6-4-15 单步运行程序

图 6-4-16 优化过渡点参数

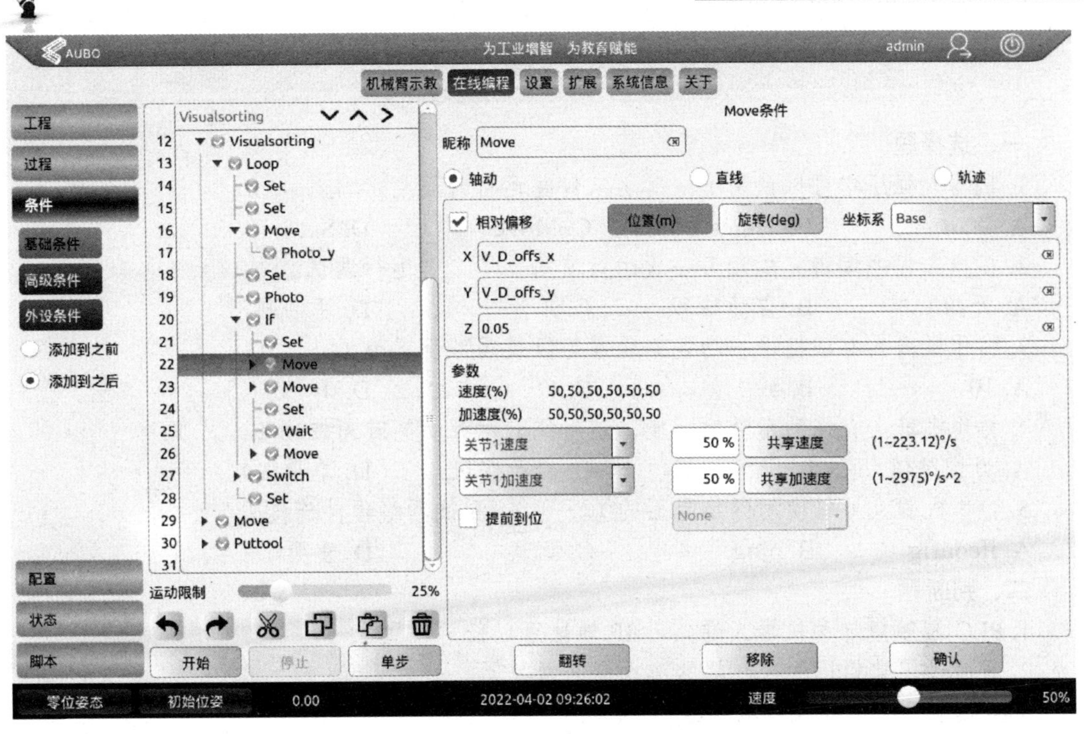

图 6-4-17　使用相对偏移功能

图 6-4-18　优化等待时间

任务测评

一、选择题

1. 机器人程序中可以使用（　　）来计算运行时间。

A. Wait　　B. Timer　　C. Move　　D. Set

2. 机器人程序编辑完成后第一次运行使用（　　）运行调试。

A. 开始　　B. 自动移动　　C. 单步　　D. 手动移动

3. 协作机器人有碰撞保护功能，碰撞等级最高可设置为（　　）。

A. 10　　B. 5　　C. 1　　D. 0

4. 协作机器人有拖动示教的功能，使用拖动示教功能时需按住（　　）。

A. 力控按钮　　B. 开始按钮　　C. 启动按钮　　D. 单步按钮

5. 协作机器人可以使用网络界面的（　　），测试网络硬件连接。

A. ifconfig　　B. ping　　C. 测试　　D. 重置

二、判断题

1. PLC 与触摸屏和机器人通信时 IP 地址可以任意设置。（　　）
2. 通信时视觉相机的控制器的防火墙必须关闭。（　　）
3. 触摸屏元件地址必须与 PLC 触点地址一致。（　　）
4. 机器人程序中可以插入 Time 来计算运行时间。（　　）
5. 机器人的空中动作可以使轴动运行提升运行节拍。（　　）

任务 6.5　系统维护维修

任务描述

结合智能协作机器人现场的实际情况，根据现场设备故障现象分析造成该故障的原因，根据故障原因处理现场设备故障，尽快恢复设备运转。

任务目标

1）掌握系统设备程序备份方法。
2）掌握协作机器人关节更换方法及操作规范。
3）掌握伺服故障处理及 PLC、触摸屏故障处理方法。

知识储备

6.5.1　协作机器人维护保养

1. 日常维护

日常维护是指短时间内（建议每天一次，或至少每月一次）对控制箱和机器人进行的预防性维护。

表 6-5-1 列出了协作机器人日常维护项目和时间。当出现螺钉松动等轻微情况时应及时正确拧紧螺钉，如出现部件损坏或功能异常时应及时进行部件更换或其他维修处理。

表 6-5-1　协作机器人日常维护项目和时间

维护设备	维护项目	维护内容	维护时间
机械臂	外表	检查机械臂外表是否有磕伤、撞裂	每天
	关节	检查机械臂各个关节模块后盖是否盖好、是否有损伤	每天
	运行	检查机械臂运行过程中是否有异响、噪声、抖动以及卡顿	每天
控制柜	柜门	检查电控柜的门是否关好	每天
	密封	检查密封构件部分有无缝隙和损坏	每月
	风扇	检查风扇转动情况	开机时
	急停开关	检查急停开关动作	开机时
	端子排默认配置	检查内部电源接口和默认安全配置	每月
示教器	外观	检查示教器外观是否有磕伤	每天
	急停	检查示教器急停是否可正常使用	开机时
	屏幕	检查示教器屏幕显示是否完好	开机时
	触控	检查示教器触控是否灵敏	每月

2. 协作机器人的日常保养

协作机器人的日常保养主要是日常清洁，当在机械臂、控制柜或是示教器观察到灰尘、污垢和油污时，可使用带有清洁剂的防静电布擦去。

3. 维修前须知

维护维修工作的目的是确保系统正常运行，或在系统故障时使其恢复正常状态。维修包括故障诊断和实际的维修。

1）维修工作务必严格遵守机器人手册的所有安全指示。

2）维修必须由授权的系统集成商进行，零件退回给遨博公司时应按服务手册的规定进行操作。

3）必须确保维护维修工作规定的安全级别，遵守有效的国家或地区的工作安全条例，同时必须测试所有的安全功能是否能正常运行。

操作机器人手臂或控制柜时必须遵循以下安全程序和警告事项：

1）从控制柜背部移除主输入电缆以确保其完全断电。需要采取必要的预防措施以避免其他人在维修期间重新接通系统能源。断电之后仍要重新检查系统，确保其断电。

2）重新开启系统前应检查接地连接。

3）拆分机器人手臂或控制柜时应遵守 ESD（静电放电）法规。

4）避免拆分控制柜的供电系统。控制柜关闭后其供电系统仍可留存高压达数小时。

5）避免水或粉尘进入机器人手臂或控制柜。

6）使用部件号相同的新部件或遨博公司批准的相应部件替换故障部件。

7）该工作完成后立即重新启动所有禁用的安全措施。

8）书面记录所有维修操作，并将其保存在整个机器人系统相关的技术文件中。

任务实施

6.5.2　系统程序备份

1. PLC 程序备份

1）打开 PLC 编程软件新建项目程序，单击“添加新设备”，如图 6-5-1 所示。

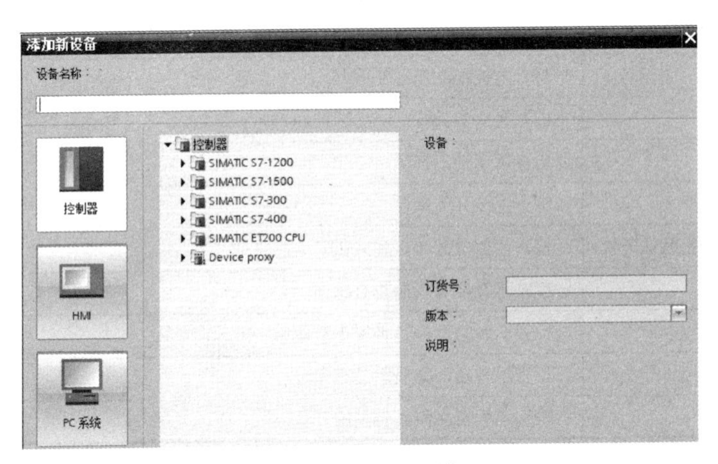

图 6-5-1　添加新设备

2）单击“控制器”，选择“ SIMATIC S7–1200”系列，选择“非特定的 CPU 1200”，选择型号如图 6-5-2 所示。

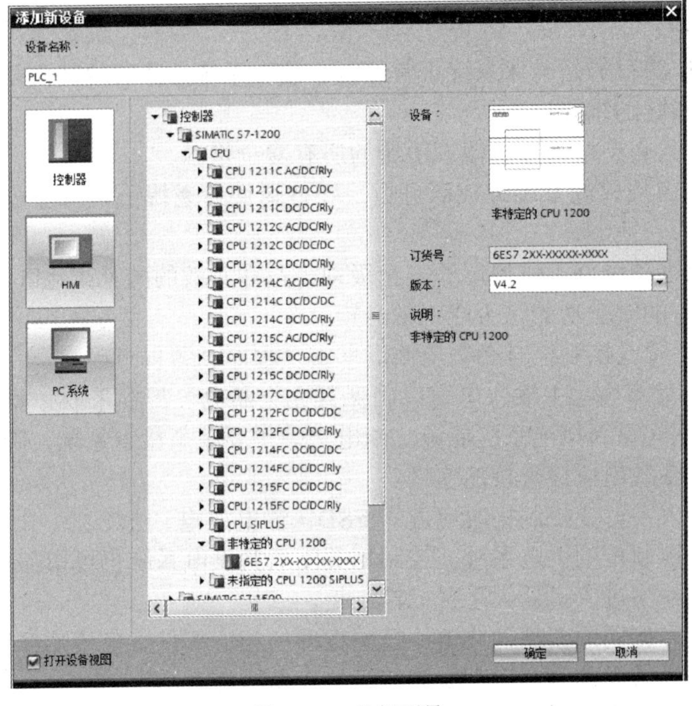

图 6-5-2　选择型号

3）单击“获取”进入 PLC 硬件检测界面，如图 6-5-3 所示。

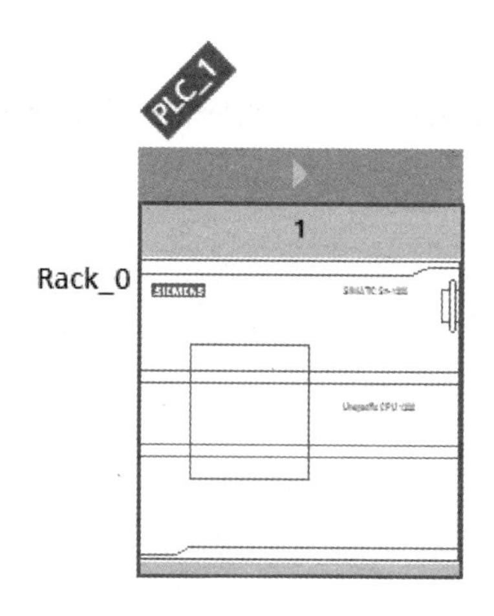

图 6-5-3　获取

4）在硬件检测界面，配置“PG/PC 接口的类型”和“PG/PC 接口”（根据实际接口选择），单击“开始搜索（S)”，搜索 PLC 硬件如图 6-5-4 所示。

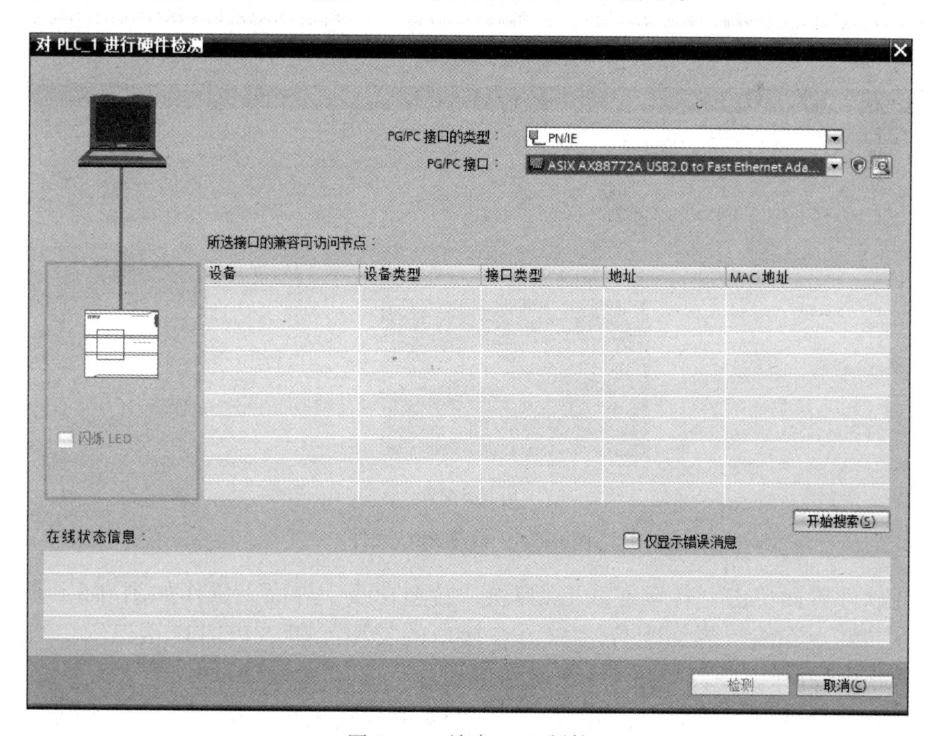

图 6-5-4　搜索 PLC 硬件

5）选择检测的实际 PLC 型号，单击“检测”，弹出设备配置界面，检测 PLC 硬件如图 6-5-5 所示。

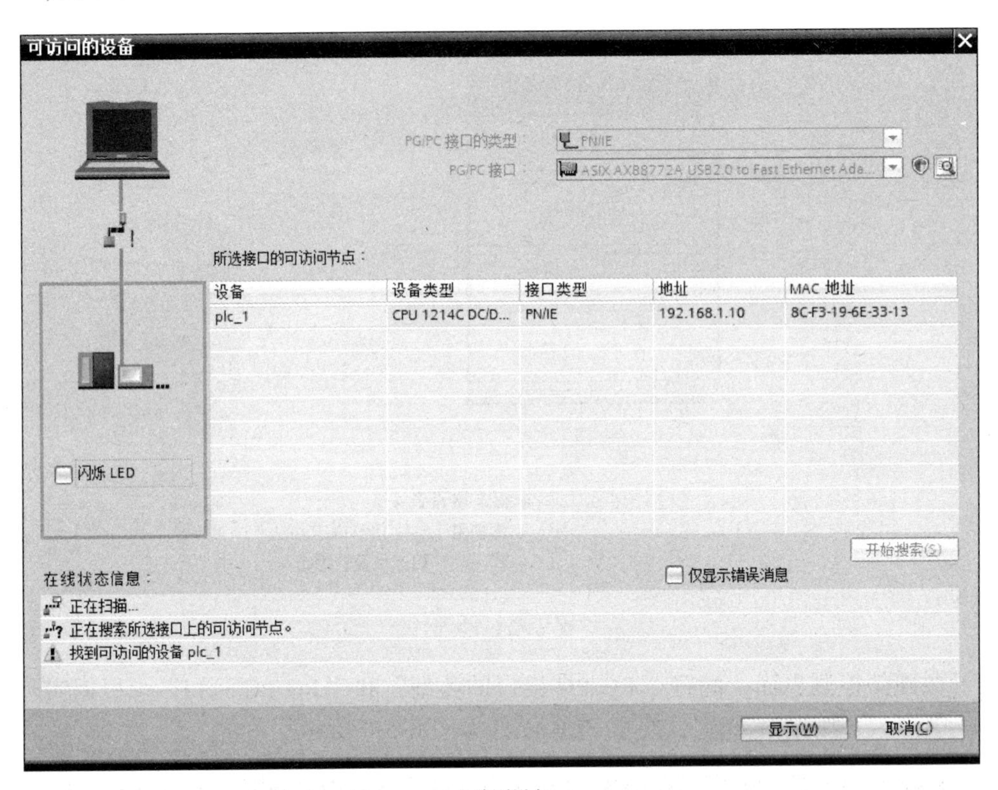

a) 检测设备

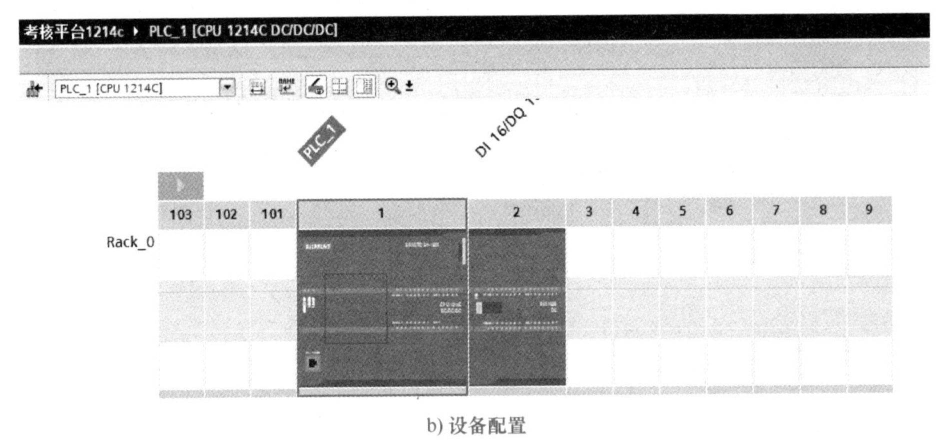

b) 设备配置

图 6-5-5 检测 PLC 硬件

6）在软件界面单击“转至在线”，弹出“转至在线”界面，操作如图 6-5-6 所示。

7）在“转至在线”界面配置“PG/PC 接口的类型”和“PG/PC 接口”，单击“开始搜索（S）”搜索目标设备，如图 6-5-7 所示。

8）在选择目标设备界面中，单击搜索到的实际设备名称，单击“转至在线”，成功进入在线界面，如图 6-5-8 所示。

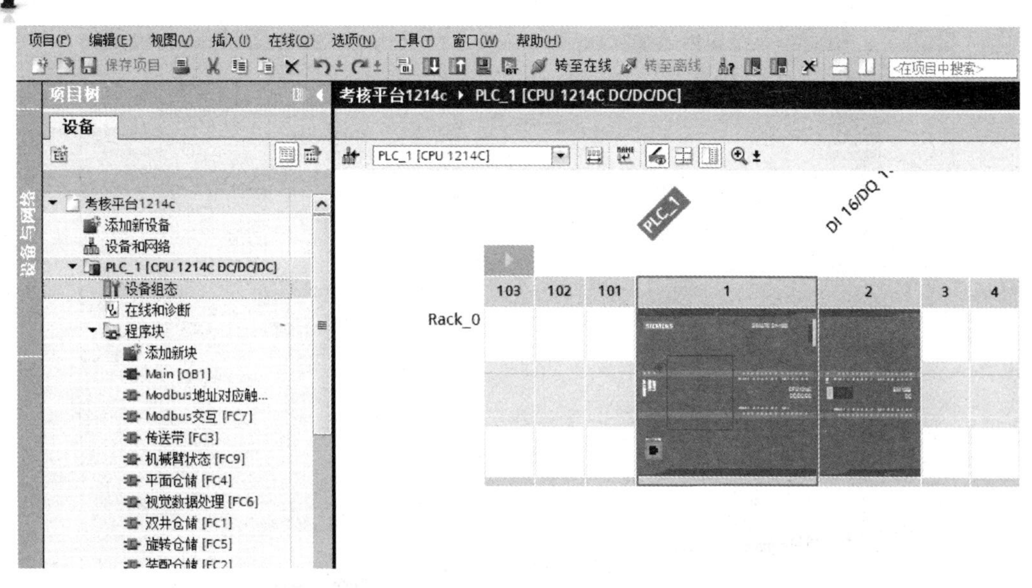

a) 转至在线

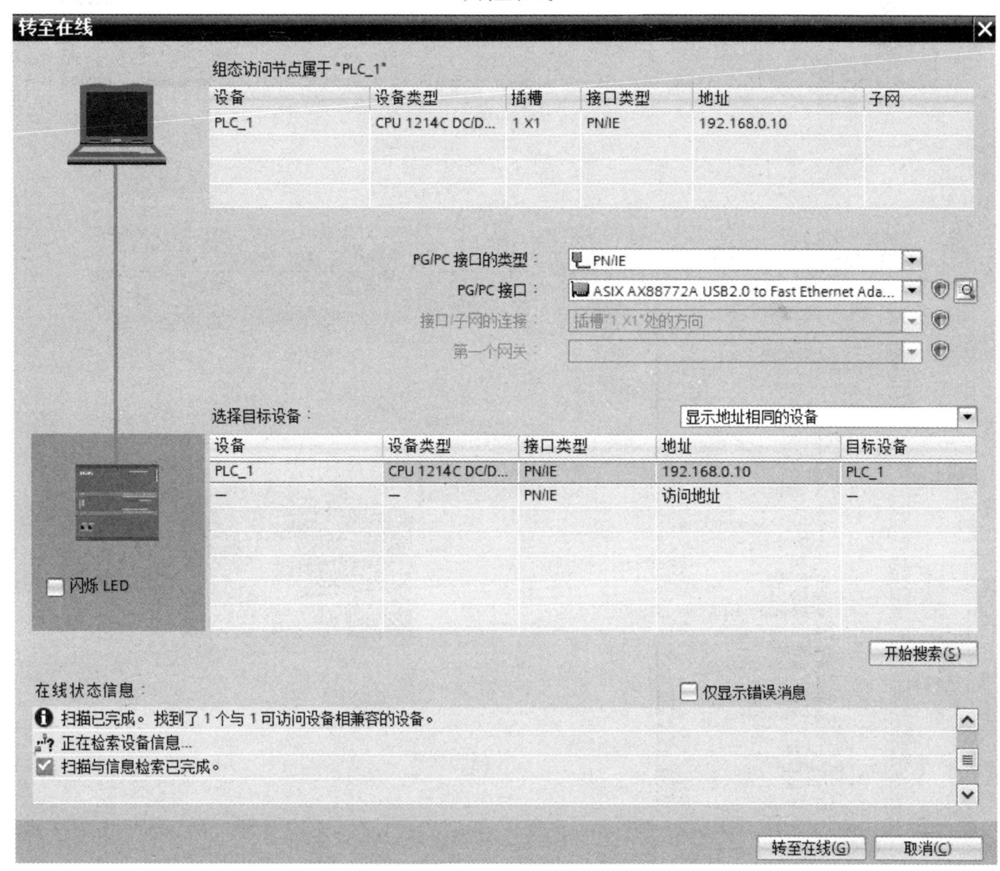

b) 转至在线界面

图 6-5-6　转至在线操作

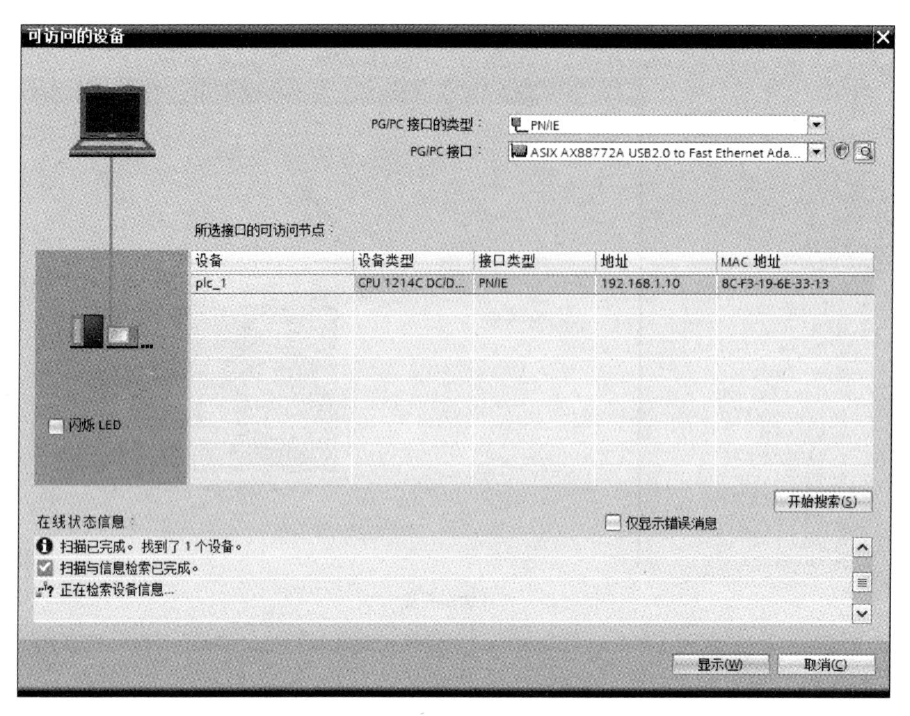

图 6-5-7　搜索目标设备

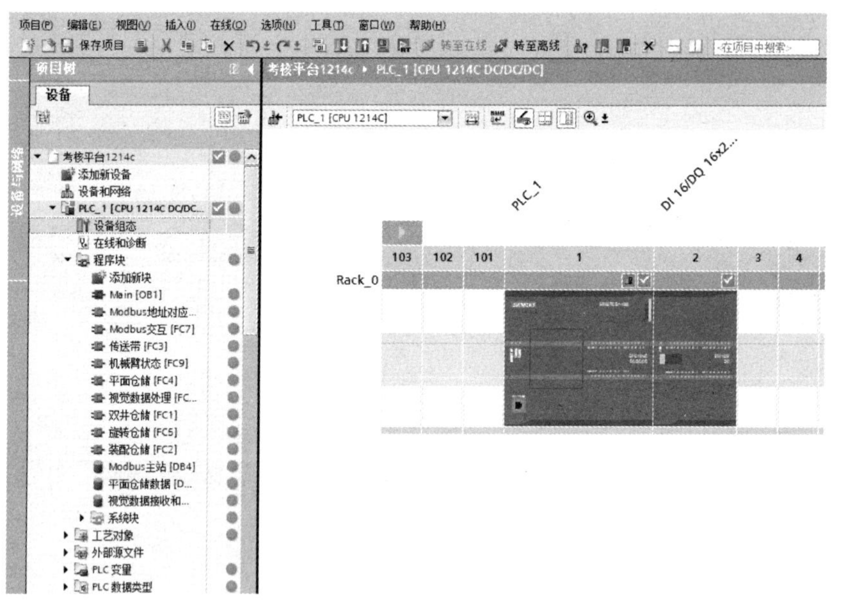

图 6-5-8　转至在线

9）在软件界面中单击“上载”按钮，进入程序上载界面，勾选“继续”，单击“从设备中上传”，如图 6-5-9 所示。

a) 单击“上载”

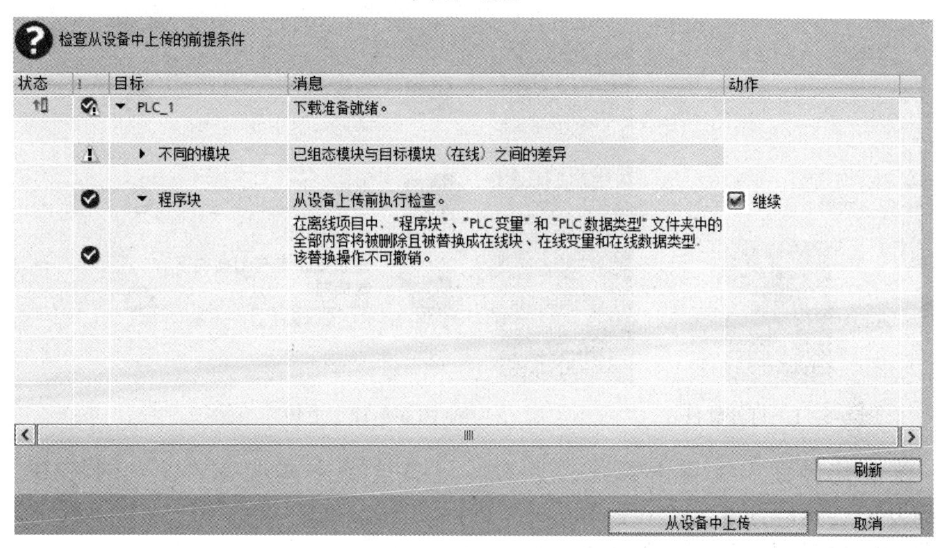

b) 单击“从设备中上传”

图 6-5-9　程序上载

10）上传程序成功，单击“保存”完成程序备份，如图 6-5-10 所示。

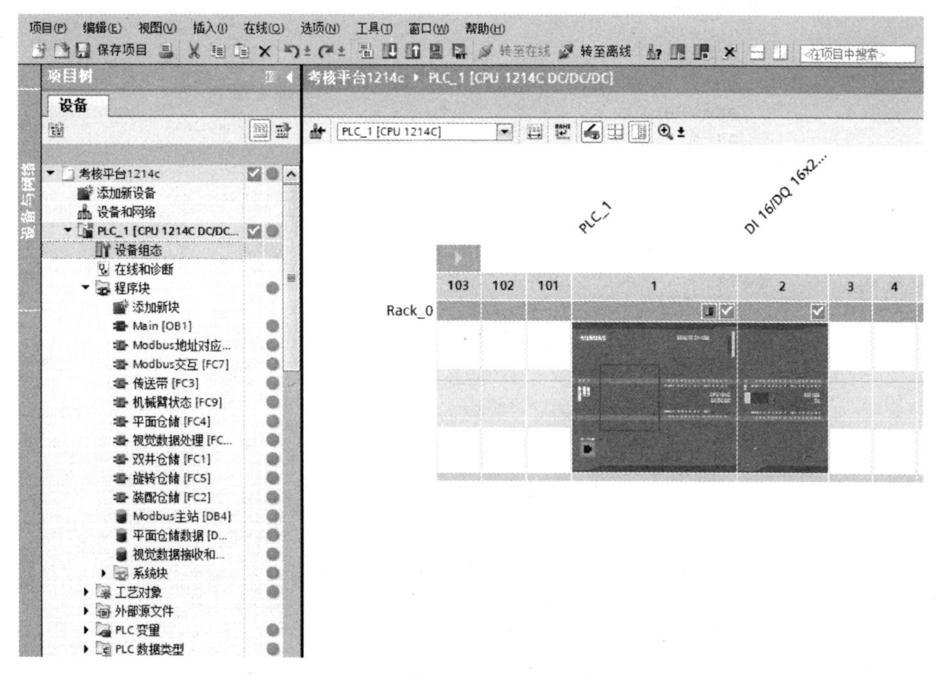

图 6-5-10　程序备份

2. HMI 程序备份

(1)程序上传

1)单击“Utility Manager”软件图标，打开软件，如图 6-5-11 所示。

2)单击软件界面中“上传”，如图 6-5-12 所示。

图 6-5-11 打开软件

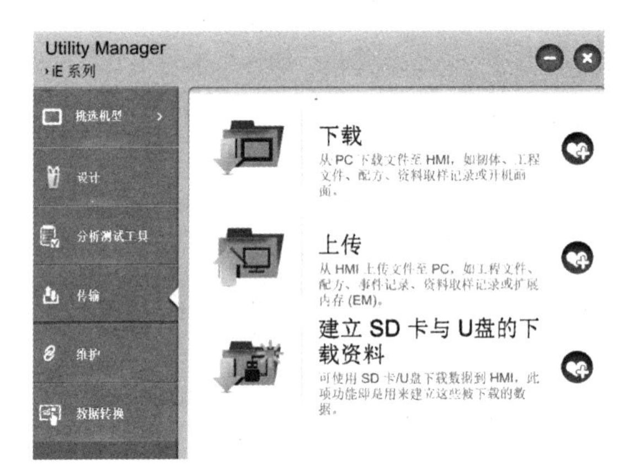

图 6-5-12 上传

3)在上传界面中配置上载保存路径，设备连接方式选择“以太网”，IP 地址为“192.168.0.8”，密码为 6 个 1（举例说明，自行设置），单击“上传（HMI → PC）”等待上传成功即可，触摸屏上传程序如图 6-5-13 所示。

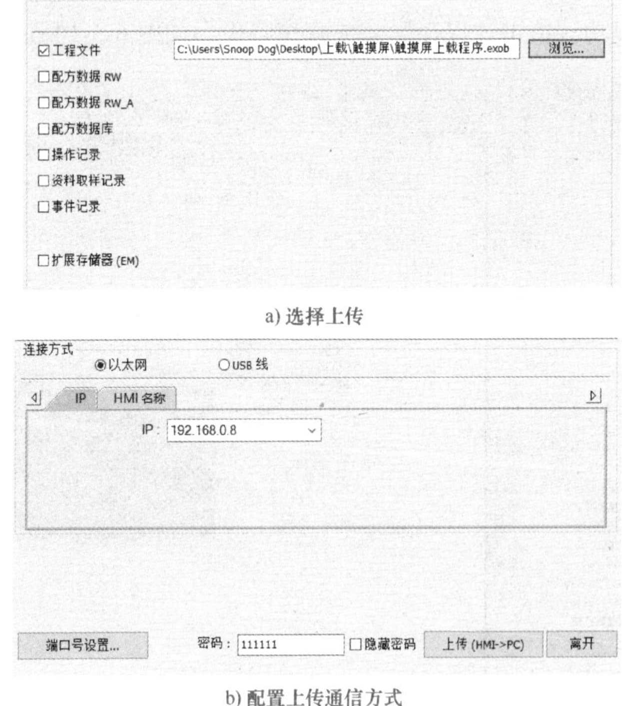

a) 选择上传

b) 配置上传通信方式

图 6-5-13 触摸屏上传程序

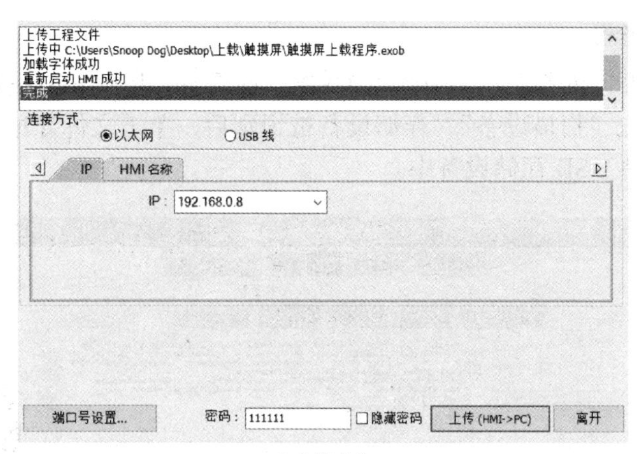

c) 上传成功

图 6-5-13　触摸屏上传程序（续）

（2）程序反编译

1）新建 HMI 程序，单击“常用”选择“反编译”，如图 6-5-14 所示。

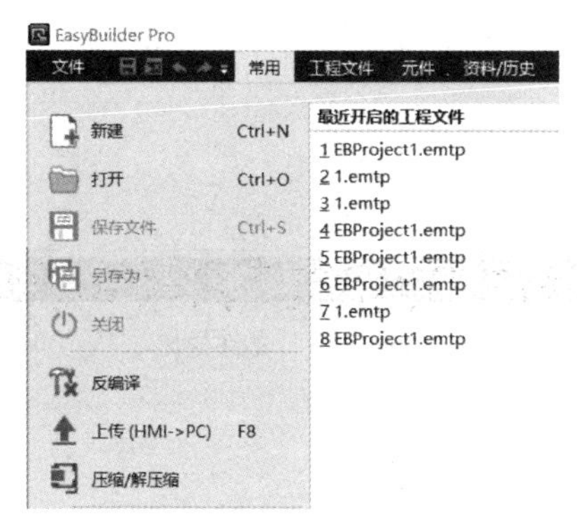

图 6-5-14　反编译

2）在反编译界面“EXOB 文件名称”选择上载时保存的文件，“工程文件名称”可自定义，密码是上载时设置的密码，单击“反编译”等待编译完成保存，反编译程序如图 6-5-15 所示。

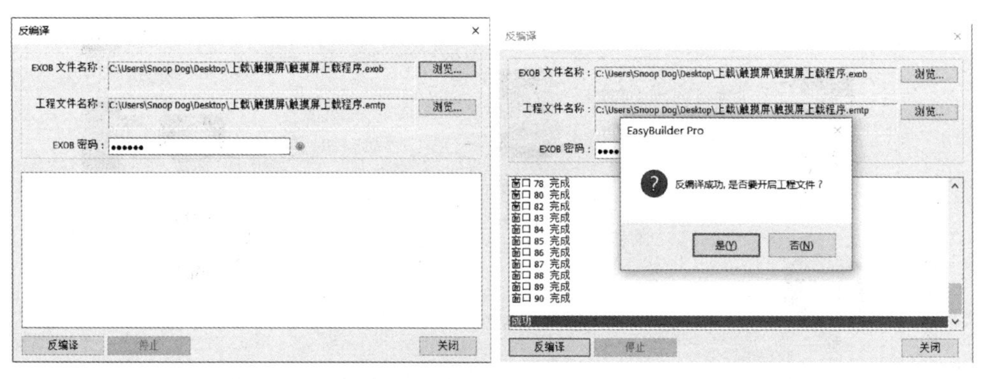

a) 反编译设置　　　　b) 反编译完成

图 6-5-15　反编译程序

3. 机器人程序备份

工程文件的导出：机器人控制柜插入 USB 存储设备并按图 6-5-16 所示界面选择“文件导出”按钮。单击“扫描设备”，存储设备被识别后，单击文件导出，相应的日志文件或工程文件将导入到 USB 存储设备中。

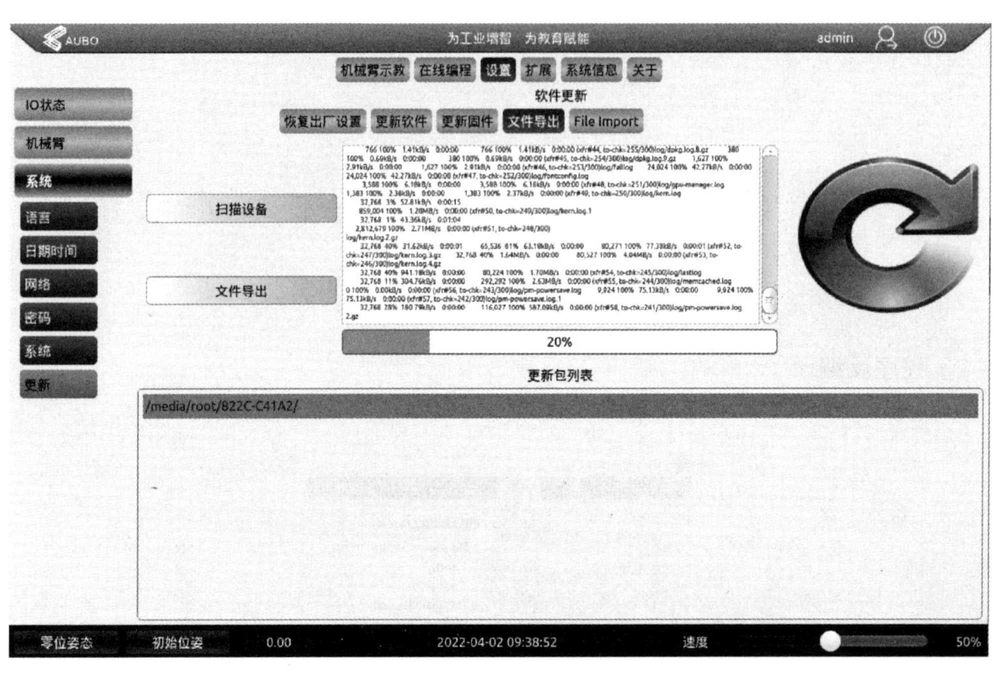

图 6-5-16 文件导出

协作机器人关节更换

6.5.3 协作机器人关节更换

AUBO G 系列机械臂关节拆解示意图如图 6-5-17 所示。

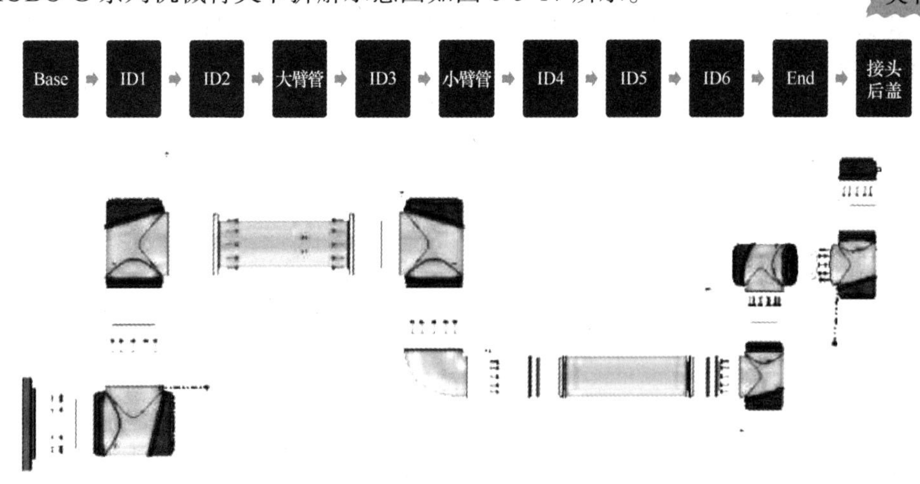

图 6-5-17 机械臂关节拆解示意图

AUBO G 系列产品 G5 模块组合见表 6-5-2。

表 6-5-2 模块组合

模块组合	关节 1	关节 2	关节 3	关节 4	关节 5	关节 6
G5	25	25	25	14	14	14

1. 更换前检查

确认所有安全输入和输出均已正确连接。测试所有连接的安全输入和输出，包括多台机器或机器人共享的设备。在首次使用机器人之前或在进行任何修改之后，必须进行以下测试：

1）测试紧急停止按钮。检查机器人是否已停止。

2）测试：安全装置输入会停止机器人的运动。如果配置了安全防护装置，应检查安全防护装置是否正常启动，必须先启动它才能恢复运动。

3）确保缩减模式可以切换安全模式并返回。

4）测试操作模式开关（如果已连接），参阅用户接口右上角的图标以确保模式正在更改。

5）测试：系统紧急停止输出可以使整个系统进入安全状态。

6）测试：连接到机器人移动输出，机器人不停止输出，缩减模式输出或非缩减模式输出的系统可以检测输出变化。

2. 整臂的更换

1）保证机械臂在安全运行范围内进行以下操作：在工程列表中，选择“package”（打包程序），加载，并单步运行；直到机械臂运行到对应位置，然后停止程序；如设备周围有障碍物，无法执行以上操作，可以先将机械臂拆卸下来再进行更换。选择 package 如图 6-5-18 所示。

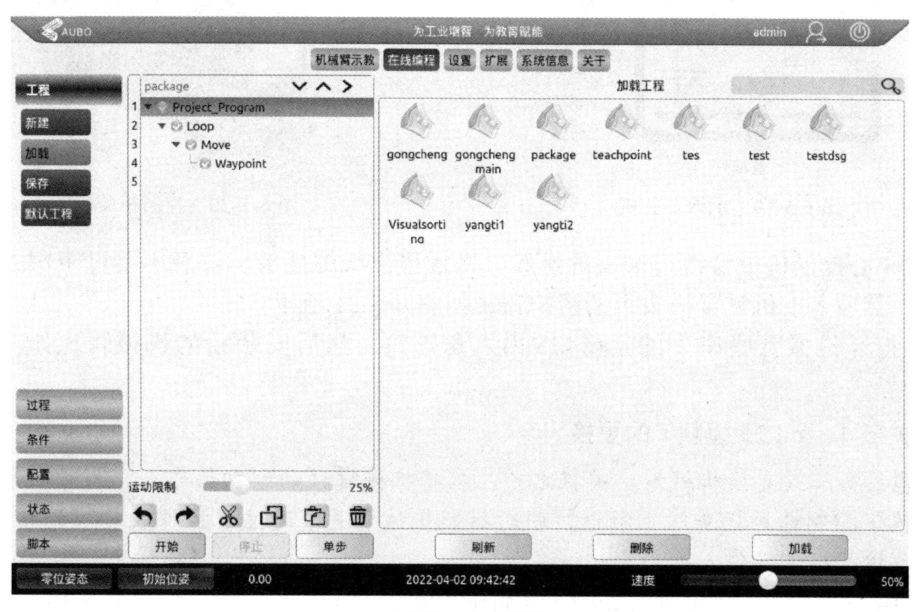

a) 加载package程序

图 6-5-18 选择 package

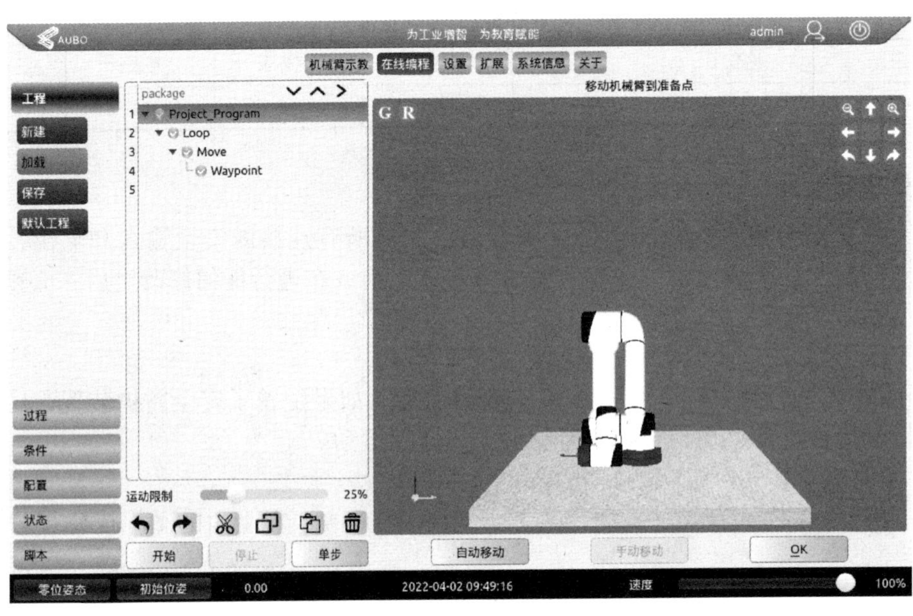

b) 运行package程序

图 6-5-18　选择 package（续）

2）示教器关机，直到示教器开关上的蓝灯完全熄灭，如图 6-5-19 所示。

3）控制柜关机，开关拨到“OFF”，如图 6-5-20 所示。

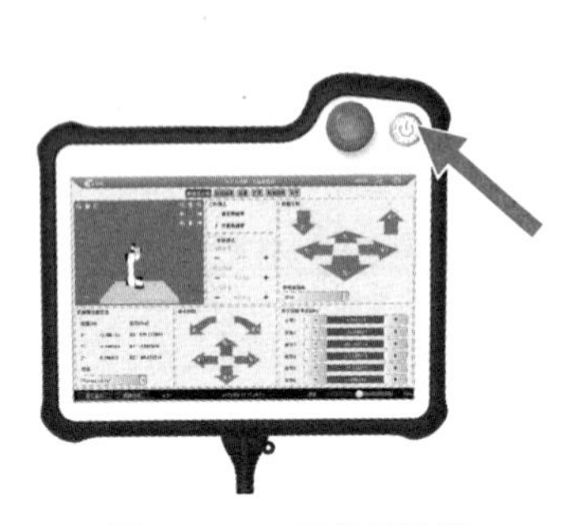

图 6-5-19　示教器关机

图 6-5-20　控制柜关机

4）小心拧松机械臂线缆插头的螺纹，慢慢拔出线缆插头，注意不要过于用力以免拔坏插头，然后盖上机械臂插头上的防护盖，如图 6-5-21 所示。

5）拧开机械臂底座下的 4 颗 M8 内六角螺钉，然后安装新的机械臂，如图 6-5-22 所示。

3. 关节 1、2（25 模块）的更换

注意：拆解或更换机械臂，关机之前，应将机械臂移动到初始姿态，同时断开机械臂电源及拔下控制电源插头防止触电，同时拆解机械臂关节时注意操作人员间的相互配合，防止设备掉落砸伤操作人员。

1）在示教器上选择关机，关闭机械臂的电源。

2）使用 M3 的内六角扳手，逆时针拆解关节 1、2 后盖上的 4 颗内六角螺钉，如图 6-5-23 所示。

图 6-5-21　拔出线缆插头

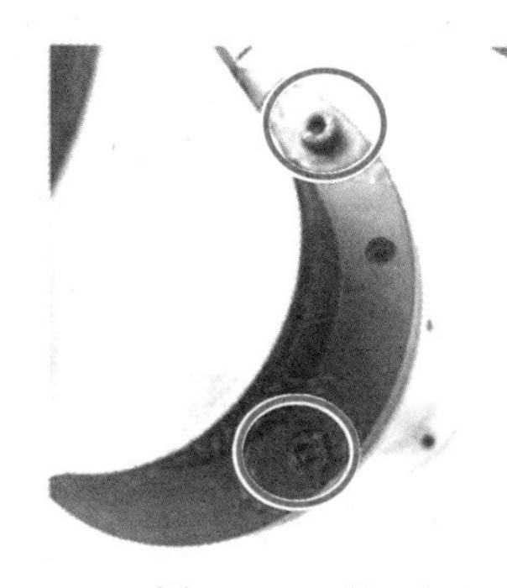
图 6-5-22　拧开螺钉

图 6-5-23　拆卸后盖螺钉

3）拆开后盖后，将靠近校准螺钉一侧的红黑线用一字螺钉旋具拧下，将关节底部的 1 根 CAN（控制器局域网络）线和 2 根电源线小心拆下来，拆卸电缆如图 6-5-24 所示。

4）将关节接头处的橡胶圈翻转至臂管上。

5）将橡胶圈内的黑色扁形环同样推至臂管上（扁形环的接头处是断开的），拆除扁形环如图 6-5-25 所示。

图 6-5-24　拆卸电缆

图 6-5-25　拆除扁形环

6）用 2.5mm 的内六角扳手将 1 颗限位螺钉拆卸下来。

7）用 7mm 的呆扳手，将末端的一圈 10 个螺钉旋转松动至一半状态，左右手分别抓住关节的两端，两手以相反方向旋转，直至达到机械停止位（孔为键孔型），将大模块拆卸下来（红黑线和 CAN 线小心抽出）。

4. 关节 4、5、6（14 模块）的更换

1）在示教器上，选择关机，关闭机械臂的电源。

2）拆解关节 4、5、6 后盖上的 3 颗内六角螺钉，如图 6-5-26 所示。

3）将关节接头处的橡胶圈翻转至臂管上。

4）将橡胶圈内的黑色扁形环同样推至臂管上（扁形环的接头处是断开的），拆除扁形环如图 6-5-27 所示。

5）用 2.5mm 的内六角扳手将 1 颗限位螺钉拆卸下来。

图 6-5-26　拆解螺钉

图 6-5-27　拆除扁形环

6）用 5.5mm 的呆扳手，将末端的一圈 10 个螺钉旋转松动至一半状态，左右手分别抓住关节的两端，两手以相反方向旋转，直至达到机械停止位（孔为键孔型），拆除小模块（箭头调整位置），如图 6-5-28 所示。

7）再将蓝白线的插头用小镊子小心拆下，并将拆下的线慢慢塞进 PCBA[PCB（印制电路板）空板经过 SMT（表面贴装技术）上件，再经过 DIP（双列直插式封装）] 板后面的缝隙中，拆除电缆如图 6-5-29 所示。

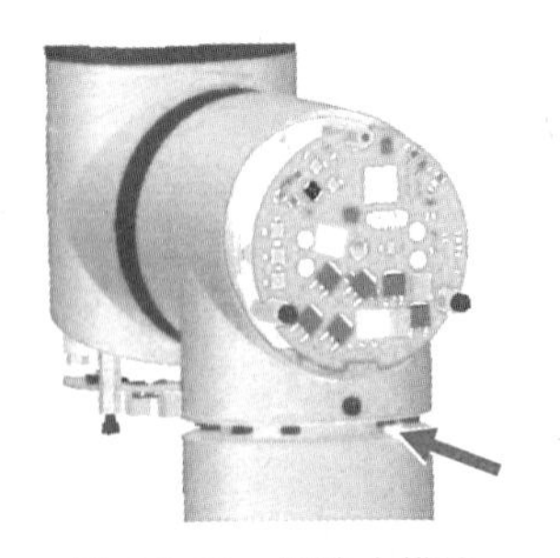

图 6-5-28　拆除小模块

图 6-5-29　拆除电缆

5. 大臂管的更换

1）将大臂管两头的黑色盖帽上（盖帽是一分为二拼接的）的螺钉使用 2.5mm 的内六角扳手旋转下来，拆除盖帽如图 6-5-30 所示。

2）使用 3mm 的内六角扳手将 10 颗螺钉旋转下来，拆除螺钉如图 6-5-31 所示。

3）大臂管的另一头采用同样的操作，即可将大臂管拆卸下来。

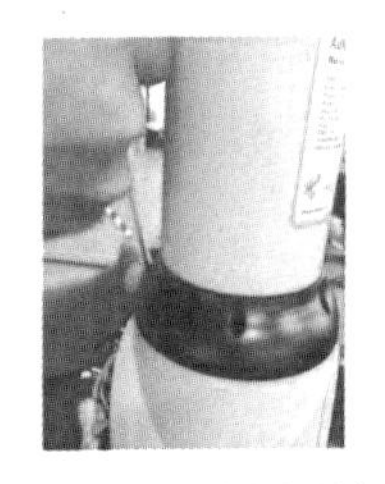

图 6-5-30　拆除盖帽

图 6-5-31　拆除螺钉

6. 小臂管的更换

1）将关节接头处的橡胶圈翻转至臂管上。

2）将橡胶圈内的黑色扁形环同样推至臂管上（扁形环的接头处是断开的）。

3）使用5.5mm的呆扳手将小臂管两头的螺钉拆卸下来，即可取下小臂管。

7. 肘部（关节3）的更换

1）将关节接头处的橡胶圈翻转至臂管上（关节3弯头的两端大小是不一致的，如图箭头所指），拆除扁形环如图6-5-32所示。

2）将橡胶圈内的黑色扁形环同样推至臂管上（扁形环的接头处是断开的）。

3）用2.5mm的内六角扳手将1颗限位螺钉拆卸下来。

4）用5.5mm的扳手将末端的一圈10个螺钉旋转松动至一半状态，左右手分别抓住关节的两端，两手以相反方向旋转，直至达到机械停止位（孔为键孔型），将关节3拆卸下来。

8. 末端的更换

1）用2.5mm的内六角扳手将限位螺钉拆卸下来，如图6-5-33所示。

2）用一把小螺钉旋具将黑色扁形环向上翘起，缩回臂管内固定。

3）用5.5mm的扳手将末端的一圈10个螺钉旋转松动至一半状态，左手抓住图中标示部位，右手抓住黑色部位，两手以相反方向旋转，直至达到机械停止位（孔为键孔型），将末端拆卸下来，如图6-5-34所示。

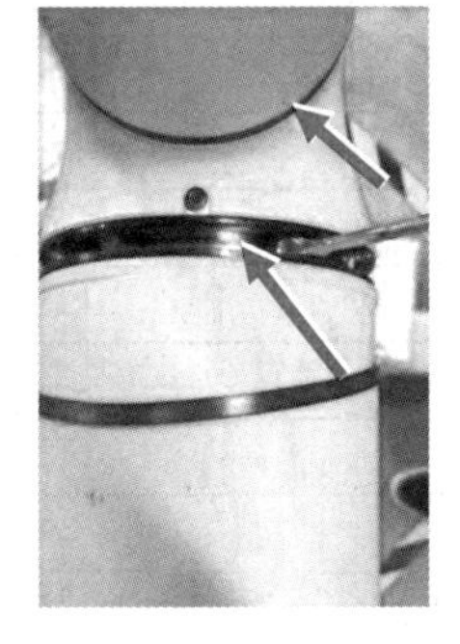

图6-5-32　拆除扁形环

图6-5-33　拆卸螺钉

图6-5-34　拆卸末端

6.5.4　伺服故障处理

表6-5-3列出了伺服驱动器的故障代码及处理方法。

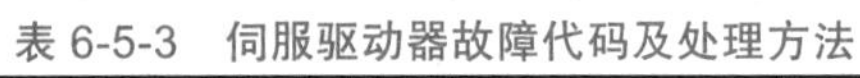

表6-5-3　伺服驱动器故障代码及处理方法

代码	名称	处理方法
AL001	过电流	需DI：ARST清除
AL002	过电压	需DI：ARST清除
AL003	低电压	重上电清除。若需电压回复自动清除，通过P2-66 Bit2设定
AL004	电动机磁场位置异常	重上电清除

（续）

代码	名称	处理方法
AL005	回生错误	需 DI：ARST 清除
AL006	过载	需 DI：ARST 清除
AL007	速度误差过大	需 DI：ARST 清除
AL008	异常脉冲控制命令	需 DI：ARST 清除
AL009	位置控制误差过大	需 DI：ARST 清除
AL011	位置检出器异常	重上电清除
AL012	校正异常	移除 CN1 接线并执行自动更正后清除
AL013	紧急停止	DI EMGS 解除自动清除
AL014	反向极限异常	需 DI：ARST 清除或 Servo Off 清除或脱离后自动清除
AL015	正向极限异常	需 DI：ARST 清除或 Servo Off 清除或脱离后自动清除
AL016	IGBT（绝缘栅双极晶体管）温度异常	需 DI：ARST 清除
AL017	内存异常	若开机即发生，则必须做参数重置，再重新送电 若运转中发生，则用 DI ARST 清除
AL018	检出器输出异常	需 DI：ARST 清除
AL019	串行通信异常	需 DI：ARST 清除
AL020	串行通信逾时	需 DI：ARST 清除
AL022	主回路电源异常	需 DI：ARST 清除
AL023	预先过载警告	需 DI：ARST 清除
AL024	编码器初始磁场错误	重上电清除
AL025	编码器内部错误	重上电清除
AL026	编码器错误	重上电清除
AL027	编码器内部重置错误	重上电清除
AL028	编码器高电压错误或编码器内部错误	重上电清除
AL029	格雷码错误	重上电清除
AL030	电动机碰撞错误	需 DI：ARST 清除
AL031	电动机 U、V、W、GND 断线侦测	需 DI：ARST 清除
AL034	编码器内部通信异常	重上电清除
AL035	温度超过保护上限	需要电动机温度传感器低于 100℃（212°F）及重新上电后清除
AL040	全闭环位置控制误差过大	需 DI：ARST 清除
AL041	光学尺断线	需 DI：ARST 清除
AL042	模拟速度电压输入过高	需 DI：ARST 清除
AL044	驱动器功能使用率警告	将 P2-66 bit4 设为 1 后重新送电即可
AL045	电子齿轮比设定错误	设定正确后重上电清除
AL060	绝对位置遗失	重上电清除
AL061	编码器低电压错误	更换新电池后 AL061 会自动消失
AL062	绝对型位置圈数溢位	重上电清除

（续）

代码	名称	处理方法
AL067	温度警告	需 DI：ARST 清除
AL068	绝对型数据 I/O 传输错误	重上电清除
AL069	电动机型式错误	执行 P2-69 = 0 后重新送电即可
AL06A	未建立绝对型原点坐标	建立绝对型原点坐标完成后自动清除
AL070	编码器处置未完成警告	重上电清除
AL072	编码器过速度	需 DI：ARST 清除
AL073	编码器内存错误	需 DI：ARST 清除
AL074	编码器单圈错误	需 DI：ARST 清除
AL075	编码器绝对圈数错误	需 DI：ARST 清除
AL077	编码器内部错误	需 DI：ARST 清除
AL079	编码器参数设置	需 DI：ARST 清除
AL07A	编码器 Z 相位置遗失	重上电清除
AL07B	编码器内存忙碌	需 DI：ARST 清除
AL07C	转速超过 200r/min 时下达清除绝对位置命令	在低速运行下进行位置重置流程
AL07D	当出现 AL07C 后，如果没有解除 AL07C 重新上电，会停止电动机动作	需 DI：ARST 清除
AL07E	编码器清除程序错误	需 DI：ARST 清除
AL083	电流侦测范围异常	需 DI 0x02：ARST 清除
AL085	回生错误	需 DI：ARST 清除
AL086	输入电压过高	需 DI：ARST 清除
AL095	未接外部回生电阻	需 DI 0x02：ARST 清除
AL099	DSP（数字信号处理器）韧体升级	执行 P2-08 = 30，28 后重新送电即可
AL111	CANopen SDO 接收溢位	NMT:Reset node 或 0x6040.Fault Reset
AL112	CANopen PDO 接收溢位	NMT:Reset node 或 0x6040.Fault Reset
AL121	CANopen PDO 存取时，Index 错误	NMT:Reset node 或 0x6040.Fault Reset
AL122	CANopen PDO 存取时，Sub-Index 错误	NMT:Reset node 或 0x6040.Fault Reset
AL123	CANopen PDO 存取时，数据 Size 错误	NMT:Reset node 或 0x6040.Fault Reset
AL124	CANopen PDO 存取时，数据范围错误	NMT:Reset node 或 0x6040.Fault Reset
AL125	CANopen PDO 对象是只读，不可写入	NMT:Reset node 或 0x6040.Fault Reset
AL126	CANopen PDO 对象，不允许 PDO	NMT:Reset node 或 0x6040.Fault Reset
AL127	CANopen PDO 对象，Servo On（伺服开启）时，不允许写入	NMT:Reset node 或 0x6040.Fault Reset
AL128	PDO 对象，由 EEPROM（电可擦编程只读存储器）读取时错误	NMT:Reset node 或 0x6040.Fault Reset
AL129	CANopen PDO 对象，写入 EEPROM 时错误	NMT:Reset node 或 0x6040.Fault Reset
AL130	CANopen PDO 对象，EEPROM 的地址超过限制	NMT:Reset node 或 0x6040.Fault Reset
AL131	CANopen PDO 对象，EEPROM 的 CRC（循环冗余检验）计算错误	NMT:Reset node 或 0x6040.Fault Reset
AL132	CANopen PDO 对象，写入密码错误	NMT:Reset node 或 0x6040.Fault Reset
AL170	Heartbeat 或 NodeGuarding 错误	NMT:Reset node 或 0x6040.Fault Reset
AL180	Heartbeat 或 NodeGuarding 错误	NMT:Reset node 或 0x6040.Fault Reset

（续）

代码	名称	处理方法
AL185	CAN Bus 硬件异常	NMT:Reset node 或重新送电
AL186	CAN Bus off（总线关闭）	NMT:Reset node 或 0x6040.Fault Reset
AL201	CANopen 数据初始错误	需 DI：ARST 清除，CANopen 0x1011 Restore default parameter（恢复默认参数）
AL207	PR 命令 Type 8 来源参数群组超出范围	DI:Alm Reset（报警复位）或 P0-01 写入 0
AL209	PR 命令 Type 8 来源参数群组超出范围	DI:Alm Reset 或 P0-01 写入 0
AL213	PR 程序写入参数错误：超出范围	DI:Alm Reset 或 P0-01 写入 0
AL215	PR 程序写入参数错误：只读	DI:Alm Reset 或 P0-01 写入 0
AL217	PR 程序写入参数错误：参数锁定	重新更正 PR 命令与参数
AL231	PR 命令 Type 8 来源监视项目超出范围	DI:Alm Reset 或 P0-01 写入 0
AL235	PR 命令异常	进行原点复归程序
AL237	分度坐标未定义	DI:Alm Reset 或 P0-01 写入 0
AL245	PR 定位超时	DI:Alm Reset 或 P0-01 写入 0、重上电
AL249	PR 路径编号太大	DI:Alm Reset 或 P0-01 写入 0、重上电
AL283	软件正向极限	NMT:Reset node 或 0x6040.Fault Reset
AL285	软件负向极限	NMT:Reset node 或 0x6040.Fault Reset
AL289	位置计数器溢位	NMT:Reset node 或 0x6040.Fault Reset
AL291	Servo OFF（伺服关闭）异常	NMT:Reset node 或 0x6040.Fault Reset
AL301	CANopen 同步失效	NMT:Reset node 或 0x6040.Fault Reset
AL302	CANopen 同步信号太快	NMT:Reset node 或 0x6040.Fault Reset
AL303	CANopen 同步信号超时	NMT:Reset node 或 0x6040.Fault Reset
AL304	CANopen IP 命令失效	NMT:Reset node 或 0x6040.Fault Reset
AL305	SYNC Period 错误	NMT:Reset node 或 0x6040.Fault Reset
AL380	位置偏移警报	DI:Alm Reset 或 P0-01 写入 0
AL400	分度坐标错误	需 DI：ARST 清除
AL401	Servo On 时收到网络管理重置（NMT Reset）命令	需 DI：ARST 清除
AL404	PR 特殊滤波器设定过大	需 DI：ARST 清除
AL500	STO 功能被启动	DI：Alm Reset 或 P0-01 写入 0 或 0x6040.Fault Reset
AL501	STO_A lost（信号遗失或错误）	DI：Alm Reset 或 P0-01 写入 0 或 0x6040.Fault Reset
AL502	STO_B lost（信号遗失或错误）	DI：Alm Reset 或 P0-01 写入 0 或 0x6040.Fault Reset
AL503	STO_error	STO 电路异常，联系代理商
AL555	驱动器处理器异常	无

6.5.5 PLC 故障诊断与处理

1. 故障类型

根据是否是由 PLC 检测到，发生的错误可以如下分类（见图 6-5-35）：

1）由 PLC 的操作系统检测到的错误，这通常会导致 CPU 进入停止状态。

2）功能性错误，即 CPU 正常处理程序，但是所需要的功能要么根本没有执行，要么执行不正确。搜索这类错误非常困难，因为通常很难确定这类错误的原因。功能性错误分为两种情况。

① 过程故障（例如接线错误）：由直接与过程控制相关的组件的功能故障所引起的故障，例如到传感器 / 执行器的电缆或者传感器 / 执行器自身出现问题。

② 逻辑编程错误（例如重复赋值）：用户程序创建和启动期间没有检测出来的软件错误，出现频率极少。

2. 在线和诊断

1）选择 CPU，双击“在线和诊断”，如图 6-5-36 所示。

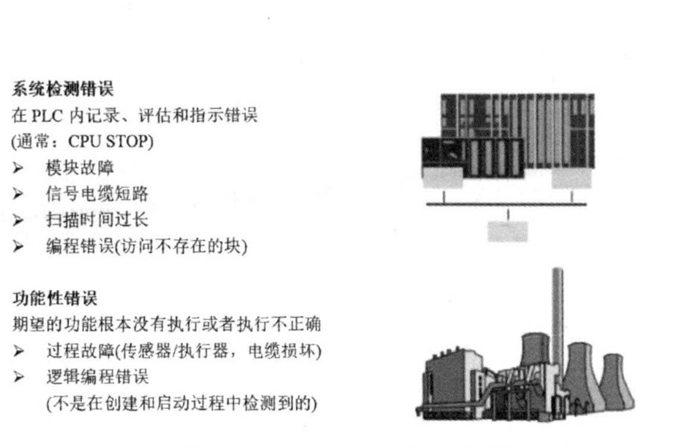

图 6-5-35　PLC 的故障类别

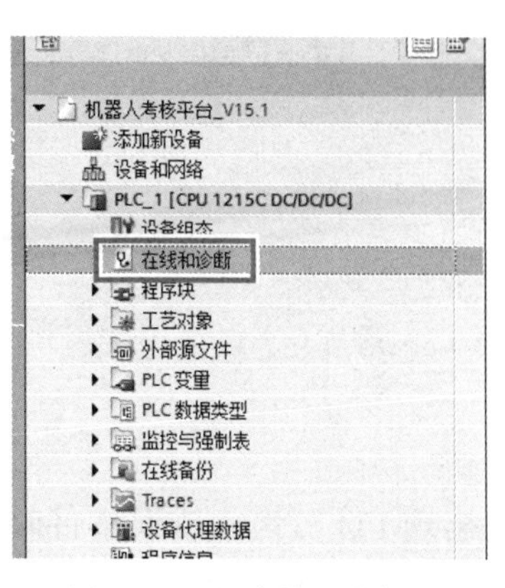

图 6-5-36　“在线和诊断”

2）在线和诊断界面如图 6-5-37 所示。

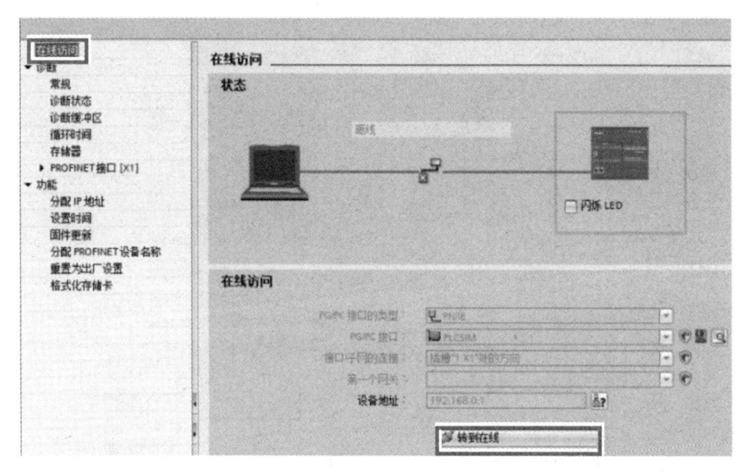

图 6-5-37　在线和诊断界面

PLC 故障诊断与处理

3. 诊断缓冲区

诊断缓冲区按事件发生顺序列出了所有诊断事件。所有事件可以在编程设备上以纯文本方式按照发生顺序进行显示，如图 6-5-38 所示。

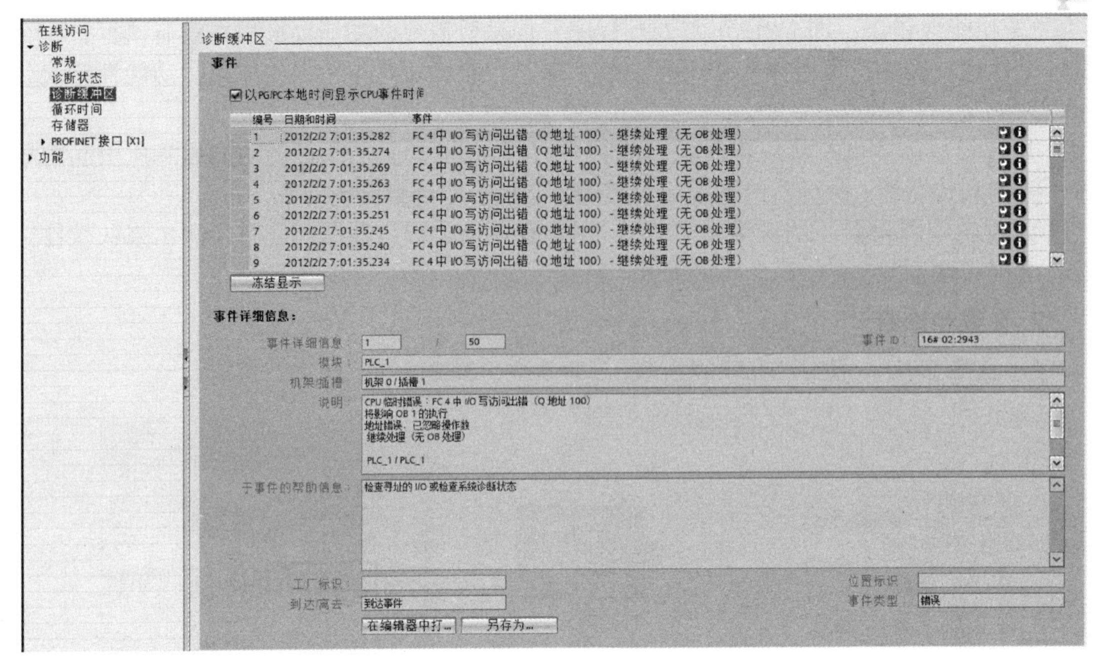

图 6-5-38 诊断缓冲区

1)出现 I/O 写访问错误事件时,说明栏中详细描述错误情况,单击“在编辑器中打开”,跳转到有问题的程序,效果如图 6-5-39 所示。

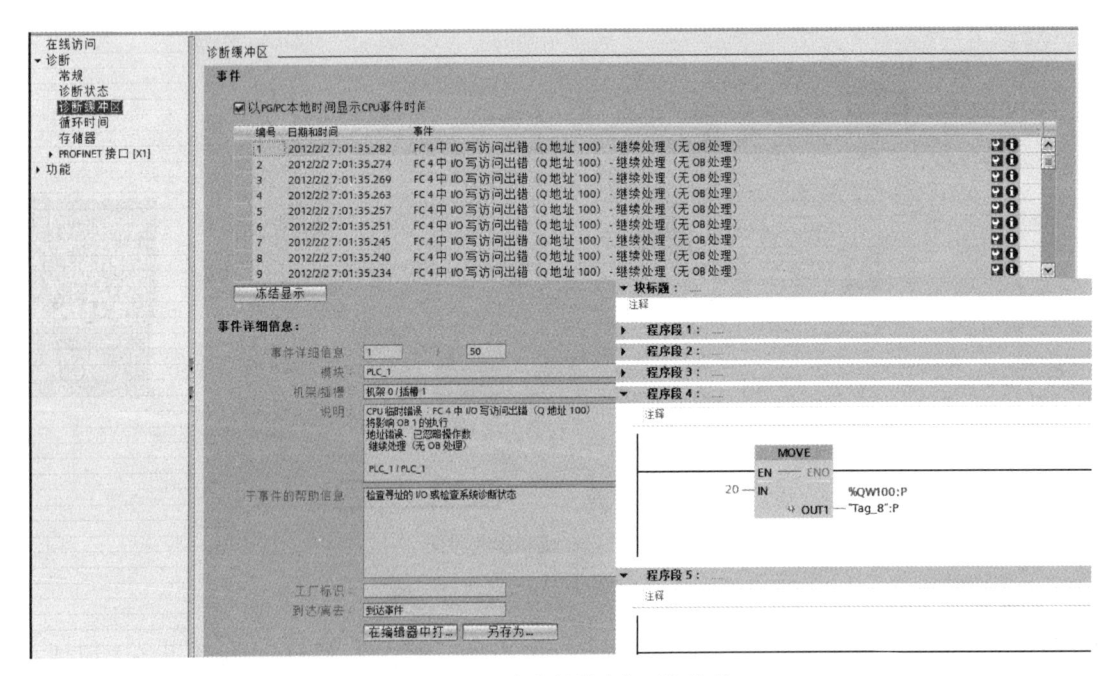

图 6-5-39 “在编辑器中打开”效果

2)设置界面:用户自定义显示事件的类型,一般默认显示所有类型的事件,“设置”

界面如图 6-5-40 所示。

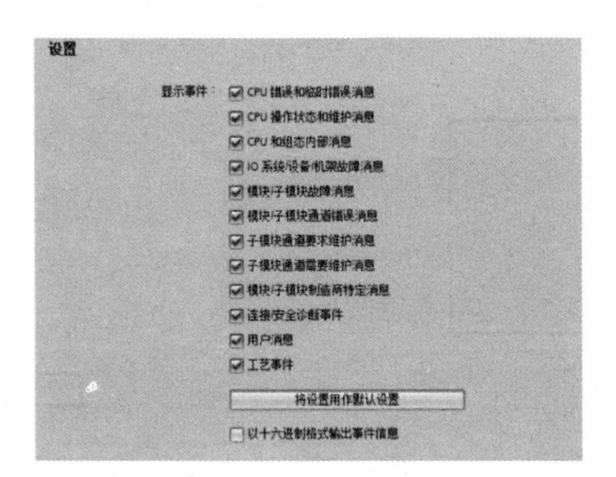

图 6-5-40　“设置”界面

4. 循环时间

当程序扫描时间大于 CPU 允许的最大时间（循环周期监视时间），将调用时间错误中断组织块 OB80，CPU 将停止运行，如图 6-5-41 所示。

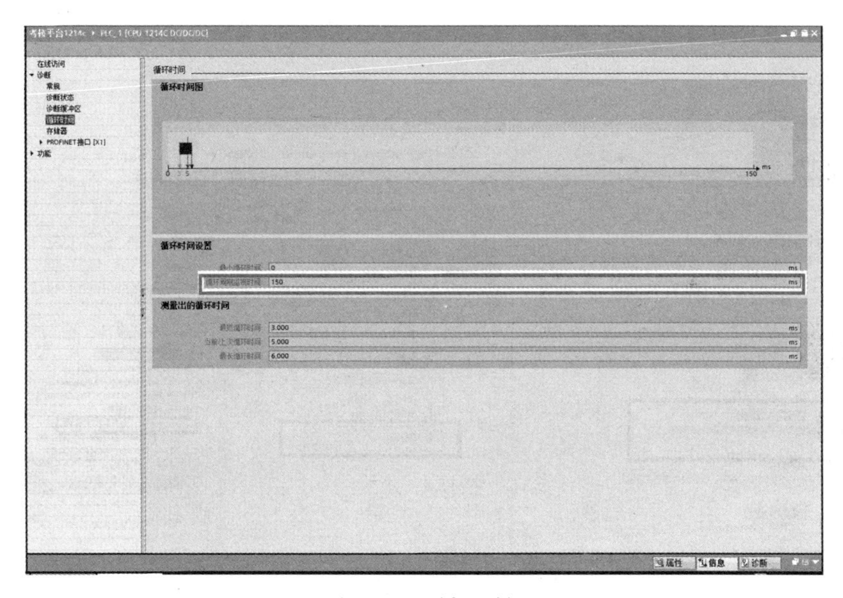

图 6-5-41　循环时间

循环周期监视时间：单击“设备组态”→选择 CPU→右击展开“属性”窗口→单击“常规”→选择“循环”→在循环界面找到“设定循环周期监视时间”，设定步骤如图 6-5-42 所示。

CPU 循环周期时间：由 CPU 性能与用户程序的多少决定，用户无法直接设定。

6.5.6　视觉系统故障处理

1. 故障一：无法自动获取相机 IP 地址

解决方法：

1）设置网卡静态 IP，通过“控制面板”→“网络与共享中心”→“更改适配器选

项”→“本地连接”→“Internet 协议版本 4（TCP/IPv4）”对网卡 IP 进行静态分配，如图 6-5-43 所示。

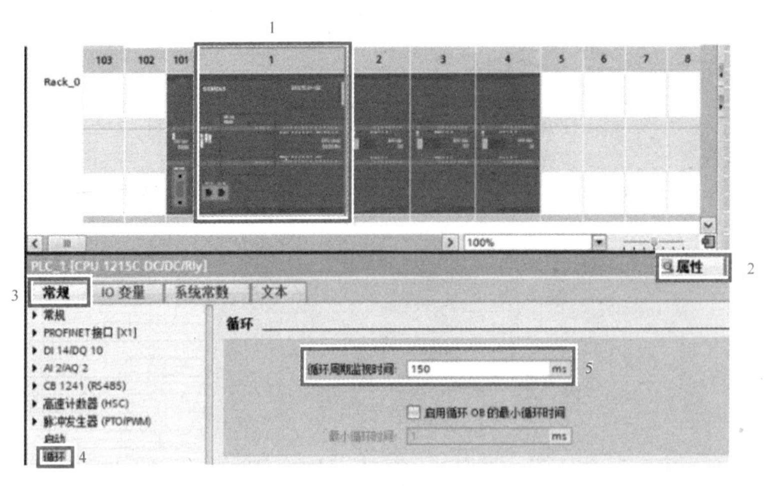

图 6-5-42 循环周期监视时间设定步骤

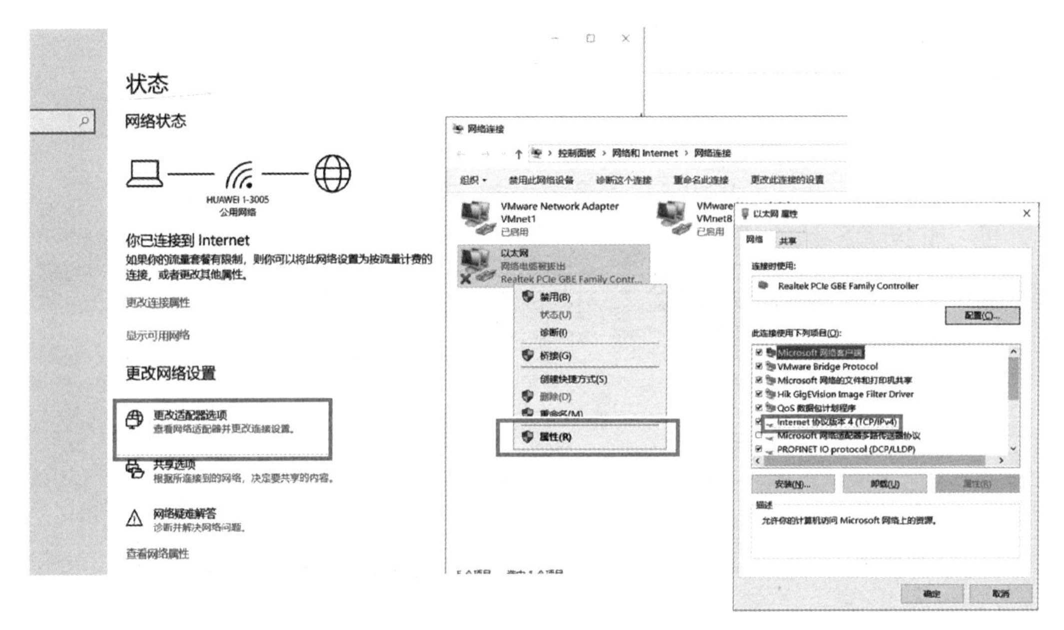

图 6-5-43 设置网卡静态 IP

2）网卡 IP 设置为“192.168.1.100”，子网掩码“255.255.255.0”即可（其他网段根据需求设置，无特殊要求），如图 6-5-44 所示。

3）相机静态 IP 设置。使用 MVS 自带的 IP 配置工具“IP_Configurator”，可对相机 IP 进行设置，如图 6-5-45 所示。

4）勾选状态可设的相机，单击左上角“修改 IP”，如图 6-5-46 所示。

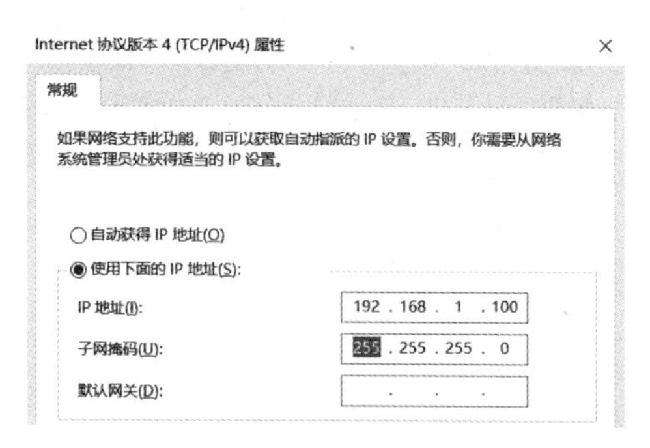

图 6-5-44　网卡 IP 设置

图 6-5-45　IP_Configurator

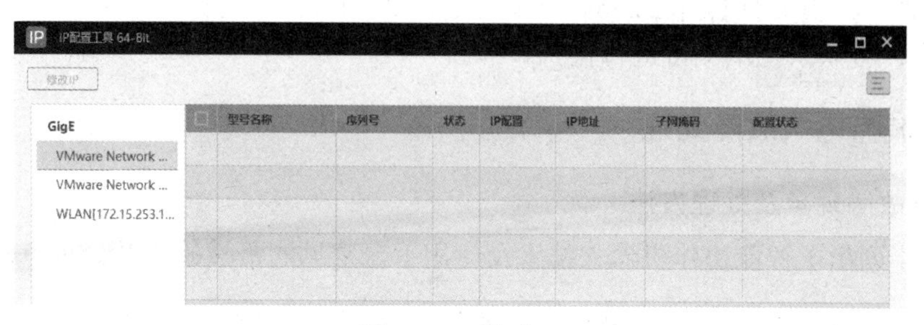

图 6-5-46　修改 IP

5）相机 IP 修改为推荐的网段内即可，保持与网卡 IP 在同一网段，如图 6-5-47 所示。

2. 故障二：弹窗“加密狗未检测到或检测异常”

解决方法：

1）打开 VisionMaster 软件需要在计算机上插加密狗，如果没有，则无法打开和正常使用软件；加密狗可联系销售商询价和购买。

2）如果检查插有加密狗，但是加密狗没有亮，则可以尝试重装加密狗驱动。加密狗驱动位置在软件安装路径下，即“\VisionMaster3.3.1\Drivers\EliteIV”。

安装方法：双击路径下的“InstWiz3.exe”进行安装。

3）如果步骤 2）操作完后，发现加密狗还是不亮，打开设备管理器，查看是否有带“!”（感叹号）的“Elite4 5.x”的提示，如图 6-5-48 所示。

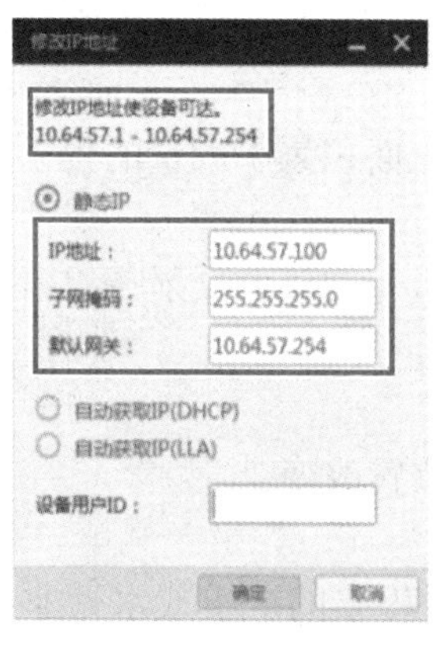

图 6-5-47　相机 IP 修改

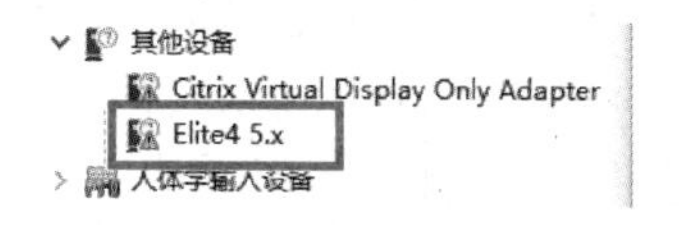

图 6-5-48　Elite4 5.x

如果有，选中该设备，右击选择“更新驱动程序软件”，然后选择“浏览计算机以查找驱动程序软件”，路径选择加密狗驱动所在路径“\VisionMaster3.3.1\Drivers\EliteIV”，再选择下一步，等待驱动安装完成的提示即可。

4）如果加密狗已经安装上，在设备管理器中会出现一个“智能卡读卡器”，如图 6-5-49 所示。

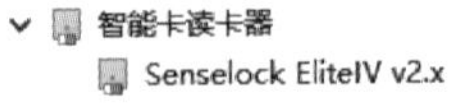

智能卡读卡器
Senselock EliteIV v2.x

图 6-5-49 设备管理器中的“智能卡读卡器”

5）此时可再去尝试打开 VisionMaster 软件，看能否正常打开，如果还是存在问题，可联系技术支持进行排查。

机械与电气故障处理

6.5.7 机械与电气故障处理

1. 机械故障现象及处理方法

表 6-5-4 列出了智能协作机器人技术及应用平台常见的机械故障及处理方法。

表 6-5-4 智能协作机器人技术及应用平台常见的机械故障及处理方法

故障现象	处理方法
紧固螺钉松动	及时拧紧螺钉，如有必要，增加弹垫防止螺钉再次松动
同步带跳齿	调节张紧轮
传送带打滑	调节传送带张紧装置，传送带张紧
传送带跑偏	调节传送带张紧装置两侧平衡

2. 电气故障现象及处理方法

（1）触摸屏故障及处理

1）故障一：触摸偏差。

① 现象：手指所触摸的位置与鼠标箭头没有重合。

原因：安装完驱动程序后，在进行校正位置时，没有垂直触摸靶心正中位置。

解决方法：重新校正位置。

② 现象：部分区域触摸准确，部分区域触摸有偏差。

原因：表面声波触摸屏四周边上的声波反射条纹，上面积累了大量的尘土或水垢，影响了声波信号的传递。

解决方法：清洁触摸屏，特别注意要将触摸屏四周边上的声波反射条纹清洁干净，清洁时应将触摸屏控制卡的电源断开。

2）故障二：触摸无反应。

现象：触摸屏幕时鼠标箭头无任何动作，没有发生位置改变。

原因：造成此现象的原因很多，下面逐个说明。

① 表面声波触摸屏四周边上的声波反射条纹上面所积累的尘土或水垢非常严重，导致触摸屏无法工作。

② 触摸屏发生故障。

③ 触摸屏控制卡发生故障。
④ 触摸屏信号线发生故障。
⑤ 计算机主机的串口发生故障。
⑥ 计算机的操作系统发生故障。
⑦ 触摸屏驱动程序安装错误。
解决方法：

① 观察触摸屏信号指示灯，该灯在正常情况下有规律地闪烁，大约为每秒钟闪烁一次；当触摸屏幕时，信号灯为常亮；停止触摸后，信号灯恢复闪烁。

② 如果信号灯在没有触摸时仍然处于常亮状态，首先检查触摸屏是否需要清洁；其次检查硬件所连接的串口号与软件所设置的串口号是否相符，以及计算机主机的串口是否正常工作。

（2）PLC 或机器人无报错，但没有实现控制效果　此时应排查传感器 / 执行元件线路是否正常，或者检查传感器 / 执行元件是否损坏。

3. 气压故障现象及处理方法

表 6-5-5 列出了智能协作机器人技术及应用平台常见的气压故障及处理方法。

表 6-5-5　智能协作机器人技术及应用平台常见的气压故障及处理方法

故障现象	处理方法
气缸无动作	检查气泵是否工作，检查气路是否通畅
气缸动作缓慢	检查气泵压力是否正常，检查气路是否通畅，调节节流阀
吸盘抓手不能抓取	检查吸盘是否完整，检查真空发生器是否正常

任务测评

一、选择题

1. 伺服驱动器过电流报警的报警代码是（　　）。

A. AL002　　B. AL001　　C. AL005　　D. AL007

2. 伺服驱动器低电压报警的报警代码是（　　）。

A. AL008　　B. AL002　　C. AL003　　D. AL001

二、判断题

1. PLC 程序备份时控制器可选择 S7–1200 PLC 系列，选择非特定的 CPU 1200。（　　）
2. 威纶通触摸屏程序备份后可直接使用，不需要反编译。（　　）
3. 协作机器人程序备份时可直接使用“文件导出”功能。（　　）
4. 进行机器人关节更换时不需要断电即可操作。（　　）
5. 伺服驱动器报 AL002 时，是过电流报警。（　　）

参考文献

[1] 朱耀祥，浦林祥．现代夹具设计手册 [M]. 北京：机械工业出版社，2010.

[2] 秦大同，谢里阳．现代机械设计手册：第 1 卷 [M]. 北京：化学工业出版社，2011.

[3] 张明文．智能协作机器人技术应用初级教程：遨博．哈尔滨：哈尔滨工业大学出版社，2020.

[4] 全国电气信息结构、文件编制和图形符号标准化技术委员会（SAC/TC 27）. 使用说明的编制　构成、内容和表示方法　第 1 部分：通则和详细要求：GB/T 19678.1—2018[S]. 北京：中国标准出版社，2018.

[5] 陈东伟，黄岚，高玉梅．工业机器人操作与编程 [M]. 北京：机械工业出版社，2021.

[6] 赵光哲，李鸿志，唐冬冬．工业机器人技术及应用 [M]. 北京：机械工业出版社，2021.

[7] 陈友东，谭珠珠，唐冬冬．工业机器人集成与应用 [M]. 北京：机械工业出版社，2022.